GANGJIEGOU JIBEN YUANLI

钢结构基本原理

主　编　孙　毅　万虹宇
副主编　唐海燕　王承启　卜长明
参　编　张春涛　周维莉

重庆大学出版社

内 容 提 要

本教材根据《高等学校土木工程本科指导性专业规范》规定的知识点要求和现行《钢结构设计规范（GB 50017—2003）》的规定编制而成。本书内容共 8 章，包括绪论、钢结构材料、钢结构的连接、轴心受力构件、受弯构件、拉弯和压弯构件、钢结构的疲劳和防脆断设计、钢结构防护。本书立足基本理论，侧重应用方法，辅以例题习题，能使读者获得较好的学习效果。

本书可作为高等院校本科土木工程及相关专业教材，也可供相关工程技术人员自学参考。

图书在版编目(CIP)数据

钢结构基本原理/孙毅，万虹宇主编.—重庆：
重庆大学出版社，2016.8
高等教育土建类专业规划教材·应用技术型
ISBN 978-7-5624-9881-0

Ⅰ.①钢…　Ⅱ.①孙…②万…　Ⅲ.①钢结构—高等
学校—教材　Ⅳ.①TU391

中国版本图书馆 CIP 数据核字(2016)第 136729 号

高等教育土建类专业规划教材·应用技术型
钢结构基本原理
主　编　孙　毅　万虹宇
副主编　唐海燕　王承启　卜长明
责任编辑：王　婷　钟祖才　　版式设计：王　婷
责任校对：邬小梅　　　　　　　责任印制：赵　晟

*

重庆大学出版社出版发行
出版人：易树平
社址：重庆市沙坪坝区大学城西路 21 号
邮编：401331
电话：(023)88617190　88617185(中小学)
传真：(023)88617186　88617166
网址：http://www.cqup.com.cn
邮箱：fxk@ cqup.com.cn(营销中心)
全国新华书店经销
重庆市正前方彩色印刷有限公司印刷

*

开本：787mm×1092mm　1/16　印张：19.5　字数：474 千
2016 年 8 月第 1 版　　2016 年 8 月第 1 次印刷
印数：1—3 000
ISBN 978-7-5624-9881-0　定价：39.00 元

前　言

　　钢结构是土木工程领域的重要结构形式之一,具有建造过程绿色环保、材料可循环利用、抗震性能优良等特点,工程应用日益广泛。钢结构原理是土木工程专业本科教学过程中的一门重要专业基础课程,前承材料力学、荷载与结构设计方法等基础课程,后启钢结构设计、土木工程施工、毕业设计等专业课程,是土木工程专业人才培养的重要环节之一。

　　本书作者均为应用型本科院校土木工程专业教师,在长期的钢结构类课程教学过程中发现,由于传统的钢结构原理教材部分内容偏重于理论,如杆件和薄壁杆件的稳定理论,因此不能完全适用于应用型本科院校专业学生的学习要求和培养特点。

　　本书的编写针对应用型本科土木工程专业教学特点,结合《高等学校土木工程本科指导性专业规范》规定的知识点要求和现行《钢结构设计规范(GB 50017—2003)》的规定编制而成,力求深入浅出,循序渐进。本书充分结合了现行规范,读者在完成学习后的工程实践中能够熟练掌握规范条文的使用方法;针对重要知识点提供典型例题使读者把握基本原理,熟悉应用方法;减少了部分本科学生难于理解的理论推导,而将重心放在按照规范解决工程问题的方法上来;强化了疲劳和防护这两部分实际钢结构工程中非常重要的内容,增加学生对于钢结构工程特点的全面理解。

　　本书由重庆科技学院孙毅、万虹宇任主编,重庆科技学院卜长明、西南大学唐海燕、重庆交通大学王承启任副主编,西南科技大学张春涛、长江师范学院周维莉参编。其中孙毅编写第1、6章并负责统稿,万虹宇编写第4章,卜长明编写第2章,唐海燕编写第3章,王承启编写第5章,张春涛编写第7章,周维莉编写第8章,研究生马奇、曾维波、王东东、陈力参与了本书部分插图、习题和附录编制工作。

　　由于编者水平有限,本书中的疏漏之处在所难免,望广大读者不吝赐教,提出宝贵意见和建议。

编　者

2016 年 5 月

目　录

1 绪 论

【内容提要】
本章介绍了钢结构的基本概念、优缺点、应用及发展趋势。

【学习重点】
钢结构的优缺点。

【学习难点】
钢结构的发展趋势。

钢结构是指主要承载构件或体系的组成材料为钢材的结构形式。

与钢筋混凝土结构一样,钢结构是目前使用最多、范围最广的结构形式之一。钢结构不但力学性能优于混凝土结构,更具有混凝土结构无法企及的建筑艺术表现力,因此备受青睐,被广泛应用于工业厂房、仓储、高层建筑、高耸建筑及大跨度建筑等。

钢结构的绿色环保特性使其在强调"绿色发展"理念的当代具有更广阔的发展前景。随着人们对于环境保护的日益重视、材料学科及理论研究的不断发展,高性能钢材的研发、新结构形式及相关理论的研究也将继续深入。

1.1　钢结构的特点

与其他常见材料的结构相比,钢结构主要具有以下特点:
(1)材料强度高、塑性和韧性好
常用建筑钢材强度一般比常规混凝土、砖石和木材等建筑材料高 10 倍以上,在某些特殊建筑结构上,屈服强度在 500 MPa 以上高强度钢材不断得到应用,因此钢结构更适用于建造跨度大、高度大和荷载大的结构。

随着冶金技术的不断发展,钢材性能持续稳定和优化,建筑用钢材的塑性较好,屈服后具有较强的变形能力,因此一般不会因为超载而突然断裂破坏,破坏前有显著变形,有预警作用。另外,良好的塑性使得构件具有良好的应力重分布能力,受力更加均匀。

钢材具有良好的韧性,对于动力荷载的适应性较强,适用于长期承受动力荷载的构件和抗震建筑结构。

(2)材质均匀,实际受力情况基本符合计算假定

较为成熟的现代冶金技术使得钢材在冶炼和轧制过程中可以严格控制材料质量,从而使钢材内部组织比较均匀,接近各向均匀的连续介质,成为较为理想的弹塑性体。因此,钢结构的实际受力情况比较符合工程力学计算结果,计算不确定性较小,计算结果较为可靠。

(3)钢结构工业化程度高,施工周期短

钢结构可先在工厂内加工成构件或构件组,然后运往建设现场进行连接和组装;部分钢结构组件还可先在地面进行拼装成形,再整体吊装到指定位置进行连接。因此,钢结构的工业化程度高,施工简单快捷,施工周期短,有利于实现建筑产业化。

(4)钢结构的质量较轻

相对其他建筑材料而言,钢材自身容重较大,但因其强度高、结构构件用料少,总重则相对较轻。同等建筑功能的钢结构质量相对于混凝土结构而言,普通厂房屋架自重一般只有其 1/4~1/3,冷弯薄壁型钢屋架只约为 1/10,高烈度地区的高层建筑甚至可低于 1/10。对于抗震建筑而言,较轻的质量还意味着较小的地震作用,因此钢结构抗震性能优于混凝土结构。

(5)钢结构绿色环保,可实现循环利用

在钢结构的生产和建造过程中,不需要开山采石,也无需河底挖沙,加工过程无粉尘污染,施工以干作业为主,因此对生态环境和生活环境破坏和影响小,是绿色环保的结构形式。

另外,钢结构施工过程中的边角料和拆除的钢构件,能够再次回炉作为炼钢的原材料,不但不产生大量的建筑垃圾,还可实现材料的循环利用。

(6)钢材耐腐蚀性差

暴露在空气中的普通钢材非常容易锈蚀,而钢结构的截面尺寸又较小,锈蚀引起的截面削弱对于构件的影响相对更大,因此钢结构构件往往需要定期维护刷漆。钢结构对除锈、油漆质量和涂层厚度等均有严格要求,这也造成其建筑造价相对较高。近年来,材料和冶金学科的发展使得各种耐候钢不断出现,与传统钢材相比,它们具有较高的抗锈蚀性能,使得钢结构应用更加广泛。

(7)钢材耐热但不耐火

钢材在 150 ℃ 以内的温度环境下,强度和硬度等性能均不会发生明显变化,可以继续作为承载构件使用。但在明火引起的 150 ℃ 以上的高温环境下,强度逐渐降低,承载构件必须在专门的防火构造措施下才能继续承载。因此,钢结构需要进行专门的防火设计,而防火涂层和板材构造也使得钢结构建筑造价升高。

1.2 钢结构的应用和发展

1.2.1 钢结构的应用

钢结构因轻质高强、施工快速、绿色环保、抗震性能好等优点被广泛应用于工业与民用建筑。随着我国钢产量的增加、冶炼技术的进步及结构设计理论的深入发展,钢结构的应用范围从传统的工业建筑扩展到大跨度公共建筑、高层民用建筑、高耸结构、桥梁及密闭性构筑物;而随着轻型钢结构的发展,小型民用房屋也开始出现钢结构的身影。

目前我国的钢结构主要应用于以下领域:

1)工业厂房

钢结构在工业建筑中的应用以厂房结构为主。对于荷载和跨度较小的厂房,为了进一步降低自重,往往采用壁厚较小的冷弯薄壁型钢建成轻型钢结构厂房(图1.1)。轻型钢结构厂房常用门式刚架作为主要的承载体系,采用檩条、支撑等辅助构件增强结构的整体性能。

随着生产水平的高速发展和生产工艺的革新,厂房更加趋于大型化,其柱距、跨度、高度、起重能力日趋增大,建设周期不断缩短,这些因素都促使钢结构在工业建筑领域的应用不断扩大,尤其是重型工业厂房(图1.2)。

图1.1 轻型工业厂房　　　　　图1.2 重型工业厂房

2)大跨度建筑

结构跨度越大,变形越大。为了减小变形,需要增大构件尺寸,这就导致了结构自重相应增大。钢结构轻质高强的特点使构件截面尺寸较小从而自重较轻,相比其他材料的结构形式受力更合理也更经济。大跨度钢结构主要应用于大跨度桥梁、体育馆、音乐厅、影剧院、大型礼堂、航空港等建筑。

位于北京的国家大剧院(图1.3),外部维护体系为半椭圆球形的钢网壳结构,东西长轴为212.2 m,南北短轴为143.64 m,总高度为46.285 m,整体结构用钢量达6 750 t,内设歌剧院(2 416席)、音乐厅(2 017席)、戏剧院(1 040席)及公共大厅等。

朝天门长江大桥(图1.4)建于2009年,位于重庆长江与嘉陵江交汇处,为钢桁架拱桥,主跨达552 m,是目前同类桥型的世界第一跨度。大桥分上下两层,上层为双向6车道,下层为双向地铁轨道和预留的两个车行道。

图 1.3　国家大剧院

图 1.4　朝天门长江大桥

3)高耸结构

高耸结构包括电视塔、输电塔、钻井塔、环境大气监测塔等。高耸结构采用塔架结构和桅杆结构,从而使建筑物具有较大的高宽比。

广州新地标——广州塔(图 1.5),昵称"小蛮腰",建成于 2010 年,总高度 600 m,采用外框筒-核心筒结构为主要抗侧力体系,外框筒为斜向布置的 24 根钢管混凝土柱与钢管斜撑、环向钢管组成的结构体系。

4)多层和高层建筑

冷弯薄壁型钢既可满足承载要求又能减少钢材用量,并且有利于实现建筑标准化和产业化,可用其作为受力较小的多层住宅的承载构件或辅助构件。经过多年的应用与发展,已形成了有利于实现标准化、工业化和产业化的装配式轻型住宅体系。图 1.6 为某多层轻钢结构住宅,冷弯薄壁型钢作为主要受力构件,其壁厚低至 1 mm,用钢量极低。通过镀锌等工艺能够提高其耐腐蚀性,通过在钢构件外围设置耐火墙板也可有效地提高其耐火性。

图 1.5　广州塔

图 1.6　多层轻钢住宅

图 1.7　上海中心大厦

随着建筑高度的增加,主体结构承受的荷载增大,高层建筑单纯采用钢筋混凝土等材料需大幅度增大截面尺寸,从而使建筑有效使用面积降低,而使用轻质高强的钢材可在保证承载力的同时减小构件尺寸,因此钢结构在高层建筑中的应用也越来越广泛。上海中心大厦(图1.7)建于2016年,总高度为632 m,地下5层,地上121层,承载力体系由核心筒、巨型框架柱和桁架加强层共同组成,其中核心筒和巨型柱均为劲性混凝土构件,该类劲性构件由型钢或钢板与混凝土组合而成;桁架加强层由伸臂桁架和带状桁架组成,构件均为钢构件。

5)抗震要求较高的建筑

满足同等建筑要求的钢结构自重小于混凝土结构,地震作用时地震效应小;同时钢结构的延性比混凝土大、耗能效果好,所以钢结构建筑的抗震性能优于混凝土结构,更适用于抗震要求高的结构。

某办公楼如图1.8(a)所示,高90 m,抗震设防烈度为8度0.3g,Ⅲ类场地,距离活动断裂带只有3 km,抗震要求高。办公楼采用钢框架结合阻尼支撑的结构体系,如图1.8(b)、(c)所示,其基底地震剪力分析值只为方案比选时钢筋混凝土框架与剪力墙混合结构体系方案基底地震剪力分析值的1/10。

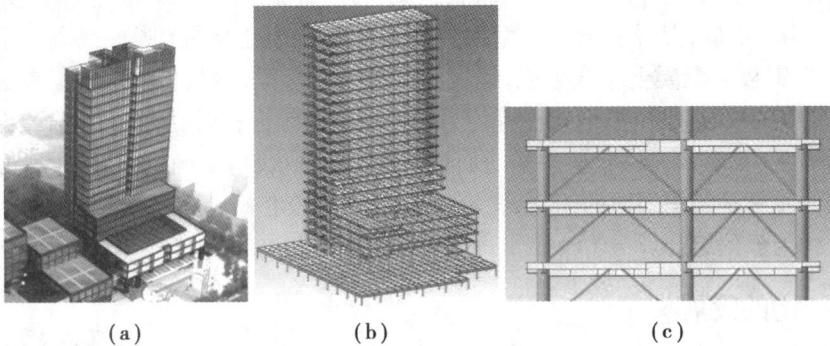

(a)　　　　　　　(b)　　　　　　　(c)

图1.8 某高烈度区高层建筑

6)存储和输配送结构

采用焊接连接的钢结构水密性和气密性较好,因此在油库、油罐、天然气输送管道、煤气柜等燃料存储和输配送结构中使用较多。

如图1.9所示的煤气柜是一种储存工业生产过程中产生的废弃煤气并进行再次利用的压力容器,在我国宝钢等特大型钢铁厂中常有配置,其高度可超过100 m,内部有上下活动的巨大活塞以保持煤气的压强,对气密性要求极高。

7)便于拆卸和移动的结构

钢结构的拼装及拆卸都较为方便快捷,可反复拆装、重复使用,因此在需要拆卸和移动的临时性结构中使用较多,如工地临时用房、灾区临时住房、塔式起重机身、龙门起重机等。图1.10为某工地的活动板房。

8)组合结构

钢结构与钢筋混凝土结构各有优势,将二者巧妙组合可以充分发挥各自优势。钢与混凝土的组合包含两个层面的组合:一是构件层面的组合,通常称为组合结构(composite

图 1.9　某大型煤气柜

图 1.10　工地活动板房

structure)；另一种是结构层面的组合，通常称为混合结构(hybrid structure)。构件层面的组合指结构的承载构件由型钢和混凝土两种材料构成，目前常见的组合结构有型钢混凝土劲性构件(型钢位于构件内部，混凝土包覆于型钢外侧)，钢管混凝土构件(圆形或方形钢管内浇筑混凝土)，压型钢板与混凝土组合楼板，钢板与混凝土组合梁，钢板剪力墙等。前述上海中心大厦(图 1.7)中的核心筒、巨型框架柱等均为构件层面的组合；结构层面的组合指结构由两种或多种结构体系(如框架、排架、剪力墙、筒体等)组合而成，例如，高层常用的钢框架-混凝土核心筒结构体系就是结构层面的组合，上海中心大厦的核心筒、巨型框架与钢桁架加强层的组合也是结构层面的组合。

1.2.2　钢结构的发展

改革开放至今，我国钢结构得到空前的发展，虽然耐火性与耐久性差等缺点使得钢结构在应用上存在一定的局限，但良好的力学性能、巨大的产业化潜力及突出的环保优势仍使其具有广阔的发展前景。本节主要从材料、结构形式及设计理论 3 个方面对钢结构的发展趋势进行探讨。

1)高性能钢材的发展

随着高层及超高层建筑、大跨度工业厂房、城市高架桥和大型桥梁等现代结构形式对承载能力要求的不断提高，结构对钢材力学性能、工艺性能和耐久性能等也有了更高的要求，因此高性能钢材应运而生。所谓高性能钢材(High Performance Steel，简称 HPS)，是指在强度、塑性、韧性、可焊性、抗腐蚀性、耐候性、耐火性等方面优于传统钢材的特殊钢材。高强度钢材是指具有高强度(强度等级 ≥460 MPa)、良好延性、韧性及加工性能的结构钢材，它是高性能钢材中的一种。

近几年来，新的钢材生产工艺大幅度提高了钢材的强度和加工性能，同时与超高强度钢材(强度标准值为 460～1 100 MPa) 相匹配的具有足够强度、良好韧性和延性的焊缝金属材料和焊接技术也已经比较成熟，完全能够满足构件的加工制作要求，这使得超高强度钢材应用于钢结构成为可能。高强钢结构在结构受力性能、建筑使用功能及社会经济和环保效益等方面具有显著优势,不仅能够进一步提高结构的安全性和可靠性,而且可以创造更大的建筑使用空间、实现更灵活的建筑表现,同时能够节约建筑工程总成本,降低能耗和不可再生资源消耗量及碳排放量,符合我国可持续发展战略及节能环保型社会的创建,属于绿色环保型建筑体系。近年来,高强钢在日本、美国、中国等国家及欧洲已有工程应用实例,涉及建筑结构、桥梁工程与输电塔结构等领域。我国高强钢的应用和研究历史还较短,我国的《钢结构设计规范(GB 50017—2003)》没有针对钢材强度等级在 460 MPa 及以上钢结构的设计条文,这也制约了高强度钢材在建筑结构中的应用。

为了缩短与发达国家的差距,我国更应积极推进高性能钢材的研究及应用。目前我国高性能钢材发展滞后面临的问题主要有 3 个方面:一是钢厂及研究单位对新钢种的相关试验数据不足,导致高性能钢还没有纳入相应的规范和标准;二是建筑和桥梁设计者对新钢种认识不足,只能按照旧指标选用钢材;三是相应配套的焊接工艺和焊接材料复杂,焊接接头存在力学性能不高、焊接热影响区软化等。

2)结构形式的革新

随着建筑及构筑物的跨度、高度、使用功能等的不断增加,对结构性能的要求也越来越高,传统的结构形式已不能完全满足增长的性能要求,亟需探索出力学性能更好、性价比更高、更环保的新型结构。

广义组合结构是指将不同材料或构件组合在一起的结构形式,在设计时将不同材料和构件的性能同时纳入整体进行考虑,以最有效地发挥各种材料和构件的优势,获得更好的结构性能和综合效益。钢与混凝土是两种性质截然不同的材料,它们取长补短、相互协作,共同发挥各自优势,将会带来良好的结构性能,目前二者在节点、构件、结构层面都有合理的组合。

钢管混凝土结构在薄壁钢管(圆管或方管)灌注素混凝土,在承受竖向压力作用下,钢管环向受拉,给内部混凝土提供侧向紧箍力,使混凝土产生三向受压应力状态,从而提高构件的强度和塑性;型钢混凝土则是在钢筋混凝土构件内部加入型钢,型钢不但能承受较大的轴向压应力,而且在混凝土包裹下不易发生失稳破坏,在充分利用型钢强度的同时有效降低柱截面尺寸和轴压比;钢板剪力墙在传统混凝土剪力墙中间加入整片钢板,通过有效连接措施使钢板与混凝土墙体共同受力,提高剪力墙的承载能力;钢框架-钢筋混凝土核心筒则是在结构层面的组合应用,利用钢筋混凝土核心筒的刚度优势和钢框架的承载力优势共同受力,可提供良好的抗侧力性能,在高层和超高层建筑中较为适用。

今后的发展方向有新型钢组合构件的研发、组合结构体系的发展、钢结构组合加固技术的创新、新型建筑材料与钢材的优化组合等。

3)钢结构分析与设计理论的发展

要将高性能钢材与新型结构应用于实际工程,需要与之配套的结构分析理论、结构设计理论、施工方法与技术等。高性能钢结构受力性能研究、新型结构的分析和设计理论研究都是今后钢结构分析与设计理论的发展趋势。

2

钢结构材料

【内容提要】

本章介绍了钢结构对材料的要求,主要讲述了钢材的破坏及主要性能,影响钢材性能的主要因素,钢结构用钢材的分类、规格和选用原则。

【学习重点】

钢材破坏及主要性能。

【学习难点】

影响钢材性能的主要因素。

2.1 结构用钢材的性能要求

材料的性能直接影响着结构的性能。钢是以铁和碳为主要成分的合金,其中铁是最基本的元素,碳和其他元素所占比例甚少,但却左右着钢材的物理和化学性能。钢材的性能与其化学成分、组织构造、冶炼和成型方法等内在因素密切相关。钢材的种类很多,不同种类的钢材,性能相差较大,如果能够选择合适的钢材,不仅使结构安全可靠和满足使用要求,而且能最大可能地节约钢材和降低造价。

钢结构对钢材的要求是多方面的,主要有力学性能、加工性能、耐久性能 3 个方面。

1)力学性能的要求

(1)较高的强度

较高的强度是要求钢材的抗拉强度和屈服强度比较高。如果抗拉强度高,则增加了结构的安全储备;如果屈服强度高,可以减小构件的截面,从而减小自重,节约钢材,降低造价。

(2)良好的塑性

良好的塑性性能可以调整局部峰值应力,使应力得到重分布,并能使结构在被破坏前有较明显的变形,提高构件的延性,避免结构发生脆性破坏,提高结构的抗震能力。

(3)良好的冲击韧性

良好的冲击韧性可提高结构抗动力荷载的能力,避免发生裂纹和脆性断裂。

2)加工性能的要求

(1)良好的冷加工性能

钢材经常在常温下进行加工,良好的冷加工性能可保证钢材加工过程中不发生裂纹或脆断,从而不因加工对塑性、韧性和强度带来较大的影响。

(2)良好的可焊性

可焊性是衡量钢材的热加工性能的重要指标。可焊性可分为施工上的可焊性和使用性能上的可焊性。施工上的可焊性是指钢材在焊接时所产生的高温热循环作用下不产生裂纹和热效应。使用性能上的可焊性是指焊缝和焊接热影响区的力学性能不低于母材的力学性能。良好的可焊性是指在一定的材料、焊接工艺条件下,焊缝金属和近缝区钢材不产生裂纹,钢材经过焊接后能够获得良好的性能。

3)耐久性能的要求

对于长期暴露于空气中或经常处于干湿交替环境下的钢结构,容易产生锈蚀破坏。腐蚀对钢结构的危害不仅局限于对钢材有效截面的均匀削弱,而且由此产生的局部锈蚀会导致应力集中,从而降低结构的承载力,使其产生脆性破坏。因此影响钢材使用寿命主要有两个方面:首先是钢材的耐腐蚀性较差,其次是在长期荷载、反复荷载和动力荷载作用下钢材力学性能的恶化。所以对钢材的防锈蚀问题及防腐措施应特别重视,良好的耐久性能可提高钢结构的使用寿命。

2.2　钢材的破坏形式

在钢结构工程中,钢材的破坏形式有两类:塑性破坏和脆性破坏。

塑性破坏的特点是钢材在加载后有明显的变形,破坏前有裂缝预兆,断裂时断口呈纤维状,色泽发暗,有时能看到有滑移的痕迹。钢结构出现塑性破坏时变形特征明显,可以及时采取措施予以补救,危险性相对于脆性破坏稍小。

脆性破坏的特点是钢材在加载后无明显的变形,破坏前无裂缝预兆,断裂时断口平齐,且有光泽的晶粒状。钢结构出现脆性破坏时变形特征不明显,具有突然性,无法及时觉察和采取补救措施,而且个别构件的断裂常引起整个结构塌毁,因此脆性破坏危险性很大。在钢结构工程的设计、施工和使用过程中,应采取有效措施避免发生脆性破坏。

2.3 钢材的主要性能

2.3.1 单向均匀拉伸时的性能

通常以标准条件下静力拉伸试验的应力-应变曲线来表示钢材在单向均匀受拉时的工作性能。所谓标准条件,是指标准试件、常温、缓慢加载。图 2.1 为低碳钢和低合金钢一次拉伸时的应力-应变曲线。

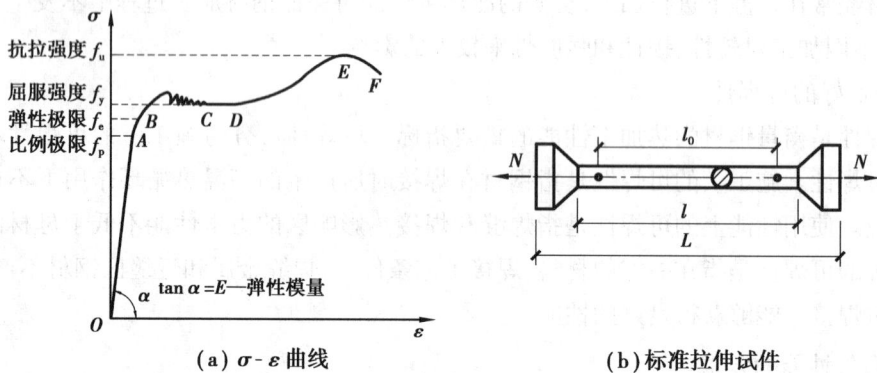

(a) σ-ε 曲线　　　　(b)标准拉伸试件

图 2.1　钢材单向均匀拉伸时的 σ-ε 曲线

从图中可以看出,钢材的工作性能可分成 4 个阶段:

(1)第一阶段:弹性阶段(图 2.1 中 OB 段)

此阶段,应力与应变基本成线性比例关系,当完全卸载时,变形能全部恢复,没有残余变形,即荷载降为零时,变形也降为零。其中 OA 段为一条斜直线,应力与应变成正比关系,符合虎克定律。A 点所对应的应力为比例极限 f_p,而 B 点所对应的应力为弹性极限 f_e,由于比例极限 f_p 和弹性极限 f_e 非常接近,故通常将弹性极限 f_e 以内的线段,即 OAB 段近似看成直线段,在应力小于 f_e 范围内,材料不会留下残余变形。在钢结构设计中,对所有钢材统一取 E 值为一常量 2.06×10^5 MPa。

(2)第二阶段:屈服阶段(图 2.1 中 BCD 段)

此阶段,应力与应变不再成线性比例关系,应变增大加快,材料进入弹塑性阶段。随后,应力呈锯齿形波动,常出现应力不增加而应变继续增加的现象,卸载后试件不能完全恢复原来的长度,这个阶段称之为屈服阶段。卸载后能消失的变形称弹性变形,而不能消失的这一部分变形称塑性变形或残余变形。应力波动的最高点和最低点分别称为上屈服点和下屈服点,上屈服点受试验条件(加荷速度、试件形状、试件对中的准确性)影响较大,而下屈服点较稳定,因此,一般采用下屈服点作为钢材屈服点或屈服强度 f_y,屈服阶段从开始到曲线再度上升(D 点)的变形范围较大,相应的应变幅度称为流幅。对低碳钢 f_y 对应的应变 ε 约为 0.15%。

钢材达到屈服强度 f_y 以后,应力不增加,应变增加很快,出现使用上不允许的残余变形。根据试验,可将钢材看作理想弹塑性体,此时,设计时钢材的最大应力可取屈服强度 f_y,如图 2.2 所示。

（3）第三阶段:强化阶段(图 2.1 中 *DE* 段)

屈服阶段之后,曲线再度上升,但应变的增加快于应力的增加,塑性特性明显,这个阶段称为强化阶段。对应于 *E* 点的应力为抗拉强度或极限强度 f_u。

（4）第四阶段:颈缩阶段(图 2.1 中 *EF* 段)

到达极限强度后,即使荷载不增加,钢材应力降低,应变增加,此时塑性变形增加很快,试件出现局部截面横向收缩,直至 *F* 点试件断裂,称为颈缩现象。

而对高强度钢材(如热处理钢材),应力-应变曲线没有明显的屈服阶段,是一条连续的曲线。这类钢的屈服点(或屈服强度)是以卸荷后试件中残余应变为 0.2% 所对应的应力定义的,称为条件屈服点,如图 2.3 所示。

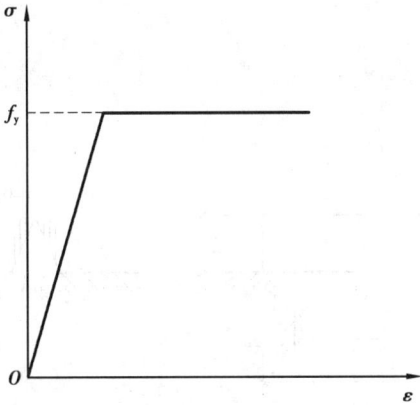

图 2.2　理想弹塑性体的 σ-ε 曲线　　　　图 2.3　钢材的条件屈服点

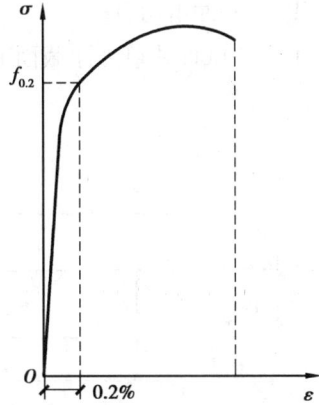

值得注意的是,钢材在单向受压时的受力性能与单向受拉时的受力性能基本相同,受剪的情况也类似。钢材和钢铸件的弹性模量 *E*、剪变模量 *G*、线膨胀系数 α 和质量密度 ρ 如表 2.1 所示。

表 2.1　钢材和钢铸件的物理性能指标

弹性模量 *E* /(N·mm^{-2})	剪变模量 *G* /(N·mm^{-2})	线膨胀系数 α （以每℃计）	质量密度 ρ /(kg·m^{-3})
2.06×10^5	7.9×10^4	1.2×10^{-5}	7.85×10^3

2.3.2　反复荷载作用下的性能

当钢材在反复荷载下的应力低于屈服强度,即材料处于弹性阶段时,次数不多的反复荷载作用对钢材的性能没有影响,也不存在残余应变。但如果循环次数达到一定数值以后,钢材会发生突然的脆性破坏,即高周疲劳破坏,简称疲劳破坏,如吊车梁破坏。

当钢材反复应力高于屈服强度(即材料处于弹塑性阶段)时,反复荷载会使钢材的残余应变逐渐增长,最后产生的破坏称为低周疲劳破坏,如地震作用下的结构破坏。钢材在受拉产生塑性变形后,卸载并反向加载使钢材受压,则钢材的抗压屈服强度会降低,这种现象称为包辛格效应。应力-应变曲线形成滞回曲线,滞回环所围面积代表荷载循环一次单位体积的钢材所吸收的能量。

2.3.3　钢材的冲击韧性

冲击韧性是钢材在塑性变形和断裂过程中吸收能量的能力。它反映的是钢材的抗冲击性能，其值可用冲击试验确定。在冲击试验中，一般采用截面尺寸为 10 mm×10 mm，长度为 55 mm，中间开有小槽（国际上通常采用夏比 V 形缺口）的长方形试件（图 2.4），将其放在摆锤式冲击试验机上进行试验。冲断试样后，可由式（2.1）求出其冲击韧性：

$$\alpha_{kV} = \frac{A_{kV}}{A_n} \qquad (2.1)$$

式中　α_{kV}——冲击韧性，J/cm^2；

A_{kV}——冲击功，J；

A_n——试件缺口处净截面面积，cm^2。

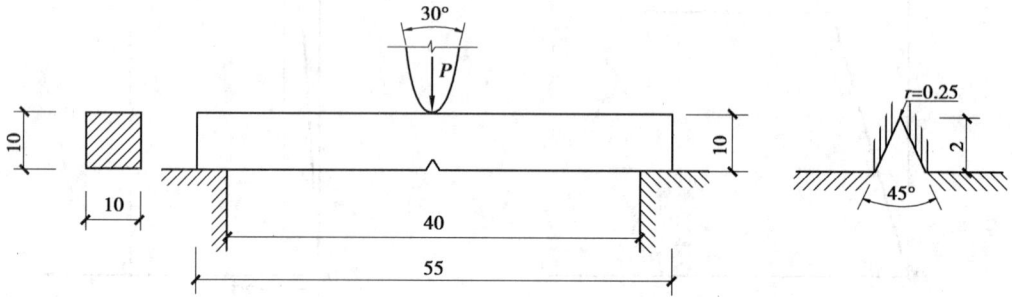

图 2.4　冲击韧度试验及试件缺口形式示意图

冲击韧性 α_{kV} 受试验温度影响很大，温度越低，冲击韧性越低，当温度低于某一临界值时，其值急剧降低。因此，设计处于低温环境中工作的重要结构时，不仅要保证钢材在常温（20 ℃）下的冲击韧性，还要保证其在低温下（-20 ℃或-40 ℃）的冲击韧性。

2.3.4　钢材的冷弯性能

冷弯性能是指钢材在冷加工（即在常温下加工）产生塑性变形时，对产生裂纹的抵抗能力。钢材的冷弯性能常用冷弯试验来检验。冷弯试验在材料试验机上进行，根据试件厚度，按照规定的弯心直径 d 通过冷弯冲头加压，如图 2.5 所示。当试件弯曲至180°时，如弯曲部

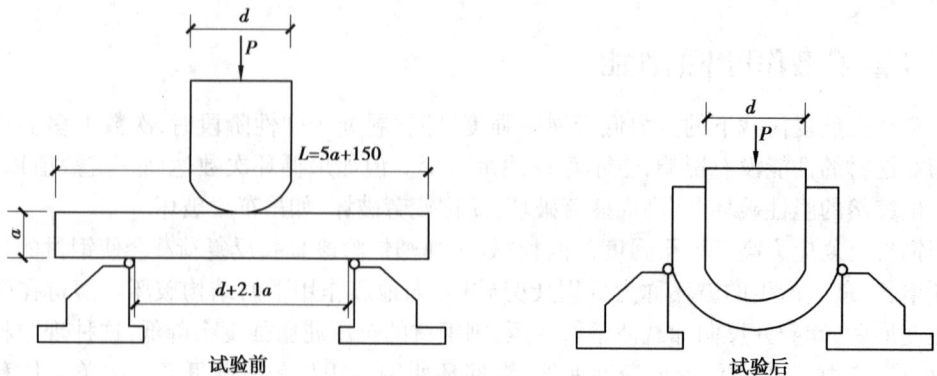

图 2.5　冷弯试验示意图

分的表面无裂纹、断裂或分层,即认为试件冷弯性能合格。

通过冷弯试验,我们不仅能检验钢材的弯曲变形能力,还能暴露出钢材的内部冶金缺陷(晶粒组织、结晶情况和非金属夹杂物分布等缺陷),因此它是判断钢材塑性变形能力和冶金质量的综合试验。

2.4 影响钢材性能的主要因素

2.4.1 化学成分的影响

化学成分直接影响钢的颗粒组织和结晶构造,从而密切影响钢材的力学性能。

碳素结构钢中纯铁含量约占99%,其余如有利元素碳、硅、锰及有害元素硫、磷、氮、氧、氢等约占总含量的1%,属微量元素。

碳是各种钢中的重要元素之一,在碳素结构钢中则是除铁以外的最主要元素。碳是形成钢材强度的主要成分,随着含碳量的提高,钢的强度逐渐增高,而塑性和韧性下降,冷弯性能、焊接性能和抗锈蚀性能等也变差。碳素钢按碳的含量区分,小于0.25%的为低碳钢,介于0.25%和0.6%之间的为中碳钢,大于0.6%的为高碳钢。含碳量超过0.3%时,钢材的抗拉强度很高,但却没有明显的屈服点,且塑性很小。含碳量超过0.2%时,钢材的焊接性能将开始恶化。因此,规范推荐的钢材,含碳量均不超过0.22%,对于焊接结构则严格控制在0.2%以内。

硅是有益元素,在普通碳素钢中,它是一种强脱氧剂,常与锰共同除氧,生产镇静钢。适量的硅,可以细化晶粒,提高钢的强度,而对塑性、韧性、冷弯性能和焊接性能无显著不良影响,但过量的硅会恶化焊接性能和抗锈蚀性能。硅的含量在一般镇静钢中为0.12%~0.30%,在低合金钢中为0.2%~0.55%。

锰是有益元素,在普通碳素钢中,它是一种弱脱氧剂,可提高钢材强度,消除硫对钢的热脆影响,改善钢的冷脆倾向,同时不显著降低塑性和韧性。锰还是我国低合金钢的主要合金元素,其含量为0.8%~1.8%。但锰对焊接性能不利,因此含量也不宜过多。

硫是有害元素,常以硫化铁形式夹杂于钢中。当温度达800~1 000 ℃时,硫化铁会熔化使钢材变脆,因而在进行焊接或热加工时,有可能引发热裂纹,称为热脆。此外,硫还会降低钢材的冲击韧性、疲劳强度、抗锈蚀性能和焊接性能等。非金属硫化物夹杂经热轧加工后还会在厚钢板中形成局部分层现象,在采用焊接连接的节点中,沿板厚方向承受拉力时,会发生层状撕裂破坏。因此,应严格限制钢材中的含硫量。随着钢材牌号和质量等级的提高,含硫量的限值由0.05%依次降至0.025%,厚度方向性能钢板(抗层状撕裂钢板)的含硫量更限制在0.01%以下。

磷可提高钢的强度和抗锈蚀能力,但却严重地降低钢的塑性、韧性、冷弯性能和焊接性能,特别是在温度较低时促使钢材变脆,称为冷脆。因此,磷的含量也要严格控制。随着钢材牌号和质量等级的提高,含磷量的限值由0.045%依次降至0.025%。但是当采取特殊的冶炼工艺时,磷可作为一种合金元素来制造含磷的低合金钢,此时其含量可达0.12%~0.13%。

氧和氮属于有害元素。氧与硫类似,使钢热脆,氮的影响和磷类似,因此均应严格控制其含量。但当采用特殊的合金元素时,氮可作为一种合金元素来提高低合金钢的强度和抗腐蚀性。

氢是有害元素,呈极不稳定的原子状态溶解在钢中,其溶解度随温度的降低而降低,常在结构疏松区域、孔洞、晶格错位和晶界处富集,生成氢分子,产生巨大的内压力,使钢材开裂,称为氢脆。氢脆属于延性破坏,在有拉应力作用下,常需要经过一定孕育发展期才会发生。在破裂面上常可见到白点,称为氢白点。含碳量较低且硫、磷含量较少的钢,氢脆敏感性低。钢的强度等级越高,对氢脆越敏感。

另外,合金元素也可明显提高钢的综合性能,如钒、钛、铌可提高钢的韧度,稀土有利于脱氧脱硫,镍、钼、铬可提高钢的低温韧度,铜可提高钢的耐腐蚀性能等。

2.4.2 冶金缺陷的影响

钢材在冶炼过程中,常因冶炼及浇筑方法不当而产生各种冶金缺陷,常见的冶金缺陷有偏析、非金属夹杂、气孔、裂纹及分层等。

1) 偏析

偏析是指钢中化学成分不一致和不均匀性。偏析会严重影响钢材的力学性能,特别是硫、磷等有害杂质的偏析,严重导致钢材的强度、塑性、韧性和焊接性能的恶化。

2) 非金属夹杂

非金属夹杂是指钢中含有硫化物与氧化物等杂质。非金属夹杂产生的原因有两个:一是钢坯带来的表面非金属夹杂物;二是在加热或轧制过程中,偶然有非金属夹杂物(如加热炉的耐火材料及炉渣等)黏附在钢坯表面上,轧制时被压入钢材,冷却经矫直后部分脱落。硫化物会使钢材在高温时变脆,氧化物严重降低钢材的力学性能和工艺性能。

3) 气孔和裂纹

气孔是浇注钢锭时,由氧化铁与碳作用所生成的一氧化碳气体不能充分逸出而形成的。产生裂纹的原因有3个:一是钢坯有裂缝或有皮下气泡、非金属夹杂物,经轧制破裂暴露;二是加热温度不均匀,温度过低,轧件在轧制时各部延伸与宽展不一致;三是加热速度过快、炉尾温度过高或轧制后冷却不当。气孔和裂纹的存在使钢材的均质性遭到破坏,成为脆性破坏的根源,使钢材的主要性能大大降低。

4) 分层

产生分层的原因也有3个:一是由于镇静钢的缩孔或沸腾钢的气囊未切净;二是钢坯的皮下气泡,严重疏松,浇注时的非金属夹杂物在乳制后能造成钢材的分层;三是钢坯的化学成分偏析严重,当轧制较薄规格时,也可能形成分层。分层使钢材在厚度方向上几乎失去抗拉承载力,会严重降低钢材的冷弯性能。这些缺陷所产生的影响会在结构或构件受力、加工制作时表现出来,在分层的夹缝里还容易侵入潮气从而引起钢材锈蚀,从而大大降低钢材的韧性、疲劳强度和抗脆断能力。

2.4.3 钢材硬化的影响

钢材的硬化有3种情况:时效硬化、冷作硬化(或应变硬化)和应变时效硬化。在高温时溶于铁中的少量氮和碳,随着时间的增长逐渐由固溶体中析出,生成氮化物和碳化物,散存在铁素体晶粒的滑动界面上,对晶粒的塑性滑移起到遏制作用,从而使钢材的强度提高,塑性和韧性下降,这种现象称为时效硬化(也称老化),如图2.6所示。产生时效硬化的过程一般较长,但在振动荷载、反复荷载及温度变化等情况下,会加速发展。

在冷加工(或一次加载)使钢材产生较大的塑性变形的情况下,卸荷后再重新加载,钢材的屈服点提高,塑性和韧性降低的现象称为冷作硬化,如图2.6(a)所示。

在钢材产生一定数量的塑性变形后,铁素体晶体中的固溶氮和碳将更容易析出,从而使已经冷作硬化的钢材又发生时效硬化现象,称为应变时效硬化,如图2.6(b)所示。这种硬化在高温作用下会快速发展,人工时效就是据此提出来的。方法是:先使钢材产生10%左右的塑性变形,卸载后再加热至250 ℃,保温1 h后在空气中冷却。用人工时效后的钢材进行冲击韧性试验,可以判断钢材的应变时效硬化倾向,确保结构具有足够的抗脆性破坏能力。

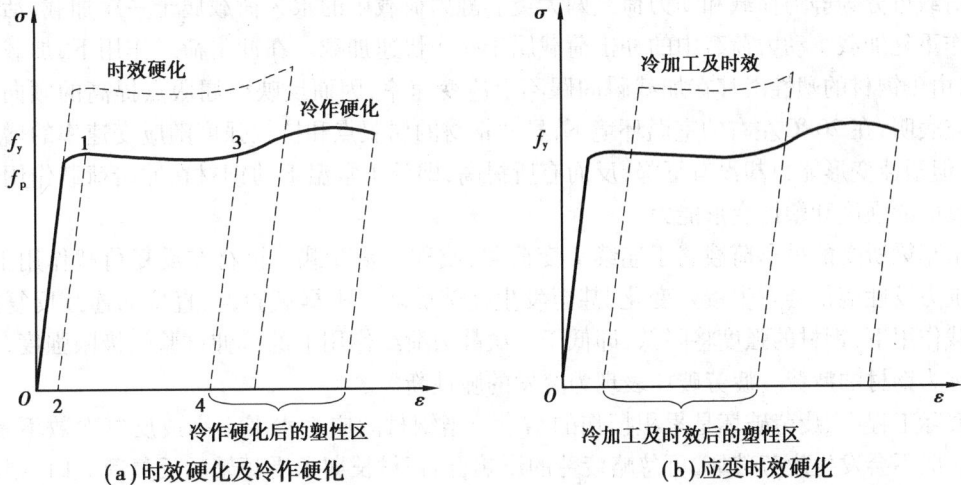

(a)时效硬化及冷作硬化　　(b)应变时效硬化

图2.6　硬化对钢材性能的影响

对于比较重要的钢结构,要尽量避免局部冷作硬化现象的发生。如钢材的剪切和冲孔,会使切口和孔壁发生分离式的塑性破坏,在剪断的边缘和冲出的孔壁处产生严重的冷作硬化,甚至出现微细的裂纹,促使钢材局部变脆。此时,可将剪切处刨边;冲孔用较小的冲头,冲完后再行扩钻,也可完全改为钻孔来除掉硬化部分或避免发生硬化。

2.4.4　应力集中的影响

钢构件在孔洞、缺口、凹角等缺陷或截面变化处,由于截面突然改变,致使应力线曲折、密集,故在孔洞边缘或缺口尖端附件,产生局部高峰应力,其余部位应力较低,应力分布很不均匀,这种现象称为应力集中。

应力集中的严重程度用应力集中系数衡量,缺口边缘沿受力方向的最大应力 σ_{max} 和按净截面的平均应力 $\sigma_0 = N/A_n$(A_n 为净截面面积)的比值称为应力集中系数,即 $k = \sigma_{max}/\sigma_0$。

具有不同缺口形状的钢材拉伸试验结果表明:截面形状变化的试件,在试验过程中表现出高强钢的脆性破坏特征,钢材拉伸时无明显屈服点,截面改变的尖锐程度越大的试件,其应力集中现象就越严重,引起钢材脆性破坏的危险性就越大。

在负温或动力荷载作用下,应力集中往往是引起脆性断裂的根源,设计中应设法避免或减小应力集中,并选择性能优良的钢材。

应力集中现象还可能由内应力产生。内应力的特点是力系在钢材内自相平衡,而与外力无关,其在浇铸、轧制和焊接加工过程中,因不同部位钢材的冷却速度不同,或因不均匀加热和冷却而产生。其中,焊接残余应力的量值往往很高,在焊缝附近的残余拉应力常达到屈服点,而且在焊缝交叉处经常出现双向,甚至三向残余拉应力场,使钢材局部变脆。当外力引起的应力与内应力处于不利组合时,会引发脆性破坏。

综上所述,在进行钢结构设计时,应尽量使构件和连接节点的形状和构造合理,防止截面的突然改变。

2.4.5 荷载的影响

荷载可分为静力荷载和动力荷载两大类。静力荷载中的永久荷载属于一次加载,活荷载可看作重复加载。动力荷载中的冲击荷载属于一次快速加载。在冲击荷载作用下,加载速度很高,由于钢材的塑性滑移在加载瞬间跟不上应变速率,因而反映出屈服点提高的倾向。试验研究表明,在 20 ℃左右的室温环境下,虽然钢材的屈服点和抗拉强度随应变速率的增加而提高,但塑性变形能力却没有下降,反而有所提高,即处于常温下的钢材在冲击荷载作用下仍保持良好的强度和塑性变形能力。

吊车梁所受的吊车荷载属于连续交变荷载,或称反复荷载。钢材在反复荷载作用下,结构的抗力及性能都会发生重要变化,甚至发生疲劳破坏。根据试验,在直接的连续反复的动力荷载作用下,钢材的强度将降低,即低于一次静力荷载作用下的拉伸试验的极限强度,这种现象称为钢材的疲劳。疲劳破坏表现为突发的脆性断裂。

实际工程中,疲劳破坏是累积损伤的结果。当钢材的应力水平不高或反复次数不多时,钢材一般不会发生疲劳破坏,可忽略疲劳的影响;当钢材长期承受频繁的反复荷载时,则需考虑钢材的"缺陷"。例如承受重级工作制吊车的吊车梁等,在设计中就必须考虑结构的疲劳问题。

实践证明,钢材的疲劳强度取决于应力集中和应力循环次数。截面几何形状突然改变处的应力集中,对疲劳尤为不利。在反复荷载作用下,先在钢材缺陷处生成一些极小的裂痕,此后这种微观裂痕逐渐发展成宏观裂纹,试件截面削弱,而在裂纹根部出现应力集中现象,使材料处于三向拉伸应力状态,塑性变形受到限制,当反复荷载达到一定的循环次数时,材料终于被破坏,并表现为突然的脆性断裂。钢材疲劳破坏后的截面断口一般具有光滑和粗糙两个区域,光滑部分表现出裂缝的扩张和闭合过程是由裂缝逐渐发展的结果,疲劳破坏是在反复荷载作用下的缓慢转变过程;而粗糙部分表明钢材最终断裂一瞬间的脆性破坏性质与拉伸试验的断口相似,断裂是瞬间突然的,可见钢材疲劳破坏是比较危险的。

钢结构的脆性破坏往往是多种因素影响的结果,例如当使用应力较高、荷载速度增大、温度降低、特别是多种因素同时存在时,材料或构件就有可能发生脆性断裂。为防止脆性破坏的发生,需要在各阶段注意相关事项:设计时注意选择合适的材料和正确处理细部构造设计,力求构造合理,避免构件截面剧烈变化,使应力能均匀、连续地传递;施工时严格遵守设计对施工所提出的技术要求进行;在使用阶段不随意焊接附加的零部件,不超负荷使用结构。

通常钢结构的疲劳破坏属高周低应变疲劳,即总应变幅小,破坏前荷载循环次数多。《钢结构设计规范》(第 6.1.1 条)规定,直接承受动力荷载重复作用的钢结构构件及其连接,当应力变化的循环次数 $n \geq 5 \times 10^4$ 次时,应进行疲劳计算。疲劳计算采用容许应力幅法,应力按弹性状态计算,容许应力幅按构件和连接类别以及应力循环次数确定。在应力循环中不出现拉应力的部位可不计算疲劳。

2.4.6 温度的影响

1)升温的影响

当钢材温度在正温范围内由 0 ℃ 上升至 150 ℃,钢材的强度、弹性模量和塑性均与常温相近,变化不大。图 2.7 给出了低碳钢在不同正温下的单调拉伸试验结果。由图中可以看出,温度较低时,钢材的强度微降,塑形微增,性能有小幅波动,但在 250 ℃ 左右,抗拉强度有局部性提高,伸长率和断面收缩率均降至最低,出现了所谓的蓝脆现象(钢材表面氧化膜呈蓝色),显然钢材的热加工应避开这一温度区段;在 300 ℃ 以后,强度和弹性模量均开始显著下降,塑性显著上升;达到 600 ℃ 时,强度几乎为零,塑性急剧上升,钢材处于热塑性状态。

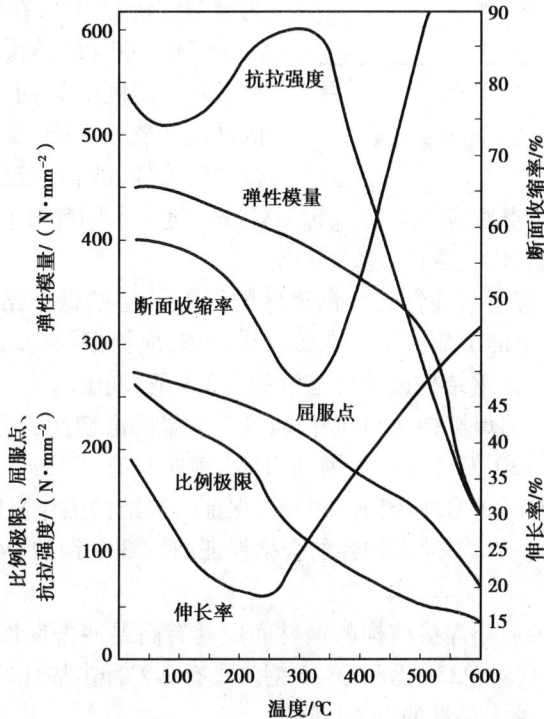

图 2.7 低碳钢在高温下的性能

由图 2.7 可看出,钢材具有一定的抗热性能,但不耐火,一旦钢结构的温度达 600 ℃ 及以上时,会在瞬间因热塑而倒塌。因此,受高温作用的钢结构,应根据不同情况采取防护措施:当结构可能受到熔化的金属侵害时,应采用砖或耐热材料做成的隔热层加以保护;当结构表面长期受辐射热达 150 ℃ 以上或在短时间内可能受到火焰作用时,应采取有效的防护措施(如加隔热层或水套等)。防火是钢结构设计中应考虑的一个重要问题,通常按国家有关防火的规范或标准,根据建筑物的防火等级对不同构件所要求的耐火极限进行设计,选择合适的防火保护层(包括防火涂料等的种类、涂层或防火层的厚度及质量要求等)。

2)降温的影响

当材料由常温降到负温时,钢材的强度略有提高,而塑性和韧性降低,逐渐变脆。随着温度继续降低到某一负温区间时,其冲击韧度陡降,破坏特征明显地由塑形破坏转变为脆性破坏,这称为钢材的低温冷脆。

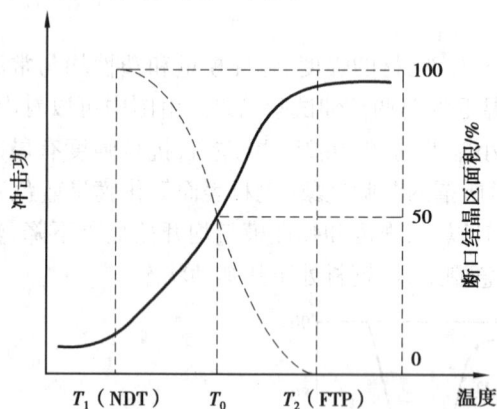

图 2.8 冲击韧性与工作温度的关系

钢材的冲击韧性对温度十分敏感,图 2.8 给出了冲击韧性与工作温度的关系。图中实线为冲击功随温度的变化曲线,虚线为试件断口中晶粒状区所占面积随温度的变化曲线,温度 T_1 为脆性转变温度或零塑性转变温度,在该温度以下,冲击试件断口由 100% 晶粒状组成,表现为完全的脆性破坏。温度 T_2 为全塑性转变温度,在该温度以上,冲击试件的断口由 100% 纤维状组成,表现为完全的塑性破坏。温度由 T_2 向 T_1 降低的过程中,钢材的冲击功急剧下降,试件的破坏性质也从韧性变为脆性,故称该温度区间为脆性转变温度区。冲击功曲线的反弯点对应的温度 T_0 称为转变温度。不同牌号和等级的钢材具有不同的转变温度区和转变温度,均应通过试验来确定。

设计中选用钢材时,应使其脆性转变温度区的下限温度 T_1 低于结构所处的工作环境温度,才可保证钢结构低温下的工作安全。在工程实际中,应根据结构所处的工作温度选择相应的钢材作为防脆断措施,《钢结构设计规范》(第3.3.4条)规定:

①对于需要验算疲劳的焊接结构的钢材,应具有常温冲击韧性的合格保证。当结构工作温度不高于 0 ℃ 但高于-20 ℃ 时,Q235 钢和 Q345 钢应具有 0 ℃ 冲击韧性的合格保证;对 Q390 钢和 Q420 钢应具有-20 ℃ 冲击韧性的合格保证。当结构工作温度不高于-20 ℃ 时,对 Q235 钢和 Q345 钢应具有-20 ℃ 冲击韧性的合格保证;对 Q390 钢和 Q420 钢应具有-40 ℃ 冲击韧性的合格保证。

②对于需要验算疲劳的非焊接结构的钢材亦应具有高温冲击韧性的合格保证。当结构工作温度不高于-20 ℃ 时,对 Q235 钢和 Q345 钢应具有 0 ℃ 冲击韧性的合格保证;对 Q390 钢和 Q420 钢应具有-20 ℃ 冲击韧性的合格保证。

2.5 钢材的类别和选用原则

2.5.1 钢材的类别

国家标准《钢分类》(GB/T 13304—2008)规定,钢材按化学成分,可分为非合金钢、低合金钢与合金钢 3 类。若按主要性能及使用特性来划分,非合金钢还可进一步分为以规定最低强度(碳素结构钢属于此类)或以限制含碳量为主的各种类别,低合金钢又可进一步划分为低合金高强度结构钢与低合金耐候钢等类别。钢结构中常用的只是碳素结构钢和低合金高强度结构钢中的几个牌号,以及性能较优的几类专用结构钢(如桥梁用钢、耐候钢及高层建筑结构用钢等)。对用于紧固件的螺栓及焊接材料类用钢,还需有其他工艺的要求。

2.5.2 钢材的牌号

钢材的牌号简称为钢号。下面分别对碳素结构钢、低合金高强度结构钢及某些专用结构钢的钢号表示方法及其代表含义简述如下。

1)碳素结构钢

碳素结构钢钢号由4个部分按顺序组成,它们分别是:

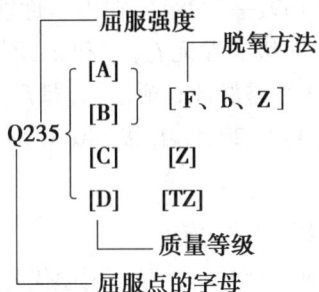

①代表屈服点的字母 Q。
②屈服强度 f_y 的数值,单位是 N/mm^2。
③质量等级符号 A、B、C、D,表示钢材质量等级,其质量从前至后依次提高。
④脱氧方法符号 F、b、Z 和 TZ,分别表示沸腾钢、半镇静钢、镇静钢和特殊镇静钢,其中 Z和 TZ 在钢号中可省略不写。

例如:

Q235A——屈服强度为 235 N/mm^2,A 级镇静钢;

Q235AF——屈服强度为 235 N/mm^2,A 级沸腾钢;

Q235Bb——屈服强度为 235 N/mm^2,B 级半镇静钢;

Q235C——屈服强度为 235 N/mm^2,C 级镇静钢;

Q235D——屈服强度为 235 N/mm^2,D 级特殊镇静钢。

钢材的质量等级中,A、B 级钢按脱氧方法分为沸腾钢、半镇静钢或镇静钢,C 级只有镇静钢,D 级只有特殊镇静钢。A、B、C、D 各级的化学成分及力学性能均有所不同,详细情况可参见《碳素结构钢》(GB/T 700—2006)。

碳素结构钢常用 5 种牌号:Q195、Q215、Q235、Q255 及 Q275。其中 Q235 是《碳素结构钢》(GB/T 700—2006)推荐采用的钢材。在力学性能方面,A 级只保证 f_y、f_u 和 δ_5,对冲击韧度不作要求,冷弯试验按需方要求而定;而对 B、C、D 三级,6 项指标 f_y、f_u、δ_5、Ψ、180°冷弯性能指标及常温或负温(B 级+20 ℃,C 级 0 ℃,D 级−20 ℃)对冲击韧度 A_{kv} 均需保证。

2)低合金高强度结构钢

低合金结构钢是在冶炼碳素结构钢时加入一种或几种适量的合金元素而成的。其钢材牌号的表示方法与碳素结构钢相似,但质量等级分为 A、B、C、D、E 这 5 级,由 A 到 E 表示质量由低到高。

低合金钢的脱氧方法为镇静钢或特殊镇静钢,应以热轧、冷轧、正火及回火状态交货。低合金钢表示方法举例如下：

Q345B——屈服强度为 345 N/mm^2，B 级镇静钢；

Q345C——屈服强度为 345 N/mm^2，C 级特殊镇静钢；

Q390A——屈服强度为 390 N/mm^2，A 级镇静钢；

Q390D——屈服强度为 390 N/mm^2，D 级特殊镇静钢；

Q420E——屈服强度为 420 N/mm^2，E 级特殊镇静钢。

按《低合金高强度结构钢》（GB/T 1591—2008）的划分，低合金高强度钢有 Q295、Q345、Q390、Q420 和 Q460 这 5 种。其中，Q345、Q390、Q420 这 3 种被重点推荐使用，详细情况可参见《低合金高强度结构钢》（GB/T 1591—2008）。在力学性能方面，Q345、Q390、Q420 这 3 种钢均为镇静钢和特殊镇静钢，其中 A 级需保证 f_y、f_u 及 δ_5，不要求保证冲击韧度，冷弯试验按需方要求保证，而对 B、C、D、E 这 4 级需保证 6 项指标，即 f_y、f_u、δ_5、Ψ、180°冷弯性能指标及常温或负温（B 级+20 ℃、C 级 0 ℃、D 级−20 ℃、E 级−40 ℃）冲击韧度 A_{kv} 均需保证。

3）专用结构钢

（1）特殊用途的钢结构常采用专用结构钢

专用结构钢的钢号是在相应钢号后再加上专业用途代号，如压力容器、桥梁、船舶和锅炉及高层建筑用钢材的专业用途代号分别为 R、q、C、g 及 GJ。如 Q345q（原 16Mnq）和 Q235GJ 分别表示桥梁钢与高层建筑结构用钢。

（2）耐候钢

为了提高钢材的耐腐蚀性能生产各种耐候钢，耐候钢比碳素结构钢具有较好的耐腐蚀性能。在钢材冶炼时加入少量的合金元素，如铜（Cu）、铬（Cr）、镍（Ni）、钼（Mo）、铌（Nb）、钛（Ti）、锆（Zr）、钒（V）等，使其在金属基体表面上形成保护层，以提高钢材的耐候性能，详细信息详见《焊接结构用耐候钢》（GB/T 4172—2000）。

目前，在耐火钢成分体系的基础上添加耐候性元素 Cu 和 Cr 形成各种耐火耐候。国内生产耐火耐候钢有宝钢的 B400RNQ（原为 Q235）、B490RNQ（原为 Q345）、MGFR490B（原为 Q345）、耐火 H 型钢等。

2.5.3 钢材的规格

钢结构所用钢材主要为热轧成形的钢板和型钢，以及冷弯成形的薄壁型钢。

1）热轧钢板（图 2.9 和图 2.10）

热轧钢板有薄钢板、厚钢板及扁钢。钢板在钢结构施工图中的表示方法为"−宽度×厚度×长度"，如"− 1 200×8×6 000"，单位为 mm；亦可用"−宽度×厚度"或直接用符号"−厚度"，即亦可表示为"− 1 200×8"或"− 8"，单位为 mm。

①薄钢板（厚度为 0.35~4 mm，宽度为 500~1 500 mm，长度为 0.5~4 m，用途为：制造冷弯薄壁型钢）。

②厚钢板（厚度为 4.5~100 mm，宽度为 600~3 000 mm，长度为 4~12 m，用途为：梁、柱、实腹式框架等构件的腹板和翼缘，以及桁架中的节点板）。

③扁钢（厚度为 4~60 mm，宽度为 12~200 mm，长度为 3~9 m，用途为：组合梁的翼缘板、各种构件的连接板、桁架节点板和零件等，螺旋焊接钢管的原材料）。

图 2.9　热轧钢板正面

图 2.10　热轧钢板侧面

2)热轧型钢(图 2.11~图 2.20)

　　建筑钢结构中常用的型钢有角钢、工字钢、槽钢、H 型钢和钢管等。角钢分等边和不等边两种,不等边角钢的表示方法为,在符号"L"后加长边宽×短边宽×厚度;等边角钢的表示方法为,在符号"L"后加边宽×厚度。除 H 型钢和钢管有热轧和焊接成形的区分外,其余型钢均为热轧成形。各类热轧型钢的表示方法、长度及用途如表 2.2 所示。

图 2.11　角钢截面

图 2.12　角钢叠放

图 2.13　工字钢截面

图 2.14　工字钢叠放

图 2.15 槽钢截面

图 2.16 槽钢叠放

图 2.17 H 型钢截面

图 2.18 H 型钢叠放

图 2.19 方形钢管

图 2.20 圆形钢管

表 2.2 热轧型钢

类	别	表示方法	长度/m	用 途
角钢	等边	└ 边宽×厚度,如└ 100×10 即为边宽为 100 mm,厚度为 10 mm 的等边角钢	4～19	组成独立的受力构件,也可作为受力构件之间的连接零件。我国目前生产的最大等边角钢的肢宽为 200 mm,最大不等边角钢的肢宽为 200 mm 和 125 mm
	不等边	└ 长边宽×短边宽×厚度,如└ 100×80×8 即为长边宽为 100 mm,短边宽为 80 mm,厚度为 8 mm 的不等边角钢		

类　别		表示方法	长度/m	用　途
工字钢	普通	I 截面高度(cm),高度在 20 cm 以上的工字钢用字母 a、b、c 表示不同的腹板厚度,a 类腹板最薄,c 类腹板最厚	5~19	在其腹板平面内受弯的构件,或由几个工字钢组成的组合构件,不宜单独用作轴心受压构件或承受斜弯曲和双向弯曲的构件。最大号数为 I 63
	轻型			
槽钢	普通	[截面高度(cm),如 [12 即为截面高度为 12 cm 的槽钢	5~9	屋盖檩条,承受斜弯曲或双向弯曲的构件,最大号数为 [40
	轻型			
H 型钢		分为宽翼缘(HW)、中翼缘(HM)、窄翼缘(HN)和 H 型钢柱(HP)。表示方法为高度(H)×宽度(B)×腹板厚度(t_1)×翼缘厚度(t_2)	6~15 (焊接 H 型钢 为 6~12)	高层建筑、轻型工业厂房和大型工业厂房
T 型钢		分为宽翼缘(TW)、中翼缘(TM)和窄翼缘(TN)。表示方法为高度(H)×宽度(B)×腹板厚度(t_1)×翼缘厚度(t_2)		
钢管	热轧无缝	ϕ 外径(d)×壁厚(t),无缝钢管的外径为 32~630 mm	3~12	网架与网壳结构的受力构件,工业厂房和高层建筑、高耸结构的柱子,钢管混凝土组合柱
	焊接	表示方法同上,直缝钢管的外径为 19.1~426 mm	3~10	
		表示方法同上,螺旋钢管的外径为 219.1~1 420 mm	8~12.5	

3)冷弯型钢和压型钢板(图 2.21 和图 2.22)

①冷弯薄壁型钢:采用薄钢板辊压或冷轧制成,壁厚一般为 1.5~5 mm。由于冷弯薄壁型钢的壁厚非常小,截面展开后能充分利用钢材的强度,节约钢材,因此在轻型钢结构中得到了

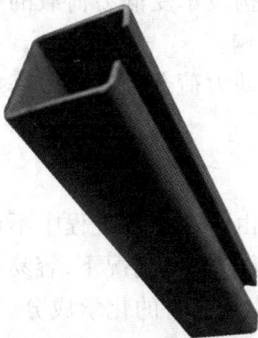

图 2.21　冷弯型钢

图 2.22　压型钢板

广泛应用。但因板壁较薄,对锈蚀影响较为敏感,对于承重结构受力构件的壁厚不宜小于2 mm。

②冷弯厚壁型钢:是用厚钢板(大于6 mm)冷弯成的方管、矩形管、圆管等。

③压型钢板:为冷弯型钢的另一种形式,它是用厚度为0.32~2 mm的镀锌或镀铝锌钢板、彩色涂层钢板经冷轧(压)成的各种类型的波形板。

2.5.4 钢材的选用原则

钢材选择是否合适,不仅是一个经济问题,而且关系到结构的安全和使用寿命。钢材选用的原则应该是:既能使结构安全可靠和满足使用要求,又要最大可能节约钢材和降低造价。在设计钢结构时,为保证承重结构的承载能力和防止在一定条件下出现脆性破坏,应该根据结构的重要性、荷载特征、结构形式、应力状态、连接方法、钢材厚度和工作环境等,选用适宜的钢材。选定钢材时应考虑下列结构特点:

1)结构的重要性

由于使用条件、结构所处部位等方面的不同,应根据不同情况,有区别地选用钢材的牌号。对承受动力荷载的重型工业厂房结构、大跨度结构及高层建筑结构,应考虑选用质量好的钢材,对于一般的民用建筑结构或建筑附属构筑物,可按工作性质分别选用普通质量的钢材。

2)荷载的性质

按所承受荷载的性质,结构可分为承受静力荷载和承受动力荷载两种。在承受动力荷载的结构或构件中,又有经常满载和不经常满载的区别。因此,荷载性质不同,就应选用不同的牌号。

《钢结构设计规范》(第3.3.1条)规定,承重结构的钢材宜采用Q235钢、Q345钢、Q390钢和Q420钢,其质量应分别符合现行国家标准《碳素结构钢》(GB/T 700—2006)和《低合金高强度结构钢》(GB/T 1591—2008)的规定。当采用其他牌号的钢材时,尚应符合相应有关标准的规定和要求。

《钢结构设计规范》(第3.3.2条)还规定下列情况的承重结构和构件不应采用Q235沸腾钢:

①焊接结构:直接承受动力荷载或振动荷载且需要验算疲劳的结构;工作温度低于-20 ℃时的直接承受动力荷载或振动荷载但可不验算疲劳的结构及承受静力荷载的受弯及受拉的重要承重结构;工作温度等于或低于-30 ℃的所有承重结构。

②非焊接结构:工作温度等于或低于-20 ℃时的直接承受动力荷载且需要验算疲劳的结构。

3)连接方法

连接方法不同,对钢材质量要求也不同。例如焊接的钢材,由于在焊接过程中不可避免地会产生焊接应力、焊接变形和焊接缺陷,在受力性质改变和温度变化的情况下,容易引起缺口敏感,导致构件产生裂纹,甚至发生脆性断裂,所以焊接钢结构对钢材的化学成分、力学性能和可焊性都有较高的要求。如钢材中的碳、硫、磷的含量要低,塑性和韧性指标要高,可焊性要好等。但对非焊接结构(如用高强度螺栓连接的结构),这些要求则可放宽。

《钢结构设计规范》(第3.3.8条)规定,钢结构的连接材料应符合下列要求:

①手工焊接采用的焊条,应符合现行国家标准《碳钢焊条》(GB/T 5117—1995)或《低合金钢焊条》(GB/T 5118)的规定。选择的焊条型号应与主体金属力学性能相适应。对直接承受动力荷载或振动荷载且需要验算疲劳的结构,宜采用低氢型焊条。

②自动焊接或半自动焊接采用的焊丝和相应的焊剂应与主体力学性能相适应,并应符合现行国家标准的规定。

③普通螺栓、高强度螺栓应满足相应技术的规定。

④圆柱头焊钉(栓钉)连接件的材料应符合现行国家标准电弧螺栓焊用《圆柱头焊钉》(GB/T 10433—2002)的规定。

⑤铆钉应采用现行国家标准《标准用碳素钢热轧圆钢》(GB/T 715—1989)中规定的BL2或BL3号钢制成。

⑥螺栓可采用现行国家标准《碳素结构钢》(GB/T 700—2006)中规定的Q235钢或《低合金高强度结构钢》(GB/T 1591—2008)中规定的Q345钢制成。

4)结构的工作温度

结构所处的环境和工作条件,例如室内、室外、温度变化、腐蚀作用情况等对钢材的影响很大。钢材处于低温时容易冷脆,因此在低温条件下工作的结构,尤其是焊接结构,应选用具有良好抗低温脆断性能的镇静钢。此外,露天结构的钢材容易产生时效,有害介质作用的钢材容易腐蚀、疲劳和脆裂,针对不同情况可区别地选择不同材质。钢材的塑性、冲击韧性都随着温度的下降而降低,因此,在实际工程中应注意经常在低温下工作的焊接结构,防止事故的发生。

5)结构的受力性质

构件的受力有受拉、受弯和受压等状态,由于构造原因使结构构件截面上产生应力集中现象,在应力集中处往往产生三向(或双向)同号应力场,易引起构件发生脆断,而脆断主要发生在受拉区,危险性较大。因此,对受拉或受弯构件的材性要求高一些。

其次,结构的低温脆断事故,绝大部分是发生在构件内部有缺口、刻痕、裂纹、夹渣等缺陷的部位。但同样的缺陷对拉应力比压应力影响更大。因此,经常承受拉力的构件,应选用质量较好的钢材。

6)结构形式和钢材厚度

采用格构式构件的结构形式,由于缀件与肢件连接处可能产生应力集中现象,而且该处需进行焊接,因此对材性要求比实腹式构件高一些。

薄钢材轧制次数多,轧制的压缩比大;厚度较大的钢材,轧制次数少,钢材中的气孔和夹渣比薄板多,存在较多缺陷。所以厚度大的钢材不但强度较小,而且塑形、冲击韧性和焊接性能也较差,因此,厚度大的受拉和受弯构件应采用材质较好的钢材。

《钢结构设计规范》(第3.3.3条)规定:承重结构采用的钢材应具有抗拉强度、伸长率、屈服强度和硫、磷含量的合格保证,对焊接结构尚应具有碳含量的合格保证。焊接承重结构及重要的非焊接承重结构采用的钢材还应具有冷弯试验的合格保证。

习 题

2.1　简述钢结构建筑对钢材性能的要求有哪些?

2.2　钢材在单向均匀拉伸时的工作性能分哪几个阶段? 各阶段的特征有哪些?

2.3　疲劳破坏的种类及引起疲劳破坏的原因是什么?

2.4　如何检查钢材的冷弯性能是否满足要求?

2.5　钢材的冲击韧性是如何确定的?

2.6　钢材的化学成分有哪些? 简述各化学成分对钢材性能的影响。

2.7　钢材的硬化有几种情况? 请简述各种情况的特点。

2.8　什么是应力集中? 应力集中对钢材性能有何影响?

2.9　温度对钢材性能的影响是什么?

2.10　Q345 钢中 A、B、C、D、E 这 5 个质量等级的钢材在脱氧方法与力学性能保证方面有何区别?

2.11　钢材的种类有哪些?

2.12　简述钢材牌号的表示方法。

2.13　指出下列符号的意义:

①Q235BF　　　　　②Q460E

③Q420D　　　　　④Q390A

2.14　钢结构所用钢材主要有哪几种? 各自的用途是什么?

2.15　角钢有几种? 是如何表示的?

2.16　钢材选用的原则是什么? 选定钢材时应考虑哪些因素?

3

钢结构的连接

【内容提要】

本章介绍了钢结构的连接形式和各种连接的优缺点,焊缝的形式及焊缝连接的形式;主要讲述了对接焊缝连接及角焊缝的构造和计算,焊接残余应力和焊接变形的产生原因及对构件工作性能的影响,螺栓连接中普通螺栓、高强度螺栓连接的受力特性及其计算。

【学习重点】

对接焊缝和角焊缝的构造和计算,普通螺栓连接和高强度螺栓连接的性能和计算。

【学习难点】

复杂受力状态下各类连接的设计计算。

3.1 钢结构的连接方法

钢结构的连接就是把板材、型钢通过必要的连接组成构件,再将构件组合成结构。连接部位是传力的关键部位,应有足够的强度、刚度及延性。钢结构连接设计的好坏将直接影响钢结构的造价、安全和寿命,因此钢结构的连接必须符合安全可靠、传力明确、构造简单、制造方便和节约钢材的原则。

钢结构的连接方法可分为焊缝连接[图 3.1(a)]、铆钉连接[图 3.1(b)]和螺栓连接[图 3.1(c)]3 种。

最早出现的连接方法是螺栓连接,约 18 世纪中叶开始采用螺栓连接,到 19 世纪 20 年代开始采用铆钉连接,在 19 世纪下半叶又出现了焊缝连接,自 20 世纪中叶起高强度螺栓连接

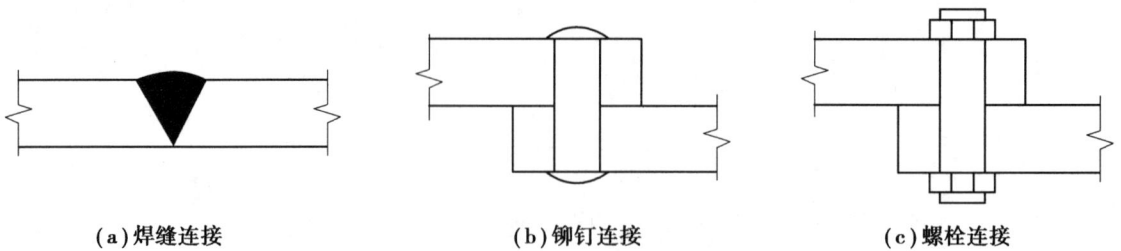

| （a）焊缝连接 | （b）铆钉连接 | （c）螺栓连接 |

图 3.1　钢结构的连接方法

得到了很大的发展。目前最主要的连接方法是焊缝连接和高强度螺栓连接,而铆钉连接已经很少采用。连接形式的选择会直接影响到现场安装的可行性和安装的难易程度,以及工厂加工、运输、现场安装的费用等。考虑到现场安装费用的不断提高,为了更好地进行安装质量的控制,设计中宜尽量采用工厂焊接和现场螺栓连接。

铆钉连接的优点是塑性和韧性较好、传力可靠、质量易于检查,适用于直接承受动力荷载结构的连接,但缺点是构造复杂、用钢量多,目前已很少采用。

3.1.1　焊缝连接

焊缝连接的主要优点有:a.焊件间可以直接相连,构造简单,制作加工方便;b.不削弱截面,节省材料;c.连接的密闭性好,结构刚度大;d.可实现自动化操作,提高焊接结构的质量。

焊缝连接的主要缺点有:a.焊缝附近的"热影响区"使钢材的性能发生变化,导致局部材质变脆;b.焊接残余应力和残余变形使受压构件承载力降低;c.焊接结构对裂纹比较敏感,局部裂纹一经发生,容易扩展到整体;d.焊接结构的低温冷脆问题比较突出。

钢结构的焊接方法常用的有 3 种:电弧焊、电阻焊和气焊。电弧焊是利用通电后焊条和焊件之间产生的强大电弧提供热量,熔化焊条,使其滴落在焊件上被电弧吹成的小凹槽熔池中,冷却后即形成焊缝金属。钢结构主要采用电弧焊,根据操作的自动化程度和焊接时用以保护熔化金属的物质种类,电弧焊可分为手工电弧焊、自动或半自动埋弧焊和气体保护焊等。

1) 手工电弧焊

图 3.2 为手工电弧焊原理图,它由焊件、焊条、焊钳、焊机和导线组成电路。手工电弧焊通电后在涂有焊药的焊条与焊件之间产生电弧,其温度可达 3 000 ℃,从而使焊条和焊件迅速熔化。熔化的焊条金属与焊件金属结合,成为焊缝金属。焊药则随焊条熔化而形成熔渣覆盖在焊缝上,同时产生一种气体,防止空气中的氧、氮等有害气体与熔化的液体金属接触而形成脆性易裂的化合物。

手工电弧焊应注意焊条的选择,《钢结构设计规范》(第 8.2.1 条)规定焊缝金属应与主体金属相适应。当不同强度的钢材连接时,可采用与低强度钢材相适应的焊接材料。

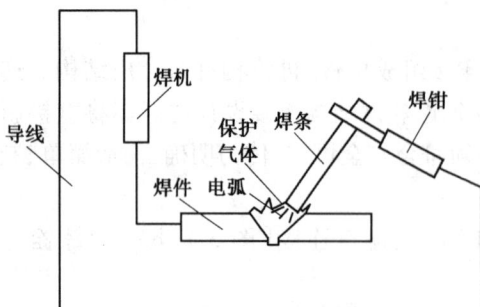

图 3.2　手工电弧焊原理图

例如:Q235 钢选择 E43 型焊条(E4300—

E4328);Q345 钢选择 E50 型焊条(E5000—E5048);Q390、Q420 钢选择 E55 型焊条(E5500—E5518)。E 表示焊条(Electrode),第 1、2 位数字为熔融金属的最小抗拉强度,第 3、4 位数字表示使用的焊接位置、电流及药皮的类型。例如:E43××表示最小抗拉强度为 430 N/mm²,××代表不同的焊接位置、焊接电流种类、药皮类型和熔敷金属化学成分代号等。

2)自动或半自动埋弧焊

埋弧焊是电弧在焊剂层下燃烧的一种电弧方法,原理如图 3.3 所示。主要设备是自动电焊机,它可沿轨道按选定的速度移动。通电引弧后,由于电弧的作用,使埋于焊剂下的焊丝和附近的焊剂熔化,焊渣浮在熔化的焊缝金属上面,使熔化金属不与空气接触,并供给焊缝金属以必要的合金元素。随着焊机的自动移动,颗粒状的焊剂不断地由料斗漏下,电弧完全被埋在焊剂之内,同时焊丝也自动地边熔化边下降,故称为自动埋弧焊,半自动和自动的区别仅在于前者沿焊接方向的移动靠手工操作完成。

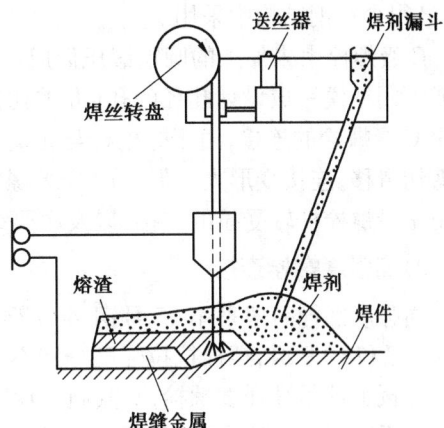

图 3.3 自动焊原理

埋弧焊的焊丝不涂药皮,但施焊端为焊剂所覆盖,能对较细的焊丝采用大电流。电弧热量集中,熔深大,适于厚板的焊接,具有很高的生产效率。采用自动或半自动化操作,焊接时工艺条件稳定,焊缝化学成分均匀,故形成的焊缝质量好,焊接变形小。同时,较高的焊速也减小了热影响区的范围,但埋弧焊对焊件边缘的装配精度要求比手工焊高。

埋弧焊所用焊丝和焊剂应与主体金属力学性能相适应,即要求焊缝与主体金属等强度。

3)气体保护焊

气体保护焊是利用二氧化碳气体或其他惰性气体作为保护介质的一种电弧熔焊方法。它直接依靠保护气体在电弧周围形成局部的保护层,以防止有害气体的侵入并保证焊接过程的稳定性。

气体保护焊的焊缝熔化区没有熔渣,焊工能清楚地看到焊缝成型的过程。由于保护气体是喷射的,有助于熔滴的过渡。又由于热量集中,焊接速度快,焊件熔深大,故所形成的焊缝强度比手工电弧焊高,塑性和抗腐蚀性好,适用于全位置的焊接,但不适用于在风较大的地方施焊。

3.1.2 螺栓连接

螺栓连接分普通螺栓连接和高强度螺栓连接两种。

1)普通螺栓连接

普通螺栓连接的优点是施工简单、拆装方便,缺点是用钢量较多,它适用于需要经常拆装的结构。常用的螺栓直径有 12 mm、14 mm、16 mm、18 mm 和 20 mm。普通螺栓按加工精度分为 A、B、C 三级,A 级与 B 级为精制螺栓,C 级为粗制螺栓。按材料性能等级划分,A 级和 B 级螺栓材料的性能等级为 5.6 级或 8.8 级,C 级螺栓材料性能等级为 4.6 级或 4.8 级,其中小数点前的数字表示螺栓成品的最小抗拉强度,小数点后的数字表示屈强比,即屈服强度与抗拉强度之比。如 4.6 级的螺栓表示螺栓成品的抗拉强度不小于 400 N/mm²,屈服强度与抗拉强度之比为 0.6,屈服强度不小于 $0.6 \times 400 = 240 \ N/mm^2$。

A、B级精制螺栓是由毛坯在车床上经过切削加工精制而成,表面光滑,螺杆直径与螺栓孔间隙较小,对成孔质量要求高,采用在装配好的构件上钻成或扩钻成,或在单个零件或构件上用钻模钻成(Ⅰ类孔)。由于具有较高的精度,因而受剪性能好,但制作和安装复杂,价格较高,已很少在钢结构中采用。

C级螺栓由未加工的圆钢锻压而成。由于螺栓表面粗糙,一般采用在单个零件上一次冲成或不用钻模钻成设计孔径的孔(Ⅱ类孔)。螺栓孔的直径 d_0 比螺杆直径 d 大 1.5~2.0 mm。采用 C级螺栓的连接,由于螺栓杆与孔壁之间有较大的间隙,承受剪力作用时,将会产生较大的剪切滑移,连接变形大。但采用 C级螺栓的连接,安装方便,且能有效地传递拉力,故一般可用于沿螺栓杆轴受拉的连接,以及次要结构的抗剪连接或安装时的临时固定。

2)高强度螺栓连接

高强度螺栓一般采用45 号钢、40B 钢和 20MnTiB 钢等材料经热处理而制成,性能等级分为 8.8 级和 10.9 级,螺栓抗拉强度分别不应低于 $830 \ N/mm^2$ 和 $1\ 040 \ N/mm^2$。安装时需要采用特殊扳手拧紧高强度螺栓,对其施加规定的预拉力。

高强度螺栓连接包括摩擦型连接和承压型连接两种类型。

对于抗剪连接,依靠被连接板件间强大的摩擦阻力来承受外力,以摩擦阻力被克服作为连接承载能力的极限状态,这样的连接称为摩擦型高强度螺栓连接。为了提高摩擦阻力,应对被连接件的接触面进行处理。承压型连接允许被连接板件之间接触发生相对滑移,以栓杆被剪坏或承压破坏作为连接承载能力的极限状态。

摩擦型连接的剪切变形小,弹性性能好,施工较简单,可拆卸,耐疲劳,适用于承受动力荷载的结构。承压型连接的承载力高于摩擦型,可节约螺栓,但剪切变形大,故不能用于承受动力荷载的结构中。

高强度螺栓应采用钻成孔,摩擦型连接高强度螺栓的孔径 d_0 比螺栓公称直径 d 大 1.5~2.0 mm,承压型连接高强度的螺栓孔径 d_0 比螺栓公称直径 d 大 1.0~1.5 mm。

3.1.3 其他连接

冷弯薄壁型钢结构中经常采用自攻螺钉、钢拉铆钉、射钉等机械紧固连接方式,主要用于压型钢板之间和压型钢板与冷弯薄壁型钢等支承构件之间的连接,自攻螺钉如图 3.4 所示。

拉铆钉由铝材或钢材制作,为防止电化学反应,轻钢结构均采用钢制拉铆钉。射钉由带有锥杆和固定帽的杆身与下部活动帽组成,靠射钉枪的动力将射钉穿过被连接板打入母材基体中,如图 3.5 所示。射钉只用于薄板与支承构件(如檩条、墙梁)的连接。

图 3.4　自攻螺钉

图 3.5　拉铆钉

射钉、自攻螺钉等连接具有安装方便、构件无需预先处理等特点,适用于轻钢、薄板结构,缺点是不能承受较大集中荷载。

3.1.4　混合连接

在一个连接接头中,同时采用两种连接方式,这种连接就称为混合连接(图3.6)。

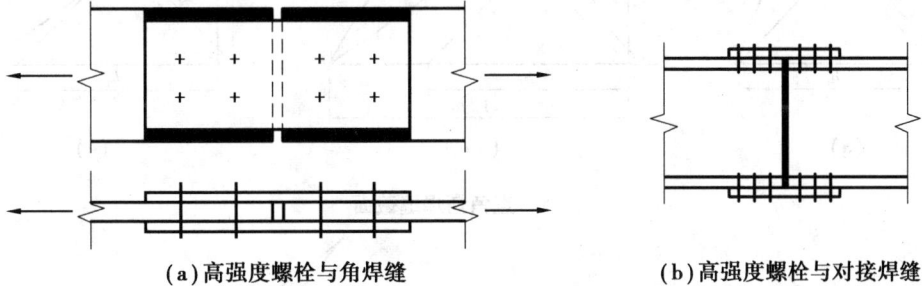

(a)高强度螺栓与角焊缝　　　　(b)高强度螺栓与对接焊缝

图3.6　混合连接

栓-焊混合连接是常见的混合连接方式,栓-焊混合连接是指摩擦型连接高强度螺栓与侧面角焊缝或对接焊缝混合连接。由于普通螺栓抗滑移阻力极低,难以提高连接的承载能力,所以不宜采用。承压型连接高强度螺栓只有在螺栓杆与孔径基本相同的情况下,螺杆才能在加载之初就与孔壁直接接触,以使栓-焊混合连接承载力近似等于焊缝承载力与承压型连接高强度螺栓承载力之和。显而易见,此种接头的造价高,施工也不方便,故一般不用。正面角焊缝的刚度较大,与高强度螺栓联合工作不协调,也不宜采用。

《钢结构高强度螺栓连接技术规程》(第3.1.7条)规定,在同一连接接头中,高强度螺栓连接不应与普通螺栓连接混用。承压型高强度螺栓连接不应与焊接连接并用。

3.2　焊缝和焊缝连接的形式

3.2.1　焊缝的形式

焊缝主要包括角焊缝、对接焊缝两种。

1)角焊缝

采用角焊缝连接的板件不必坡口,焊缝金属直接填充在由被连接板件形成的直角或斜角区域内,如图3.7所示。

角焊缝按其截面形式可分为直角角焊缝(图3.8)和斜角角焊缝(图3.9)。直角角焊缝的截面为表面微凸的等腰直角三角形[图3.8(a)]。直角边

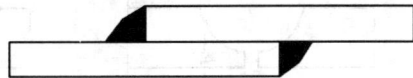

图3.7　角焊缝基本形式

边长h_f称为角焊缝的焊脚尺寸,$h_e \approx 0.7h_f$称为直角角焊缝的计算厚度。在直接承受动力荷载的结构中,为了减少应力集中,提高构件的抗疲劳强度,角焊缝表面应做成直线形[图3.8(b)]或凹形[图3.8(c)],对正面角焊缝焊脚尺寸比例宜为1:1.5(长边顺内力方向),对侧面角焊缝可为1:1。斜角角焊缝常用于钢漏斗和钢管结构中。《钢结构设计规范》(第8.2.6条)规定夹角$\alpha>135°$或$\alpha<60°$的斜角角焊缝,不宜用作受力焊缝(钢管结构除外)。

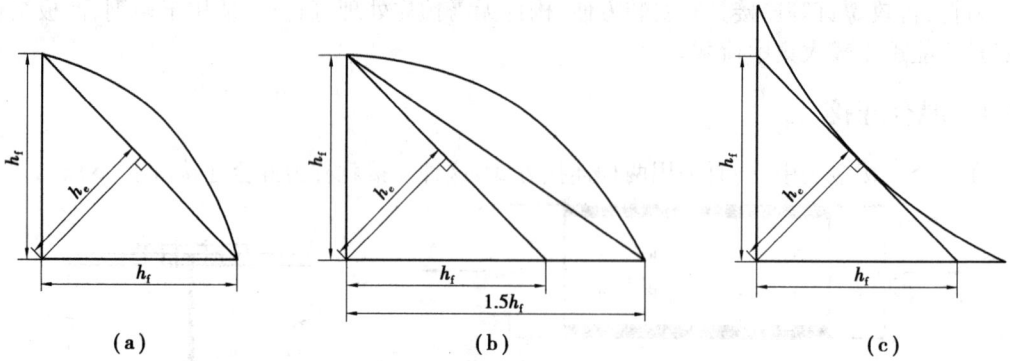

(a)　　　　　　　　　(b)　　　　　　　　　(c)

图 3.8　直角角焊缝截面

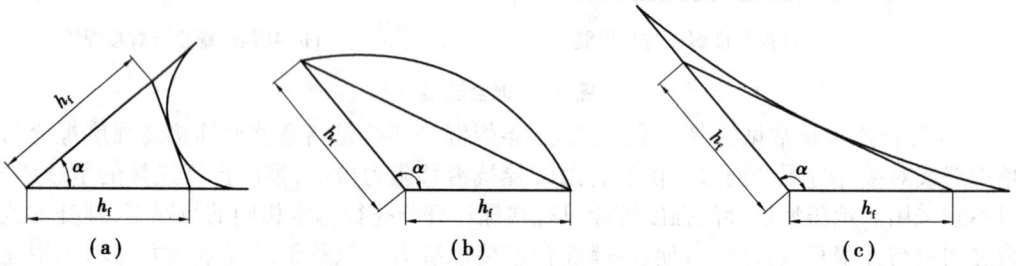

(a)　　　　　　　　　(b)　　　　　　　　　(c)

图 3.9　斜角角焊缝截面

2)对接焊缝

对接焊缝的焊件边缘常需加工坡口,故又称为坡口焊缝,如图 3.10 所示。焊缝金属填充在坡口内,所以对接焊缝是被连接板件的组成部分。

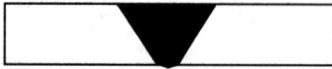

图 3.10　对接焊缝基本形式

坡口形式与焊件厚度有关。当焊件厚度很小($t \leqslant$ 10 mm)时,可用直边缝[图 3.11(a)]。对于一般厚度($t = 10 \sim 20$ mm)的焊件可采用具有斜坡口的单边 V 形或 V 形焊缝[图 3.11(b)、(c)]。斜坡口和离缝 b 共同组成一个焊条能够运转的施焊空间,使焊

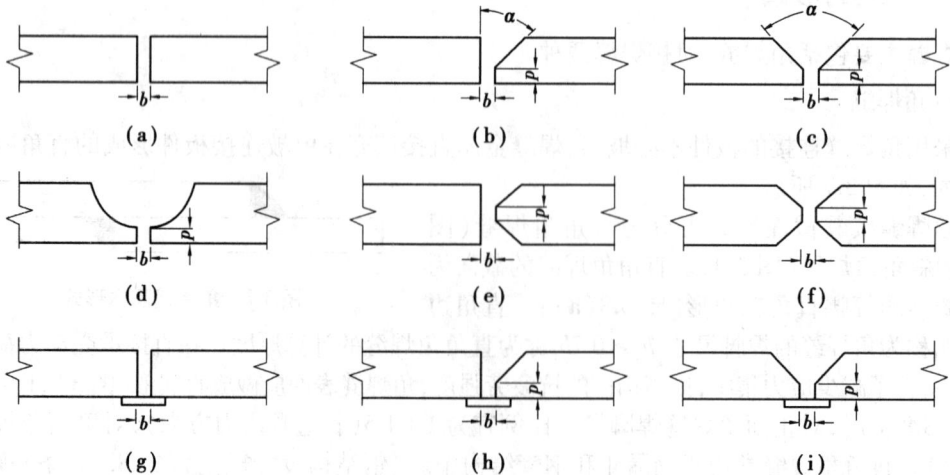

(a)　　　　　　　　　(b)　　　　　　　　　(c)

(d)　　　　　　　　　(e)　　　　　　　　　(f)

(g)　　　　　　　　　(h)　　　　　　　　　(i)

图 3.11　对接焊缝的坡口形式

缝易于焊透,钝边 p 具有托住熔化金属的作用。对于较厚的焊件($t>20$ mm),则采用 U 形、K 形和 X 形坡口[图 3.11(d)、(e)、(f)]。对于 V 形和 U 形焊缝,需对焊缝根部进行补焊。对于没有条件清根和补焊者,要预先设置垫板[图 3.11(g)、(h)、(i)],以保证焊透。

对接焊缝坡口形式的选用,应根据板厚和施工条件,按照现行标准《钢结构焊接规范》的要求进行。

3.2.2 焊缝连接的形式

焊缝连接的形式可按构件的相对位置、施焊位置和焊缝沿长度方向的布置来划分。

1)按被连接构件的相对位置划分

焊缝连接的形式按被连接构件间的相对位置可分为平接、搭接、T 形连接和角接 4 种(图 3.12)。连接所采用的焊缝形式为对接焊缝和角焊缝。

对接连接主要用于厚度相同或相近的两板件的连接。图 3.12(a)为采用对接焊缝的对接连接,由于相互连接的两板件在同一平面内,因而传力均匀平缓,没有明显的应力集中,且用料经济,但是焊件边缘需要加工。

图 3.12(b)为采用双层盖板和角焊缝的对接连接,这种连接传力不均匀、费料,但施工简便,所连接两板件的间隙大小无需严格控制。图 3.12(c)为采用角焊缝的搭接连接,特别适用于不同厚度板件的连接。搭接连接传力不均匀,材料较费,但构造简单,施工方便,目前被广泛应用。

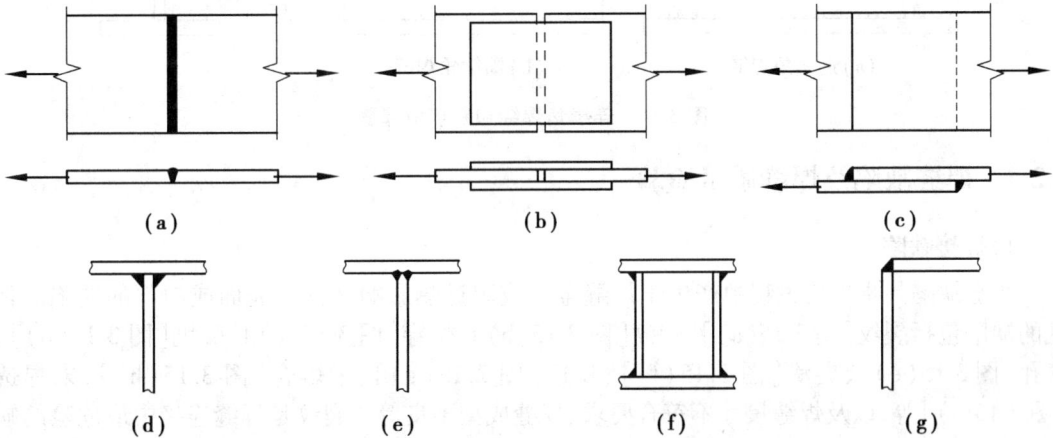

(a)	(b)	(c)

(d)	(e)	(f)	(g)

图 3.12 焊缝连接形式

T 形连接省工省料,常用于制作组合截面。当采用角焊缝连接时[图 3.12(d)],焊件间存在缝隙,截面突变,应力集中现象严重,疲劳强度较低,可用于不直接承受动力荷载结构的连接中。对于直接承受动力荷载的结构,如重级工作制吊车梁,其上翼缘与腹板的连接,应采用焊透的对接与角接组合焊缝(腹板边缘须加工成 K 形坡口)进行连接[图 3.12(e)]。

角部连接[图 3.12(f)、(g)]主要用于制作箱形截面构件。

2)按焊缝的施焊位置划分

按施焊位置分为平焊[又称俯焊,见图 3.13(a)]、横焊[图 3.13(b)]、立焊[图 3.13(c)]及仰焊[图(3.13)(d)]。平焊施焊方便;立焊和横焊要求焊工的操作水平比平焊高;仰焊的操作条件最差,焊缝质量不易保证,因此应尽量避免采用仰焊。

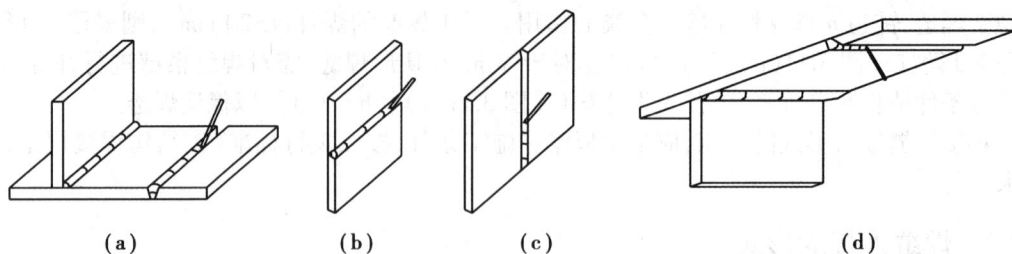

(a)　　　　　(b)　　　　　(c)　　　　　　　(d)

图 3.13　焊缝的施焊位置

3)按焊缝沿长度方向的布置划分

焊缝沿长度方向的布置分为连续角焊缝和断续角焊缝(图 3.14)。连续角焊缝的受力性能较好,为主要的角焊缝形式。断续角焊缝的起、灭弧处容易引起应力集中,重要结构或重要的焊接连接应避免采用。只能用于一些次要构件的连接或受力很小的连接中。《钢结构设计规范》(第 8.2.9 条)规定断续角焊缝焊段的长度不得小于 $10h_f$ 或 50 mm,其净距不应大于 $15t$(对受压构件)或 $30t$(对受拉构件),t 为较薄焊件的厚度。

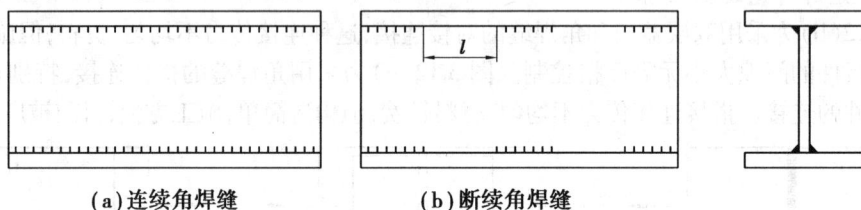

(a)连续角焊缝　　　　　(b)断续角焊缝

图 3.14　连续角焊缝和断续角焊缝

3.2.3　焊缝缺陷及焊缝质量检验

1)焊接缺陷

焊缝缺陷是指焊接过程中产生于焊缝金属或附近热影响区钢材表面或内部的缺陷。常见的缺陷包括裂纹[图 3.15(a)]、焊瘤[图 3.15(b)]、烧穿[图 3.15(c)]、弧坑[图 3.15(d)]、气孔[图 3.15(e)]、夹渣[图 3.15(f)]、咬边[图 3.15(g)]、未熔合[图 3.15(h)]、未焊透[图 3.15(i)]等,以及焊缝尺寸不符合要求、焊缝成型不良等。裂纹是焊缝连接中最危险的缺陷,产生裂纹的原因很多,如钢材的化学成分不当、焊接工艺条件(如电流、电压、焊速、施焊次序等)选择不合适和焊件表面油污未清除干净等。

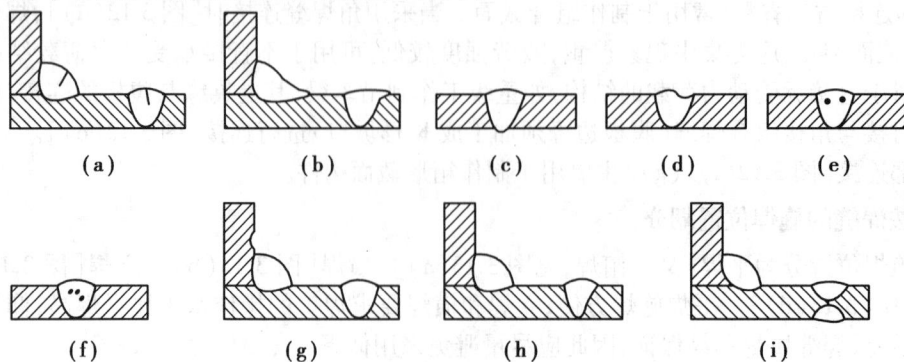

(a)　　　　(b)　　　　(c)　　　　(d)　　　　(e)

(f)　　　　(g)　　　　(h)　　　　(i)

图 3.15　焊缝缺陷

2)焊缝质量检验

焊缝缺陷的存在将削弱焊缝的受力面积,在缺陷处引起应力集中,故对连接的强度、冲击韧性及冷弯性能等均造成不利影响。因此,焊缝质量检验极为重要。

焊缝质量检验一般分为外观检查及内部无损检验,前者检查外观缺陷和几何尺寸,后者检验内部缺陷。内部无损检验目前广泛采用超声波检验,该检验方法使用灵活、经济,对内部缺陷反应灵敏,但不易识别缺陷性质。有时还采用磁粉检验、荧光检验等较简单的方法作为辅助检验,此外还可采用 X 射线或 γ 射线透照或拍片。

《钢结构工程施工质量验收规范》(GB 50205)规定,焊缝依其质量检验标准分为三级。

①三级焊缝:只要求外观检查,即检查焊缝实际尺寸是否符合设计要求,有无看得见的裂纹、咬边等缺陷。三级焊缝抗拉设计强度等于基材强度的 0.85 倍。

②二级焊缝:除进行外观检查外,还要求用超声波检验每条焊缝的 20% 长度,且不小于 200 mm。

③一级焊缝:除进行外观检查外,还要求用超声波检查每条焊缝的全部长度,以便揭示焊缝内部的缺陷。

对于重要结构或要求焊缝金属强度等于被焊金属强度的对接焊缝,必须按一级或二级质量标准进行检验,即在外观检查的基础上再做无损检验。

《钢结构设计规范》(第 7.1.1 条),对焊缝质量等级的选用有以下规定:

①需要进行疲劳计算的构件中,凡对接焊缝均应焊透。其中垂直于作用力方向的横向对接焊缝或 T 形对接与角接组合焊缝受拉时应为一级,受压时应为二级;作用力平行于焊缝长度方向的纵向对接焊缝应为二级。

②在不需要进行疲劳计算的构件中,凡要求与母材强度的对接焊缝应予焊透。由于三级对接焊缝的抗拉强度有较大变异性,其强度设计值为主体钢材的 85% 左右,所以凡要求与母材等强的受拉对接焊缝应不低于二级;受压时难免在其他因素影响下使焊缝中有拉应力存在,故宜为二级。

③重级工作制和起重量 $Q \geqslant 500$ kN 的中级工作制吊车梁的腹板与上翼缘板之间,以及吊车桁架上弦杆与节点板之间的 T 形接头均要求焊透,焊缝形式一般为对接与角接组合焊缝,其质量等级不应低于二级。

④不要求焊透的 T 形接头采用的角焊缝或部分焊透的对接与角接组合焊缝,以及搭接连接采用的角焊缝,一般仅要求外观质量检查,具体规定如下:除了对直接承受动力荷载且需要验算疲劳的结构和起重量 $Q \geqslant 500$ kN 的中级工作制吊车梁才规定角焊缝的外观质量标准应符合二级外,其他结构焊缝外观质量标准可为三级。

3)焊缝代号

《焊缝符号表示法》规定:焊缝符号一般由基本符号与指引线组成,必要时还可以加上补充符号和尺寸符号等。基本符号表示焊缝的横截面形状,如用"△"表示角焊缝,用"V"表示 V 形坡口的对接焊缝;补充符号则补充说明焊缝的某些特征,如用"▶"表示现场安装焊缝,用"⊏"表示焊件三面带有焊缝;指引线一般由横线和带箭头的斜线组成,箭头指向图形相应焊缝处,横线上方和下方用来标注基本符号和焊缝尺寸等。当指引线的箭头指向焊缝所在的一面时,应将基本符号和焊缝尺寸等标注在水平横线的上方;当箭头指向对应焊缝所在的另一面时,则应将其标注在水平横线的下方。表 3.1 列出了一些常用焊缝代号,可供设计时参考。

表 3.1　焊缝代号

形式	标注方法
三面围焊	└ h_f
塞焊缝	h_f
对接焊缝	α b p
相同焊缝（角焊缝）	h_f
安装焊缝（角焊缝）	h_f
双面焊缝（角焊缝）	h_f
单面焊缝（角焊缝）	h_f

3.3　对接焊缝的构造与计算

3.3.1　对接焊缝的构造

《钢结构设计规范》(第8.2.4条)规定在对接焊缝的拼接处,当焊件的宽度不同或厚度在一侧相差4 mm以上时,应分别在宽度方向或厚度方向从一侧或两侧做成坡度不大于1：2.5的斜角(图3.16),以使截面过渡平缓,减小应力集中。对于直接承受动力荷载且需要进行疲劳计算的结构,斜角坡度不应大于1：4。

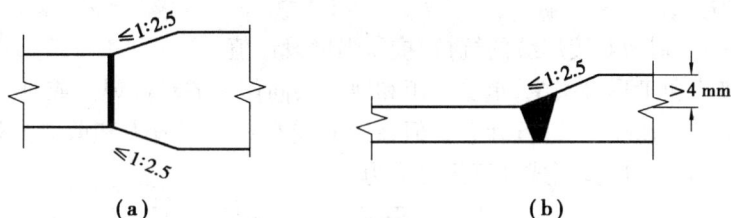

图3.16　不同宽度或厚度钢板的拼接

《钢结构设计规范》(第7.1.2条)说明,在焊缝的起灭弧处常会出现弧坑等缺陷,这些缺陷对连接的承载力影响较大,故焊接时一般应设置引弧板和引出板(图3.17)。焊接后将它割除。对受静力荷载的结构设置引弧板有困难时,允许不设置引弧板,此时可令焊缝计算长度等于实际长度减去$2t$,在对接接头中,t为连接件的较小厚度,在T形接头中,t为腹板的厚度。

《钢结构设计规范》(第8.2.2条)规定钢板的拼接当采用对接焊缝时,纵横两方向的对接焊缝,可采用十字交叉或T形交叉;当为T形交叉时,交叉点的间距不得小于200 mm(图3.18)。

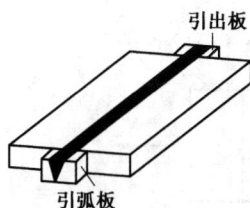

图3.17　用引弧板和引出板焊接

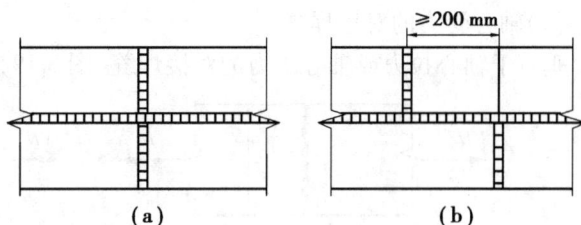

图3.18　交叉焊缝

对接焊缝分为焊透的对接焊缝和部分焊透的对接焊缝两种。

3.3.2　焊透的对接焊缝的计算

一般情况下,对接焊缝是焊件截面的组成部分,焊缝中的应力分布基本上与焊件原来的情况相同,故计算方法与构件的强度计算一样。

实验证明,焊接缺陷对受压、受剪的对接焊缝影响不大,故可认为受压、受剪的对接焊缝与母材强度相等,但受拉的对接焊缝对缺陷甚为敏感,当缺陷面积与焊件截面积之比超过5%时,对接焊缝的抗拉强度将明显下降。由于三级检验的焊缝允许存在的缺陷较多,故取其抗拉强度为母材强度的85%,而一级、二级检验的焊缝的抗拉强度可认为与母材强度相等。

《钢结构设计规范》(第 7.1.2 条)规定,对接焊缝或对接与角接组合焊缝的强度计算如下:

①在对接接头和 T 形接头中,垂直于轴心拉力或轴心压力的对接焊缝或对接与角接组合焊缝,其强度应按下式计算:

$$\sigma = \frac{N}{l_w t} \leqslant f_t^w 或 f_c^w \tag{3.1}$$

式中 N——轴心拉力或压力;

　　　 l_w——焊缝长度;

　　　 t——对接焊缝的计算厚度,在对接接头中取连接件的较小厚度,在 T 形接头中取腹板的厚度;

　　　 f_t^w,f_c^w——分别为对接焊缝的抗拉、抗压强度设计值。

②在对接接头和 T 形接头中,承受弯矩和剪力共同作用的对接焊接或对接与角接组合焊缝,其正应力和剪应力应分别进行计算。但在同时受有较大正应力和剪应力处(例如梁腹板横向对接焊缝的端部),应按下式计算折算应力:

$$\sqrt{\sigma^2 + 3\tau^2} \leqslant 1.1 f_t^w \tag{3.2}$$

注:①当承受轴心力的板件用斜焊缝对接,焊缝与作用力间的夹角 θ 符合 $\tan\theta \leqslant 1.5$ 时,其强度可不计算。

　　②当对接焊缝和 T 形对接与角接组合焊缝无法采用引弧板和引出板施焊时,每条焊缝的长度计算时应各减去 $2t$。

可以看出,《钢结构设计规范》(第 7.1.2 条)给出的对接焊缝连接的相应计算公式,其主要包括轴心受力、弯矩和剪力共同作用及轴力、弯矩和剪力共同作用的对接焊缝计算等 3 个方面的应用。

(1)轴心受力的对接焊缝

垂直于轴心拉力或轴心压力的对接焊缝(图 3.19),其强度按式(3.1)计算。

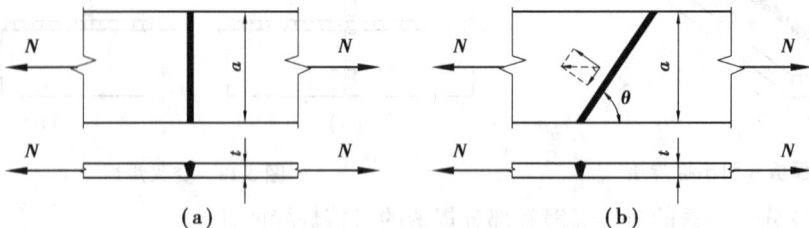

图 3.19   对接焊缝受轴向力

由于一级、二级检验的焊缝与母材强度相等,故只有三级检验的焊缝才需按式(3.1)进行抗拉强度验算。如果用直缝不能满足强度要求时,可采用如图 3.19(b)所示的斜对接焊缝。计算证明,三级检验的对接焊缝与作用力间的夹角 θ 满足 $\tan\theta \leqslant 1.5$ 时,斜焊缝的强度不低于母材强度,可不再进行验算。

【例 3.1】试验算如图 3.19 所示钢板的对接焊缝的强度。图中 $a = 200$ mm,$t = 14$ mm,恒载标准值 $N_G = 60$ kN($\gamma_G = 1.2$),活荷载标准值 $N_Q = 300$ kN($\gamma_Q = 1.4$)。钢材为 Q235B,手工焊,

焊条为 E43 型,焊缝为三级检验标准,施焊时不加引弧板和引出板。

【解】由附表 1.2 可知,$f_t^w = 185$ N/mm^2,$f_v^w = 125$ N/mm^2。

钢板所受轴心拉力设计值为:

$$N = \gamma_G N_G + \gamma_Q N_Q = 1.2 \times 60 + 1.4 \times 300 = 492 \text{ kN}$$

根据式(3.1),焊缝正应力为:

$$\sigma = \frac{N}{l_w t} = \frac{492 \times 10^3}{(200 - 2 \times 14) \times 14} = 204.3 \text{ N/mm}^2 > f_t^w = 185 \text{ N/mm}^2$$

不满足要求,改用斜对接焊缝,取截割斜度为 1.5 : 1,即 $\theta = 56°$,焊缝长度 $l_w = \frac{a}{\sin \theta} - 2t = \frac{200}{\sin 56°} - 2 \times 14 = 213.2$ mm。故此时焊缝的正应力为:

$$\sigma = \frac{N \sin \theta}{l_w t} = \frac{492 \times 10^3 \times \sin 56°}{213.2 \times 14} = 136.7 \text{ N/mm}^2 < f_t^w = 185 \text{ N/mm}^2$$

剪应力为:

$$\tau = \frac{N \cos \theta}{l_w t} = \frac{492 \times 10^3 \times \cos 56°}{213.2 \times 14} = 92.2 \text{ N/mm}^2 < f_v^w = 125 \text{ N/mm}^2$$

以上说明:当 $\tan \theta \leq 1.5$ 时,焊缝强度能够保证,可不必计算。

(2)弯矩和剪力共同作用的对接焊缝

在《钢结构设计规范》(第 7.1.2 条)第 2 款规定,承受弯矩和剪力共同作用的对接焊接或对接与角接组合焊缝,其正应力和剪应力应分别进行计算。如图 3.20(a)所示的对接接头为受弯矩和剪力共同作用的矩形截面焊缝,正应力与剪应力图形分别为三角形与抛物线形,其最大值应分别满足下列强度条件:

$$\sigma_{max} = \frac{M}{W_w} = \frac{6M}{l_w^2 t} \leq f_t^w \tag{3.3}$$

$$\tau_{max} = \frac{VS_w}{I_w t} = \frac{3}{2} \cdot \frac{V}{l_w t} \leq f_v^w \tag{3.4}$$

式中　W_w——焊缝的截面模量;

S_w——焊缝的截面面积矩;

I_w——焊缝的截面惯性矩。

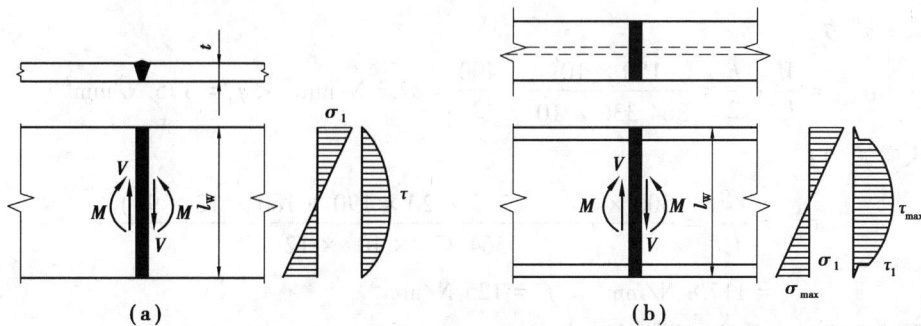

图 3.20　对接焊缝受弯矩和剪力联合作用

如图 3.20(b)所示为工字形截面梁的对接接头,依据《钢结构设计规范》(第 7.1.2 条)第 2

款中的规定,除应分别验算最大正应力和最大剪应力外,对于同时受有较大正应力和较大剪应力处,例如腹板与翼缘的交接点,还应按式(3.2)验算,即:

$$\sqrt{{\sigma_1}^2 + 3{\tau_1}^2} \leqslant 1.1f_t^w \tag{3.5}$$

式中　σ_1, τ_1——验算点处焊缝的正应力和剪应力;

　　1.1——系数,考虑到最大折算应力只在局部出现,故将其强度设计值适当提高。

（3）轴力、弯矩和剪力共同作用的对接焊缝

当轴力、弯矩和剪力共同作用时,焊缝的最大正应力为轴力和弯矩引起的应力之和满足式(3.3)。剪应力、折算应力仍分别按式(3.4)和式(3.2)进行验算。

【例3.2】计算工字形截面牛腿与钢柱连接的对接焊缝强度(图3.21)。$F = 500$ kN(设计值),偏心距$e = 300$ mm。钢材为Q235B,焊条为E43型,手工焊。焊缝为三级检验标准,上、下翼缘加引弧板和引出板施焊。

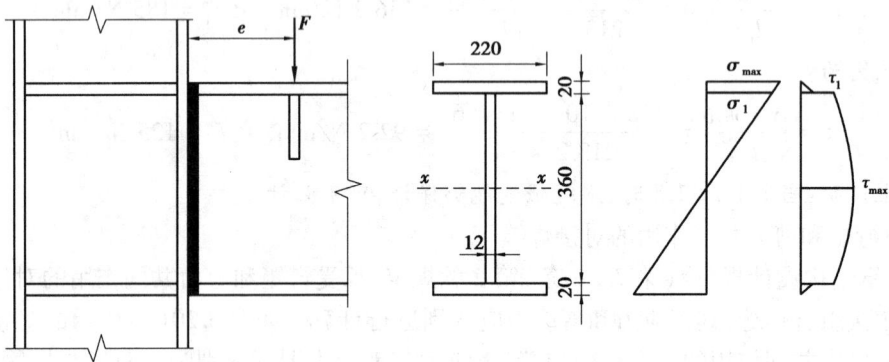

图3.21　例3.2图

【解】根据《钢结构设计规范》(第7.1.2条)第2款进行对接焊缝验算如下:

对接焊缝的计算截面与牛腿截面相同,计算截面参数为:

$$I_x = \frac{1}{12} \times 12 \times 360^3 + 2 \times 220 \times 20 \times 190^2 = 364\,336 \times 10^3 \text{ mm}^4$$

$$S_{x1} = 220 \times 20 \times 190 = 836 \times 10^3 \text{ mm}^3$$

焊缝截面上的受力为:

$$V = F = 500 \text{ kN}, M = 500 \times 0.3 = 150 \text{ kN} \cdot \text{m}$$

最大正应力:

$$\sigma_{max} = \frac{M}{I_w} \cdot \frac{h}{2} = \frac{150 \times 10^6}{364\,336 \times 10^3} \cdot \frac{400}{2} = 82.3 \text{ N/mm}^2 < f_t^w = 175 \text{ N/mm}^2$$

最大剪应力:

$$\tau_{max} = \frac{VS_w}{I_w t} = \frac{500 \times 10^3 \times (220 \times 20 \times 190 + 180 \times 12 \times 90)}{364\,336 \times 10^3 \times 12}$$

$$= 117.8 \text{ N/mm}^2 < f_v^w = 125 \text{ N/mm}^2$$

上翼缘和腹板交接处"1"点的正应力:

$$\sigma_1 = \sigma_{max} \cdot \frac{180}{200} = 74.1 \text{ N/mm}^2$$

"1"点的剪应力：

$$\tau_1 = \frac{VS_{x1}}{I_w t} = \frac{500 \times 10^3 \times 836 \times 10^3}{364\,336 \times 10^3 \times 12} = 95.6 \text{ N/mm}^2$$

由于"1"点同时受有较大的正应力和剪应力,故应按式(3.3)验算折算应力：

$$\sqrt{74.1^2 + 3 \times 95.6^2} = 181.4 \text{ N/mm}^2 < 1.1 \times 175 = 192.5 \text{ N/mm}^2$$

3.3.3 部分焊透的对接焊缝的计算

当受力很小、焊缝主要起联系作用,或焊缝受力虽然较大、但采用焊透的对接焊缝将使强度不能充分发挥时,可采用部分焊透的对接焊缝。例如,用4块较厚的板焊成箱形截面的轴心受压构件,如采用如图3.22(a)所示的焊透对接与角接组合焊缝是不必要的;如采用如图3.22(b)所示的角焊缝,外形又不平整;如采用如图3.22(c)所示的部分焊透的对接与角接组合焊缝,则可以省工省料,较为美观大方。

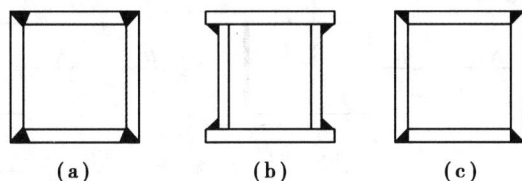

图3.22 箱形截面轴心受压构件的焊缝连接

《钢结构设计规范》(第7.1.5条)规定,部分焊透的对接焊缝[图3.23(a)、(b)、(d)、(e)]和T形对接与角接组合焊缝[图3.23(c)]的强度,应按角焊缝的计算公式进行计算,在垂直于焊缝长度方向的压力作用下,取$\beta_f=1.22$,其他受力情况取$\beta_f=1.0$,其计算厚度应采用：

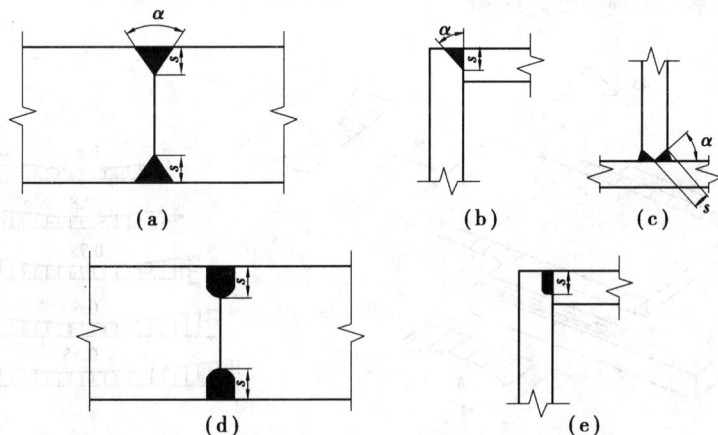

图3.23 部分焊透的对接焊缝和其与角焊缝的组合焊缝截面

V形坡口[图3.23(a)]：当$\alpha \geq 60°$时,$h_e=s$;当$\alpha<60°$时,$h_e=0.75s$。

单边V形和K形坡口[图3.23(b)、(c)]：当$\alpha=45°\pm5°$时,$h_e=s-3$。

U形、J形坡口[图3.23(d)、(e)]：$h_e=s$。

其中,s为坡口根部至焊缝表面(不考虑余高)的最短距离;α为V形坡口的夹角;有效厚度h_e不得小于$1.5\sqrt{t}$;t为坡口所在焊件的较大厚度。

当熔合线处截面边长等于或接近于最短距离 s 时[图3.23(b)、(c)、(e)],其抗剪强度设计值应按角焊缝的抗剪强度设计值乘以0.9采用。

3.4 角焊缝的构造与计算

3.4.1 角焊缝的应力分布

角焊缝按其与作用力的关系可分为侧面角焊缝、正面角焊缝和斜焊缝。侧面角焊缝的焊缝长度与作用力平行[图3.24(a)];正面角焊缝的焊缝长度方向与作用力垂直[图3.24(b)];斜焊缝的焊缝长度方向与作用力倾斜。[图3.24(c)]为正面角焊缝、侧面角焊缝和斜焊缝组成的混合焊缝,通常称为围焊缝。

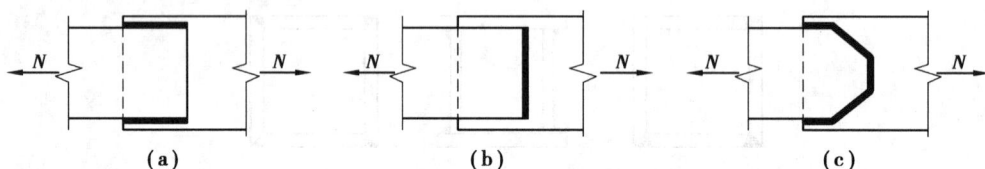

图3.24 角焊缝的种类

实验表明,侧面角焊缝主要承受剪力,塑性较好,弹性模量低,强度也较低。传力线通过侧面角焊缝时产生弯折,因而应力沿焊缝长度方向的分布不均匀,呈两端大、中间小的状态(图3.25)。焊缝越长,应力分布不均匀性越显著,但临界塑性工作阶段时,产生应力重分布,可使应力分布的不均匀现象渐趋缓和。

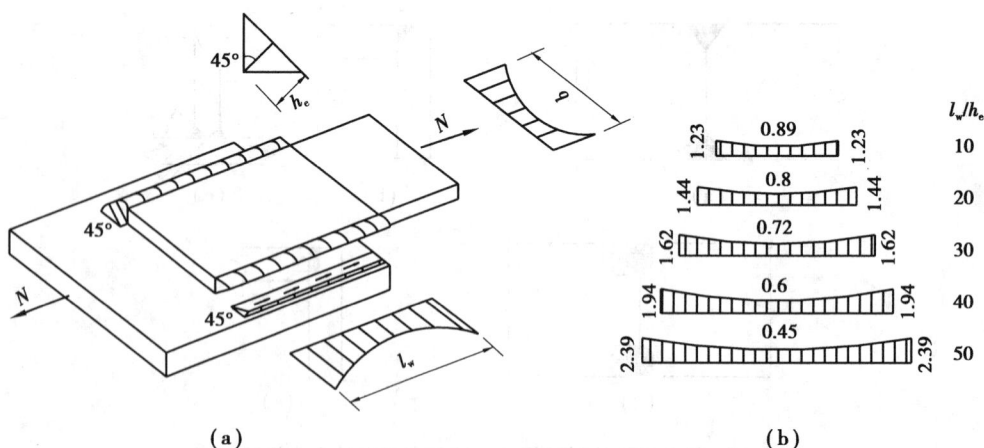

图3.25 侧面角焊缝的应力分布

正面角焊缝[图3.26(a)]受力复杂,截面中的各面均存在正应力和剪应力,焊根处存在很严重的应力集中[图3.26(b)]。这一方面是由于力线弯折,另一方面在焊根处正好是两焊件接触面的端部,相当于裂缝的尖端。正面角焊缝的破坏强度高于侧面角焊缝,但塑性变形能力差。斜焊缝的受力性能和强度值介于正面角焊缝和侧面角焊缝之间。

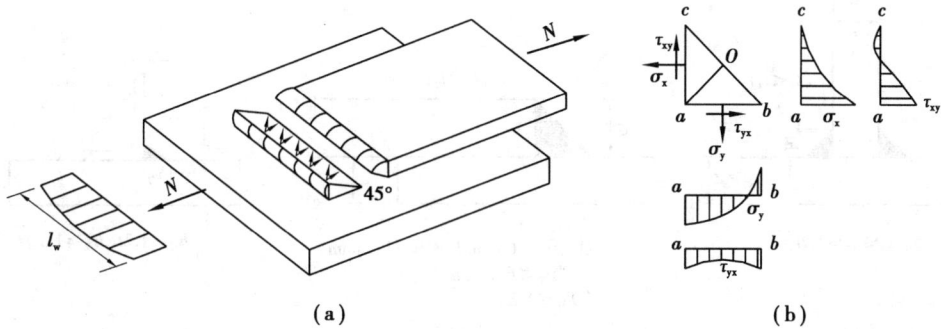

图 3.26　正面角焊缝的应力分布

3.4.2　角焊缝的有效截面

图 3.27 为直角角焊缝的截面。直角边边长 h_f 称为角焊缝的焊脚尺寸，$h_e \approx 0.7h_f$ 称为直角角焊缝的有效厚度。实验表明，直角角焊缝的破坏常发生在喉部，计算中假定沿 45°喉部截面破坏，该截面称为焊缝的有效截面（即有效厚度与焊缝计算长度的乘积）。

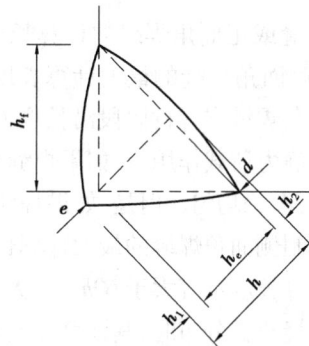

图 3.27　角焊缝的截面
h—焊缝厚度；h_f—焊脚尺寸；
h_e—焊缝有效厚度（焊喉部位）；h_1—熔深；
h_2—凸度；d—焊趾；e—焊根

3.4.3　角焊缝的构造要求

（1）最小焊脚尺寸

角焊缝的焊脚尺寸不能过小，否则焊接时产生的热量较小，而焊件厚度较大，致使施焊时冷却速度过快，产生淬硬组织，导致母材开裂。《钢结构设计规范》（第 8.2.7 条）第 1 款规定，角焊缝的焊脚尺寸 h_f 不得小于 $1.5\sqrt{t}$，t 为较厚焊件厚度（当采用低氢型碱性焊条施焊时，t 可采用较薄焊件的厚度）。但对埋弧自动焊，最小焊脚尺寸可减小 1 mm；对 T 形连接的单面角焊缝，应增加 1 mm。当焊件厚度等于或小于 4 mm 时，则最小焊脚尺寸应与焊件厚度相同。

（2）最大焊脚尺寸

角焊缝的焊脚尺寸过大，易使母材形成"过烧"现象，使构件产生翘曲、变形和较大的焊接应力。《钢结构设计规范》（第 8.2.7 条）第 2 款规定，角焊缝的焊脚尺寸不宜大于较薄焊件厚度的 1.2 倍（钢管结构除外）[图 3.28(a)]，对板件边缘的角焊缝[图 3.28(b)]，当板件厚度 $t>6$ mm 时，如焊件的边缘角焊缝与焊件边缘等厚，在施焊时容易产生"咬边"现象，故取 $h_f \le t-(1\sim2)$ mm；当 $t \le 6$ mm 时，通常采用小焊条施焊，易于焊满全厚度，则取 $h_f \le t$。

《钢结构设计规范》（第 8.2.7 条）第 3 款规定，角焊缝的两焊脚尺寸一般相等，当焊件厚度相差较大且焊脚尺寸不能满足最大、最小焊脚尺寸时，可采用不等焊脚尺寸[图 3.28(c)]。

（3）角焊缝的最小计算长度

角焊缝的焊脚尺寸大而长度较小时，焊件的局部加热严重，焊缝起灭弧所引起的缺陷相距太近，加之焊缝中可能产生的其他缺陷（气孔、非金属夹杂等）使焊缝不够可靠。此外，焊缝集中在一很短距离，焊件的应力集中也较大。《钢结构设计规范》（第 8.2.7 条）第 4 款规定，

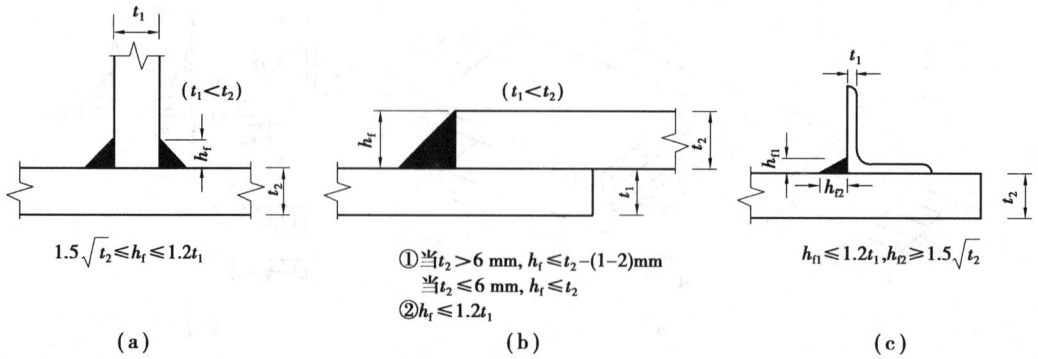

图 3.28　角焊缝的焊脚尺寸

侧面角焊缝或正面角焊缝的计算长度不得小于 $8h_f$ 和 40 mm。

（4）侧面角焊缝的最大计算长度

侧面角焊缝在弹性阶段沿长度方向受力不均匀,两端大而中间小。焊缝越长,应力集中越明显。在静力荷载作用下,如果焊缝长度适宜,当焊缝两端点处的应力达到屈服强度后,继续加载,应力会渐趋均匀。但是,如果焊缝长度超过某一限值时,有可能首先在焊缝的两端破坏,故一般要限制侧面角焊缝的最大计算长度。《钢结构设计规范》(第 8.2.7 条)第 5 款规定,侧面角焊缝的计算长度不宜大于 $60h_f$,当大于上述数值时,其超过部分在计算中不予考虑。若内力沿侧面角焊缝全长分布时,其计算长度不受此限(例如焊接梁翼缘板与腹板的连接焊缝)。

（5）搭接连接的构造要求

《钢结构设计规范》(第 8.2.10 条)规定,当板件端部仅有两条侧面角焊缝连接时[图 3.29(a)],试验结果表明,连接的承载力与 B/l_w 有关。B 为两侧焊缝的距离,l_w 为侧焊缝的计算长度。当 $B/l_w>1$ 时,连接的承载力随着 B/l_w 的增大而明显下降。这主要是由于应力传递的过分弯折使构件中应力不均匀分布的影响。为使连接强度不致过分降低,应使每条侧焊缝的计算长度不宜小于两侧焊缝之间的距离,即 $B/l_w \leq 1$。两侧面角焊缝之间的距离 B 也不宜大

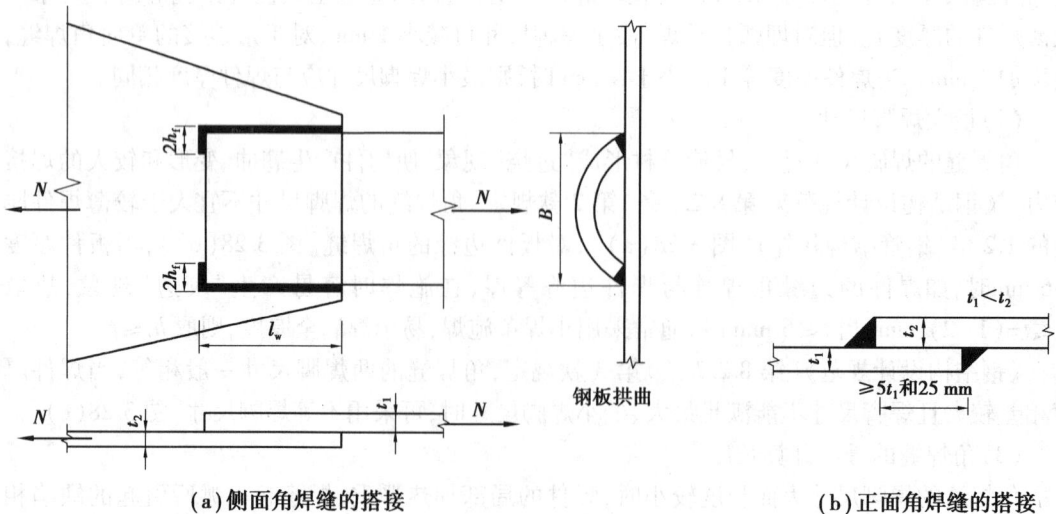

（a）侧面角焊缝的搭接　钢板拱曲　（b）正面角焊缝的搭接

图 3.29　搭接连接的构造要求

于 $16t(t>12 \text{ mm})$ 或 $190 \text{ mm}(t \leqslant 12 \text{ mm})$, t 为较薄焊件的厚度,以免因焊缝横向收缩,引起板件向外发生较大拱曲。

为了减少收缩应力以及因偏心在钢板与连接件中产生的次应力,《钢结构设计规范》(第 8.2.13 条)规定,在搭接连接中,搭接长度不得小于焊件较小厚度的 5 倍,并不得小于 25 mm [图 3.29(b)]。

(6)减小角焊缝应力集中的措施

杆件端部搭接采用三面围焊时,在转角处截面突变,会产生应力集中,如在此处起灭弧,可能出现弧坑或咬肉等缺陷,从而加大应力集中的影响。故所有围焊的转角处必须连续施焊。《钢结构设计规范》(第 8.2.12 条)规定,当角焊缝的端部在构件转角处做长度为 $2h_f$ 的绕角焊时,转角处必须连续施焊[图 3.29(a)]。

3.4.4 直角角焊缝的计算

1)直角角焊缝强度计算的基本公式

《钢结构设计规范》(第 7.1.3 条)规定,直角角焊缝的强度计算如下:

(1)在通过焊缝形心的拉力、压力或剪力作用下

正面角焊缝(作用力垂直于焊缝长度方向):

$$\sigma_f = \frac{N}{h_e l_w} \leqslant \beta_f f_f^w \tag{3.6}$$

侧面角焊缝(作用力平行于焊缝长度方向):

$$\tau_f = \frac{N}{h_e l_w} \leqslant f_f^w \tag{3.7}$$

(2)在各种力综合作用下,σ_f 和 τ_f 共同作用处

$$\sqrt{\left(\frac{\sigma_f}{\beta_f}\right)^2 + \tau_f^2} \leqslant f_f^w \tag{3.8}$$

式中　σ_f——按焊缝有效截面($h_e l_w$)计算,垂直于焊缝长度方向的应力;

　　　τ_f——按焊缝有效截面计算,沿焊缝长度方向的剪应力;

　　　h_e——角焊缝的计算厚度,对直角角焊缝等于 $0.7h_f$,h_f 为焊脚尺寸;

　　　l_w——角焊缝的计算长度,对每条焊缝取其实际长度减去 $2h_f$;

　　　f_f^w——角焊缝的强度设计值;

　　　β_f——正面角焊缝的强度设计值增大系数:
对承受静力荷载和间接承受动力荷载的结构,$\beta_f = 1.22$;对直接承受动力荷载的结构,$\beta_f = 1.0$。

下面开始推导式(3.6)—式(3.8)的来源。由于角焊缝的应力状态极为复杂,因而建立角焊缝计算公式要靠试验分析。如前所述,直角角焊缝的破坏通常发生在有效截面处(与焊脚边成 45° 角的面),作用于焊缝有效截面上的应力如图 3.30 所示,

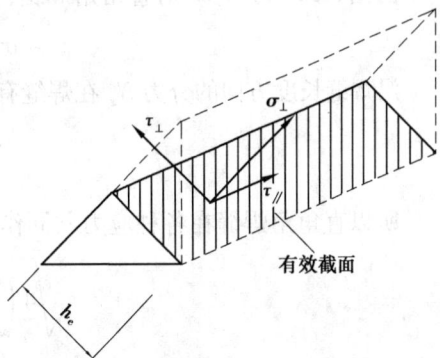

图 3.30　直角角焊缝有效截面上的应力

包括垂直于焊缝有效截面上的正应力$\sigma_\perp$、垂直于焊缝长度方向的剪应力$\tau_\perp$及沿焊缝长度方向的剪应力$\tau_{/\!/}$。

根据试验结果,欧洲钢结构协会(ECCS)推荐用下式确定角焊缝的极限强度:

$$\sqrt{\sigma_\perp^2 + 3(\tau_\perp^2 + \tau_{/\!/}^2)} = f_u^w \qquad (3.9)$$

式中 f_u^w——焊缝金属的抗拉强度。

《钢结构设计规范》在式(3.9)基础上进行简化计算,假定焊缝在有效截面处破坏,各应力分量满足折算应力式(3.9)。由于《钢结构设计规范》规定的角焊缝强度设计值f_f^w是根据抗剪条件确定的,而$\sqrt{3}f_f^w$相当于角焊缝的抗拉强度设计值,则式(3.9)变为:

$$\sqrt{\sigma_\perp^2 + 3(\tau_\perp^2 + \tau_{/\!/}^2)} = \sqrt{3}f_f^w \qquad (3.10)$$

以如图3.31所示的受轴心力作用的直角角焊缝为例,推导角焊缝强度计算的基本公式。

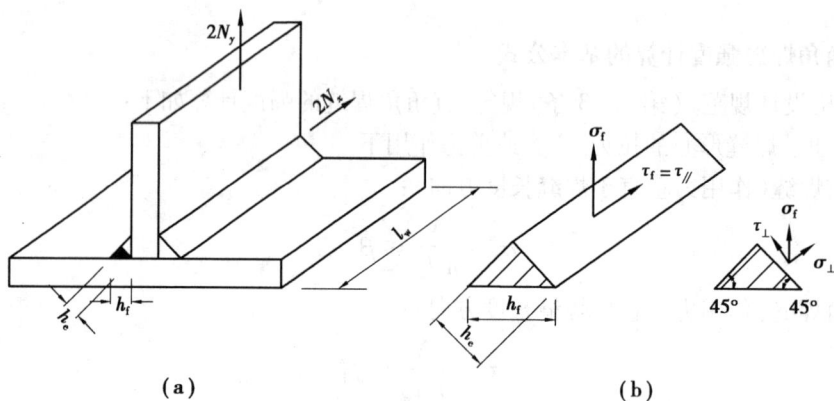

图3.31 角焊缝的计算

N_y在焊缝有效截面上引起垂直于焊缝一个直角边的应力σ_f,该应力对有效截面既不是正应力也不是剪应力,而是$\sigma_\perp$和$\tau_\perp$的合力。

$$\sigma_f = \frac{N_y}{h_e l_w} \qquad (3.11)$$

式中 N_y——垂直于焊缝长度方向的轴心力。

由图3.31(b)可知,对直角角焊缝:

$$\sigma_\perp = \tau_\perp = \sigma_f/\sqrt{2}$$

沿焊缝长度方向的分力N_x在焊缝有效截面上引起平行于焊缝长度方向的剪应力$\tau_f = \tau_{/\!/}$:

$$\tau_f = \tau_{/\!/} = \frac{N_x}{h_e l_w} \qquad (3.12)$$

所以直角角焊缝在各种应力共同作用下的计算式为:

$$\sqrt{4\left(\frac{\sigma_f}{\sqrt{2}}\right)^2 + 3\tau_f^2} \leq \sqrt{3}f_f^w$$

令$\beta_f = \sqrt{\dfrac{3}{2}}$,可推出式(3.8)如下:

$$\sqrt{\left(\frac{\sigma_f}{\beta_f}\right)^2 + \tau_f^2} \le f_f^w$$

对正面角焊缝,$\tau_f = 0$,可得式(3.6)如下:

$$\sigma_f = \frac{N_y}{h_e l_w} \le \beta_f f_f^w$$

对侧面角焊缝,$\sigma_f = 0$,可得式(3.7)如下:

$$\tau_f = \frac{N_x}{h_e l_w} \le f_f^w$$

只要将焊缝应力分解为垂直于焊缝长度方向的应力 σ_f 和平行于焊缝长度方向的应力 τ_f,上述基本公式就可适用于任何受力状态。

由于正面角焊缝的刚度大、韧性差,应力集中现象也较严重,故对于直接承受动力荷载结构中的角焊缝,将其强度降低使用,取 $\beta_f = 1.0$。下面介绍角焊缝在各种受力状态下的连接计算。

2)轴心力作用的角焊缝连接计算

(1)采用盖板的角焊缝连接计算

当轴心力通过连接焊缝中心时,可认为焊缝应力是均匀分布的。

图 3.32 的连接中,当只有侧面角焊缝时,按式(3.7)计算;当只有正面角焊缝时,按式(3.6)计算。

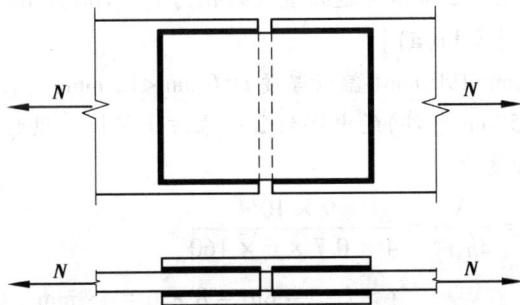

图 3.32 受轴心力的盖板连接

当采用三面围焊时,先按式(3.6)计算正面角焊缝所承担的内力:

$$N_1 = \beta_f f_f^w \sum h_e l_{w1}$$

式中 $\sum h_e l_{w1}$ ——连接一侧正面角焊缝有效面积的总和。

再由式(3.7)验算侧面角焊缝的强度,如下:

$$\tau_f = \frac{N - N_1}{\sum h_e l_w} \le f_f^w$$

式中 $\sum h_e l_w$ ——连接一侧侧面角焊缝有效面积的总和。

【例3.3】图3.33是用双层盖板和角焊缝的对接连接。若主板采用−10×430,承受的轴心力设计值 $N = 9 \times 10^5$ N(静载),钢材为Q235BF,手工焊,E43型焊条。试按侧面角焊缝和三角围焊设计拼接板尺寸。

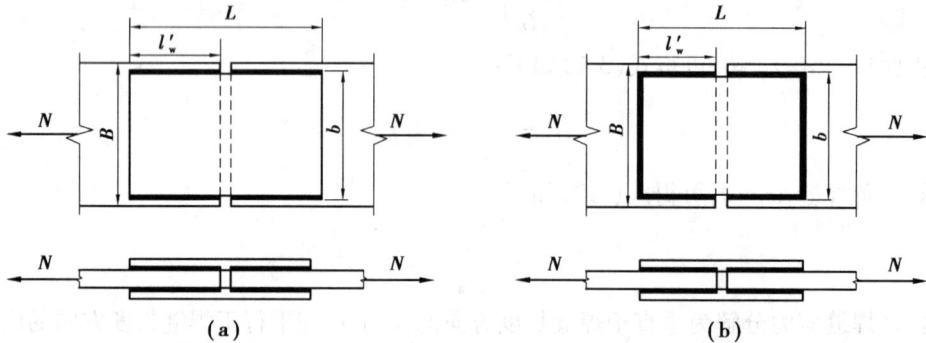

（a） **（b）**

图 3.33　例 3.3 图

【解】①盖板截面确定：

盖板截面按等强度原则确定，即盖板承载力不低于主板承载力。盖板钢材应为 Q235 BF 钢，为保证施焊方便，盖板每侧应比主板退进 10~15 mm，若盖板厚度取为 6 mm，则盖板总面积 A_1 为：

$$A_1 = 2 \times 6 \times (430 - 2 \times 15) = 4\,800 \text{ mm}^2 > A = 430 \times 10 = 4\,300 \text{ mm}^2$$

②角焊缝焊脚尺寸限制条件：

$$h_{fmax} = t = 6 \text{ mm}; h_{fmin} = 1.5\sqrt{t} = 1.5\sqrt{10} = 4.7 \text{ mm} \approx 5 \text{ mm}$$

取 $h_f = t = 6$ mm，查附表 1.2 得角焊缝强度设计值为 $f_f^w = 160$ N/mm²。

③采用两面侧焊时[图 3.33（a）]：

因为盖板宽 $b = 400$ mm > 190 mm（盖板厚度 $t = 6$ mm < 12 mm），因此采用加直径 $d = 15$ mm（满足 $d \le 2.5t = 2.5 \times 6 = 15$ mm 条件）的电焊钉 2 个来防止盖板的拱曲。

侧面角焊缝的计算长度为：

$$l_w = \frac{N}{4h_e f_f^w} = \frac{9 \times 10^5}{4 \times 0.7 \times 6 \times 160}$$

$$= 335 \text{ mm} \begin{cases} > l_{wmin} = 8h_f = 8 \times 6 = 48 \text{ mm} \\ < l_{wmax} = 60h_f = 60 \times 6 = 360 \text{ mm} \end{cases}$$

侧面角焊缝的实际长度为：$l_w' = l_w + 2h_f = 335 + 2 \times 6 = 347$ mm，取 350 mm。

如果主板间留出间隙 10 mm，则盖板长度为：$L = 2l_w' + 10 = 710$ mm。

所以盖板尺寸为 2 - 6×400×710。

④用三面围焊（采用矩形盖板）：

采用三面围焊可以减小两侧侧面角焊缝的长度，从而减小拼接盖板的尺寸。设拼接盖板的宽度和厚度与采用两面侧焊时相同，仅需求盖板长度。

正面角焊缝所能承受的力 N_1 为：

$$N_1 = 2h_e l_{w1} \beta_f f_f^w = 2 \times 0.7 \times 6 \times 400 \times 1.22 \times 160 = 6.56 \times 10^5 \text{ N}$$

侧面角焊缝的计算长度 l_w 为：

$$l_w = \frac{N - N_1}{4h_e f_f^w} = \frac{9 \times 10^5 - 6.56 \times 10^5}{4 \times 0.7 \times 6 \times 160} = 91 \text{ mm} \begin{cases} > l_{wmin} = 48 \text{ mm} \\ < l_{wmax} = 360 \text{ mm} \end{cases}$$

侧面角焊缝的实际长度 l'_w 为：

$l'_w = l_w + h_f = 91 + 6 = 97$ mm，取 100 mm。

如果主板间留隙 10 mm，则盖板长度为：$L = 2l'_w + 10 = 2×100+10 = 210$ mm，所以盖板为 $2-6×210×400$。

（2）承受斜向轴心力的角焊缝连接计算

如图 3.34 所示，将 N 分解为垂直于焊缝和平行于焊缝的分力 $N_x = N \sin \theta, N_y = N \cos \theta$，并计算应力：

$$\left. \begin{array}{l} \sigma_f = \dfrac{N \sin \theta}{\sum h_e l_w} \\[4mm] \tau_f = \dfrac{N \cos \theta}{\sum h_e l_w} \end{array} \right\} \qquad (3.13)$$

代入式（3.8）验算角焊缝的强度。

（3）承受轴心力的角钢角焊缝连接计算

图 3.34 斜向轴心力作用

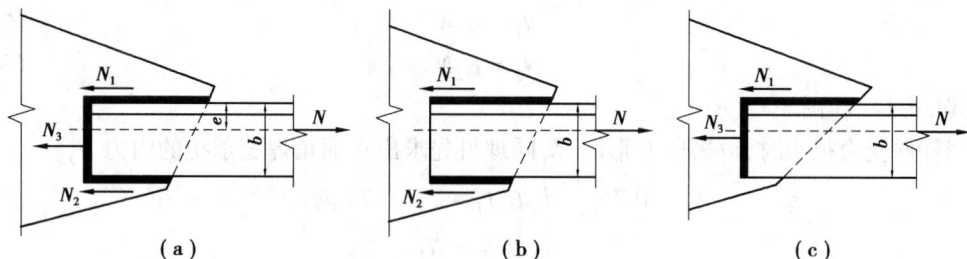

在钢桁架中，角钢腹杆与节点板的连接焊缝一般采用两面侧焊，也可采用三面围焊，特殊情况也允许采用 L 形围焊（图 3.35）。腹杆受轴向力作用，为了避免焊缝偏心受力，焊缝所传递的合力的作用线应与角钢杆件的轴线重合。

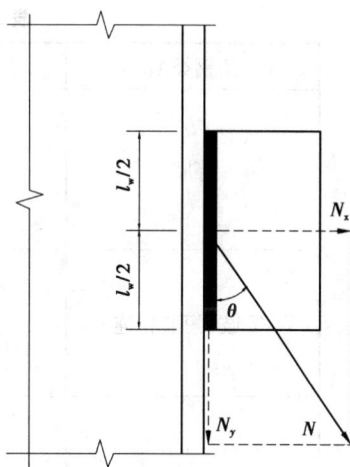

图 3.35 桁架腹杆与节点板的连接

①采用三面围焊[图 3.35（a）]：

假定正面角焊缝的焊脚尺寸 h_{f3}，求出正面角焊缝所分担的轴心力 N_3。

$$N_3 = 0.7h_f \sum l_{w3} \beta_f f_f^w = 2 \times 0.7h_{f3} b \beta_f f_f^w \qquad (3.14)$$

由平衡条件（$\sum M = 0, \sum N = 0$）可得：

$$N_1 = \frac{N(b-e)}{b} - \frac{N_3}{2} = \alpha_1 N - \frac{N_3}{2} \qquad (3.15)$$

$$N_2 = \frac{Ne}{b} - \frac{N_3}{2} = \alpha_2 N - \frac{N_3}{2} \qquad (3.16)$$

式中 N_1, N_2——角钢肢背和肢尖上的侧面角焊缝所分担的轴力；

e——角钢的形心距；

α_1, α_2——角钢肢背和肢尖焊缝的内力分配系数，如表 3.2 所示。

表 3.2　角钢角焊缝内力分配系数

角钢类型	连接形式	角钢肢背	角钢肢尖
等肢		0.70	0.30
不等肢(短肢相连)		0.75	0.25
不等肢(长肢相连)		0.65	0.35

②采用两面侧焊[图 3.35(b)]：

因 $N_3 = 0$，得：

$$N_1 = \alpha_1 N \tag{3.17}$$

$$N_2 = \alpha_2 N \tag{3.18}$$

③L 形焊缝[图 3.35(c)]：

当杆件受力很小时，可采用 L 形围焊，同理可先求出正面角焊缝承担的内力 N_3。

$$N_3 = 0.7h_f \sum l_{w3}\beta_f f_f^w = 2 \times 0.7 h_{f3} b \beta_f f_f^w$$

$$N_1 = N - N_3$$

根据上述方法计算出肢背、肢尖内力后，按式(3.7)计算所需焊缝长度：

$$l_{w1} = \frac{N_1}{2 \times 0.7 h_{f1} f_f^w}, \quad l_{w2} = \frac{N_2}{2 \times 0.7 h_{f2} f_f^w}$$

【例 3.4】如图 3.36 所示，某设备吊杆采用双角钢连接，吊杆承受静拉力。已知该吊杆角钢与钢板采用三面围焊连接，未采用引弧板，其中肢背焊缝长度为 260 mm，角钢型号为 2∟110×8，节点板厚度为 10 mm，焊接尺寸 6 mm，钢材为 Q235B，手工焊，焊条为 E43 型。

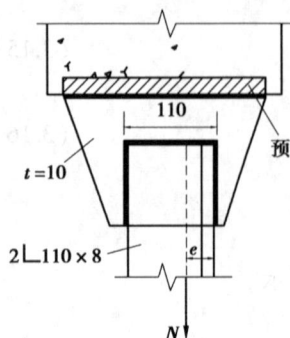

①试根据连接节点形式确定焊缝的承载力并计算肢尖焊缝的长度。

②按照计算的承载力，如果采用两侧面角焊缝，试计算所需要的焊缝长度。

【解】①查附表 1.2 得角焊缝强度设计值为 $f_f^w = 160 \text{ N/mm}^2$。焊缝内力分配系数为 $\alpha_1 = 0.7, \alpha_2 = 0.3$。正面角焊缝的长度等于相连角钢肢的宽度，即 $l_{w3} = b = 110 \text{ mm}$，则正面角焊缝所能承受的内力 N_3 为：

$$N_3 = 2h_e l_{w3}\beta_f f_f^w = 2 \times 0.7 \times 6 \times 110 \times 1.22 \times 160 = 180.4 \text{ kN}$$

肢背角焊缝所能承受的内力 N_1 为：

图 3.36　例 3.4 图

$$N_1 = 2h_e l_{w1} f_f^w = 2 \times 0.7 \times 6 \times (260 - 6) \times 160 = 341.4 \text{ kN}$$

由式(3.15)知:$N_1 = \alpha_1 N - \dfrac{N_3}{2} = 0.7N - 180.4/2$

$$N = \frac{341.4 + 90.2}{0.7} = 617 \text{ kN}$$

由式(3.16)计算肢尖焊缝承受的内力:

$$N_2 = \alpha_2 N - \frac{N_3}{2} = 0.3 \times 617 - 90.2 = 94.9 \text{ kN}$$

则肢尖焊缝的长度:

$$l'_{w2} = \frac{N_2}{2 \times 0.7h_f f_f^w} + 6 = \frac{94.9 \times 10^3}{2 \times 0.7 \times 6 \times 160} + 6 = 76.6 \text{ mm},取 l'_{w2} = 80 \text{ mm}$$

由计算知该连接的承载力 $N = 617$ kN,肢尖焊缝长度应为 80 mm。

②由焊缝内力分配系数及承载力可知:

肢背角焊缝所能承受的内力 N_1 为:

$$N_1 = \alpha_1 N = 0.7 \times 617 = 431.9 \text{ kN}$$

计算肢背焊缝长度:

$$l'_{w1} = \frac{N_1}{2 \times 0.7h_f f_f^w} + 2h_f = \frac{431.9 \times 10^3}{2 \times 0.7 \times 6 \times 160} + 12 = 333.4 \text{ mm},取 l'_{w1} = 340 \text{ mm}$$

肢尖角焊缝所能承受的内力 N_2 为:

$$N_2 = \alpha_2 N = 0.3 \times 617 = 185.1 \text{ kN}$$

则肢尖焊缝的长度:

$$l'_{w2} = \frac{N_2}{2 \times 0.7h_f f_f^w} + 2h_f = \frac{185.1 \times 10^3}{2 \times 0.7 \times 6 \times 160} + 12 = 149.7 \text{ mm},取 l'_{w2} = 150 \text{ mm}$$

3)弯矩、轴心力和剪力共同作用的角焊缝连接计算

如图 3.37 所示的双面角焊缝连接承受偏心斜拉力 N 作用,计算时,可将作用力分解为 N_x 和 N_y 两个分力。角焊缝同时承受轴心力 N_x、剪力 N_y 和弯矩 $M = N_x \cdot e$ 的共同作用。焊缝计算截面上的应力分布如图 3.37(b)所示,图中 A 点应力为控制设计点。

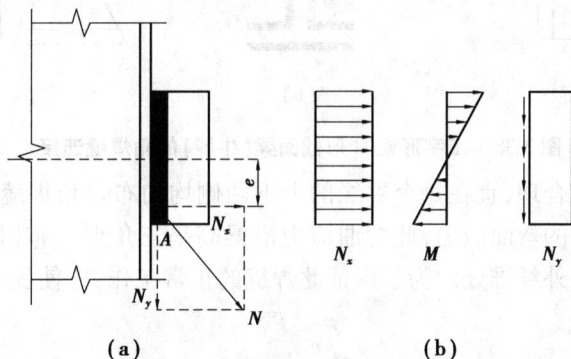

图 3.37 承受偏心斜拉力的角焊缝

点 A 处垂直于焊缝长度方向的应力由两部分组成,即由轴心拉力 N 产生的应力:

$$\sigma_A^N = \frac{N_x}{A_e} = \frac{N_x}{2h_e l_w}$$

由弯矩 M 产生的应力:

$$\sigma_A^M = \frac{M}{W_w} = \frac{6M}{2h_e l_w^2}$$

两个应力在点 A 的方向相同,可直接叠加,故点 A 处垂直于焊缝方向的应力为:

$$\sigma_f = \frac{N_x}{2h_e l_w} + \frac{6M}{2h_e l_w^2}$$

剪力 V 在点 A 产生平行于焊缝长度方向的应力:

$$\tau_f = \frac{V}{A_e} = \frac{V}{2h_e l_w}$$

焊缝的强度计算式为:

$$\sqrt{\left(\frac{\sigma_f}{\beta_f}\right)^2 + \tau_f^2} \leqslant f_f^w$$

当连接直接承受动力荷载作用时,取 $\beta_f = 1.0$。

对于工字梁(或牛腿)与钢柱翼缘的角焊缝连接(图3.38),通常承受弯矩 M 和剪力 V 的联合作用。由于翼缘的竖向刚度较差,在剪力作用下,如果没有腹板焊缝存在,翼缘将发生明显挠曲。这就说明,翼缘板的抗剪能力极差。因此,计算时通常假设腹板焊缝承受全部剪力,而弯矩则由全部焊缝承受。

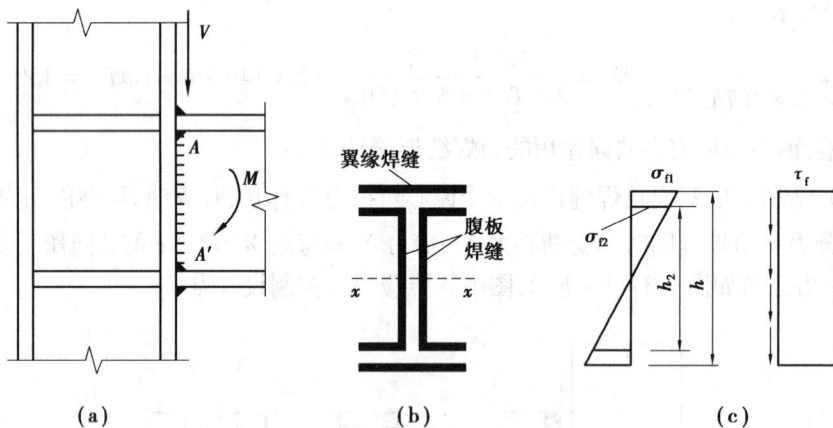

图 3.38 工字形或 H 形截面梁(牛腿)的角焊缝连接

为了焊缝的分布较合理,宜在每个翼缘的上下两侧均匀布置角焊缝,由于翼缘焊缝只承受垂直于焊缝长度方向的弯曲应力,此弯曲应力沿梁高呈三角形分布[图3.38(c)],最大应力发生在翼缘焊缝的最外纤维处。为了保证此焊缝的正常工作,应使翼缘焊缝最外纤维处的应力满足:

$$\sigma_{f1} = \frac{M}{I_w} \cdot \frac{h}{2} \leqslant \beta_f f_f^w \tag{3.19}$$

式中 M——全部焊缝所承受的弯矩;

I_w——全部焊缝有效截面对中和轴的惯性矩。

腹板焊缝承受两种应力的共同作用,即垂直于焊缝长度方向且沿梁高呈三角形分布的弯曲应力和平行于焊缝长度方向且沿焊缝截面均匀分布的剪应力的作用,设计控制点为翼缘焊缝与腹板焊缝的交点 A 处。此处的弯曲应力和剪应力分别按下式计算:

$$\sigma_{f2} = \frac{M}{I_w} \cdot \frac{h_2}{2}$$

$$\tau_f = \frac{V}{\sum h_{e2} l_{w2}}$$

式中 $\sum h_{e2} l_{w2}$——腹板焊缝有效面积之和。

腹板焊缝在点 A 处的强度验算式为:

$$\sqrt{\left(\frac{\sigma_{f2}}{\beta_f}\right)^2 + \tau_f^2} \leq f_f^w$$

工字梁(或牛腿)与钢柱翼缘角焊缝连接的另一种计算方法是使焊缝传递应力与母材所承受应力相协调,即假设腹板焊缝只承受剪力;翼缘焊缝承担全部弯矩,并将弯矩 M 化为一对水平力 $H=M/h$。则翼缘焊缝的强度计算式为:

$$\sigma_f = \frac{H}{h_{e1} l_{w1}} \leq \beta_f f_f^w$$

腹板焊缝的强度计算式为:

$$\tau_f = \frac{V}{2 h_{e2} l_{w2}} \leq f_f^w$$

式中 $h_{e1} l_{w1}$——一个翼缘上角焊缝的有效截面积;

$2 h_{e2} l_{w2}$——两条腹板焊缝的有效截面积。

【例 3.5】试验算如图 3.39 所示牛腿与钢柱连接角焊缝的强度。钢材为 Q235B,焊条为 E43 型,手工焊。静力荷载设计值 $N=360$ kN,偏心距 $e=350$ mm,焊脚尺寸 $h_{f1}=8$ mm,$h_{f2}=6$ mm。

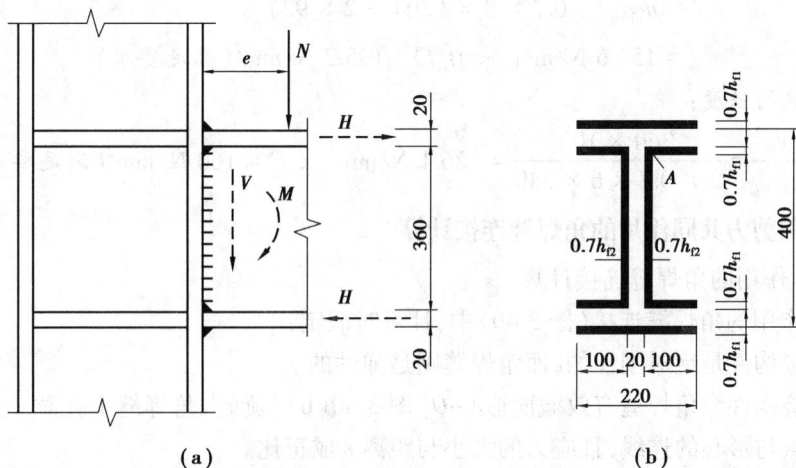

图 3.39   例 3.5 图

【解】N 力在角焊缝形心处引起剪力 $V=N=360$ kN 和弯矩 $M=Ne=360×0.35=126.0$ kN·m。

①考虑腹板焊缝承受弯矩的计算方法:

全部焊缝有效截面对中和轴的惯性矩为:

$$I_w = \left[\left(2 \times \frac{0.42 \times 34^3}{12}\right) + 2 \times 20.4 \times 0.56 \times 20.28^2 + 4 \times 9.2 \times 0.56 \times 17.28^2\right]$$

$$= 18\ 302\ cm^4$$

翼缘焊缝的最大应力:

$$\sigma_{f1} = \frac{M}{I_w} \cdot \frac{h}{2} = \frac{126.0 \times 10^6}{18\ 302 \times 10^4} \times 205.6$$

$$= 141.5\ N/mm^2 < \beta_f f_f^w = 195.2\ N/mm^2 (满足要求)$$

腹板焊缝由弯矩 M 引起的最大应力:

$$\sigma_{f2} = 141.5 \times \frac{170}{205.6} = 117.0\ N/mm^2$$

剪力 V 在腹板焊缝产生的平均剪应力:

$$\tau_f = \frac{V}{\sum h_{e2} l_{w2}} = \frac{360 \times 10^3}{2 \times 0.7 \times 6 \times 340} = 126.1\ N/mm^2$$

则腹板焊缝的强度(A 点为设计控制点)为:

$$\sqrt{\left(\frac{\sigma_{f2}}{\beta_f}\right)^2 + \tau_f^2} = \sqrt{\left(\frac{117.0}{1.22}\right)^2 + 126.1^2} = 158.4\ N/mm^2 < f_f^w = 160\ N/mm^2 (满足要求)$$

②不考虑腹板焊缝承受弯矩的计算方法:

翼缘焊缝所承受的水平力:

$$H = \frac{M}{h} = \frac{126.0 \times 10^6}{380} = 331.6\ kN(h\ 值近似取为翼缘中线间距离)$$

翼缘焊缝的强度:

$$\sigma_f = \frac{H}{h_{e1} l_{w1}} = \frac{331.6 \times 10^3}{0.7 \times 8 \times (204 + 2 \times 92)}$$

$$= 152.6\ N/mm^2 < \beta_f f_f^w = 195.2\ N/mm^2 (满足要求)$$

腹板焊缝的强度:

$$\tau_f = \frac{V}{h_{e2} l_{w2}} = \frac{360 \times 10^3}{2 \times 0.7 \times 6 \times 340} = 126.1\ N/mm^2 < f_f^w = 160\ N/mm^2 (满足要求)。$$

4)扭矩和剪力共同作用的角焊缝连接计算

(1)扭矩作用的角焊缝连接计算

扭矩 T 作用的角焊缝连接(图 3.40)中,计算时假定:

①被连接构件是绝对刚性的,而角焊缝则是弹性的。

②被连接构件绕角焊缝有效截面形心 O[图 3.40(b)]旋转,角焊缝上任意一点的应力方向垂直于该点与形心的连线,且应力的大小与距离 r 成正比。

角焊缝有效截面上 A 点的应力按下式计算:

$$\tau_A = \frac{T_r}{I_p} \tag{3.20}$$

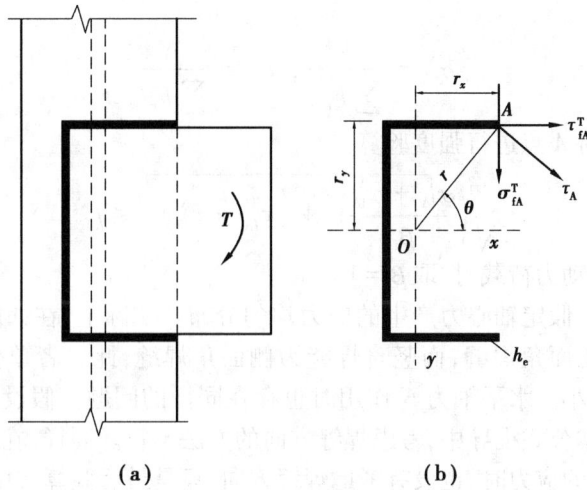

图 3.40 扭矩作用的角焊缝应力

式中 I_p——角焊缝有效截面的极惯性矩, $I_p = I_x + I_y$。

上式所给出的应力与焊缝长度方向成斜角,把它分解为 x 轴和 y 轴的分应力为:

$$\tau_{fA}^T = \tau_A \sin\theta = \frac{T \cdot r}{I_p} \cdot \frac{r_y}{r} = \frac{T \cdot r_y}{I_p} \tag{3.21}$$

$$\sigma_{fA}^T = \tau_A \cos\theta = \frac{T \cdot r}{I_p} \cdot \frac{r_y}{r} = \frac{T \cdot r_y}{I_p} \tag{3.22}$$

按式(3.8)进行验算:

$$\sqrt{\left(\frac{\sigma_{fA}^T}{\beta_f}\right)^2 + (\tau_{fA}^T)^2} \leqslant f_f^w$$

(2)扭矩、剪力和轴心力作用的角焊缝连接计算

如图(3.41)所示为采用三面围焊的搭接连接。该连接角焊缝承受竖向剪力 V、扭矩 $T = V(e_1 + e_2)$ 以及水平轴力 N 的共同作用,焊缝的 A 点为设计控制点。

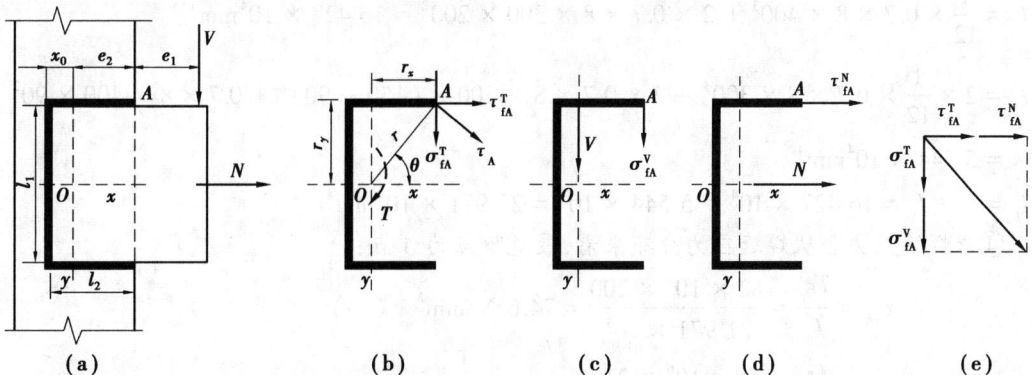

图 3.41 扭矩、剪力和轴力共同作用的角焊缝应力

在扭矩作用下[图 3.41(b)], A 点的应力同式(3.21)和式(3.22)。

假设剪力 V[图 3.41(c)]和水平轴力 N[图 3.41(d)]产生的剪应力均匀分布,则 A 点应

力为：

$$\sigma_{fA}^V = \frac{V}{\sum h_e l_w}, \quad \tau_{fA}^N = \frac{N}{\sum h_e l_w}$$

最后按式(3.8)对 A 点进行强度验算：

$$\sqrt{\left(\frac{\sigma_{fA}^T + \sigma_{fA}^V}{\beta_f}\right)^2 + (\tau_{fA}^T + \tau_{fA}^N)^2} \leqslant f_f^w$$

当连接直接承受动力荷载时，取 $\beta_f = 1.0$。

上述计算方法中，假定轴心力产生的应力均匀分布。实际上，如图 3.41 所示轴心力 V 作用下，水平焊缝为正面角焊缝，而竖直焊缝为侧面角焊缝，此二者单位长度分担的应力不同，前者较大，后者较小。水平轴力 N 作用时也存在同样的问题。假设轴向力产生的应力为平均分布，而前面基本公式推导中，考虑焊缝方向的方法不符。同样，在确定形心位置以及计算扭矩作用下所产生的应力时，也没有考虑焊缝方向，只是最后验算式中引进了系数 β_f，因此上面的计算方法有一定的近似性。

【例3.6】图 3.41 中钢板长度 $l_1 = 400$ mm，搭接长度 $l_2 = 300$ mm，静力荷载设计值为 $V = 200$ kN，$N = 50$ kN，$e_1 = 200$ mm，钢材用 Q235B，手工焊，焊条 E43 型，试确定该焊缝的焊接尺寸并验算该焊缝的强度。

【解】在计算中，由于焊缝实际长度稍大于搭接长度，故不再扣除水平焊缝的缺陷。图 3.41 中的围焊缝共同承受剪力 $V = 200$ kN，$N = 50$ kN 和扭矩 $T = V(e_1 + e_2)$ 的作用，设焊缝的焊脚尺寸均为 $h_f = 8$ mm。

①焊缝计算截面的形心位置 x_0：

$$x_0 = \frac{2l_2 \cdot l_2/2}{2l_2 + l_1} = \frac{30^2}{60 + 40} = 9 \text{ cm}$$

$$e_2 = 30 - 9 = 21 \text{ cm}$$

②求焊缝受力：

$V = 200$ kN，$N = 50$ kN，$T = V(e_1 + e_2) = 200 \times (20 + 21) \times 10^{-2} = 82$ kN·m

③求焊缝的几何特性：

$$I_x = \frac{1}{12} \times 0.7 \times 8 \times 400^3 + 2 \times 0.7 \times 8 \times 300 \times 200^2 = 16\,427 \times 10^4 \text{mm}^4$$

$$I_y = 2 \times \frac{1}{12} \times 0.7 \times 8 \times 300^3 + 2 \times 0.7 \times 8 \times 300 \times (150 - 90)^2 + 0.7 \times 8 \times 400 \times 90^2$$

$$= 5\,544 \times 10^4 \text{mm}^4$$

$$I_p = I_x + I_y = 16\,427 \times 10^4 + 5\,544 \times 10^4 = 21\,971 \times 10^4 \text{mm}^4$$

④求焊缝应力。从焊缝应力分布来看，最危险点为 A 点：

$$\tau_{fA}^T = \frac{Tr_y}{I_p} = \frac{82 \times 10^6 \times 200}{21\,971 \times 10^4} = 74.6 \text{ N/mm}^2 \quad (\rightarrow)$$

$$\sigma_{fA}^T = \frac{Tr_x}{I_p} = \frac{82 \times 10^6 \times 210}{21\,971 \times 10^4} = 78.4 \text{ N/mm}^2 \quad (\downarrow)$$

$$\sigma_{fA}^V = \frac{V}{\sum h_e l_w} = \frac{200 \times 10^3}{0.7 \times 8 \times (2 \times 300 + 400)} = 35.7 \text{ N/mm}^2 \quad (\downarrow)$$

$$\tau_{fA}^N = \frac{N}{\sum h_e l_w} = \frac{50 \times 10^3}{0.7 \times 8 \times (2 \times 300 + 400)} = 8.9 \text{ N/mm}^2 \quad (\rightarrow)$$

代入式(3.8)得:

$$\sqrt{\left(\frac{\sigma_{fA}^T + \sigma_{fA}^V}{\beta_f}\right)^2 + (\tau_{fA}^T + \tau_{fA}^N)^2} = \sqrt{\left(\frac{78.4 + 35.7}{1.22}\right)^2 + (74.6 + 8.9)^2} = 125.4 \text{ N/mm}^2$$

$$< f_f^w = 160 \text{ N/mm}^2$$

取 $h_f = 8$ mm 满足承载力要求。

3.4.5 斜角角焊缝的计算

《钢结构设计规范》(第7.1.4条)规定,两焊脚边夹角 α 为 $60° \leqslant \alpha \leqslant 135°$ 的 T 形接头,其斜角角焊缝(图 3.42)的强度应按式(3.8)~式(3.10)计算。考虑到对斜角角焊缝研究很少,且采用的计算公式也是根据直角角焊缝的计算公式简化得到,因此对斜角角焊缝不论其有效截面上的应力情况如何,一律取 β_f(或 $\beta_{f\theta}$)= 1.0。

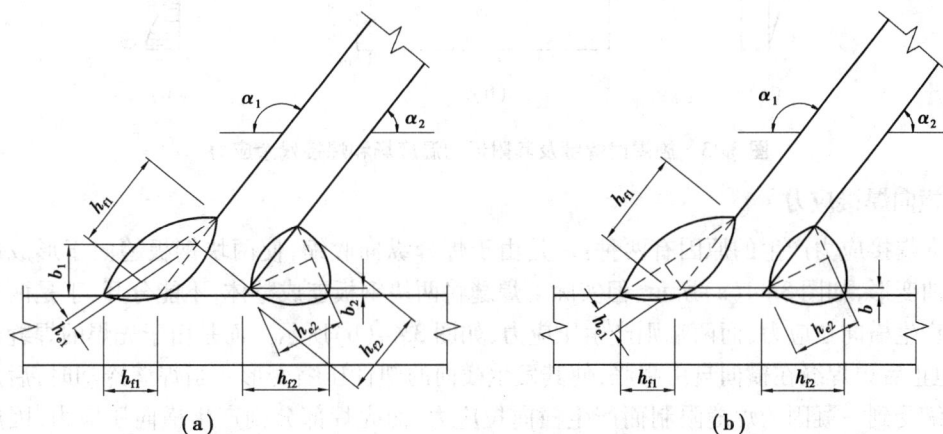

图 3.42　斜角角焊缝的有效厚度

在确定焊缝计算厚度时,当根部间隙 b、b_1 或 $b_2 \leqslant 1.5$ mm 时,$h_e = h_f \cos \frac{\alpha}{2}$;当根部间隙 b、b_1 或 $b_2 > 1.5$ mm 时,$h_e = \left(h_f - \frac{b(\text{或}b_1、b_2)}{\sin \alpha}\right) \cos \frac{\alpha}{2}$;任何情况下 b、b_1 或 b_2 不得大于 5 mm。

3.5 焊接残余应力与焊接残余变形

3.5.1 焊接残余应力的分类和产生的原因

焊接过程是一个先局部加热、然后再冷却的过程。焊件在焊接时产生的变形成为热变形。焊件冷却过程中产生的变形称为焊接残余变形,这时焊件的应力称为焊接残余应力。焊接应力包括沿焊缝长度方向的纵向焊接应力、垂直于长度方向的横向焊接应力和沿厚度方向的焊接应力。

1)纵向焊接应力

在施焊时,焊件上产生不均匀的温度场,焊缝及其附近温度最高,可达 1 600 ℃以上,而邻近区域温度则急剧下降,如图 3.43(a)、(b)所示。不均匀的温度场产生不均匀的膨胀。温度高的钢材膨胀大,但受到两侧钢材限制而产生纵向拉应力。在低碳钢和低合金钢中,这种拉应力经常达到钢材的屈服点。焊接应力是一种无荷载作用下的应力,因此在焊件内部自平衡,这就必然在距焊缝稍远区段内产生压应力,如图 3.43(c)所示。

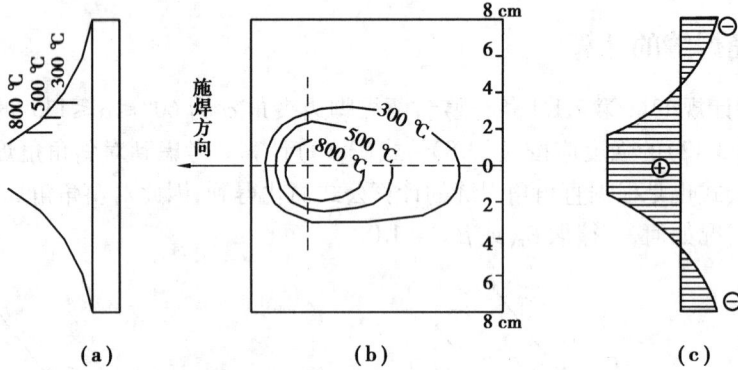

图 3.43 施焊时焊缝及其附近的温度场和焊接残余应力

2)横向焊接应力

横向焊接应力产生的原因有两种:一是由于焊缝纵向收缩,使两块钢板趋向于形成反方向的弯曲变形,如图 3.44(a)所示,但实际上焊缝将两块钢板连成整体,不能分开,于是两块板的中间产生横向拉应力,而两端则产生压应力,如图 3.44(b)所示。而是由于先焊的焊缝已经凝固,阻止后焊焊缝在横向自由膨胀,使其发生横向的塑性压缩变形。当焊缝冷却时,后焊焊缝的收缩受到一凝固的焊缝限制而产生横向拉应力,而先焊部分则产生横向压应力,因应力自相平衡,更远处的焊缝则受拉应力,如图 3.44(c)所示。焊缝的横向应力就是上述两种原因产生的应力合成的结果,如图 3.44(d)所示。

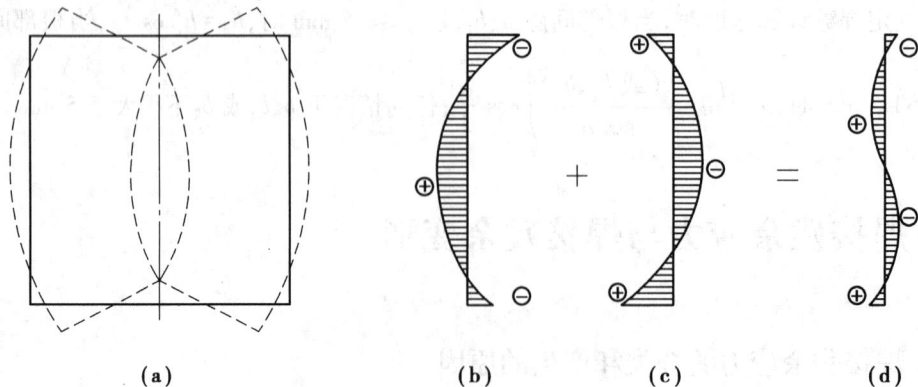

图 3.44 焊缝的横向焊接应力

3)厚度方向的焊接应力

在厚钢板的焊接连接中,焊缝需要多层施焊。因此,除有纵向和横向焊接应力 σ_x、σ_y 外,还存在着沿钢板厚度方向的焊接应力,如图 3.45 所示,这 3 种应力形成同号三向应力,将大大降低连接的塑形。

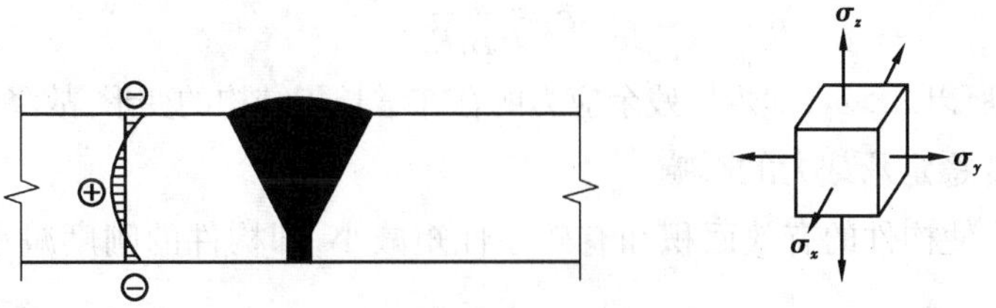

图 3.45　厚板中的焊接残余应力

3.5.2　焊接残余应力对结构性能的影响

1)对结构静力强度的影响

对在常温下工作并具有一定塑性的钢材,在静荷载作用下,焊接应力不会影响结构的静力强度。设轴心受拉构件在受荷前($N=0$)截面上就存在纵向焊接应力,并假设其分布如图 3.46(a)所示,截面 bt 部分的焊接拉应力已达屈服点 f_y,在轴心力 N 作用下,应力不再增加,如果钢材具有一定的塑形,拉力 N 就仅由受压的弹性区承担。两侧受压区应力由原来受压逐渐变为受拉,最后应力也达到屈服点 f_y,此时全截面应力都达到 f_y,如图 3.46(b)所示。

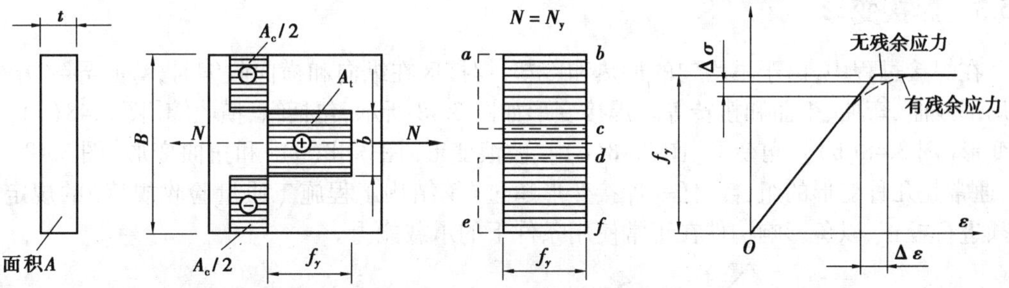

图 3.46　具有焊接残余应力的轴心受拉构件加荷时应力的变化情况

由于焊接应力自相平衡,故

$$(B-b)t\sigma = btf_y$$

构件全截面达到屈服点 f_y 时所承受的外力

$$N = (B-b)t(\sigma+f_y) = (B-b)t\sigma + Btf_y - btf_y = Btf_y$$

无焊接应力且无应力集中时,当全截面上的应力达到 f_y 时所承受的外力为

$$N = Btf_y$$

由以上二式可知,有焊接应力构件的承载能力和无焊接应力者完全不同,即焊接应力不影响结构的静力强度。

2)对结构刚度的影响

构件上存在焊接残余应力会降低结构的刚度。现仍以轴心受拉构件为例加以说明[图 3.46(a)]。由于截面 bt 部分的拉应力应达到 f_y,这部分刚度为零,因而构件在拉力 N 作用下的应变增量：

$$\varepsilon_1 = \frac{N}{(B-b)tE}$$

如构件上无焊接残余应力存在,则构件在拉力作用下的应变增量：

$$\varepsilon_2 = \frac{N}{BtE}$$

由于 $B-b<B$,所以 $\varepsilon_1 > \varepsilon_2$,即焊接残余应力的存在增长了结构的变形,故降低了结构的刚度。

3)对受压构件稳定承载力的影响

焊接残余应力使构件的有效面积和有效惯性矩减小,即构件的刚度减小,从而必定降低其稳定承载能力。

4)对低温冷脆的影响

在厚板或具有交叉焊缝(图 3.47)的情况下,将产生三向焊接残余应力,阻碍了塑性变形的发展,增加了钢材在低温下的脆断倾向。因此,降低或消除焊缝中的残余应力是改善结构低温冷脆性能的重要措施之一。

5)对疲劳强度的影响

在焊缝及其附近的主体金属残余应力通常达到钢材的屈服点,而此部分正是形成和发展疲劳裂纹最为敏感的区域。因此,焊接残余应力对结构的疲劳强度有明显的不利影响。

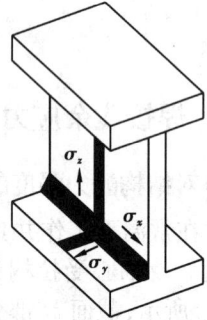

图 3.47　三向焊接残余应力

3.5.3　焊接变形

在焊接过程中,由于不均匀的加热和冷却,焊接区在纵向和横向收缩时,势必导致构件产生局部鼓曲、弯曲、歪曲和扭转等。焊接变形如图 3.48 所示,包括纵、横收缩[图 3.48(a)]、弯曲变形[图 3.48(b)]、角变形[图 3.48(c)]、波浪变形[图 3.48(d)]和扭曲变形[图 3.48(e)]等,通常是几种变形的组合。任一焊接变形超过《钢结构工程施工质量验收规范》的规定时,必须进行校正,以免影响构件在正常使用条件下的承载能力。

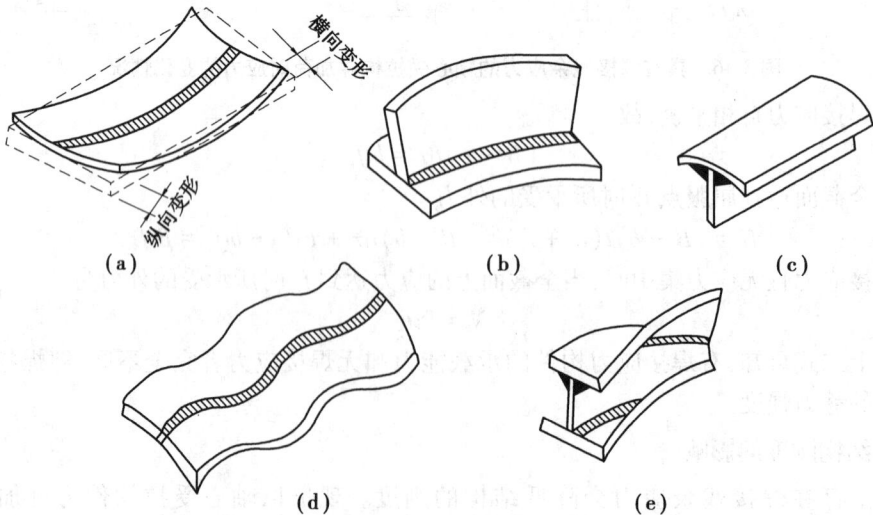

(a)　(b)　(c)

(d)　(e)

图 3.48　焊接变形

3.5.4　减少焊接应力和焊接变形的措施

1)设计措施

①尽可能使焊缝对称于构件截面的中性轴,以减少焊接变形,如图 3.49(a)和图 3.49(b)所示的情况。

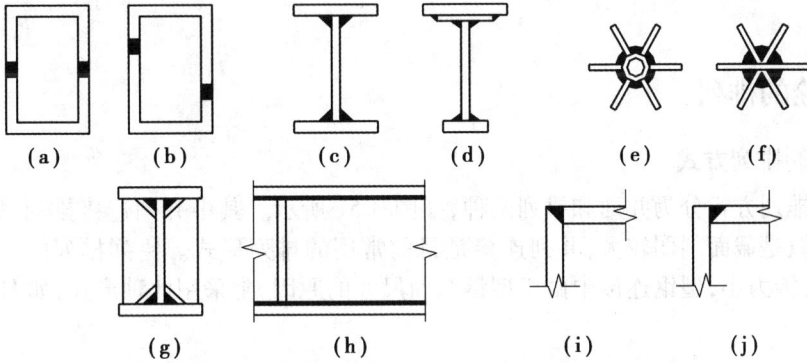

图 3.49　减小焊接应力和变形影响的设计措施

②采用适宜的焊脚尺寸和焊缝长度,如图 3.49(c)、(d)所示。

③焊缝不宜过分集中,当几块钢板交汇在一起进行连接时,应采取如图 3.49(e)所示的方式。如采用如图 3.49(f)所示的方式,由于热量高度集中,会引起过大的焊接变形,同时焊缝及主体金属也会发生组织改变。

④尽量避免两条或三条焊缝垂直交叉。例如梁腹板加劲肋与腹板及翼缘的连接焊缝应中断,以保证主要的焊缝(翼缘与腹板的连接焊缝)连续通过,如图 3.49(g)、(h)所示。

⑤尽量避免在母材厚度方向的收缩应力,如图 3.49(j)所示,应采用如图 3.49(i)所示的形式。

2)工艺措施

①采取合理的施焊次序。例如钢板对接时采用分段退焊[图 3.50(a)],厚焊缝采用分层焊[图 3.50(b)],工字型截面按对角跳焊[图 3.50(c)],钢板分块拼接[图 3.50(d)]等。

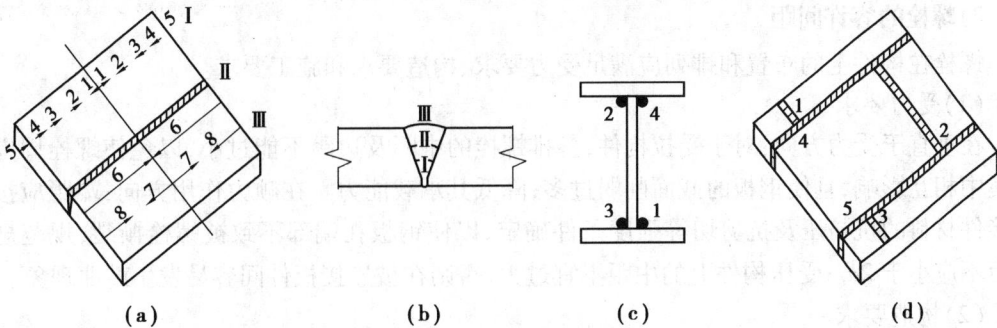

图 3.50　合理的施焊次序

②采用反变形。施焊前给构件以一个与焊接变形反方向的预变形,使之与焊接所引起的变形相抵消,从而达到减小焊接变形的目的。

③对于小尺寸焊件,焊前预热,或焊后回火加热至 600 ℃左右,然后缓慢冷却,可以消除焊接应力和焊接变形。也可以采用刚性固定法将构件加以固定来限制焊接变形,但却增加了焊接残余应力。

3.6　螺栓连接的构造

3.6.1　螺栓的排列

1)螺栓的排列方式

螺栓的排列方式分为并列和错列两种,如图 3.51 所示。其中并列连接排列紧凑,布孔简单,传力大,但是截面削弱较大,并列连接是目前常用的排列形式。错列排列的截面削弱小,连接不紧凑,传力小,型钢连接中由于型钢截面尺寸的原因,常采用此种形式,如 H 型钢、角钢等拼接连接。

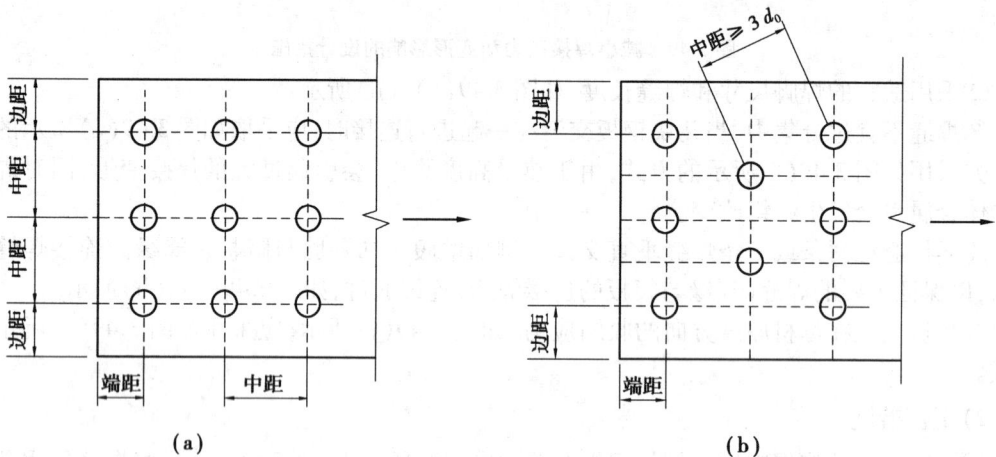

图 3.51　钢板的螺栓(铆钉)排列

2)螺栓的容许间距

螺栓在构件上的布置和排列应满足受力要求、构造要求和施工要求。

(1)受力要求

在垂直于受力方向:对于受拉构件,各排螺栓的中距及边距不能过小,以免使螺栓周围应力集中相互影响,且使钢板的截面削弱过多,降低其承载能力。在顺力作用方向:端距应按被连接件材料的抗挤压及抗剪切等强度条件确定,以使钢板在端部不致被螺栓撕裂,规范规定端距不应小于 $2d_0$;受压构件上的中距不宜过大,否则在被连接板件间容易发生鼓曲现象。

(2)构造要求

螺栓的中距及边距不宜过大,否则钢板间不能紧密贴合,潮气侵入缝隙使钢材锈蚀。

(3)施工要求

要保证一定的施工空间,便于转动螺栓扳手,因此规范规定了螺栓最小容许间距。

根据以上要求,《钢结构设计规范》(第 8.3.4 条)规定,螺栓或铆钉的距离应符合表 3.3 的要求。

表 3.3 螺栓或铆钉的最大、最小容许距离

名　称	位置和方向			最大容许距离（取两者的较小值）	最小容许距离
中心间距	外排（垂直内力方向或顺内力方向）			$8d_0$ 或 $12t$	$3d_0$
	中间排	垂直内力方向		$16d_0$ 或 $24t$	
		顺内力方向	构件受压力	$12d_0$ 或 $18t$	
			构件受拉力	$16d_0$ 或 $24t$	
	沿对角线方向			—	
中心至构件边缘距离	顺内力方向			$4d_0$ 或 $8t$	$2d_0$
	垂直内力方向	剪切边或手工气割边			$1.5d_0$
		轧制边、自动气割或锯割边	高强度螺栓		
			其他螺栓或铆钉		$1.2d_0$

注：①d_0 为螺栓或铆钉的孔径，t 为外层较薄板件的厚度。

②钢板边缘与刚性构件（如角钢、槽钢等）相连的螺栓或铆钉的最大间距，可按中间排列的数值采用。

在角钢、普通工字钢、槽钢截面上排列螺栓和铆钉的线距，应分别满足图 3.52(a)、(b)和(c)及表 3.4、表 3.5、表 3.6 的要求。在 H 型钢截面上排列螺栓和铆钉的线距[图 3.52(d)]，腹板上的 c 值可参照普通工字钢，翼缘上的 e 值或 e_1、e_2 值可根据其外伸宽度参照角钢。

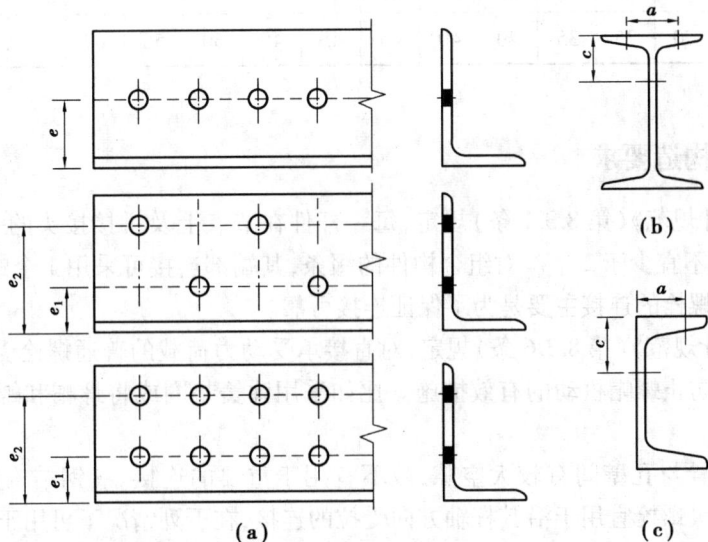

图 3.52　型钢的螺栓（铆钉）排列

表 3.4　角钢上的螺栓或铆钉线距　　　　　　单位:mm

单行排列	角钢肢宽	40	45	50	56	63	70	75	80	90	100	110	125
	线距 e	25	25	30	30	35	40	40	45	50	55	60	70
	钉孔最大直径	11.5	13.5	13.5	15.5	17.5	20	22	22	24	24	26	26

双行错排	角钢肢宽	125	140	160	180	200	双行并列	角钢肢宽	160	180	200
	e_1	55	60	70	70	80		e_1	60	70	80
	e_2	90	100	120	140	160		e_2	130	140	160
	钉孔最大直径	24	24	26	26	26		钉孔最大直径	24	24	26

表 3.5　工字钢和槽钢腹板上的螺栓线距　　　　　　单位:mm

工字钢型号	12	14	16	18	20	22	25	28	32	36	40	45	50	56	63
线距 a_{min}	40	45	45	45	50	50	55	60	60	65	70	75	75	75	75
槽钢型号	12	14	16	18	20	22	25	28	32	36	40	—	—	—	—
线距 c_{min}	40	45	50	50	55	55	60	60	65	70	75	—	—	—	—

表 3.6　工字钢和槽钢翼缘上的螺栓线距　　　　　　单位:mm

工字钢型号	12	14	16	18	20	22	25	28	32	36	40	45	50	56	63
线距 a_{min}	40	40	50	55	60	65	65	70	75	80	80	85	90	95	95
槽钢型号	12	14	16	18	20	22	25	28	32	36	40	—	—	—	—
线距 c_{min}	30	35	35	40	40	45	45	45	50	56	60	—	—	—	—

3.6.2　螺栓的构造要求

《钢结构设计规范》(第8.3.1条)规定,每一杆件在节点上及拼接接头的一端,永久性的螺栓(或铆钉)数不宜少于2个。对组合构件的缀条,其端部连接可采用1个螺栓(或铆钉)。规定不少于2个螺栓的连接主要是为了保证连接可靠。

《钢结构设计规范》(第8.3.6条)规定,对直接承受动力荷载的普通螺栓受拉连接应采用双螺帽或其他能防止螺帽松动的有效措施。比如采用弹簧垫圈或将螺帽和螺杆焊死等方法可防止螺帽松动。

由于 C 级螺栓与孔壁间有较大空隙,故不宜用于重要的连接。《钢结构设计规范》(第8.3.5条)规定,C 级螺栓宜用于沿其杆轴方向受拉的连接,在下列情况下可用于受剪连接:

①承受静力荷载或间接承受动力荷载结构中的次要连接。

②承受静力荷载的可拆卸结构的连接。

③临时固定构件用的安装连接。

因撬力很难精确计算,故沿杆轴方向受拉的螺栓(铆钉)连接中的端板(法兰板),应采取构造措施适当增加其刚度。《钢结构设计规范》(第 8.3.9 条)规定,沿杆轴方向受拉的螺栓(或铆钉)连接中的端板(法兰板),应适当增强其刚度(如加设加劲肋),以减少撬力对螺栓(或铆钉)抗拉承载力的不利影响。

3.6.3 螺栓、螺栓孔图例

在钢结构施工图上需要将螺栓、螺栓孔的施工要求,用图形表达清楚,以免引起混淆,表3.7 为常用的螺栓、螺栓孔图例。

表 3.7 螺栓、螺栓孔图例

序 号	名 称	图 例	说 明
1	永久螺栓		
2	安装螺栓		
3	高强度螺栓		1.细"+"表示定位线; 2.必须标注螺栓、螺栓孔直径
4	螺栓圆孔		
5	椭圆形螺孔		

3.7 普通螺栓连接的工作性能和计算

普通螺栓连接的连接件包括螺栓杆、螺母和垫圈,如图 3.53 所示。螺栓长度参数有:夹件厚度、螺纹长度和螺栓长度。夹件厚度指从螺栓头底面到螺母或垫圈背面的距离,它是指除了垫圈外所有被连接件的总厚度;螺纹长度是螺栓上螺纹的总长度;螺栓长度指从螺栓头后面到螺栓杆末端的距离。螺栓按照螺帽形状主要有六角头螺栓和方头螺栓,如图 3.54所示。

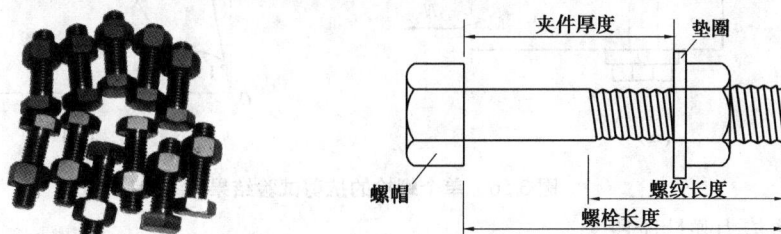

图 3.53 螺栓及螺栓长度

图 3.54 六角头螺栓和方头螺栓

普通螺栓连接按受力情况可分为3类：①螺栓只承受剪力[图3.55(a)]；②螺栓只承受拉力[图3.55(b)]；③螺栓承受拉力和剪力的共同作用[图3.55(c)]。下面将分别论述这3类连接的工作性能和计算方法。

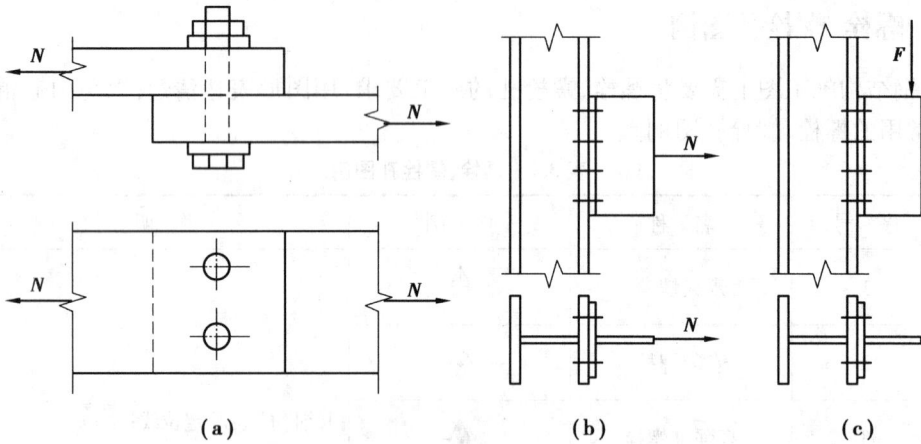

图 3.55   螺栓连接的3种受力情况

3.7.1   普通螺栓的抗剪连接

1)抗剪连接的工作性能

抗剪连接是最常见的螺栓连接。以如图3.56(a)所示的螺栓连接试件做抗剪试验,则可得出试件上 a、b 两点之间的相对位移 δ 与作用力 N 的关系曲线[图3.56(b)]。由曲线可见,试件由零线一直加载至连接破坏的全过程,经历了以下3个阶段。

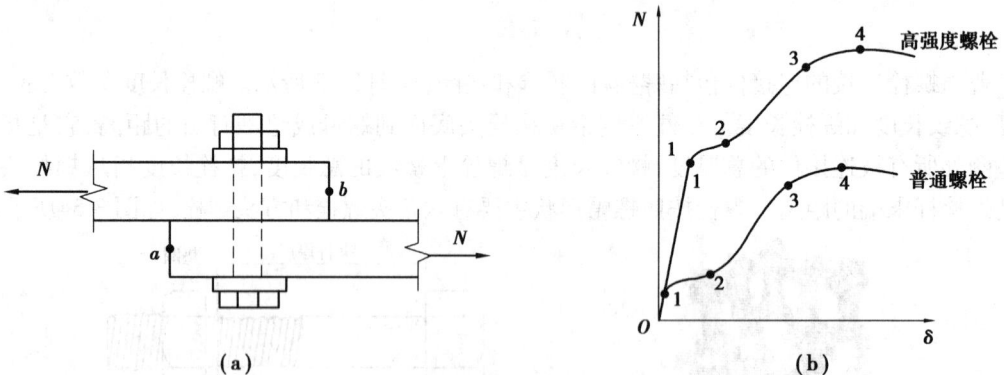

图 3.56   单个螺栓的抗剪试验结果

(1)摩擦传力弹性阶段

施加荷载之初,连接中的剪力较小,荷载靠板件接触面间的摩擦力传递,螺栓杆与孔壁之间的间隙保持不变,连接工作处于弹性阶段,在 N-δ 图上呈现出 01 斜直线段。但由于板件间摩擦力的大小取决于拧紧螺帽时在螺杆中的初始拉力,一般来说,普通螺栓的初应力很小,故此阶段很短,可略去不计。

（2）相对滑移阶段

在荷载增加过程中，连接中的剪力达到板件间摩擦力的最大值，板件间产生相对滑移，其最大滑移量为螺栓杆与孔壁之间的间隙，直至螺栓杆与孔壁接触，表现为 N-δ 曲线上的12线段。

（3）栓杆传力弹性阶段

荷载继续增加，连接所承受的外力主要靠螺栓与孔壁接触传递。螺栓杆除主要受剪力外，还承受弯矩和轴向拉力，而孔壁则受到挤压。由于材料的弹性，也由于螺栓杆的伸长受到螺帽的约束，增大了板件间的压紧力，使板件间的摩擦力增大，所以 N-δ 曲线上呈上升状态。达到"3"点时，表明螺栓或连接板达到弹性极限。

（4）弹塑性阶段

荷载继续增加，在此阶段荷载即使有很小的增量，连接的剪切变形也迅速加大，直到连接的最后破坏。N-δ 图上曲线的最高点"4"所对应的荷载即为普通螺栓连接的极限荷载。

螺栓抗剪连接达到极限承载力时，可能出现以下5种破坏形式：

①当栓杆直径较小而板件较厚时，栓杆可能被剪断[图3.57（a）]。

②当栓杆直径较大而板件较薄时，板件可能被挤坏[图3.57（b）]，由于栓杆和板件的挤压是相对的，故也把这种破坏称为螺栓承压破坏。

③板件截面可能因螺栓孔削弱太多而被拉断[图3.57（c）]。

④端距太小，端距范围内的板件可能被栓杆冲剪破坏[图3.57（d）]。

⑤螺栓连接的板件过多，造成栓杆过长过细，会产生螺杆的弯曲破坏[图3.57（e）]。

第③种破坏形式属于构件的强度计算，后两种破坏分别限制螺栓端距 $e \geq 2d_0$ 和螺杆杆长 $l \leq 5d$（d 为螺杆直径）等构造措施来防止。因此，抗剪螺栓连接的计算只考虑第①、②种破坏形式。

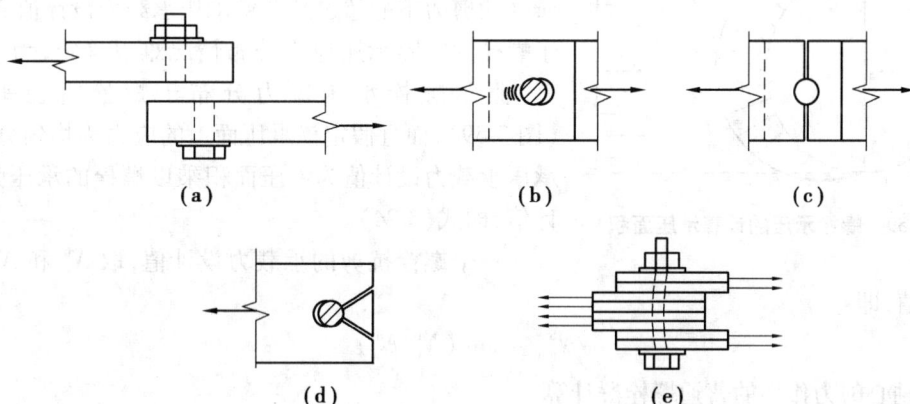

图3.57　螺栓抗剪连接的破坏形式

2）单个普通螺栓抗剪连接的承载力

《钢结构设计规范》（第7.2.1条）第1款规定，在普通螺栓受剪的连接中，每个普通螺栓的承载力设计值应取受剪和承压承载力设计值中的较小者。

受剪承载力设计值：

$$N_v^b = n_v \frac{\pi d^2}{4} f_v^b \tag{3.23}$$

承压承载力设计值:

$$N_c^b = d \sum t f_c^b \tag{3.24}$$

式中　　n_v——受剪面数目,[图 3.58(a)为单剪,$n_v = 1$,图 3.58(b)为双剪,$n_v = 2$,图 3.58(c)为四剪,$n_v = 4$];

　　　　d——螺栓杆直径;

　　　　d_0——螺栓孔直径;

　　　　$\sum t$——在不同受力方向中一个受力方向承压构件总厚度的较小值;

　　　　f_v^b , f_c^b——分别为螺栓的抗剪和承压强度设计值。

如图 3.58 所示的螺栓连接,当栓杆直径较小而板件较厚时,栓杆会被剪断。为了防止螺杆被剪断,则要求一个螺栓所受的剪力不能超过其受剪承载力设计值 N_v^b。假定螺栓受剪面上的剪应力是均匀分布的,受剪承载力设计值等于受剪面面积乘以螺栓的抗剪强度设计值,即式(3.23)。

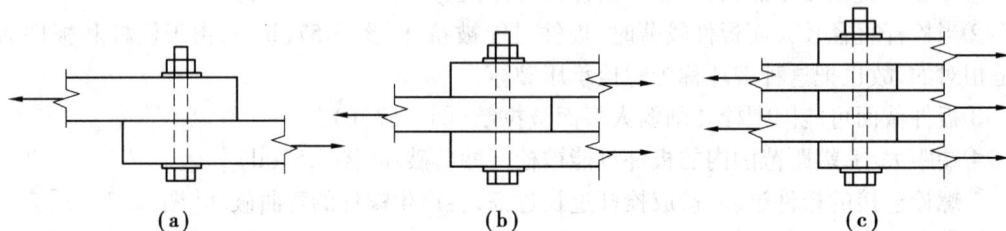

图 3.58　抗剪螺栓连接

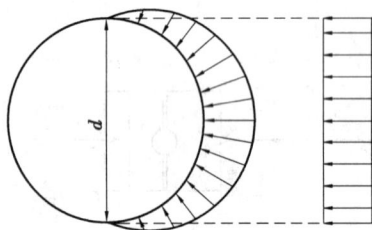

图 3.59　螺栓承压的计算承压面积

为了防止螺栓把板件给挤压破坏,要求一个螺栓所受的剪力不能超过其孔壁承压承载力设计值 N_c^b。由于螺栓的实际承压应力分布情况难以确定,为简化计算,假定螺栓承压应力分布于螺栓直径平面上(图 3.59),而且假定该承压面上的应力为均匀分布,则承压承载力设计值为承压面积乘以螺栓的承压强度设计值,即式(3.24)。

一个螺栓抗剪的承载力设计值,取 N_v^b 和 N_c^b 两者中较小值,即:

$$N_{min}^b = \min(N_v^b , N_c^b) \tag{3.25}$$

3)轴心剪力作用的普通螺栓群计算

《钢结构设计规范》(第 7.2.4 条)规定,在构件的节点处或拼接接头的一端,当螺栓或铆钉沿轴向受力方向的连接长度 l_1 大于 $15d_0$ 时,应将螺栓或铆钉的承载力设计值乘以折减系数 $\left(1.1 - \dfrac{l_1}{150d_0}\right)$。当 l_1 大于 $60d_0$ 时,折减系数为 0.7,d_0 为孔径。

试验表明,螺栓群的抗剪连接承受轴心力时,沿长度方向螺栓受力不均匀(图 3.60),两端大、中间小。当沿受力方向的连接长度 $l_1 \leq 15d_0$ 时,连接工作进入弹塑性阶段后,内力发生重分布,螺栓群中各螺栓受力逐渐均匀,故可认为轴心力 N 由每个螺栓平均分担,即螺栓数:

$$n \geqslant \frac{N}{N_{min}^b} \qquad (3.26)$$

式中 N——作用于螺栓群的轴心力设计值。

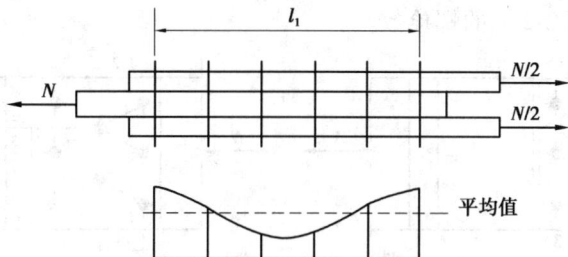

图 3.60 连接螺栓的内力分布

当 $l_1 > 15d_0$ 时,连接工作进入弹塑性阶段后,各螺栓杆所受内力不易均匀,端部螺栓首先达到极限强度而破坏,随后由外向里依次破坏。因此,为防止端部螺栓提前破坏,当 $l_1 > 15d_0$ 时,螺栓的抗剪和承压承载力设计值应乘以折减系数 η 予以降低。η 由下式计算:

$$\eta = 1.1 - \frac{l_1}{150d_0} \qquad (3.27)$$

当 $l_1 > 60d_0$ 时,$\eta = 0.7$。对该普通螺栓群构成的长连接,所需抗剪螺栓数为:

$$n \geqslant \frac{N}{\eta N_{min}^b} \qquad (3.28)$$

轴心受剪螺栓群连接的传力路线可由图 3.61 说明:左边板件所承担的 N 力,通过左边螺栓群传至两块拼接板,再由两块拼接板通过右边螺栓群传至右边板件,这样左右板件内力平衡。在力的传递过程中,各部分承力情况如图 3.61(c)所示,板件在截面 1-1 处承受全部 N 力,在截面 1-1 和 2-2 之间则只承受 $2N/3$,因为 $N/3$ 已经通过第 1 列螺栓传给拼接板。

由于螺栓孔削弱了板件的截面,为防止板件在净截面处被拉断,需要验算净截面的强度:

$$\sigma = \frac{N}{A_n} \leqslant f \qquad (3.29)$$

式中 A_n——构件净截面面积。其计算方法如下:

如图 3.61(a)所示的并列螺栓排列,以左半部分为例,截面 1-1、2-2、3-3 的净截面面积均相同。对于板件,根据传力情况,截面 1-1 受力为 N,截面 2-2 受力为 $N - \frac{n_1}{n}N$,截面 3-3 受力为 $N - \frac{n_1+n_2}{n}N$,以截面 1-1 受力最大,其净截面面积为:

$$A_n = t(B - n_1 d_0) \qquad (3.30)$$

对于拼接板,以截面 3-3 受力最大,其净截面面积为:

$$A_n = 2t_1(B - n_3 d_0) \qquad (3.31)$$

式中 n——左半部分螺栓总数;

　　n_1, n_2, n_3——分别为截面 1-1、2-2 和 3-3 处的螺栓数;

　　d_0——螺栓孔径。

如图 3.61(b)所示的错列螺栓排列,对于板件不仅需要考虑沿截面 1-1(正交截面)破坏

的可能,此时按式(3.30)计算净截面面积,还需要考虑沿截面 2-2(折线截面)破坏的可能,其净截面面积为:

$$A_n = t\left[2e_3 + (n_2 - 1)\sqrt{e_1^2 + e_2^2} - n_2 d_0\right] \tag{3.32}$$

式中　n_2——折线截面 2-2 上的螺栓数。

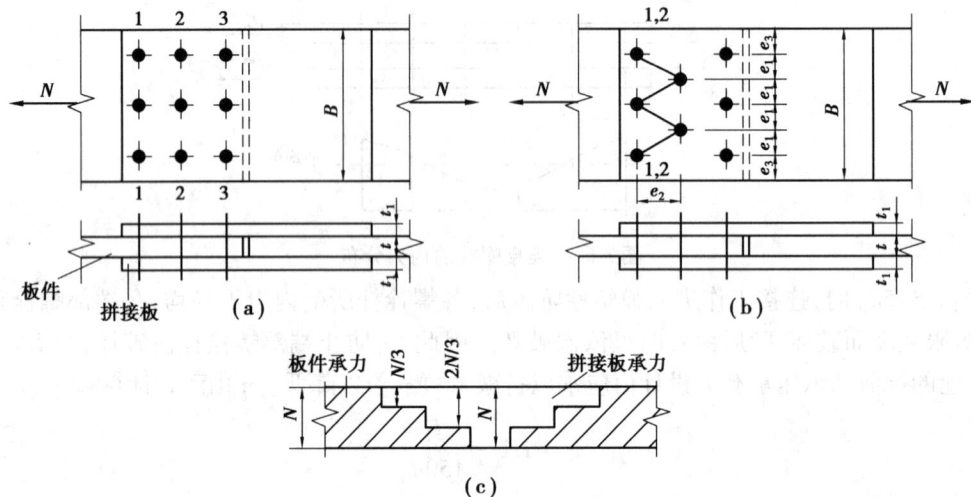

图 3.61　力的传递及净截面面积

【例 3.7】如图 3.62 所示,试设计角钢和节点板搭接的螺栓连接,钢材为 Q235BF 钢。承受轴拉力设计值 $N = 3.9 \times 10^5$ N(静载)。采用 C 级普通螺栓,用 2∟90×6 的角钢组成 T 形截面,截面积 $A = 2\ 120\ \text{mm}^2$。

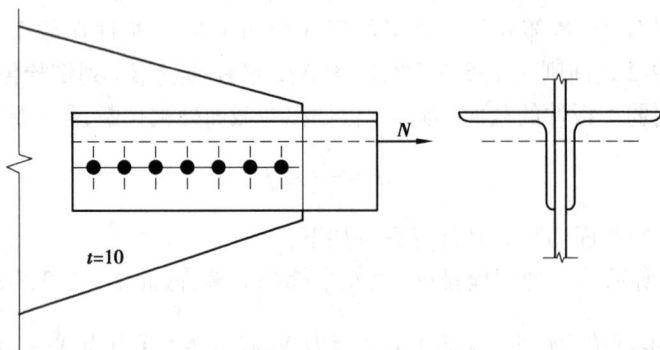

图 3.62　例 3.7 图

【解】①初选螺栓:

假设采用单行排列,根据表 3.3 螺栓的构造要求,在角钢 2∟90×6 上的栓孔最大开孔直径为 24 mm,线距 $e = 50$ mm。我们选 M20 螺栓,孔径 $d_0 = 22$ mm,由螺栓的最大、最小容许距离确定螺栓边距及中距为顺内力方向。

端距 $l_1 : l_{1\text{max}} = \min\{4d_0, 8t\} = 48$ mm,$l_{1\text{min}} = 2d_0 = 44$ mm;取端距为 45 mm。

中距 $l_2 : l_{2\text{max}} = \min\{8d_0, 12t\} = 72$ mm,$l_{2\text{min}} = 3d_0 = 66$ mm;取中距为 70 mm。

②螺栓数目的确定:

$$N_v^b = n_v \frac{\pi d^2}{4} f_v^b = 2 \times \frac{3.14 \times 20^2}{4} \times 140 = 87\ 920\ \text{N}$$

$$N_c^b = d \sum t f_c^b = 20 \times 10 \times 305 = 61\ 000\ \text{N}$$

$$N_{min}^b = \min\{N_v^b, N_c^b\} = 61\ 000\ \text{N}$$

所需螺栓数目为:

$$n \geqslant \frac{N}{N_{min}^b} = 6.4\ \text{个},取\ 7\ \text{个}。$$

螺栓之间的间距: $l_1 = 6 \times 70 = 420\ \text{mm} > 15 d_0 = 15 \times 22 = 330\ \text{mm}$

故螺栓的承载力设计值应乘以折减系数 η:

$$\eta = 1.1 - \frac{l_1}{150 d_0} = 1.1 - \frac{420}{150 \times 22} = 0.973 > 0.7$$

所需螺栓数目为:

$$n \geqslant \frac{N}{\eta N_{min}^b} = \frac{3.9 \times 10^5}{0.973 \times 61\ 000} = 6.57,取\ 7\ \text{个}。$$

则螺栓布置如图 3.62 所示。

③构件的净截面强度验算:

$$A_n = A - n d_0 t = 2\ 120 - 1 \times 22 \times 6 \times 2 = 1\ 856\ \text{mm}$$

$$\sigma = \frac{N}{A_n} = \frac{3.9 \times 10^5}{1\ 856} = 210.1\ \text{N/mm}^2 < f = 215\ \text{N/mm}^2$$

所以该连接采用普通螺栓 M20, $d_0 = 22$ mm,7 个螺栓布置满足受力要求。

4)扭矩、剪力和轴心力共同作用的普通螺栓群计算

如图 3.63 所示的螺栓群,承受扭矩 T、剪力 V 和轴心力 N 的共同作用。设计时,通常先布置好螺栓,再进行验算。

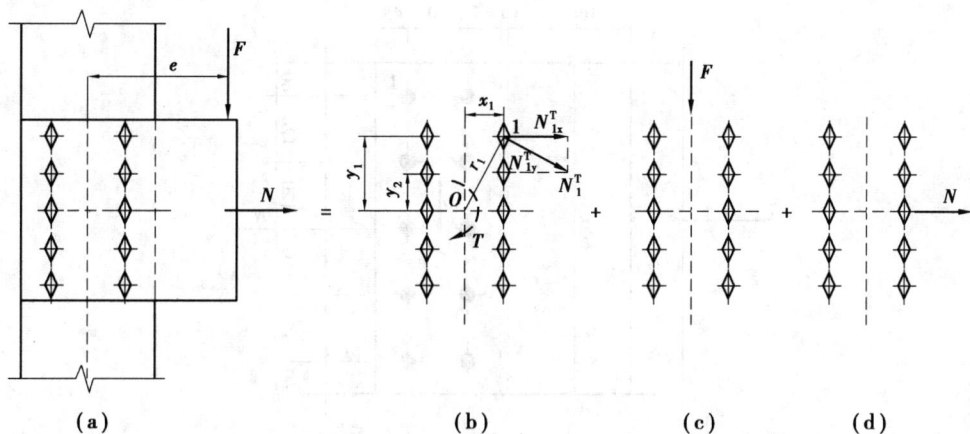

图 3.63 扭矩、剪力和轴心力共同作用的螺栓群

螺栓群在扭矩 $T = Fe$ 作用下,每个螺栓均受剪,连接按弹性设计法的计算基于下列假设:

①连接板件为绝对刚性,螺栓为弹性体。

②连接板件绕螺栓群形心旋转,各螺栓所受剪力大小与该螺栓至形心距离 γ_i 成正比,其

方向则与连线 γ_i 垂直,如图 3.63(b)所示。

螺栓 1 距形心 O 最远,受力最大,其所受剪力为:

$$N_1^{\mathrm{T}} = A_1 \tau_{1\mathrm{T}} = A_1 \frac{Tr_1}{I_p} = A_1 \frac{Tr_1}{A_1 \sum r_i^2} = \frac{Tr_1}{\sum r_i^2} \tag{3.33}$$

式中　A_1——单个螺栓的截面积;

　　　$\tau_{1\mathrm{T}}$——螺栓 1 的剪应力;

　　　I_p——螺栓群对形心 O 的极惯性矩;

　　　r_i——任一螺栓至形心的距离。

将 N_1^{T} 分解为水平分力 N_{1x}^{T} 和垂直分力 N_{1y}^{T},则:

$$N_{1x}^{\mathrm{T}} = N_1^{\mathrm{T}} \cdot \frac{y_1}{r_1} = \frac{T \cdot y_1}{\sum x_i^2 + \sum y_i^2} \tag{3.34}$$

$$N_{1y}^{\mathrm{T}} = N_1^{\mathrm{T}} \cdot \frac{x_1}{r_1} = \frac{T \cdot x_1}{\sum x_i^2 + \sum y_i^2} \tag{3.35}$$

如图 3.63(c)、(d)所示,螺栓群在通过其形心的剪力 F 和轴力 N 作用下,每个螺栓受力为:

$$N_{1y}^{\mathrm{F}} = \frac{F}{n}; \ N_{1x}^{\mathrm{N}} = \frac{N}{n}$$

在扭矩、剪力和轴力共同作用下受力最大点螺栓 1 处所受的合力为:

$$N_1^{\mathrm{T \cdot F \cdot N}} = \sqrt{(N_{1x}^{\mathrm{T}} + N_{1x}^{\mathrm{N}})^2 + (N_{1y}^{\mathrm{T}} + N_{1y}^{\mathrm{F}})^2} \leqslant N_{\min}^{\mathrm{b}} \tag{3.36}$$

【例 3.8】试设计图 3.64 所示钢板的对接接头,钢板为－18×600,钢材为 Q235A,承受的荷载设计值为:扭矩 $T = 48$ kN·m,剪力 $V = 250$ kN,轴心力 $N = 320$ kN,采用 C 级螺栓,螺栓直径 $d = 20$ mm,孔径 $d_0 = 21.5$ mm。

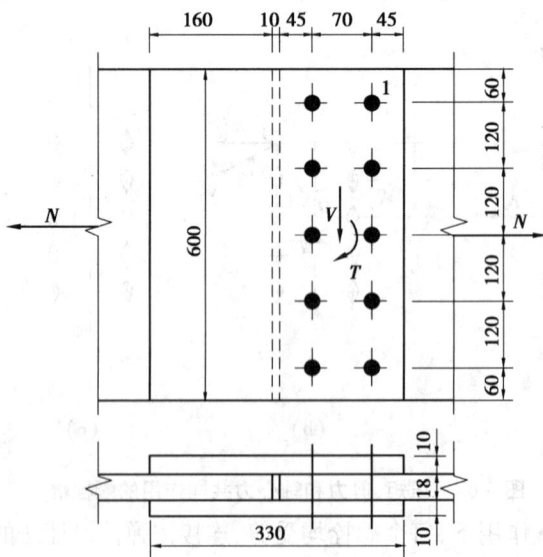

图 3.64　例 3.8 图

【解】①确定拼接板尺寸:

采用 2 – 10×600 的拼接板,其截面面积为 600×10×2 = 12 000 mm²,大于被拼接钢板的截面面积 600×18 = 10 800(mm²)。

②螺栓计算:

首先布置螺栓(图 3.64),然后进行验算。布置时可在容许的螺栓距离范围内,螺栓间水平距离取较小值,以减小拼接板的长度;竖向距离取较大值,以避免截面削弱过多。

一个受剪螺栓的承载力设计值为:

$$N_v^b = n_v \frac{\pi d^2}{4} f_v^b = 2 \times \frac{3.14 \times 20^2}{4} \times 140 = 87\ 920\ \text{N}$$

$$N_c^b = d \sum t f_c^b = 20 \times 18 \times 305 = 109\ 800\ \text{N}$$

$$N_{min}^b = \min\{N_v^b, N_c^b\} = 87\ 920\ \text{N}$$

扭矩作用时,最外螺栓承受剪力最大:

$$N_{1x}^T = \frac{T \cdot y_1}{\sum x_i^2 + \sum y_i^2} = \frac{48 \times 10^3 \times 240}{10 \times 35^2 + 4 \times (120^2 + 240^2)} = 38.4\ \text{kN}$$

$$N_{1y}^T = \frac{T \cdot x_1}{\sum x_i^2 + \sum y_i^2} = \frac{48 \times 10^3 \times 35}{10 \times 35^2 + 4 \times (120^2 + 240^2)} = 5.6\ \text{kN}$$

剪力和轴力作用时,每个螺栓承受剪力分别为:

$$N_{1y}^F = \frac{V}{n} = \frac{250}{10} = 25\ \text{kN}$$

$$N_{1x}^N = \frac{N}{n} = \frac{320}{10} = 32\ \text{kN}$$

最外螺栓承受剪力合力为:

$$N_1 = \sqrt{(N_{1x}^T + N_{1x}^N)^2 + (N_{1y}^T + N_{1y}^V)^2}$$
$$= \sqrt{(38.4 + 32)^2 + (5.6 + 25)^2} = 76.8\ \text{kN} < N_{min}^b = 87.9\ \text{kN}$$

③钢板净截面强度验算:

钢板截面 1-1 面积最小,而受力较大,应校核这一截面强度。

1-1 截面的几何特性:

$$A_n = t(b - n_1 d_0) = 18 \times (600 - 5 \times 21.5) = 8\ 870\ \text{mm}^2$$

$$I = \frac{1}{12} t b^3 = \frac{1}{12} \times 18 \times 600^3 = 3.24 \times 10^8\ \text{mm}^4$$

$$I_n = 3.24 \times 10^8 - 18 \times 21.5 \times (120^2 + 240^2) \times 2 = 2.68 \times 10^8\ \text{mm}^4$$

$$W_n = \frac{I_n}{y_{max}} = \frac{2.68 \times 10^8}{300} = 894\ 240\ \text{mm}^3$$

$$S = \frac{tb}{2} \times \frac{b}{4} = \frac{18 \times 600}{2} \times \frac{600}{4} = 810\ 000\ \text{mm}^3$$

钢板截面最外边缘正应力:

$$\sigma = \frac{N}{A_n} + \frac{M}{W_n} = \frac{320 \times 10^3}{8\ 870} + \frac{48 \times 10^6}{894\ 240} = 89.8\ \text{N/mm}^2 < f = 205\ \text{N/mm}^2$$

钢板截面靠近形心处的剪应力：

$$\tau = \frac{VS}{It} = \frac{250 \times 10^3 \times 810 \times 10^3}{3.24 \times 10^8 \times 18} = 34.7 \text{ N/mm}^2 < f_v = 120 \text{ N/mm}^2$$

钢板截面靠近形心处的折算应力：

$$\sigma_{red} = \sqrt{\sigma^2 + 3\tau^2} = \sqrt{\left(\frac{320 \times 10^3}{8\,870}\right)^2 + 3 \times 34.7^2} = 70.1 \text{ N/mm}^2 < 1.1f = 225.5 \text{ N/mm}^2$$

3.7.2 普通螺栓的抗拉连接

1）单个普通螺栓的抗拉承载力

《钢结构设计规范》(第 7.1.2 条)第 2 款规定,在普通螺栓杆轴方向受拉的连接中,每个普通螺栓的承载力设计值应按下式计算：

$$N_t^b = A_e f_t^b \tag{3.37}$$

式中　A_e——螺栓在螺纹处的有效截面积(见附表 8.1)；

　　　f_t^b——普通螺栓的抗拉强度设计值。

抗拉螺栓连接在外力作用下,构件的接触面有脱开的趋势。由于螺栓受到沿杆轴方向的拉力作用,故抗拉螺栓连接的破坏形式表现为栓杆被拉断,其抗拉承载力设计值为受拉有效截面积乘以抗拉强度设计值,即式(3.37)。

螺栓受拉时,通常是通过与螺杆垂直的板件传递拉力。如图 3.65(a)所示的 T 形连接,如果连接件的刚度较小,受力后与螺栓垂直的连接件会发生变形,因而形成杠杆作用,螺栓存在被撬开的趋势,使螺杆中的拉力增加并产生弯曲现象。考虑杠杆作用时,螺杆的轴心力：

$$N_t = N + Q \tag{3.38}$$

式中　Q——由于杠杆作用对螺栓产生的撬力。

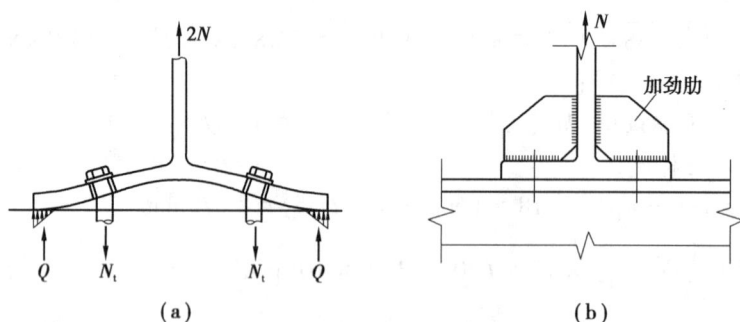

图 3.65　受拉螺栓的撬力

撬力的大小与连接件的刚度有关,连接件的刚度越小,撬力越大;同时撬力也与螺栓直径和螺栓所在位置等因素有关。由于确定撬力比较复杂,为了简化,《钢结构设计规范》规定普通螺栓抗拉强度设计值 f_t^b 取为螺栓钢材抗拉强度设计值 f 的 0.8 倍,即 $f_t^b = 0.8f$。此外,在构造上也可采取一些措施加强连接件的刚度,如设置加劲肋[图 3.65(b)],可以减小甚至消除撬力的影响。

2)轴心拉力作用的普通螺栓群连接计算

如图 3.66 所示为螺栓群在轴心力作用下的抗拉连接,通常假定每个螺栓平均受力,则连接所需螺栓数为:

$$n \geqslant \frac{N}{N_t^b} \qquad (3.39)$$

式中　N_t^b——单个螺栓的抗拉承载力设计值,按式(3.37)计算。

3)单独受弯矩作用的螺栓群连接计算

如图 3.67 所示为螺栓群在弯矩作用下的抗拉连接(剪力 V 由承托板承担)。按弹性设计法,在弯矩的作用下,离中和轴越远的螺栓所受拉力越大,而压应力则由弯矩指向一侧的部分端板承担,设中和轴到端板受压边缘的距离为 c[图 3.67(c)]。这种连接的受力有如下特点:受拉螺栓截面只是孤立的几个螺栓点;而端板受压区则是宽度较大的实体矩形截面,如图 3.67(b)、(c)所示。当以其形心位置作为中和轴时,所求得的端板受压区高度 c 总是很小,中和轴通常在弯矩指向一侧最外排螺栓附近的某个位置。故实际计算时,常近似地取中和轴位于最下排螺栓 O 处,在如图 3.67(a)所示弯矩作用下,认为连接为绕 O 处水平轴转动,螺栓拉力与从 O 点算起的纵坐标 y 成正比,于是对 O 点列弯矩平衡方程,且忽略力臂很小的端板受压区部分的力矩而只考虑受拉螺栓部分,则得:

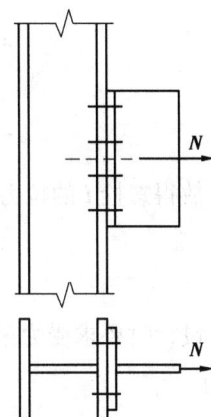

图 3.66　承受轴心拉力作用的螺栓群

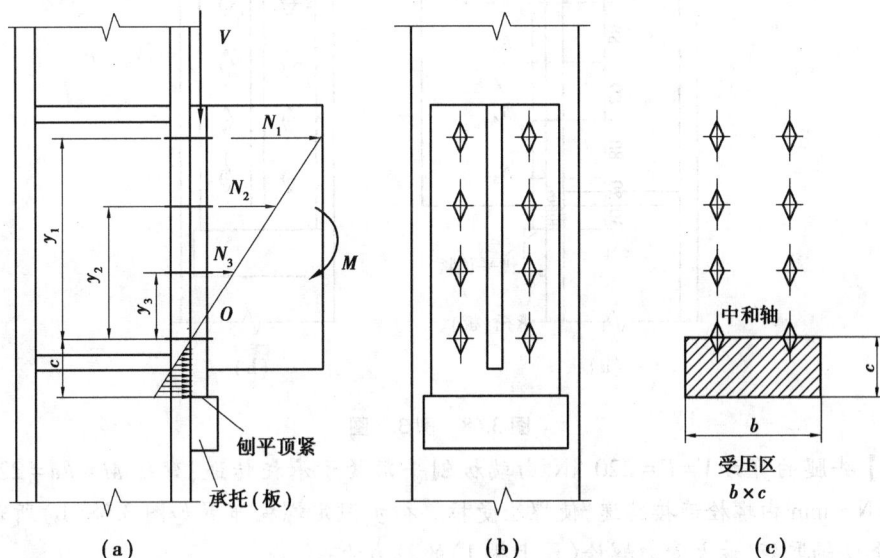

(a)　　　　　　(b)　　　　　　(c)

图 3.67　螺栓群在弯矩作用下的抗拉连接

$$\frac{N_1}{y_1} = \frac{N_2}{y_2} = \cdots = \frac{N_i}{y_i} = \cdots = \frac{N_n}{y_n}$$

$$M = N_1 y_1 + N_2 y_2 + \cdots + N_i y_i + \cdots + N_n y_n$$

$$= \left(\frac{N_1}{y_1}\right) y_1^2 + \left(\frac{N_2}{y_2}\right) y_2^2 + \cdots + \left(\frac{N_i}{y_i}\right) y_i^2 + \cdots + \left(\frac{N_n}{y_n}\right) y_n^2$$

$$= \left(\frac{N_i}{y_i}\right) \sum y_i^2$$

故得螺栓 i 的拉力为:

$$N_i = \frac{My_i}{\sum y_i^2} \tag{3.40}$$

设计时要求受力最大的最外排螺栓 1 的拉力不超过单个螺栓的抗拉承载力设计值:

$$N_1 = \frac{My_1}{\sum y_i^2} \leqslant N_t^b \tag{3.41}$$

【例 3.9】牛腿与柱采用 C 级普通螺栓和承托连接,如图 3.68 所示,承受竖向荷载设计值 $F = 220$ kN,偏心距 $e = 200$ mm,试设计其螺栓连接。已知构件和螺栓均采用 Q235 钢材,螺栓为 M20,孔径 $d_0 = 21.5$ mm。

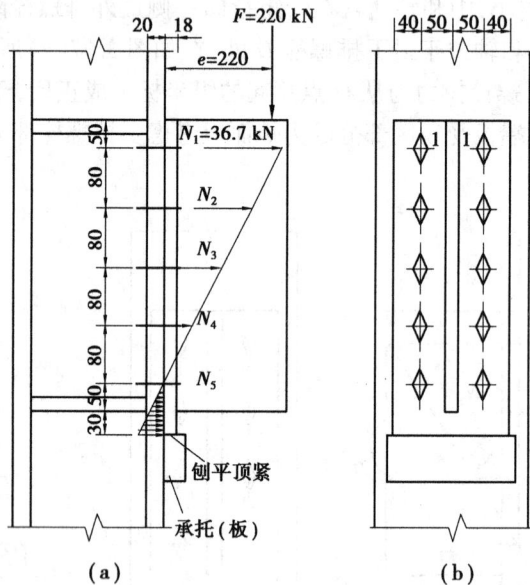

图 3.68 例 3.9 图

【解】牛腿的剪力 $V = F = 220$ kN 由端板刨平顶紧于承托传递;弯矩 $M = Fe = 220 \times 200 = 44 \times 10^3$ kN·mm 由螺栓连接传递,使螺栓受拉。初步假定螺栓布置如图 3.68(b)所示。对最下排螺栓 O 轴取矩,最大受力螺栓(最上排 1)的拉力为:

$$N_1 = \frac{My_1}{\sum y_i^2} = \frac{44 \times 10^3 \times 320}{2 \times (80^2 + 160^2 + 240^2 + 320^2)} = 36.7 \text{ kN}$$

一个螺栓的抗拉承载力设计值:

$$N_t^b = A_e f_t^b = 245 \times 170 \times 10^{-3} = 41.7 \text{ kN} > 36.7 \text{ kN}$$

所假定的螺栓连接满足设计要求。

4)弯矩和轴力共同作用的普通螺栓群连接计算

螺栓群在偏心拉力作用下,相当于连接承受轴心拉力 N 和弯矩 $M = N \cdot e$ 的联合作用。按考虑大、小偏心情况的弹性设计法进行设计,计算简图如图 3.69(a)所示,先假定构件在弯矩 M 作用下绕螺栓群形心转动,此时螺栓群在 N 和 M 共同作用下受力最小的螺栓为最下排:

$$N_{min} = \frac{N}{n} - \frac{Ney_4}{\sum y_i^2} \tag{3.42}$$

(1)小偏心受拉

若式(3.42)中 $N_{min} \geqslant 0$,表示内力叠加后,所有螺栓均承受拉力作用,端板与柱翼缘有分离趋势,故轴心拉力 N 由各螺栓均匀承受,而弯矩 M 则引起以螺栓群形心 O 处水平轴为中和轴的三角形应力分布,使上部螺栓受拉,下部螺栓受压;叠加后全部螺栓均受拉,如图3.69(b)所示。则受力最大的第 1 排螺栓内力为:

$$N_{max} = \frac{N}{n} + \frac{Ney_1}{\sum y_i^2} \leqslant N_t^b \tag{3.43}$$

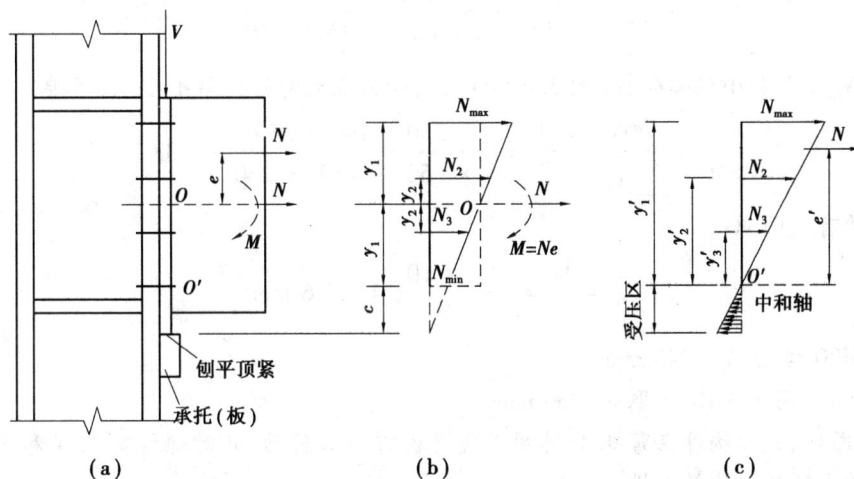

图 3.69 螺栓群偏心受拉

(2)大偏心受拉

若 $N_{min} < 0$,则端板底部将出现受压区[图 3.69(c)]。

与式(3.40)近似并偏安全,取中和轴位于最下排螺栓 O' 处(受压侧最外排螺栓处),即需将轴力 N 移至最下排螺栓 O' 处,则受力最大的第 1 排螺栓内力为:

$$N_{max} = \frac{Ne'y_1'}{\sum y_i'^2} \leqslant N_t^b \tag{3.44}$$

【例3.10】如图 3.70 所示为一刚接屋架下弦节点,竖向力由承托板承受。螺栓为 C 级,只承受偏心拉力,设 $N = 250$ kN,$e = 100$ mm,螺栓布置如图 3.70(a)所示,试设计此连接。

【解】设构件在弯矩 M 作用下绕螺栓群形心转动,此时螺栓群在 N 和 M 共同作用下受力最小的螺栓为最上排:

· 钢结构基本原理 ·

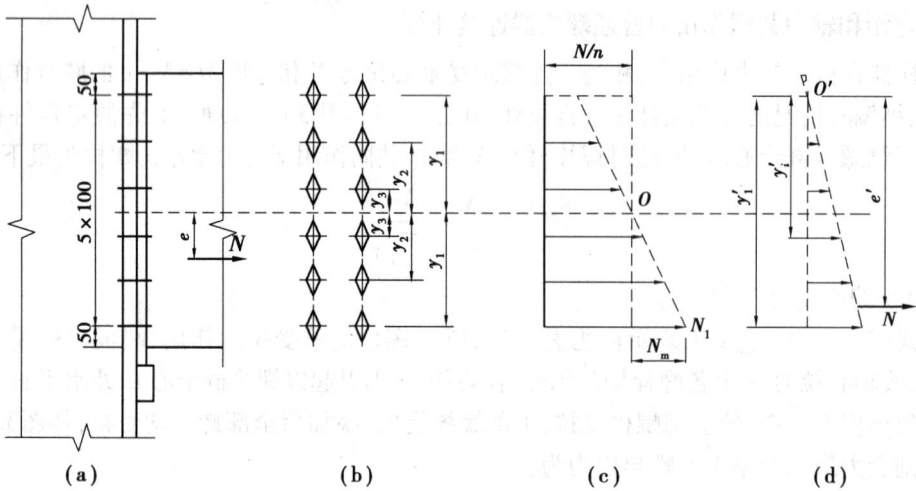

图 3.70 例 3.10、例 3.11 图

$$N_{min} = \frac{N}{n} - \frac{Ney_6}{\sum y_i^2} = \frac{250}{12} - \frac{250 \times 100 \times 250}{4 \times (50^2 + 150^2 + 250^2)} = 2.98 \text{ kN}$$

由于 $N_{min} > 0$，属小偏心受拉[图 3.70(c)]，则受力最大螺栓为第 1 排(最下排)：

$$N_1 = \frac{N}{n} + \frac{Ney_1}{\sum y_i^2} = \frac{250}{12} + \frac{250 \times 100 \times 250}{4 \times (50^2 + 150^2 + 250^2)} = 38.7 \text{ kN}$$

需要的有效面积：

$$A_e = \frac{N_1}{f_t^b} = \frac{38.7 \times 10^3}{170} = 227.6 \text{ mm}^2$$

采用 M20 螺栓，$A_e = 245 \text{ mm}^2$。

【例 3.11】同例 3.10，但取 $e = 200$ mm。

【解】同理，先设构件在弯矩 M 作用下绕螺栓群形心转动，此时螺栓群在 N 和 M 共同作用下受力最小的螺栓为最上排：

$$N_{min} = \frac{N}{n} - \frac{Ney_6}{\sum y_i^2} = \frac{250}{12} - \frac{250 \times 200 \times 250}{4 \times (50^2 + 150^2 + 250^2)} = -14.88 \text{ kN}$$

由于 $N_{min} < 0$，属大偏心受拉[图 3.70(d)]，中和轴位于最上排螺栓 O' 处，则受力最大螺栓为第 1 排(最下排)：

$$N_1 = \frac{Ne'y_1'}{\sum y_i'^2} = \frac{250 \times (200 + 250) \times 500}{2 \times (500^2 + 400^2 + 300^2 + 200^2 + 100^2)} = 51.1 \text{ kN}$$

需要的螺栓有效面积：

$$A_e = \frac{N_1}{f_t^b} = \frac{51.1 \times 10^3}{170} = 300.6 \text{ mm}^2$$

采用 M22 螺栓，$A_e = 303.4 \text{ mm}^2$。

· 78 ·

3.7.3 普通螺栓连接受剪力和拉力的共同作用

《钢结构设计规范》(第7.1.2条)第3款规定,同时承受剪力和杆轴方向拉力的普通螺栓,应分别符合下式的要求:

$$\sqrt{\left(\frac{N_v}{N_v^b}\right)^2 + \left(\frac{N_t}{N_t^b}\right)^2} \leqslant 1 \tag{3.45}$$

$$N_v \leqslant N_c^b \tag{3.46}$$

式中　N_v,N_t——某个普通螺栓所承受的剪力和拉力;

　　N_v^b,N_t^b,N_c^b——一个普通螺栓的受剪、受拉和承压承载力设计值。

如图3.71所示,承受剪力和拉力联合作用的普通螺栓应考虑两种破坏形式:一是螺栓受剪兼受拉破坏,根据试验结果知,受剪受拉的螺杆,将剪力和拉力分别除以各自单独作用时的承载力,无量纲化后的相关关系近似为一圆曲线,即式(3.45);二是当连接板件过薄时,产生孔壁承压破坏[式(3.46)]。

C级普通螺栓的抗剪性能较差,除剪力较小的情况外,应尽量设置承托承受剪力 V。

承托板与柱翼缘的连接角焊缝按下式进行简化计算:

$$\tau_f = \frac{\alpha \cdot N}{\sum l_w h_e} \leqslant f_f^w \tag{3.47}$$

式中　α——考虑剪力对角焊缝偏心影响的增大系数,一般取 $\alpha=1.25\sim1.35$。

【例3.12】如图3.72所示为牛腿与柱翼缘的连接,剪力 $V=250$ kN,$e=140$ mm,螺栓为C级,端竖板下设有承托。钢材为Q235B,手工焊,焊条为E43型,试按考虑承托传递全部剪力 V 和不承受 V 两种情况设计此连接。

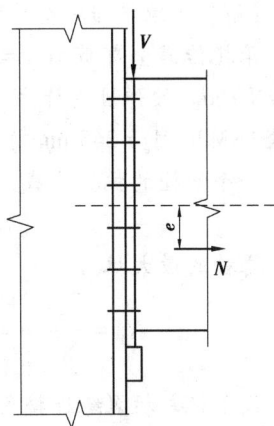

图3.71 螺栓群受剪力和拉力共同作用

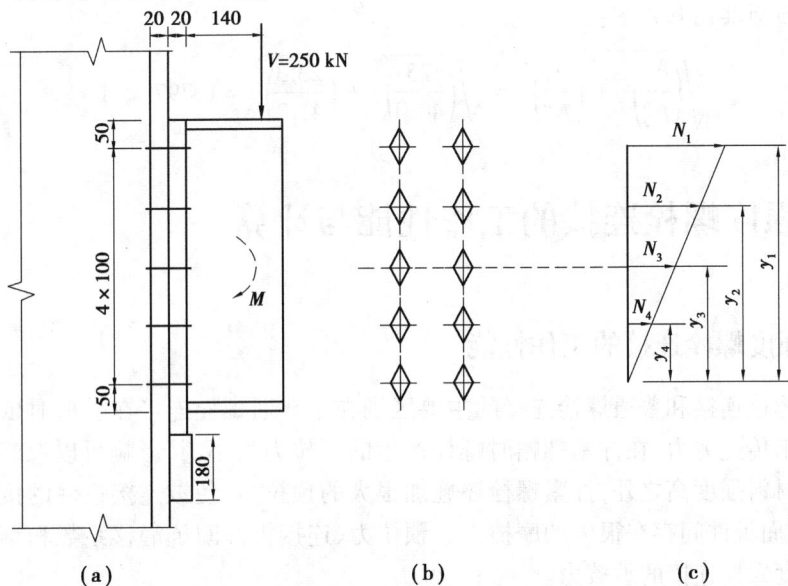

(a)　　(b)　　(c)

图3.72 例3.12图

【解】①承托传统全部剪力 V：

承托传递全部剪力 $V=250$ kN，螺栓群只承受由偏心力引起的弯矩 $M=Ve=250\times0.14=35$ kN·m。按弹性设计法，可假定螺栓群旋转中心在弯矩指向的最下排螺栓的轴线上。设螺栓为 M20$(A_e=245$ mm$^2)$，受拉螺栓数为 $n=8$。

一个螺栓的抗拉承载力设计值：
$$N_t^b=A_e f_t^b=245\times170\times10^{-3}=41.7 \text{ kN}$$

螺栓的最大拉力：
$$N_1=\frac{My_1}{\sum y_i^2}=\frac{35\times10^3\times400}{2\times(100^2+200^2+300^2+400^2)}=23.3 \text{ kN}<N_t^b$$

设承托与柱翼缘连接角焊缝为两面侧焊，并取焊脚尺寸 $h_f=10$ mm，焊缝应力为：
$$\tau_f=\frac{\alpha\cdot N}{\sum l_w h_e}=\frac{1.25\times250\times10^3}{0.7\times10\times2\times(180-2\times10)}=139.5 \text{ N/mm}^2<f_f^w=160 \text{ N/mm}^2$$

②承托不传递剪力：

不考虑承托承受剪力 V，螺栓群同时承受剪力 $V=250$ kN 和弯矩 $M=35$ kN·m 的共同作用。

一个螺栓的承载力设计值：
$$N_v^b=n_v\frac{\pi d^2}{4}f_v^b=1\times\frac{3.14\times20^2}{4}\times140\times10^{-3}=44.0 \text{ kN}$$
$$N_c^b=d\sum tf_c^b=20\times20\times305\times10^{-3}=122 \text{ kN}$$
$$N_t^b=41.7 \text{ kN}$$

一个螺栓的最大拉力：$N_1=23.3$ kN

一个螺栓的剪力：$N_v=\dfrac{V}{n}=\dfrac{250}{10}=25$ kN$<N_c^b=122.0$ kN

剪力和拉力共同作用下：
$$\sqrt{\left(\frac{N_v}{N_v^b}\right)^2+\left(\frac{N_t}{N_t^b}\right)^2}=\sqrt{\left(\frac{25}{44.0}\right)^2+\left(\frac{23.3}{41.7}\right)^2}=0.797<1。$$

3.8 高强度螺栓连接的工作性能与计算

3.8.1 高强度螺栓连接的工作性能

高强度螺栓连接和普通螺栓连接的主要区别在于普通螺栓连接在受剪时依靠螺栓栓杆承压和抗剪来传递剪力，在拧紧螺帽时螺栓产生的预拉力很小，其影响可以忽略。而高强度螺栓除了其材料强度高之外，拧紧螺栓还施加很大的预拉力，使被连接板件的接触面之间产生压紧力，因而板件间存在很大的摩擦力。预拉力、连接板件间抗滑移系数和钢材种类都直接影响高强度螺栓连接的承载力。

高强度螺栓连接分为摩擦型连接和承压型连接。

高强度螺栓摩擦型连接只依靠被连接件的摩擦力传递剪力,以剪力等于摩擦力作为承载能力的极限状态。高强度螺栓承压型连接的传力特征是:剪力超过摩擦力时,板件间发生相互滑移,螺栓杆身与孔壁接触,开始受剪并和孔壁承压。另外,摩擦力随外力继续增大而逐渐减弱,连接接近破坏时,剪力全由杆身承担。高强度螺栓承压型连接以螺栓或钢板破坏作为承载能力的极限状态,可能的破坏形式和普通螺栓相同。

承受拉力的高强度螺栓连接,由于预拉力作用,板件间在承受荷载前已经存在较大的压紧力,拉力作用首先要抵消这种压紧力。至板件完全被拉开后,高强度螺栓的受力情况和普通螺栓受拉相同,不过这种连接的变形要小得多。当拉力小于压紧力时,板件未被拉开,可以减少锈蚀危害,改善连接的抗疲劳性能。

1)高强度螺栓的预拉力

(1)预拉力的控制方法

高强度螺栓分为大六角头型(图3.73)和扭剪型(图3.74)两种,它们都是通过拧紧螺帽,使螺杆受到拉伸作用,产生预拉力,从而使被连接板件间产生压紧力。

图3.73 大六角头型高强度螺栓

图3.74 扭剪型高强度螺栓

对大六角头螺栓的预拉力控制方法包括扭矩法和转角法。

①扭矩法。一般采用可直接显示或控制扭矩的特定扭矩扳手。目前应用较多的是电动扭矩扳手。扭矩法是通过控制拧紧力矩来实现控制预拉力的。拧紧力矩可由试验确定,施工时控制的预拉力为设计预拉力的1.1倍。

为了克服板件和垫圈等的变形,基本消除板件之间的间隙,使拧紧力矩系数有较好的线性度,从而提高施工控制预拉力值的准确度,在安装大六头高强度螺栓时,应先按拧紧力矩的50%进行初拧,然后按100%拧紧力矩进行终拧。对于大型节点在初拧之后,还应按初拧力矩进行复拧,然后再进行终拧。

扭矩法施加预拉力简单、易实施,费用少,但由于连接件和被连接件的表面质量与拧紧速度的差异,测得的预拉力值误差大且分散,一般误差为±25%。

②转角法。先用普通扳手进行初拧,使被连接件相互紧密贴合,再以初拧位置为起点,按终拧角度,用长扳手或风动扳手旋转螺母,拧至该角度值时,螺栓的拉力即达到施工控制预拉力。

扭剪型高强度螺栓强度高,安装简便,质量易于保证,可以单面拧紧,对操作人员没有特殊要求。扭剪型高强度螺栓与普通大六角型高强度螺栓不同。如图 3.74 所示,螺栓头为盘头,螺纹段端部有一个承受拧紧反力矩的十二角体和一个能在规定力矩下剪断的断颈槽。

(2)预拉力的计算

《钢结构设计规范》(第 7.2.2 条)规定,一个高强度螺栓的预拉力查表 3.8。

表 3.8 一个高强度螺栓的预拉力 P 单位:kN

螺栓的性能等级	螺栓的公称直径/mm					
	M16	M20	M22	M24	M27	M30
8.8 级	80	125	150	175	230	280
10.9 级	100	155	190	225	290	355

表 3.8 中高强度螺栓的预拉力设计值 P 是由下式计算而来,并取 5 kN 的整数倍:

$$P = \frac{0.9 \times 0.9 \times 0.9}{1.2} A_e f_u \tag{3.48}$$

式中 A_e——螺栓螺纹处的有效截面面积;

f_u——螺栓材料经热处理后的最低抗拉强度,对 8.8 级,$f_u = 830$ N/mm²;对 10.9 级,$f_u = 1\,040$ N/mm²。

式(3.48)中的系数考虑了以下 4 个因素:

①拧紧螺帽时螺栓同时受到由预拉力引起的拉应力和螺纹力矩引起的扭转剪应力共同作用。试验表明,可取系数 1.2 以考虑拧紧螺栓时扭矩对螺杆的不利影响。

②施工时为了弥补高强度螺栓预拉力的松弛损失,一般超张拉 5%~10%,为此考虑一个超张拉系数 0.9。

③考虑螺栓材质的不均匀性,引入一个折减系数 0.9。

④由于以螺栓的抗拉强度为准,为了安全引入一个安全系数 0.9。

2)高强度螺栓摩擦面的抗滑移系数

摩擦面的抗滑移系数的大小与连接处板件接触面的处理方法和板件的钢号有关。试验表明,此系数值随被连接板件接触面的压紧力减小而降低。

《钢结构设计规范》推荐采用的接触面处理方法包括喷砂、喷砂后涂无机富锌漆、喷砂后生赤锈及用钢丝刷清除浮锈或未经处理的干净轧制表面等。各种处理方法相应的抗滑移系数 μ 值查阅《钢结构设计规范》(第 7.2.2 条)规定,见表 3.9。

表 3.9 摩擦面的抗滑移系数 μ

在连接处构件接触面的处理方法	构件的钢号		
	Q235 钢	Q345 钢、Q390 钢	Q420 钢
喷砂(丸)	0.45	0.50	0.50
喷砂(丸)后涂无机富锌漆	0.35	0.40	0.40
喷砂(丸)后生赤锈	0.45	0.50	0.50
钢丝刷清除浮锈或未经处理的干净轧制表面	0.30	0.35	0.40

钢材表面经喷砂除锈后,金属表面存在微观的凹凸不平,在强大的压紧力作用下,被连接板件表面相互啮合,钢材强度和硬度越高,这种啮合面产生的摩阻力越大,因此,μ 值与钢种有关。试验证明,摩擦面涂红丹后 $\mu < 0.15$,即使经处理后 μ 值仍然很低,故严禁在摩擦面上涂刷红丹。另外,连接在潮湿或淋雨条件下拼装也会降低 μ 值,故应采取有效措施保证连接处表面的干燥。

3.8.2 高强度螺栓的抗剪连接

1)一个高强度螺栓的抗剪承载力

（1）摩擦型连接

《钢结构设计规范》(第 7.2.2 条)第 1 款规定,在抗剪连接中,每个高强度螺栓的承载力设计值应按下式计算:

$$N_v^b = 0.9 n_f \mu P \tag{3.49}$$

式中　0.9——抗力分项系数 $\gamma_R = 1.11$ 的倒数;

　　　n_f——传力摩擦面数目:单剪时,$n_f = 1$;双剪时,$n_f = 2$;

　　　μ——摩擦面的抗滑移系数,按表 3.9 采用;

　　　P——每个高强度螺栓的预拉力,按表 3.8 采用。

如图 3.56(b)所示,高强度螺栓在拧紧时,螺杆中产生了很大的预拉力,而被连接板件间则产生很大的预压力。连接受力后,由于接触面上产生的摩擦力,能在相当大的荷载情况下阻止板件间的相对滑移,因而弹性工作阶段较长。当外力超过了板件间摩擦力后,板件间即产生相对滑动。高强度螺栓摩擦型连接是以板件间出现滑动作为抗剪承载能力的极限状态,故其最大承载力点,应取板件间产生相对滑动的起始点"1"点。

摩擦型连接的承载力取决于板件接触面的摩擦力,而此摩擦力的大小与螺栓所受预拉力、摩擦面的抗滑移系数及连接的传力摩擦面数有关。因此,一个摩擦型连接高强度螺栓的抗剪承载力设计值如式(3.49)。

（2）承压型连接

《钢结构设计规范》(第 7.2.3 条)第 2 款规定,在抗剪连接中,每个承压型连接高强度螺栓的承载力设计值的计算方法与普通螺栓相同,但当剪切面在螺纹处时,其受剪承载力设计值应按螺纹处的有效面积进行计算。

承压型连接受剪时,从受力直至破坏的荷载-位移曲线如图3.56(b)所示,由于它允许接触面滑动并以连接达到破坏的极限状态作为设计准则,接触面的摩擦力只是延缓滑动,因此承压型连接的最大抗剪承载力应取图3.56(b)曲线最高点,即"4"点。连接达到极限承载力时,由于螺杆伸长,预拉力几乎全部消失,故高强度螺栓承压型连接的计算方法与普通螺栓连接相同,仍可用式(3.23)和式(3.24)计算单个螺栓的抗剪和承压承载力设计值,式中应采用高强度螺栓的强度设计值。但要注意:当剪切面在螺纹处时,其受剪承载力设计值应按螺栓螺纹处的有效面积计算(普通螺栓的抗剪强度设计值是根据连接的试验数据统计而定的,试验时不分剪切面是否在螺纹处,故普通螺栓没有这个问题)。

2)高强度螺栓群的抗剪连接计算

(1)轴心力作用时

轴心力作用的高强度螺栓群抗剪连接所需要的螺栓数目由下式确定:

$$n \geqslant \frac{N}{\eta N_{\min}^{b}} \tag{3.50}$$

式(3.50)中,折减系数 η 的取值与普通螺栓群相同。对摩擦型连接,$N_{\min}^{b}$ 按式(3.49)计算;对承压型连接,$N_{\min}^{b}$ 为分别按式(3.23)和式(3.24)计算值的较小值。当剪切面在螺纹处时,计算 N_{v}^{b} 应将 d 改为 d_{e}。

高强度螺栓群在轴心力作用下,为了防止板件被拉断,应进行板件的净截面强度验算。对于高强度螺栓承压型连接的净截面验算,与普通螺栓的净截面验算完全相同。而摩擦型连接中的构件净截面强度计算与普通螺栓连接不同。

《钢结构设计规范》(第5.1.1条)规定,高强度螺栓摩擦型连接处的强度应按下列公式计算:

$$\sigma = \left(1 - 0.5\frac{n_1}{n}\right)\frac{N}{A_n} \leqslant f \tag{3.51}$$

$$\sigma = \frac{N}{A} \leqslant f \tag{3.52}$$

式中 n——在节点或拼接处,构件一端连接的高强度螺栓数目;

n_1——所计算截面(最外列螺栓处)上的高强度螺栓数目;

A——构件的毛截面面积;

A_n——构件的净截面面积。

摩擦型高强度连接的构件净截面强度计算要考虑摩擦阻力作用,一部分剪力已由孔前摩擦面传递,如图3.75所示,净截面1-1上的拉力 $N'<N$。根据试验结果,孔前传力系数可取0.5,即第一排高强度螺栓所分担的内力,已有50%在孔前摩擦面中传递给拼接板。则构件1-1净截面所传内力为:

$$N' = N\left(1 - 0.5\frac{n_1}{n}\right) \tag{3.53}$$

构件1-1净截面强度按下式验算:

$$\sigma = \frac{N'}{A_{n1}} \leqslant f \tag{3.54}$$

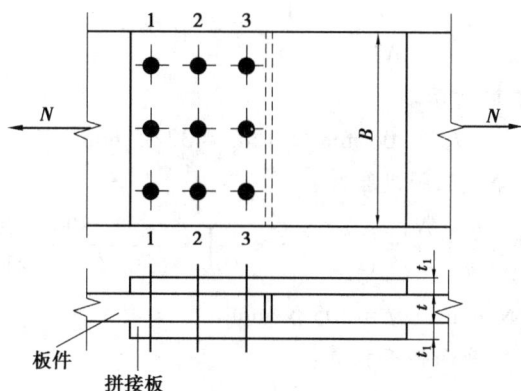

图 3.75 摩擦型高强度螺栓抗剪连接净截面验算

式中 $A_{n1} = (b - n_1 d_0) \cdot t$。

同理,拼接板的不利截面为 3-3,考虑孔前传力 50%,得 3-3 净截面的强度验算式为:

$$\sigma = \left(1 - 0.5\, \frac{n_3}{n}\right) \frac{N}{A_{n3}} \leqslant f \tag{3.55}$$

式中 $A_{n3} = 2(b - n_3 d_0) \cdot t_1$。

(2)扭矩或扭矩、剪力和轴力共同作用时

高强度螺栓群在扭矩或扭矩、剪力和轴力共同作用时的抗剪计算方法与普通螺栓相同,但应采用高强度螺栓承载力设计值进行计算。

【例 3.13】如图 3.76 所示,一双盖板拼接的钢板连接。钢材为 Q235B,高强度螺栓为 8.8 级的 M20,连接处构件接触面用喷砂处理,作用在螺栓群形心处的轴心拉力设计值 $N = 800\ \text{kN}$,试设计此连接。

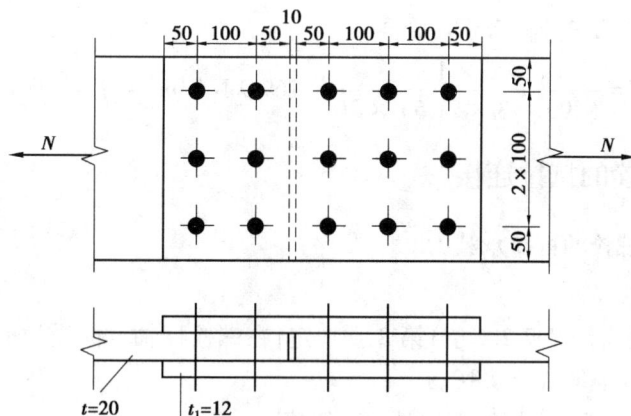

图 3.76 例 3.13 图

【解】①采用摩擦型连接时:

查表 3.8 和表 3.9 分别得 $\mu = 0.45$,$P = 125\ \text{kN}$。

单个螺栓的承载力设计值为:

$$N_v^b = 0.9 n_f \mu P = 0.9 \times 2 \times 0.45 \times 125 = 101.3\ \text{kN}$$

所需螺栓数:

$$n \geqslant \frac{N}{N_v^b} = \frac{800}{101.3} = 7.9,取 9 个。$$

螺栓排列如图 3.76 右边所示。

$$l_1 = 200 \text{ mm} < 15d_0 = 322.5 \text{ mm}$$

按式(3.51)进行主板净截面强度验算:

$$\sigma = \left(1 - 0.5 \frac{n_1}{n}\right) \frac{N}{A_n} = \left(1 - 0.5 \times \frac{3}{9}\right) \times \frac{800 \times 10^3}{(300 - 3 \times 21.5) \times 20}$$

$$= 141.5 \text{ N/mm}^2 < f = 205 \text{ N/mm}^2$$

按式(3.52)进行主板毛截面强度验算:

$$\sigma = \frac{N}{A} = \frac{800 \times 10^3}{300 \times 20} = 133.3 \text{ N/mm}^2 < f = 205 \text{ N/mm}^2$$

②采用承压型连接时:

由附表 1.3 可知,$f_v^b = 250 \text{ N/mm}^2$,$f_c^b = 470 \text{ N/mm}^2$。

单个螺栓的承载力设计值为:

$$N_v^b = n_v \frac{\pi d^2}{4} f_v^b = 2 \times \frac{3.14 \times 20^2}{4} \times 250 \times 10^{-3} = 157 \text{ kN}$$

$$N_c^b = d \sum t f_c^b = 20 \times 20 \times 470 \times 10^{-3} = 188 \text{ kN}$$

所需螺栓数:

$$n \geqslant \frac{N}{N_{\min}^b} = \frac{800}{157} = 5.1,取 6 个。$$

螺栓排列如图 3.76 左边所示。

$$l_1 = 100 \text{ mm} < 15d_0 = 322.5 \text{ mm}$$

按式(3.29)进行主板净截面强度验算:

$$\sigma = \frac{N}{A_n} = \frac{800 \times 10^3}{(300 - 3 \times 21.5) \times 20} = 169.9 \text{ N/mm}^2 < f = 205 \text{ N/mm}^2$$

3.8.3 高强度螺栓的抗拉连接

1)一个高强度螺栓的抗拉承载力

(1)摩擦型连接

《钢结构设计规范》(第 7.2.2 条)第 2 款规定,在螺栓杆轴方向受拉的连接中,每个高强度螺栓的承载力设计值取 $N_t^b = 0.8P$。

图 3.77 表示单个高强度螺栓受拉时的工作情况。

图 3.77(a)中表示已施加预拉力的高强度螺栓未受外拉力之前的受力状态。摩擦面存在压力 C 和栓杆受预拉力 P,根据平衡条件得 $C = P$,即摩擦面的承压力 C 等于预拉力 P。

图 3.77(b)是螺栓连接承受拉力 N 时的受力状态。螺栓连接受拉力 N 后,栓杆被拉长,即栓杆伸长 Δ_t,这时栓杆中的拉力由原来的 P 增加到 P_f;由于栓杆被拉长,使原先被 P 压缩的板件相应地有一个压缩恢复量 Δ_c,板件间的承压力就由原来的 C 降为 C_f。即当螺栓连接受拉力 N 后,栓杆中的拉力将增加,而接触面间的承压力却随之降低。

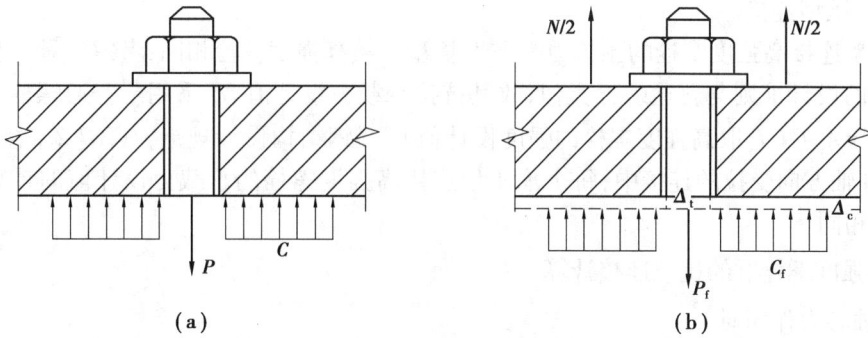

图 3.77　高强度螺栓受拉力作用

根据平衡条件,得:

$$P_f = N + C_f$$

在板厚 t 范围内,栓杆与板的变形相等,即 $\Delta_t = \Delta_c$,亦即栓杆的伸长增量等于板件压缩的恢复量。

设螺栓杆的截面面积为 A_b,摩擦面面积为 A_p,螺栓和被连接板件的弹性模量都为 E,则:

$$\Delta_t = \frac{\sigma_t}{E}t = \frac{P_f - P}{A_b E}t, \quad \Delta_c = \frac{\sigma_c}{E}t = \frac{C - C_f}{A_p E}t$$

故:$\dfrac{P_f - P}{A_b} = \dfrac{C - C_f}{A_p}$

把 $C = P$ 及 $C_f = P_f - N$ 代入上式中,整理后得:

$$P_f = P + \frac{N}{A_p/A_b + 1}$$

通常 A_p 比 A_b 大很多倍,如取 $A_p/A_b = 10$,代入上式得:

$$P_f = P + 0.09N$$

由上式可得,当螺栓连接作用设计外拉力 $N = P$ 时,$P_f = 1.09P$。即作用于螺栓连接的外拉力不超过 P 时,高强度螺栓杆内的拉力增加得很少,可以认为栓杆内的原预拉力基本不变,即 $P_f \approx P$。

同时,螺栓的超张拉试验表明:当栓杆承受拉力 N_t 过大时,螺栓将发生松弛现象,即栓杆中的预拉力将会变小,这对连接的抗剪是不利的。当 $N_t \le 0.8P$ 时,则无松弛现象。所以《钢结构设计规范》(第7.2.2条)第2款规定施加于栓杆的外拉力 N_t 不得大于 $0.8P$,即一个高强度螺栓的抗拉承载力设计值按下式计算:

$$N_t^b = 0.8P \tag{3.56}$$

应当注意:式(3.56)的取值没有考虑杠杆作用而引起的撬力影响,实际上这种杠杆作用存在于所有螺栓的抗拉连接中。研究表明,当螺栓所受外拉力 $N_t \le 0.5P$ 时,连接不出现撬力。由于撬力的存在,外拉力的极限值有所降低,因此如果设计中不计算撬力 Q,应使 $N_t \le 0.5P$ 或者增大 T 形连接件翼缘板的刚度。

在直接承受动力荷载的结构中,由于高强度螺栓连接受拉时的疲劳强度较低,每个高强度螺栓的外拉力不宜超过 $0.6P$。当需要考虑撬力影响时,外拉力还得降低。

（2）承压型连接

承压型连接高强度螺栓的预拉力 P 与摩擦型连接高强度螺栓相同,考虑到承压型连接高强度螺栓的设计准则与普通螺栓类似,故其抗拉承载力设计值 N_t^b 采用与普通螺栓相同的计算公式 $N_t^b = A_e f_t^b$（f_t^b 取高强度螺栓的强度设计值）。《钢结构设计规范》（第 7.2.3 条）第 3 款规定,在杆轴方向受拉的连接中,每个承压型连接高强度螺栓的承载力设计值的计算方法与普通螺栓相同。

2)高强度螺栓群的抗拉连接计算

（1）轴心力作用时

高强度螺栓群连接所需螺栓数目:

$$n \geqslant \frac{N}{N_t^b} \tag{3.57}$$

（2）单独在弯矩作用时

高强度螺栓的外拉力总是小于 $0.8P$,在连接受弯矩作用（图 3.78）而使螺栓沿栓杆方向受力时,被连接构件的接触面一直保持紧密贴合,因此可认为中和轴在螺栓群的形心轴上,最外排螺栓受力最大,按式(3.41)进行强度验算。

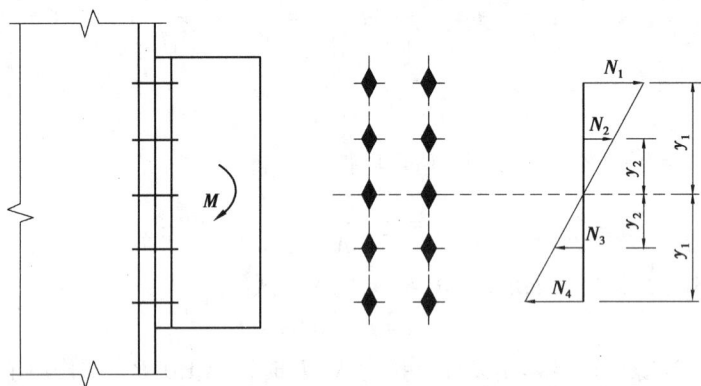

图 3.78　承受弯矩作用的高强度螺栓连接

（3）偏心拉力作用时

高强度螺栓承受偏心拉力作用时,螺栓的最大拉力不超过 $0.8P$,能够保证板件之间始终保持紧密贴合,端板不会被拉开,故高强度螺栓连接可按普通螺栓小偏心受拉计算,即按式(3.38)进行验算。

【例 3.14】如图 3.79 所示为一刚接屋架下弦节点,采用 8.8 级 M20 摩擦型高强度螺栓连接,竖向力由承托板承受。设 $N=400$ kN,$e=100$ mm。螺栓布置如图 3.79(a)所示,设计此连接。

【解】构件在弯矩 M 作用下绕螺栓群形心转动,此时螺栓群在 N 和 M 共同作用下受力最大螺栓为第 1 排(最下排):

$$N_1 = \frac{N}{n} + \frac{Ney_1}{\sum y_i^2} = \frac{400}{12} + \frac{400 \times 100 \times 250}{4 \times (50^2 + 150^2 + 250^2)} = 61.9 \text{ kN}$$

$$< 0.8P = 0.8 \times 125 = 100 \text{ kN}$$

满足连接强度要求。

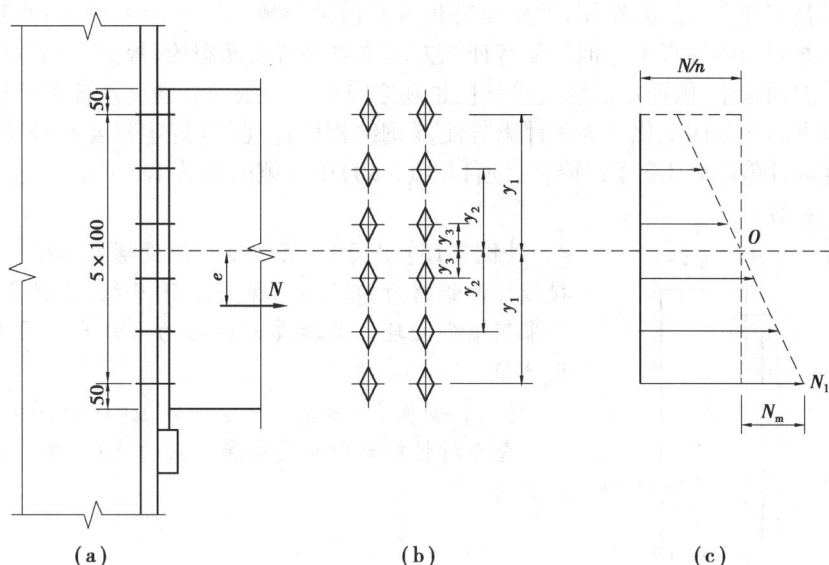

图 3.79　例 3.14 图

3.8.4　高强度螺栓同时承受剪力和拉力的连接

（1）摩擦型连接

《钢结构设计规范》（第 7.2.2 条）第 3 款规定，当高强度螺栓摩擦型连接同时承受摩擦面间的剪力和螺栓杆轴方向的外拉力时，其承载力应按下式计算：

$$\frac{N_v}{N_v^b} + \frac{N_t}{N_t^b} \leqslant 1 \tag{3.58}$$

式中　N_v, N_t——分别为某个高强度螺栓所承受的剪力和拉力；

　　　　N_v^b, N_t^b——分别为一个高强度螺栓的受剪、受拉承载力设计值。

高强度螺栓摩擦型连接同时承受剪力和拉力作用，在整个受力过程中，由于螺栓连接的板件之间没有分离，螺杆只会产生受剪、受拉的破坏。其承载力采用直线相关公式表达如式（3.58）。

（2）承压型连接

《钢结构设计规范》（第 7.2.3 条）第 4 款规定，同时承受剪力和杆轴方向拉力的承压型连接的高强度螺栓，应符合下列公式的要求：

$$\sqrt{\left(\frac{N_v}{N_v^b}\right)^2 + \left(\frac{N_t}{N_t^b}\right)^2} \leqslant 1 \tag{3.59}$$

$$N_v \leqslant N_c^b/1.2 \tag{3.60}$$

式中　N_v, N_t——分别为某个高强度螺栓所承受的剪力和拉力；

　　　　N_v^b, N_t^b, N_c^b——分别为一个高强度螺栓的受剪、受拉和承压承载力设计值。

同时承受剪力和杆轴方向拉力的高强度螺栓承压型连接，当满足式（3.59）、或（3.60）的要求时，可保证栓杆不致在剪力和拉力联合作用下破坏。

式（3.60）是保证连接板件不致因承压强度不足而破坏。由于只承受剪力的连接中，高强度螺栓对板叠有强大的压紧作用,使承压的板件孔前区形成三向压应力场,因而其承压强度设计值比普通螺栓要高得多。但对受有杆轴方向拉力的高强度螺栓,板叠之间的压紧作用随外拉力的增加而减小,因而承压强度设计值也随之降低。承压型高强度螺栓的承压强度设计值是随外拉力的变化而变化。为了计算方便,《钢结构设计规范》规定只要有外拉力作用,就将承压强度设计值除以 1.2 予以降低。所以式(3.60)中右侧的系数 1.2 实质上是承压强度设计值的降低系数。

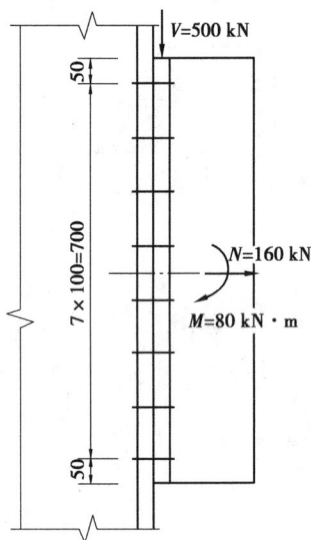

图 3.80 例 3.15 图

【例 3.15】 图 3.80 所示为高强度螺栓摩擦型连接,被连接板件的钢材为 Q235B。螺栓为 10.9 级,直径 20 mm,接触面采用喷砂处理。试验算此连接的承载力。图中内力均为设计值。

【解】 查表 3.8 和表 3.9 分别得,$\mu = 0.45$,$P = 155$ kN。

整个螺栓群为同时受剪和受拉的连接,螺栓承受的最大拉力为:

$$N_1 = \frac{N}{n} + \frac{My_1}{\sum y_i^2}$$

$$= \frac{160}{16} + \frac{80 \times 10^3 \times 350}{4 \times (350^2 + 250^2 + 150^2 + 50^2)}$$

$$= 43.3 \text{ kN}$$

$$< N_t^b = 0.8P = 124 \text{ kN}$$

螺栓所承受的最大剪力:

$$N_v = \frac{V}{n} = \frac{500}{16} = 31.25 \text{ kN}$$

单个螺栓的抗剪承载力设计值:$N_v^b = 0.9 n_f \mu P = 0.9 \times 1 \times 0.45 \times 155 = 62.8$ kN

由于螺栓受剪时,最外排螺栓的距离 $l_1 = 700$ mm $> 15d_0 = 322.5$ mm

$$\eta = 1.1 - \frac{l_1}{150d_0} = 1.1 - \frac{700}{150 \times 21.5} = 0.883 > 0.7$$

验算式(3.58):

$$\frac{N_v}{\eta N_v^b} + \frac{N_t}{N_t^b} = \frac{31.25}{0.883 \times 62.8} + \frac{43.3}{124} = 0.913 < 1$$

该连接满足承载力要求。

习 题

3.1 焊缝工字形梁,在腹板上设一道拼接的对接焊缝(图 3.81),拼接处作用荷载设计值:弯矩 $M = 1\ 122$ kN·m,剪力 $V = 374$ kN,钢材为 Q235B,焊条为 E43 型,半自动焊,三级检验标准,试验算该焊缝的强度。

3.2 计算如图 3.82 所示的对接焊缝。已知牛腿翼缘宽度为 130 mm,厚度为 12 mm;腹板高 200 mm,厚 10 mm。牛腿承受竖向力设计值 $F = 150$ kN,$e = 150$ mm,钢材为 Q345,焊条为 E50 型,施焊时无引弧板,焊缝质量标准为三级。

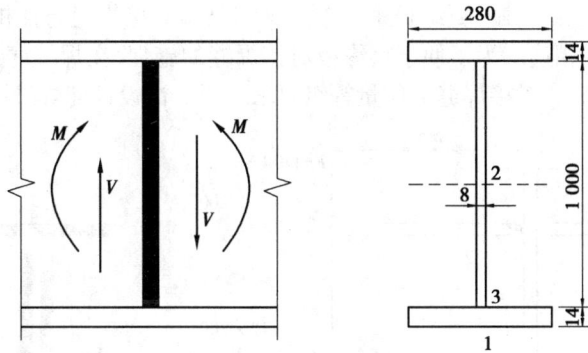

图 3.81　习题 3.1 图

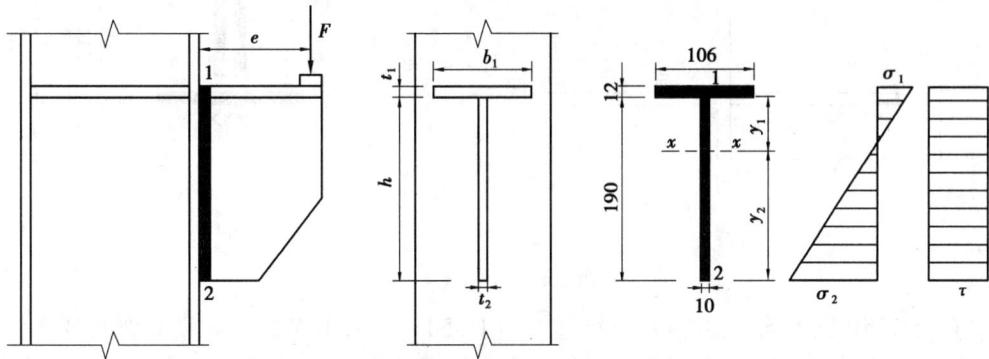

图 3.82　习题 3.2 图

3.3　试设计双角钢与节点板的角焊缝连接(图 3.83)。钢材为 Q235B,焊条为 E43 型,手工焊。轴心力 $N=1\,000$ kN(设计值),试采用三面围焊进行设计。

3.4　如图 3.84 所示为一钢板与 I 形柱的角焊缝的 T 形连接,钢板与一斜杆相连,$h_f=8$ mm,拉杆拉力设计值为 F。设钢板高度为 $2a=420$ mm,钢材为 Q235BF 钢,手工焊,E43 型焊条。求当 $e=50$ mm 时,两条角焊缝各能传递的静载拉力设计值 F。

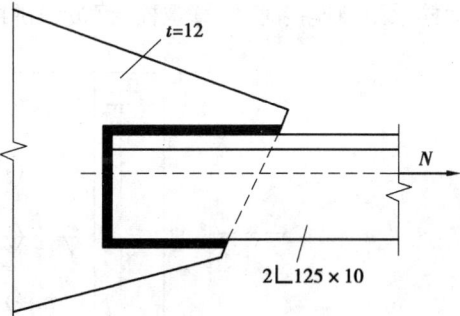

图 3.83　习题 3.3 图

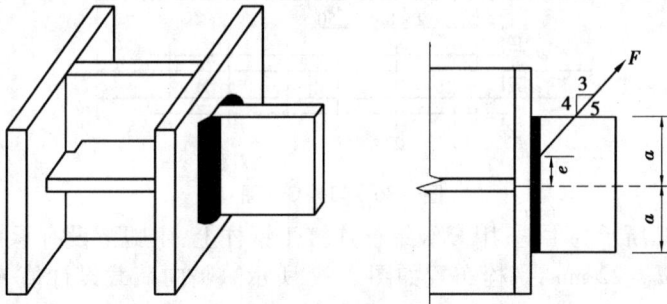

图 3.84　习题 3.4 图

3.5 如图 3.85 所示的牛腿,翼缘板采用单边 V 形坡口对接焊缝与柱相连(采用引弧板),牛腿腹板采用角焊缝与柱相连。为了便于翼缘板对接焊缝的施焊,在焊缝底部设置垫板,腹板上、下端均开孔,孔高 30 mm。对接焊缝的质量等级要求二级。试设计此焊缝的连接。

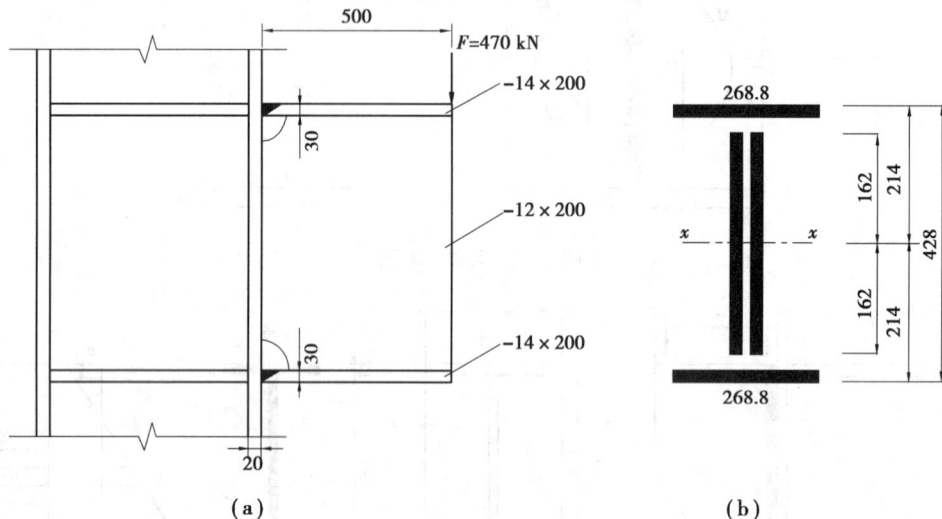

图 3.85 习题 3.5 图

3.6 Q235B 钢板承受轴心拉力设计值 $N = 1\,350$ kN,采用 M24、4.6 级 C 级普通螺栓(孔径为 25.5 mm)拼接,如图 3.86 所示。试验算:(1)螺栓强度是否满足要求;(2)钢板在截面 1-1、截面 2-2 处的强度是否满足要求;(3)拼接板的强度是否满足;(4)采用 8.8 级 M20 高强度螺栓承压型连接时,验算螺栓、钢板和拼接板的强度是否满足要求。

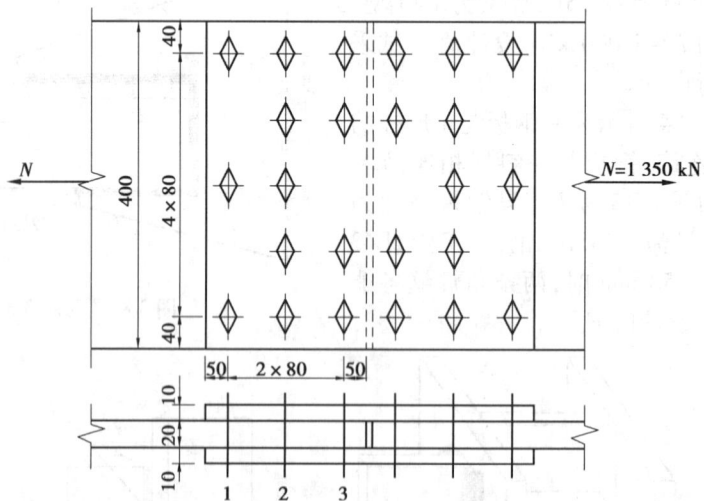

图 3.86 习题 3.6 图

3.7 如图 3.87 所示的牛腿,用 C 级螺栓连接于钢柱上,牛腿下设有承托板以承受剪力,螺栓用 M20,孔径 $d_0 = 22$ mm,螺栓布置如图 3.87 所示。竖向荷载设计值 $F = 1.0 \times 10^5$ N(静载)。距柱翼缘表面 200 mm,轴心拉力设计值 $N = 1.5 \times 10^5$ N。验算螺栓强度和承托板与翼缘角焊缝强度(手工焊,E43 型焊条)。

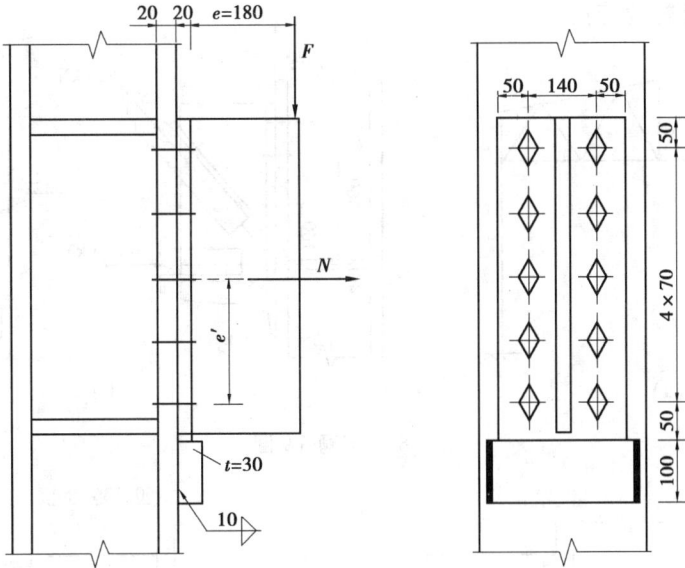

图 3.87　习题 3.7 图

3.8　试设计如图 3.88 所示的 C 级普通螺栓连接，$F = 100$ kN（设计值），$e_1 = 30$ cm。

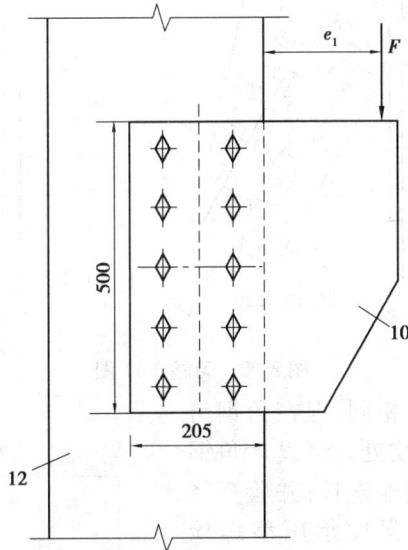

图 3.88　习题 3.8 图

3.9　如图 3.89(a)所示的屋架，其下弦节点 A 的连接如图 4.89(b)所示。图中下弦、腹板和节点等在工厂焊成整体，在工地吊装就位于柱的支托处，然后用螺栓与柱连接成整体。钢材为 Q235，C 级普通螺栓 M22。验算该连接的螺栓是否安全。

3.10　图 3.89 的螺栓连接改用 C 级 M24 普通螺栓，并取消支托，其余条件不变。试验算该螺栓连接是否满足要求。

3.11　如图 3.90 所示为柱间支撑与柱的高强度螺栓连接，轴心拉力设计值 $F = 6.5 \times 10^5$ N。高强度摩擦型螺栓为 10.9 级的 M20，孔径为 21.5 mm，接触面采用喷砂后生赤锈处理。钢材为 Q235BF 钢。试设计角钢与节点板的高强度摩擦型螺栓连接；并验算竖向连接板同柱翼缘板的高强度摩擦型螺栓连接。

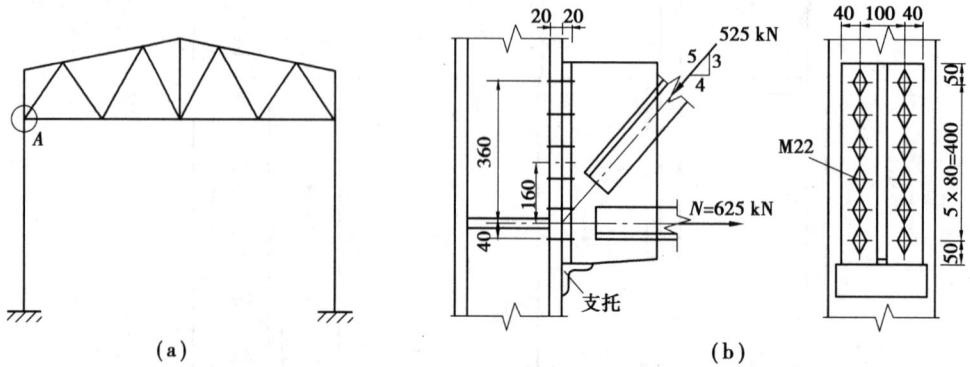

图 3.89　习题 3.9 图

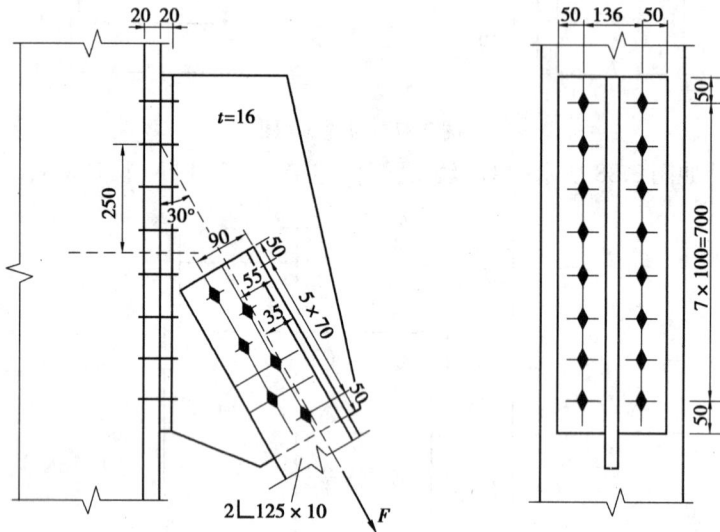

图 3.90　习题 3.11 图

3.12　条件与习题 3.11 相同,但在角钢与节点板连接时,剪切面在螺纹处。试设计角钢与节点板的高强度承压型螺栓连接;并验算竖向连接板同柱翼缘板的高强度承压型螺栓连接。

3.13　图 3.91 的牛腿用 2∟100×20(大角钢截得)及 M22 摩擦型连接高强度螺栓(10.9级)和柱相连,构件钢材为 Q235B,接触面用喷砂丸处理,要求确定连接角钢两个肢上的螺栓数目。

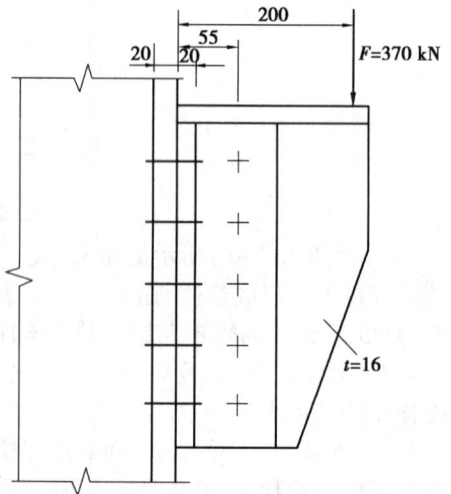

图 3.91　习题 3.13 图

4

轴心受力构件

【内容提要】
本章介绍了轴心受力构件的定义及截面类型；轴心受力构件的强度和刚度计算；稳定的基本概念与稳定问题的类别；实腹式和格构式轴心受压构件的整体稳定与局部稳定计算；轴心受拉构件、实腹式和格构式轴心受压柱的设计流程与计算方法。

【学习重点】
掌握实腹式、格构式轴心受力构件的整体稳定与局部稳定计算方法。

【学习难点】
实腹式和格构式轴心受压柱的设计，二者的区别与联系。

4.1 概　述

4.1.1　轴心受力构件的定义

承受通过构件截面形心轴线的轴向力作用的构件，称为轴心受力构件。当轴向力为拉力时，称为轴心受拉构件，简称轴心拉杆；当轴向力为压力时，称为轴心受压构件，简称轴心压杆。

实际工程中的钢构件，当内力以轴力为主，弯矩、剪力和扭矩相对较小可以忽略时，此类构件可近似为轴心受力构件，例如桁架、塔架、网架、网壳等的杆件及工作平台的支柱等。钢屋架若主要承受节点荷载，上弦、下弦和腹杆都可以简化为两端铰接的轴心受力构件（图4.1

和图4.2);塔架的风荷载等效为节点荷载时,其中的杆件可视为轴心受力构件(图4.3);平板网架中的杆件忽略其自重,上部屋面荷载等效为节点荷载时,杆件可视为轴心受力构件(图4.4);工业建筑中工作平台支柱可简化为轴心受压柱(图4.5),柱由柱头、柱身和柱脚3个部分组成(图4.6),柱头支撑上部结构(如平台梁、桁架等),柱脚则将荷载传递给基础。此外,支撑体系中的杆件一般按轴心拉杆设计;悬索结构和预应力钢结构中的许多主要杆件都可近似看作轴心受拉构件。

（a）厂房中钢屋架　　　　　　　　　　　（b）杆件示意图

图4.1　钢屋架

图4.2　钢屋架屋盖与混凝土柱

图4.3　塔架　　　　　　　　　　图4.4　平板网架

（a）　　　　　　　　　　　　　（b）

图 4.5　工业建筑中的工作平台

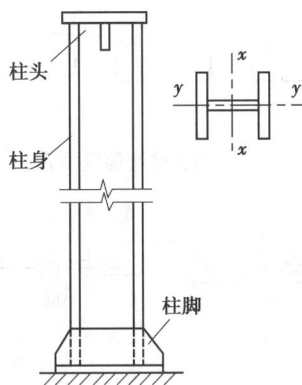

图 4.6　柱的组成

4.1.2　轴心受力构件的截面形式

轴心受力构件的常用截面形式可分为实腹式和格构式两大类,这种分类标准是按照虚轴、实轴的概念来定义的。截面中和轴穿过截面板件,该轴线为实轴,否则为虚轴。例如,图 4.8(a)中 y 轴穿过截面板件,y 轴为实轴;x 轴未穿过截面板件,只穿过柱子缀材面(缀材在构件长度方向不连续,不能视为截面构件),x 轴为虚轴。实腹式截面没有虚轴,格构式截面至少存在一个虚轴。

实腹式和格构式构件在构造、受力性能、设计计算方法等方面均存在差别,本章将围绕二者的异同点进行具体介绍。

（1）实腹式

实腹式构件的截面包括型钢截面及组合截面两大类。型钢有热轧型钢和冷弯薄壁型钢两种,二者生产工艺不同,设计准则和计算方法也存在差异。热轧型钢有圆管钢、角钢、T 型钢、槽钢、H 型钢、普通工字钢等[图 4.7(a)];冷弯薄壁型钢有 C 型钢、U 型钢、Z 型钢、带钢、镀锌薄壁钢等[图 4.7(b)]。当构件受力较大时,截面可由型钢、钢板等组成组合截面[图4.7(c)],其中由两个角钢组成的 T 形截面和十字形截面是重型厂房钢屋架(图4.2)常用的截面形式。

实腹式构件的截面紧凑,相对两主轴的回转半径较小且二者差异较大、稳定性差,所以一般用于轴心受拉构件或者受力较小的轴心受压构件。

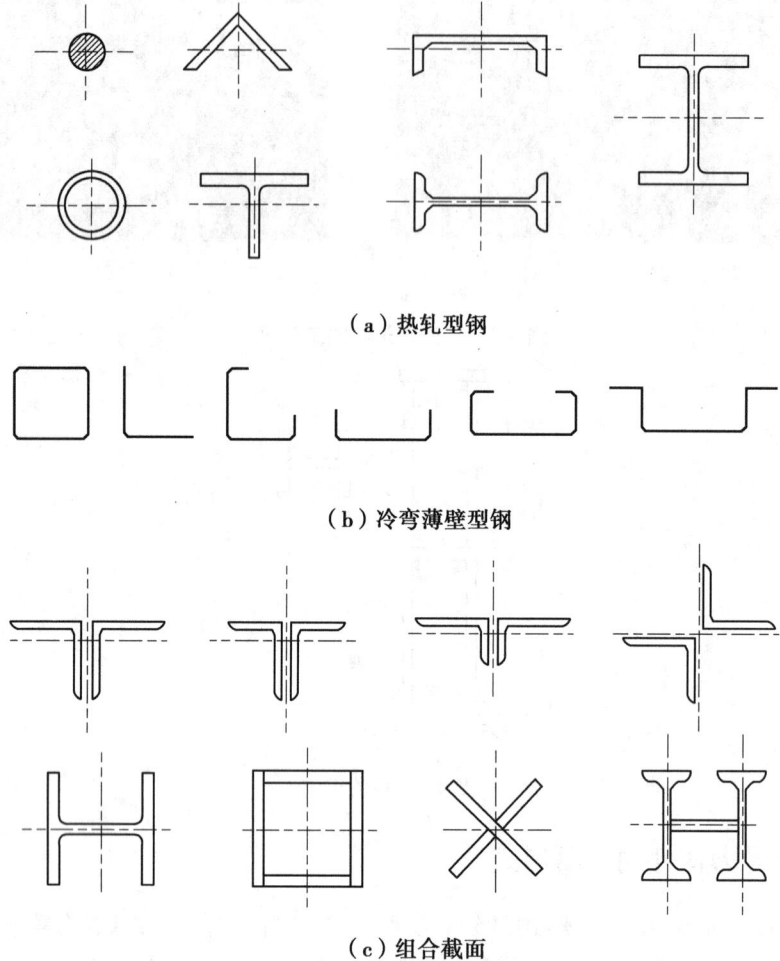

（a）热轧型钢

（b）冷弯薄壁型钢

（c）组合截面

图 4.7　实腹式构件的常见截面形式

(2)格构式

格构式构件的截面一般由两个或多个分肢组成,分肢可采用型钢或者组合截面构件。依据分肢的数量可将格构式构件称为双肢、三肢、四肢构件等,如图 4.8(a)、(b)、(c)所示为双肢;如图 4.8(d)所示为四肢;如图 4.8(e)所示为三肢。格构式构件的分肢采用缀材连接,缀材可分为缀条和缀板两类。分肢用缀条连接,称为缀条柱[图 4.9(a)];分肢用缀板连接,称为缀板柱[图 4.9(b)]。格构式构件可以通过调整分肢间距实现构件绕两个主轴的等稳定性,且刚度大,抗扭性好,所以一般用于受力较大的轴心受压柱或压弯柱。

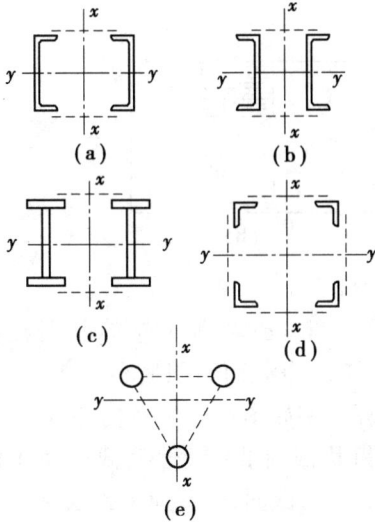

图 4.8　格构式构件的常见截面形式

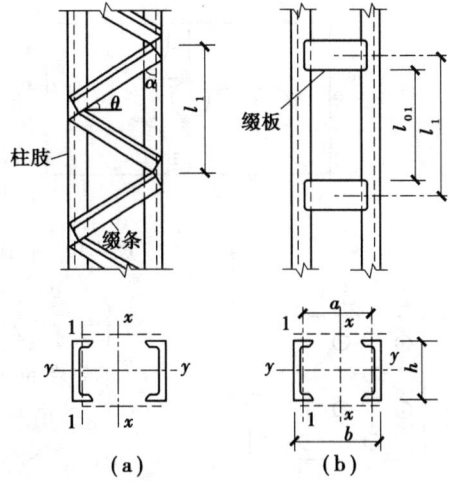

图 4.9　格构式构件的缀材布置

4.2　轴心受力构件的强度与刚度

进行构件设计时,应满足承载能力极限状态(第一极限状态)和正常使用极限状态(第二极限状态)的要求。对于承载能力极限状态的计算而言,轴心受拉构件的截面应力为拉应力,不存在稳定问题,主要为强度计算;而轴心受压构件应同时满足强度和稳定性的要求,除截面削弱较大需进行强度计算外,主要为稳定性计算。对于正常使用极限状态的计算而言,轴心受拉和轴心受压构件均为刚度计算,通过限制长细比来保证。

4.2.1　轴心受力构件的强度计算

轴心受力构件的强度承载验算以截面的平均应力达到钢材的强度设计值为极限。当计算截面无孔洞时,截面应力均匀分布;计算截面有孔洞时,由于孔洞周围的应力集中效应,孔壁边缘的应力远大于按毛截面面积计算的平均应力[图 4.10(a)]。轴力继续增大时,孔壁处应力先增大至材料屈服强度后不再增加,截面内应力进行塑性重分布,最后截面各处应力依次屈服,全截面应力最终达到均匀分布[图 4.10(b)]。因此,对于截面削弱处,可以按照扣除削弱面积后的净截面平均应力进行计算。

《钢结构设计规范》(第 5.1.1 条)规定,轴心受拉构件和轴心受压构件的强度,除高强度螺栓摩擦型连接外,应按下式计算:

$$\sigma = \frac{N}{A_n} \leqslant f \tag{4.1}$$

式中　N——轴心拉力或轴心压力;

　　　　A_n——净截面面积;

　　　　f——钢材的抗拉或抗压强度设计值。

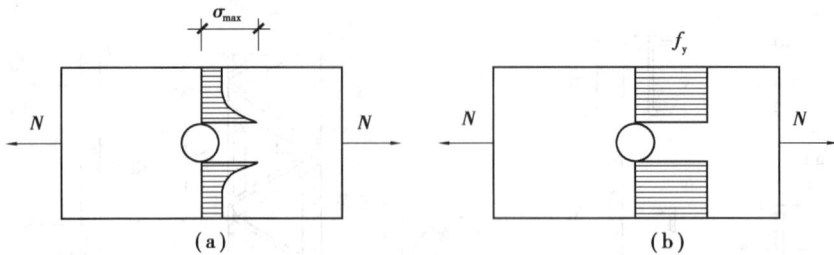

图 4.10　有孔洞处截面应力分布

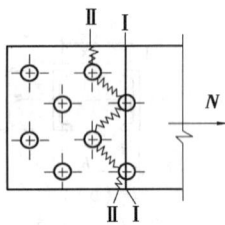

图 4.11　最不利截面示意图

当轴心受力构件采用螺栓或者铆钉连接时,需在构件上开孔,截面被削弱,应该对净截面面积最小的截面(即最不利截面)进行强度计算。例如图 4.11 所示构件,正交截面 I-I 虽开孔数量少于齿状截面 II-II,但毛截面面积也较小,两个截面都可能是最不利截面,因此应依据实际计算结果来确定最不利截面。

对于采用高强度螺栓摩擦型连接的构件,截面上的每个摩擦型螺栓所传之力一部分由摩擦力在孔前传走,所以验算净截面强度时要扣除该部分孔前传力。最外列螺栓孔前传力最少,因而该处截面相对承受外力最大,强度验算时以最外列螺栓处危险截面按下列式计算:

$$\sigma = \left(1 - 0.5\,\frac{n_1}{n}\right)\frac{N}{A_n} \leqslant f \tag{4.2}$$

式中　n——在节点或拼接处,构件一端连接的高强度螺栓数目;

　　　n_1——所计算截面(最外列螺栓处)的高强度螺栓数目;

　　　0.5——孔前传力系数。

对于高强度螺栓摩擦型连接的拉杆,除了按式(4.2)验算净截面强度外,还应按下式验算毛截面强度:

$$\sigma = \frac{N}{A} \leqslant f \tag{4.3}$$

式中　A——构件的毛截面面积。

对于拼接的轴心受力构件,还要考虑其净截面是否能充分发挥作用,即净截面是否全部有效。如图 4.12 所示的 H 形轴心受力构件,图 4.12(a)中两边构件的翼缘板和腹板都分别进行了连接,这种情况下能实现直接传力,构件净截面全部有效;图 4.12(b)中只有构件的上下翼缘板进行了连接,而腹板没有任何连接,截面上应力分布不均匀,净截面的强度不能完全发挥。设计计算时若仍按应力均匀分布采用式(4.1)进行强度计算,则式中净截面面积 A_n 应该替换为有效净截面面积 A_e,以考虑应力非均匀分布的不利影响。

有效净截面面积 A_e 与该处净截面面积 A_n 的比值称为净截面效率 η,即

$$\eta = \frac{A_e}{A_n} \tag{4.4}$$

净截面效率 η 与连接长度 l、连接板至截面形心距离 a 有关,沈祖炎等在《钢结构基本原理(第二版)》中建议 η 的取值采用:

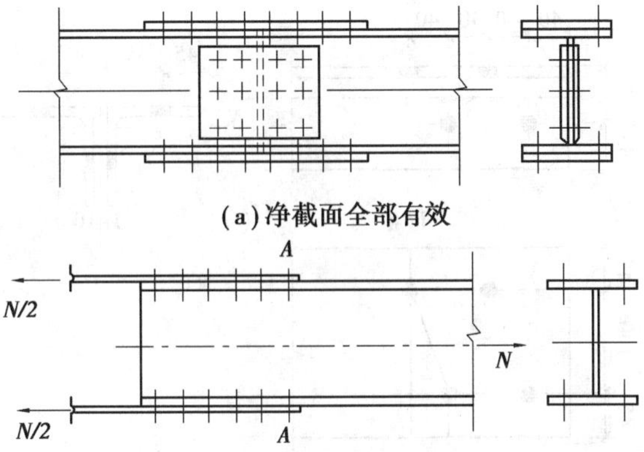

(a)净截面全部有效

(b)净截面部分有效

图4.12 轴心受力H型截面构件的连接

$$\eta = 1 - \frac{a}{l} \tag{4.5}$$

连接长度 l 如图4.13所示。

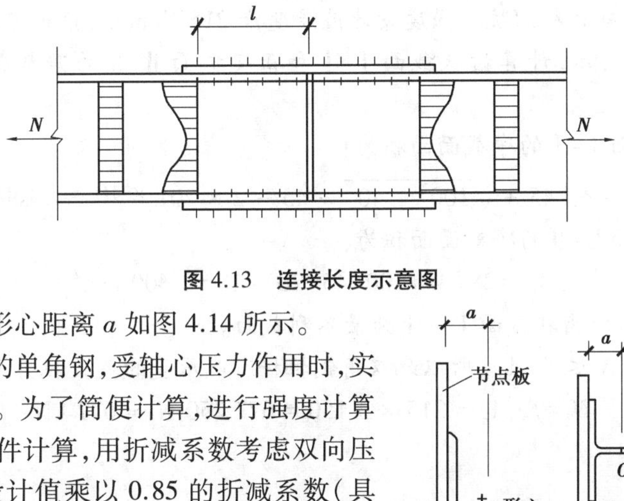

图4.13 连接长度示意图

连接板至截面形心距离 a 如图4.14所示。

对于单面连接的单角钢,受轴心压力作用时,实际为双向压弯构件。为了简便计算,进行强度计算时仍按轴心受压构件计算,用折减系数考虑双向压弯的影响,将强度设计值乘以0.85的折减系数(具体可参见表4.7)。

【例4.1】某中级工作制吊车厂房屋架的双角钢拉杆,截面为 2∟100×10,钢材为Q235钢。由于需要进行普通螺栓连接,所以角钢上错列分布普通螺

图4.14 连接板至截面形心距离示意图

栓孔,孔径 $d=20$ mm,如图4.15(a)所示,杆件削弱截面处净截面全部有效。试计算此拉杆所能承受的最大拉力。

【分析】由题意可知,该构件为轴心受拉构件,可承受的最大拉力由强度计算确定。连接为普通螺栓连接而非高强度摩擦型连接,没有孔前传力的折减,可用承载力极限状态下净截面强度验算式(4.1)计算最大拉力。此题的难点为寻找最不利截面。最不利截面是净截面面积最小的截面,找最不利截面应将几个削弱后的截面进行净截面面积计算和比较。由于角钢截面为L形,计算截面面积不便,计算净截面面积时可将单块角钢展开成板件,螺栓孔布置如图4.15(b)所示。净截面面积较小的截面为正交截面Ⅱ-Ⅱ和齿状截面Ⅰ-Ⅰ。虽然正交截面

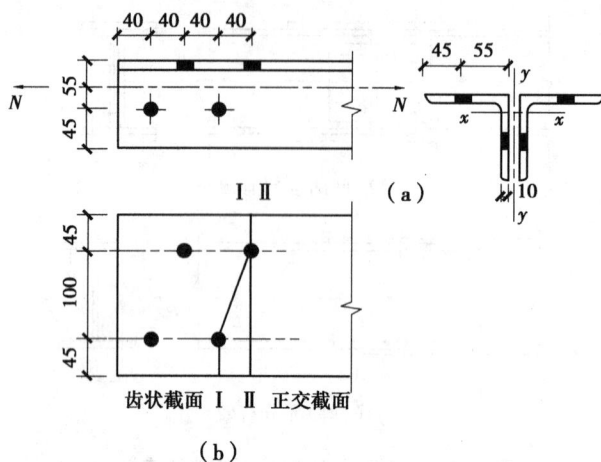

图 4.15 例 4.1 图

Ⅱ-Ⅱ开孔较少,但削弱前截面面积比截面 Ⅰ-Ⅰ 小,所以计算前不能准确判断哪个截面是最不利截面。

【解】由题意可知材料的抗拉强度设计值强度 $f = 215 \text{ N/mm}^2$,角钢厚度 $t = 10 \text{ mm}$,将角钢展开,如图 4.15(b)所示,计算齿状截面 Ⅰ-Ⅰ 和正交截面 Ⅱ-Ⅱ 的净截面面积,判断最不利截面。

双角钢齿状截面 Ⅰ-Ⅰ 的净截面面积为:

$$A_{n1} = 2 \times \left(45 + \sqrt{100^2 + 40^2} + 45 - 2 \times 20 \right) \times 10 = 3\ 150\ \text{mm}^2$$

双角钢正交截面 Ⅱ-Ⅱ 的净截面面积为:

$$A_{n2} = 2 \times (45 + 100 + 45 - 20) \times 10 = 3\ 400\ \text{mm}^2$$

因为 $A_{n1} < A_{n2}$,所以齿状截面 Ⅰ—Ⅰ 为最不利截面。

由式(4.1)可知 $N \leqslant f \cdot A_n$,所以此双角钢拉杆所能承受的最大拉力为:

$$N = f \cdot A_n = 215 \times 3\ 150 = 677\ 250\ \text{N} \approx 677\ \text{kN}$$

4.2.2 轴心受力构件的刚度计算

为避免轴心受力构件在制作、运输、安装及使用过程中出现过大变形,保证其使用功能,需对刚度进行计算。轴心受力构件的刚度计算由长细比进行控制,长细比 λ 不应超过容许长细比 $[\lambda]$,即:

$$\lambda = \frac{l_0}{i} \leqslant [\lambda] \tag{4.6}$$

式中 l_0——计算长度;

i——截面回转半径。

轴心受拉和轴心受压构件的容许长细比 $[\lambda]$ 并不相同。长细比 λ 越大,构件越容易失稳。轴压构件需考虑稳定问题,所以其长细比的控制较轴拉构件更为严格,具体规定如下:

(1)轴心受压构件的容许长细比

轴心受压构件的容许长细比 $[\lambda]$ 取值如表 4.1 所示。

表 4.1 受压构件的容许长细比

项次	构件名称	容许长细比
1	柱、桁架和天窗架中的杆件	150
	柱的缀条、吊车梁或吊车桁架以下的柱间支撑	
2	支撑(吊车梁或吊车桁架以下的柱间支撑除外)	200
	用以减小受压构件长细比的杆件	

桁架(包括空间桁架)的受压腹杆,当其内力等于或小于承载能力的 50% 时,容许长细比值可取 200。

计算单角钢受压构件的长细比时,应采用角钢的最小回转半径,但计算在交叉点相互连接的交叉杆件平面外的长细比时,可采用与角钢肢边平行轴的回转半径。

跨度等于或大于 60 m 的桁架,其受压弦杆和端压杆的容许长细比值宜取 100,其他受压腹杆可取 150(承受静力荷载或间接承受动力荷载)或 120(直接承受动力荷载)。

由容许长细比控制截面的杆件,在计算其长细比时,可不考虑扭转效应。

(2)轴心受拉构件的容许长细比

轴心受拉构件的容许长细比取值如表 4.2 所示。

表 4.2 受拉构件的容许长细比

项次	构件名称	承受静力荷载或间接承受动力荷载的结构		直接承受动力荷载的结构
		一般建筑结构	有重级工作制吊车的厂房	
1	桁架的杆件	350	250	250
2	吊车梁或吊车桁架以下的柱间支撑	300	200	—
3	其他拉杆、支撑、系杆等(张紧的圆钢除外)	400	350	—

承受静力荷载的结构中,可仅计算受拉构件在竖向平面内的长细比。

在直接或间接承受动力荷载的结构中,计算单角钢受拉构件的长细比时,应采用角钢的最小回转半径,但在计算交叉杆件平面外的长细比时,应采用与角钢肢边平行轴的回转半径。

中、重级工作制吊车桁架下弦边的长细比不宜超过 200。

在设有夹钳或刚性料耙等硬钩吊车的厂房中,支撑(表 4.2 中第 2 项除外)的长细比不宜超过 300。

受拉构件在永久荷载与风荷载组合作用下受压时,其长细比不宜超过 250。

跨度等于或大于 60 m 的桁架,其受拉弦杆和腹杆的长细比不宜超过 300(承受静力荷载或间接承受动力荷载)或 250(直接承受动力荷载)。

【例 4.2】前例 4.1 中的双角钢拉杆,截面为 2∟100×10,如图 4.15(a)所示,钢材为 Q235,试计算此拉杆容许达到的最大计算长度。

【分析】由题意可知,该构件的最大计算长度由刚度条件控制。该杆件为桁架的轴心受拉杆件,属于一般建筑结构,所以容许长细比$[\lambda]=350$。绕两个主轴方向的长细比都应满足刚度条件(式4.6),从而可以反算出绕两个主轴的最大计算长度,构件的最大计算长度为二者的较小值。

【解】由题意查型钢表可知,双角钢组成的 T 型截面$i_x=3.05\ \text{cm}$,$i_y=4.52\ \text{cm}$,由表4.2可知容许长细比$[\lambda]=350$。

由公式$\lambda=\dfrac{l_0}{i}\leqslant[\lambda]$可得$l_0\leqslant[\lambda]\cdot i$

绕 x 轴的最大计算长度$l_{0x}\leqslant[\lambda]\cdot i_x=350\times30.5=10\ 675\ \text{mm}$

绕 y 轴的最大计算长度$l_{0y}\leqslant[\lambda]\cdot i_y=350\times45.2=15\ 820\ \text{mm}$

所以拉杆最大计算长度为 10 675 mm。

4.3　稳定概述

随着我国国民经济和钢材生产技术的迅速发展,钢材强度越来越高,性能越来越好,导致构件截面面积减小,长细比增大,钢结构更易出现失稳现象。在钢结构的工程事故中,失稳导致的结构破坏屡有发生。当钢结构由强度不足引起破坏时,因钢材塑性较好,破坏前变形较大,会产生明显的征兆,工程技术人员可以在破坏前及时进行维修加固或组织人员撤离;当钢结构因失稳引起破坏时,破坏前变形小,无明显征兆,不易察觉,往往导致较大的人员伤亡和财产损失,所以失稳破坏更危险。1907 年施工中的加拿大魁北克大桥因悬臂受压下弦的分肢发生局部屈曲而导致弦杆整体失稳发生破坏(图 4.16),9 000 t 钢结构全部坠入河中,桥上施工人员有 75 人遇难。中外钢结构建筑史上出现过许多因钢结构失稳引发的工程事故,给予人们惨痛的经验教训,工程技术人员对于钢结构的稳定设计应高度重视。

图 4.16　加拿大魁北克大桥失稳破坏

4.3.1 稳定的概念

结构在荷载作用下处于平衡位置,微小的外界扰动使其偏离平衡位置,若外界扰动撤除后该结构仍能恢复到初始平衡位置,我们称之为稳定。以小球的运动来解释平衡的概念,如图4.17所示,在绝对光滑的表面上,将静止的小球偏移到虚线位置,当扰动撤除,图4.17(a)中的小球将回到初始位置,小球处于稳定状态;图4.17(b)中的小球不能回到初始位置,但会在新的位置重新保持平衡,小球处于临界状态,也称随遇平衡;图4.17(c)中的小球永远不能回到初始位置,且偏离初始平衡位置越来越远,小球失去稳定。工程中的结构应该是稳定的,对于随遇平衡,虽然没有丧失稳定,但其位置不固定,也不宜用于结构。

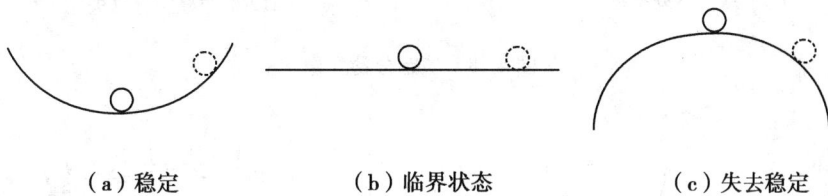

（a）稳定　　　　　　（b）临界状态　　　　　　（c）失去稳定

图4.17　小球稳定示意图

4.3.2 稳定问题的类别

失稳破坏指结构在荷载作用下偏离平衡位置,且不能继续承载发生破坏的现象。按失稳的性质分类,稳定问题可分为以下3类:

(1)平衡分岔失稳

平衡分岔失稳又称为欧拉屈曲或者第一类失稳。这一类失稳的特点是达到临界状态前,结构保持初始平衡位置,达到临界状态时,结构从初始平衡位置过渡到无限临近的新平衡位置。平衡分岔失稳又可分为稳定分岔失稳和不稳定分岔失稳两类。稳定分岔失稳在荷载达到屈曲荷载后,挠度增加时荷载还能继续增加,理想轴心压杆的整体失稳(屈曲后强度不能利用)、四边支承的薄板在均匀压力作用下的屈曲(板屈曲后强度可利用)就是稳定分岔失稳[图4.18(a)]。不稳定分岔失稳在屈曲后只能在远比屈曲荷载低的条件下维持平衡状态,这种失稳对于初始缺陷很敏感,均匀压力作用下的圆柱壳屈曲为此类失稳[图4.18(b)]。

(2)极值点失稳

极值点失稳又称为第二类失稳问题。构件的挠度随着荷载的增加而增加,但是在屈曲前处于稳定平衡状态,达到极限荷载时变形迅速增加而不能继续承载。压弯构件和有初始缺陷的轴心压杆的失稳都属于这一类失稳(图4.19),此类失稳在工程中最为常见。

(3)跃越失稳

跃越失稳既无平衡分岔点又无极值点,和不稳定分岔有些相似,都是在丧失稳定平衡后又跳跃到另一个平衡状态,此时结构已经不能再继续承载。两端铰接的较平坦拱结构在均布荷载作用下就是此类失稳形式。如图4.20所示,在荷载作用下,构件的荷载挠度曲线有稳定的上升段 OA,但是到达曲线最高点 A 时会突然跳跃到一个非邻近的具有很大变形的点 C,拱结构下垂,结构不能再继续承载。

（a）稳定分岔失稳　　　　　　　　　　　　（b）非稳定分岔失稳

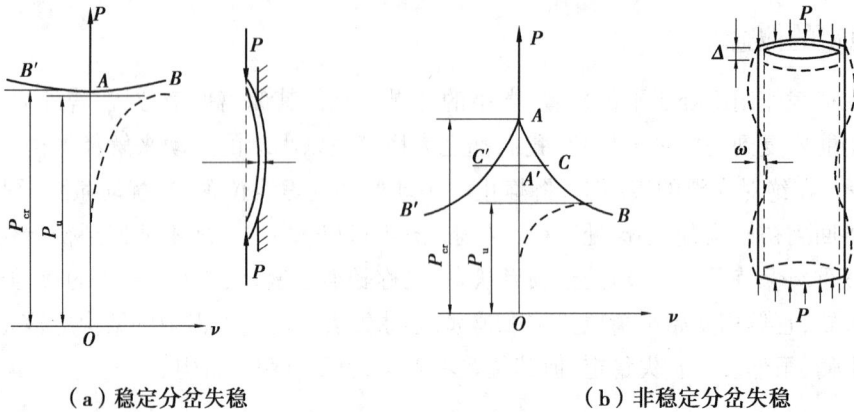

图 4.18　稳定分岔失稳

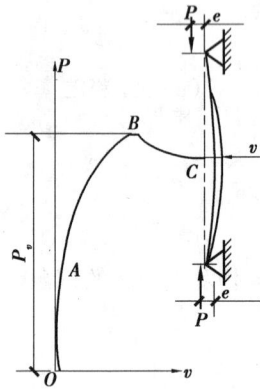

图 4.19　极值点失稳　　　　　　　　　　图 4.20　跃越失稳

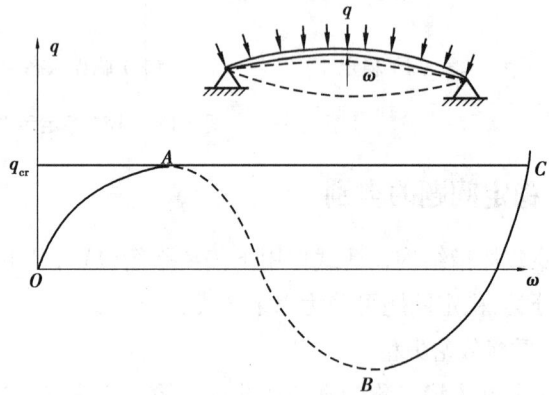

4.3.3　稳定问题的分析方法

稳定问题的分析方法主要有平衡法、能量法及动力法 3 种。

（1）平衡法

平衡法又称静力平衡法，是求解结构稳定性最基本的方法，依据已经产生了微小变形后结构的受力条件建立平衡方程求解屈曲荷载。平衡法只能求解屈曲荷载，不能判断结构平衡状态的稳定性。

（2）能量法

能量法利用势能驻值原理，先由总势能对位移的一阶变分为零得到平衡方程，再由平衡方程求解分岔屈曲荷载。能量法一般只能获得屈曲荷载的解析解，如果事前了解屈曲后变形形式，利用变形形式计算可获得精确解。能量法用于大挠度理论分析可以判断屈曲后的平衡是否稳定。

（3）动力法

动力法属于结构动力稳定问题。结构的变形和振动加速度与结构上作用的荷载有关。处于平衡状态的结构体系，施加微小扰动使其发生振动，当荷载小于稳定的极限值时，加速度和变形方向相反，扰动撤销后运动趋于静止，结构的平衡状态是稳定的；当荷载大于极限值时,加速度和变形的方向相同,即使扰动撤销,运动仍是发散的,结构的平衡状态是不稳定的。临界状态的荷载即为结构的屈曲荷载,可由结构振动频率为零的条件解得。

4.3.4 稳定与强度的区别

强度问题与稳定问题是截然不同的两类问题,其在问题实质和问题求解方面均明显不同。

(1)问题实质

强度问题研究构件最不利截面最大应力与材料极限强度的关系,是应力问题;稳定问题研究荷载作用下结构能否保持平衡,是变形问题。

强度问题是一个截面的应力问题;稳定问题是一个构件或结构的整体问题。

(2)问题求解

强度问题在求解时,除柔索组成的结构外,均按未变形的结构进行分析,是一阶分析,叠加原理是适用的;稳定问题在求解时,必须考虑构件变形后的位置形状和变形对外力效应的影响,是二阶分析,此时叠加原理不再适用。

稳定问题进行二阶分析,所以静定与超静定的区分对其不再有意义;而对于强度问题,静定结构只需利用静力平衡关系即可求解,超静定结构求解还需再考虑变形协调关系。

强度问题通常只有唯一解,而稳定问题可以有多种解,屈曲路径也可以多样。

残余应力对强度计算影响不大,但是稳定尤其是压杆的稳定性影响很大。截面削弱对强度计算有影响,而稳定计算时却可以忽略。

4.3.5 构件的整体稳定

(1)屈曲形式

依照构件屈曲时呈现的位移模式,可将屈曲分为 3 种形式:弯曲屈曲、扭转屈曲和弯扭屈曲(图 4.21),也称为弯曲失稳、扭转失稳和弯扭失稳。弯曲屈曲时构件只绕其截面的一个主轴发生弯曲变形,截面只绕一个主轴旋转,纵向轴线由直线变为曲线,如图 4.21(a)所示。扭转屈曲时构件除支承端外各截面均绕纵轴扭转,如图 4.21(b)所示。弯扭屈曲时构件既产生绕截面主轴的弯曲变形,又伴随绕纵轴的扭转变形,如图 4.21(c)所示。

(2)各类构件的屈曲形式

构件的屈曲形式与构件截面形状、尺寸、构件长度、两端支承情况以及受力状态等均有关系。

对于理想的轴心压杆,截面为双轴对称时,由于截面的剪切中心和形心重合,在轴心压力作用下构件为弯曲屈曲或者扭转屈曲。工字形截面和箱形截面的轴心压杆,构件的长度较大,其抗扭刚度较强,所以不会出现扭转屈曲,多为弯曲屈曲;十字形截面轴心压杆,当杆件长度较小而板件宽厚比相对较大时,可能发生扭转屈曲。单轴对称截面轴心压杆的屈曲形式,需根据轴心压杆的截面形式、尺寸、杆件长度及杆端约束条件等因素共同确定。单轴对称 T 形截面,由于剪心和形心不重合,当杆件绕对称轴失稳时,必然伴随扭转,发生弯扭屈曲;当杆件绕非对称轴失稳时,杆件发生弯曲屈曲。无对称轴截面的轴心压杆,其剪心不通过截面任何一根主轴,绕任一主轴失稳时都会伴随扭转,所以失稳时产生弯扭屈曲。

对于受弯构件,整体失稳为弯扭屈曲。

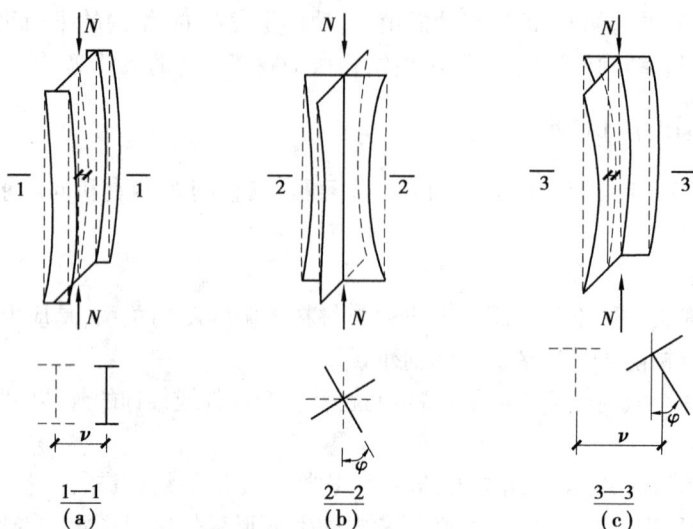

图 4.21　屈曲形式示意图

　　对于压弯构件,截面对称的单轴压弯构件在弯矩作用平面内为弯曲屈曲,弯矩作用平面外为弯扭屈曲,双轴压弯构件为弯扭屈曲。

　　框架和拱在框架及拱平面内为弯曲屈曲,在框架及拱平面外为弯扭屈曲。

4.3.6　构件的局部稳定

　　结构或构件的局部失稳是指结构和构件在保持整体稳定的条件下,结构中部分构件或构件中的板件不能继续承载而失去稳定的现象。构件为平衡分岔失稳时,荷载达到极限荷载时构件仍有一定的承载能力,可能发生局部失稳。

　　构件中受压板件的失稳是屈曲后极值型失稳,当板件承受的荷载达到屈曲荷载时,板件发生屈曲,但未丧失承载能力,屈曲后仍有一定的承载能力;构件整体也不会因受压板件的屈曲而失去承载能力,可以继续承载,此时构件失去局部稳定,进入屈曲后强度阶段,构件的整体稳定与局部稳定相关。对于实际工程中是否利用局部失稳后的屈曲后强度存在不同观点,直接承受动荷载的结构(桥梁、吊车梁等),不建议利用屈曲后强度,即不允许出现局部失稳。构件的局部稳定一般由限制板件的宽厚比保证。

4.4　轴心受压构件的整体稳定

　　轴心受压构件的设计计算包括强度计算、稳定性计算和刚度计算 3 部分。钢构件截面面积小,构件较细长,板件很薄,轴心受压构件的失稳往往先于强度破坏,所以承载力常由稳定控制。稳定性计算包括整体稳定计算和局部稳定计算两部分。

4.4.1　整体稳定的临界应力

　　影响轴心受压构件整体稳定临界应力的因素有构件截面形状、计算长度、初始缺陷等,计算临界力较复杂,目前确定轴心压杆整体稳定临界应力的方法有屈曲准则、边缘屈服准则、最大强度准则、经验公式法等。

1)屈曲准则

屈曲准则适用于理想轴心压杆(杆件完全挺直、荷载作用于形心、无初始缺陷等)在弹性阶段发生弯曲屈曲时临界力和临界应力的计算,由欧拉(Euler)公式求出:

$$N_{cr} = \frac{\pi^2 EI}{l^2} = \frac{\pi^2 EA}{\lambda^2} \tag{4.7}$$

$$\sigma_{cr} = \frac{\pi^2 E}{\lambda^2} \tag{4.8}$$

式中 N_{cr}——整体稳定临界力;

σ_{cr}——整体稳定临界应力;

E——材料的弹性模量;

I——截面惯性矩。

当杆件的长细比 $\lambda < \lambda_p$ ($\lambda_p = \pi\sqrt{\dfrac{E}{f_p}}$)时,临界应力超过了材料的比例极限f_p,构件受力进入弹塑性阶段,材料的应力-应变关系变成非线性的,欧拉公式不再适用。德国科学家恩格赛尔(Engesser)于1889年提出切线模量理论,提出临界应力计算公式为:

$$\sigma_{cr} = \frac{\pi^2 E_t}{\lambda^2} \tag{4.9}$$

式中 E_t——非弹性区的切线模量(图4.22)。

切线模量公式比较符合压杆的实际临界应力,但仅适用于材料有明确的应力-应变曲线时。

建立在屈曲准则上的稳定计算方法,弹性阶段以欧拉临界力为基础,弹塑性阶段以切线模量临界力为基础,通过提高安全系数来考虑初偏心、初弯曲等不利影响。

2)边缘屈服准则

实际工程中的轴心压杆存在初始缺陷,与理想轴心压杆的受力性能差异较大,不能用屈曲准则求解临界应力。边缘屈服准则以存在初始偏心和初始弯曲的压杆为计算模型,截面边缘应力达到屈服点时认为达到其承载力极限。对于无残余应力但有初始弯曲的轴心压杆,考虑构件变形对受力的影响,计入二阶效应,依据弹性理论,以截面边缘屈服作为临界条件,可建立以应力 σ 为变量的一元二次方程:

$$\frac{N}{A} + \frac{N\upsilon}{W} = \frac{N}{A} + \frac{N\upsilon_0}{W} \cdot \frac{N_E}{N_E - N} = \frac{N}{A}\left(1 + \upsilon_0 \frac{A}{W} \cdot \frac{\sigma_E}{\sigma_E - \sigma}\right)$$

$$= \sigma\left(1 + \varepsilon_0 \cdot \frac{\sigma_E}{\sigma_E - \sigma}\right) = f_y \tag{4.10}$$

式中 ε_0——初弯曲率,$\varepsilon_0 = \upsilon_0 \dfrac{A}{W}$;

σ_E——欧拉临界应力,见式(4.8)。

求解式(4.10)可得到以截面边缘屈服为准则的临界应力公式,即佩里(Perry)公式:

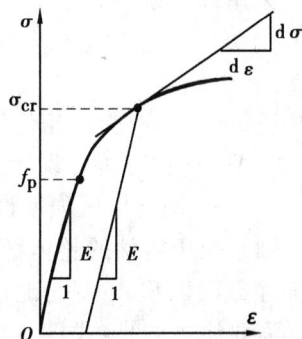

图4.22 应力-应变曲线

$$\sigma_{cr} = \frac{f_y + (1 + \varepsilon_0)\sigma_E}{2} - \sqrt{\left[\frac{f_y + (1 + \varepsilon_0)\sigma_E}{2}\right]^2 - f_y\sigma_E} \qquad (4.11)$$

3)最大强度准则

佩里(Perry)公式实质上是强度公式而不是稳定公式,而且所表达的并非轴心压杆的承载力极限。当边缘纤维屈服后截面还可继续进行塑性发展,压力还可继续增加,达到极限荷载时,构件不能维持平衡而失稳,此时荷载达到稳定极限承载力,此计算准则称为"最大强度准则"。该准则仍以有初始缺陷的压杆为依据,考虑截面塑性发展,以构件失稳破坏时轴心压力值作为压杆的稳定极限承载力。采用此准则计算时,很难列出临界力的解析式,但可利用计算机采用数值方法对临界应力进行求解。求解方法常用数值积分法,有压杆挠曲线法(CDC法)和逆算单元长度法等。

4)经验公式法

利用试验资料,从试验数据中回归得出压杆稳定临界力的方法称为经验公式法,此方法借助试验资料推导临界力公式,公式的准确性与试验数据直接相关,具有一定的局限性。

4.4.2　整体稳定计算公式

《钢结构设计规范》(第5.1.2条)规定实腹式和格构式轴心受压构件的整体稳定性计算采用以下统一公式:

$$\frac{N}{\varphi A} \leq f \qquad (4.12)$$

式中　φ——轴心受压构件的稳定系数(取截面绕两主轴稳定系数中的较小者);
　　　N——轴心压力设计值;
　　　f——钢材抗压强度设计值。

轴心受压构件的整体稳定计算公式与强度计算公式形似,在强度计算公式基础上将截面净截面面积 A_n 变为毛截面面积 A,并增加轴心受压构件稳定系数 φ。

需要注意的是:式(4.12)左边的表达式并非截面应力,只是借用强度计算公式的形式罢了。构件的整体失稳是构件整体性能的表现,并非构件某截面的应力达到强度极限时发生的强度破坏,强度与稳定的区别参见本章第4.3.4节。

4.4.3　整体稳定系数

轴心受压构件的整体稳定系数 φ 是构件临界应力与钢材屈服强度的比值:

$$\varphi = \frac{\sigma_{cr}}{f_y} \qquad (4.13)$$

《钢结构设计规范》以初弯曲为 $l/1\,000$,选用不同截面形式、不同截面尺寸、不同加工条件及相应残余应力分布模式,按最大强度理论用数值计算方法算出大量 φ-λ 曲线(柱子曲线)。这些曲线呈带状分布,根据数理统计原理,将这些柱子曲线分成 a、b、c、d 共4组,取每组中柱子曲线的平均值作为代表曲线,柱子曲线与我国的试验值比较情况如图4.23所示。由于试验用试件的厚度较小,试验值一般偏高,实际工程中有试件厚度大于 40 mm 的情况,将出现靠近 d 曲线的点。

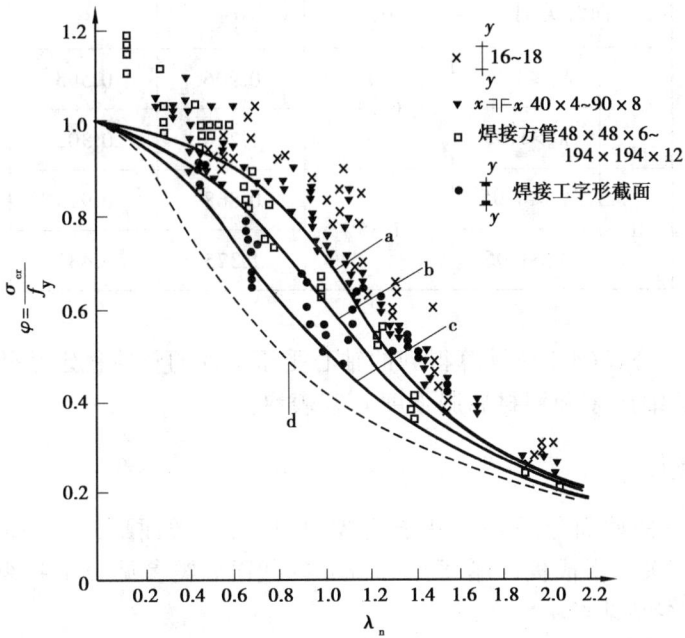

图 4.23 柱子曲线与试验值

整体稳定系数 φ 由截面类别(不同截面类别的构件属于柱子曲线的不同分组)和长细比 λ 共同确定。

将长细比正则化以考虑不钢材对稳定系数的影响,正则化长细比 λ_n 表达式如下:

$$\lambda_n = \frac{\lambda}{\pi}\sqrt{\frac{f_y}{E}} \tag{4.14}$$

当 $\lambda_n \leqslant 0.215$ 时:

$$\varphi = \frac{\sigma_{cr}}{f_y} = 1 - \alpha_1\lambda_n^2 \tag{4.15a}$$

当 $\lambda_n > 0.215$ 时:

$$\varphi = \frac{\sigma_{cr}}{f_y} = \frac{1}{2\lambda_n^2}\left[(\alpha_2 + \alpha_3\lambda_n + \lambda_n^2) - \sqrt{(\alpha_2 + \alpha_3\lambda_n + \lambda_n^2)^2 - 4\lambda_n^2}\right] \tag{4.15b}$$

式中　$\alpha_1, \alpha_2, \alpha_3$——系数,与截面类别(柱子曲线分组)有关,按表 4.3 取值。

表 4.3　系数 α_1、α_2、α_3

曲线类别	α_1	α_2	α_3
a	0.41	0.986	0.152
b	0.65	0.965	0.300

续表

曲线类别		α_1	α_2	α_3
c	$\lambda_n \leqslant 1.05$	0.73	0.906	0.595
	$\lambda_n > 1.05$		1.216	0.302
d	$\lambda_n \leqslant 1.05$	1.35	0.868	0.915
	$\lambda_n > 1.05$		1.375	0.432

附录 4 给出按公式(4.15)计算得到的轴心受压构件的整体稳定系数值,设计时可以依据截面类别、长细比 λ 和钢材屈服强度 f_y 查表取值。

4.4.4 截面分类

轴心受压构件的截面分类基于柱子曲线的归纳,与截面形式、屈曲方向(对应的主轴)和加工条件有关。组成板件厚度 $t<40$ mm 的截面分类参见表 4.4,组成板件厚度 $t \geqslant 40$ mm 的截面分类参见表 4.5。

轧制圆管以及轧制普通工字钢绕 x 轴失稳时其残余应力影响较小,所以属于 a 类截面。

格构式构件绕虚轴的稳定计算,由于此时按边缘纤维屈服准则确定稳定系数值与曲线 b 接近,所以属于 b 类截面。

槽钢用于格构式分肢时,由于分肢的扭转变形受缀材的制约,所以分肢绕自身对称轴稳定时采用 b 类截面。

翼缘为轧制或剪切边的焊接工字形截面,绕弱轴失稳时边缘的残余压应力使承载力降低,所以此时截面类别为 c 类截面。

板件厚度大于 40 mm 的轧制工字形截面和焊接实腹截面,残余应力沿板件宽度方向、厚度方向变化,应按表 4.5 确定截面类别。

表 4.4　轴心受压构件的截面分类(板厚 $t<40$ mm)

截面形式		对 x 轴	对 y 轴
	轧制	a 类	a 类
	轧制 $b/h \leqslant 0.8$	a 类	b 类

截面形式	对 x 轴	对 y 轴
轧制，$b/h>0.8$ 焊接，翼缘为焰切边 焊接		
轧制 轧制等边角钢		
轧制，焊接(板件宽厚比大于20) 轧制或焊接	b 类	b 类
焊接 轧制截面和翼缘为焰切边的焊接截面		
格构式 焊接，板件边缘焰切		
焊接，翼缘为轧制或剪切边	b 类	c 类
焊接，板件边缘轧制或剪切 焊接，板件宽厚比小于等于10	c 类	c 类

表 4.5　轴心受压构件的截面分类(板厚 $t>40mm$)

截面形式		对 x 轴	对 y 轴
轧制工字形或H形截面	$t<80mm$	b 类	c 类
	$t\geqslant80mm$	c 类	d 类
焊接工字形截面	翼缘为焰切边	b 类	b 类
	翼缘为轧制或剪切边	c 类	d 类
焊接箱形截面	板件宽厚比大于 20	b 类	b 类
	板件宽厚比小于等于 20	c 类	c 类

4.4.5　长细比与换算长细比

整体稳定系数的计算公式(4.15)是构件发生弯曲屈曲时,用最大强度理论推导得到的。当轴心受压构件的失稳不是弯曲屈曲或格构式构件有缀材剪切变形的不利影响时,按原来公式计算的结果将与实际情况产生差异。为了使用统一的设计公式和稳定系数求解公式,可以修正长细比,用换算长细比来考虑上述因素造成的不利影响。

1) 长细比

双轴对称截面和极对称截面构件绕两个对称轴均为弯曲屈曲,长细比不需要修正,绕两个主轴方向的长细比为:

$$\lambda_x = \frac{l_{0x}}{i_x} \tag{4.16a}$$

$$\lambda_y = \frac{l_{0y}}{i_y} \tag{4.16b}$$

式中　l_{0x},l_{0y}——分别为构件对主轴 x、y 的计算长度;

　　　i_x,i_y——分别为构件截面对主轴 x、y 的回转半径。

对双轴对称十字形截面构件,λ_x 或 λ_y 取值不得小于 $5.07b/t$,其中 b/t 为悬伸板件宽厚比。

2) 截面为单轴对称构件的换算长细比

(1)考虑弯扭屈曲的换算长细比

单轴对称截面绕对称轴(设对称轴为 y)屈曲时为弯扭屈曲,弯扭屈曲的临界应力低于弯曲屈曲的临界应力,所以此时计算绕对称轴的稳定系数时要考虑这一扭转效应,采用换算长细比 λ_{yz} 代替绕 y 轴的长细比 λ_y。

$$\lambda_{yz} = \frac{1}{\sqrt{2}} \left[(\lambda_y^2 + \lambda_z^2) + \sqrt{(\lambda_y^2 + \lambda_z^2)^2 - 4(1 - e_0^2/i_0^2) \lambda_y^2 \lambda_z^2} \right]^{\frac{1}{2}} \quad (4.17)$$

$$\lambda_z^2 = i_0^2 A / (I_t/25.7 + I_\omega/l_\omega^2) \quad (4.18)$$

$$i_0^2 = e_0^2 + i_x^2 + i_y^2$$

式中 e_0——截面形心至剪心的距离;

i_0——截面对剪心的极回转半径;

λ_y——构件对对称轴的长细比;

λ_z——扭转屈曲的换算长细比;

I_t——毛截面抗扭惯性矩;

I_ω——毛截面扇性惯性矩;对 T 形截面(轧制、双板焊接、双角钢组合)、十字形截面和角形截面可近似取 $I_\omega = 0$;

l_ω——扭转屈曲的计算长度,对两端铰接端部截面可自由翘曲或两端嵌固端部截面的翘曲完全受约束的构件,取 $I_\omega = l_{0y}$。

(2)换算长细比的简化公式

单角钢截面和双角钢组合 T 形截面(图 4.24)绕对称轴的换算长细比 λ_{yz} 可以采用下列简化方法确定:

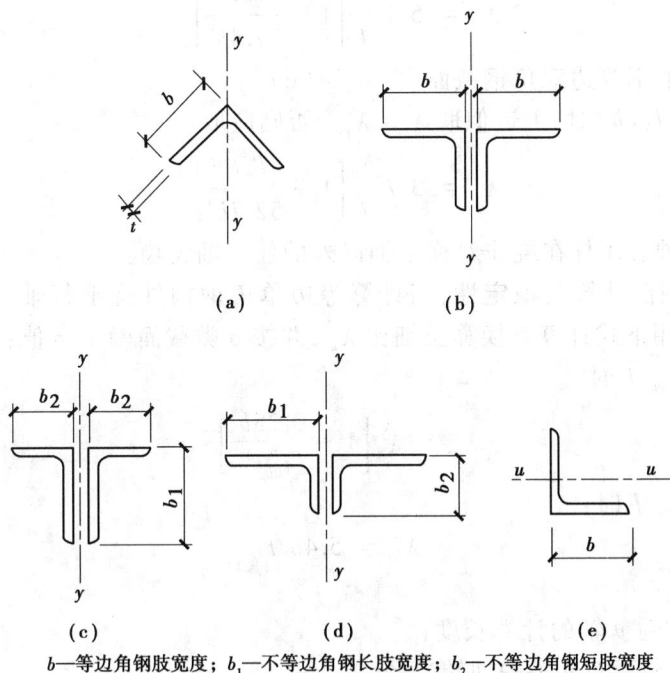

(a)   (b)

(c)   (d)   (e)

b—等边角钢肢宽度;b_1—不等边角钢长肢宽度;b_2—不等边角钢短肢宽度

图 4.24 单角钢截面和双角钢组合 T 形截面

①等边单角钢截面[图 4.24(a)]:

当 $b/t \leqslant 0.54 l_{0y}/b$ 时:

$$\lambda_{yz} = \lambda_y \left[1 + \frac{0.84b^4}{l_{0y}^2 t^2} \right] \quad (4.19a)$$

当 $b/t > 0.54 l_{0y}/b$ 时:

$$\lambda_{yz} = 4.78 \frac{b}{t} \left[1 + \frac{l_{0y}^2 t^2}{13.5 b^4} \right]$$ (4.19b)

式中　b、t——角钢肢的宽度和厚度。

②等边双角钢截面[图 4.24(b)]:

当 $b/t \leqslant 0.58 l_{0y}/b$ 时:

$$\lambda_{yz} = \lambda_y \left[1 + \frac{0.475 b^4}{l_{0y}^2 t^2} \right]$$ (4.20a)

当 $b/t > 0.58 l_{0y}/b$ 时:

$$\lambda_{yz} = 3.9 \frac{b}{t} \left[1 + \frac{l_{0y}^2 t^2}{18.6 b^4} \right]$$ (4.20b)

③长肢相并的不等边双角钢截面[图 4.24(c)]:

当 $b_2/t \leqslant 0.48 l_{0y}/b_2$ 时:

$$\lambda_{yz} = \lambda_y \left[1 + \frac{1.09 b_2^4}{l_{0y}^2 t^2} \right]$$ (4.21a)

当 $b_2/t > 0.48 l_{0y}/b_2$ 时:

$$\lambda_{yz} = 5.1 \frac{b_2}{t} \left[1 + \frac{l_{0y}^2 t^2}{17.4 b_2^4} \right]$$ (4.21b)

④短肢相并的不等边双角钢截面[图 4.24(d)]:

当 $b_1/t \leqslant 0.56 l_{0y}/b_1$ 时,可近似取 $\lambda_{yz} = \lambda_y$。否则应取:

$$\lambda_{yz} = 3.7 \frac{b_1}{t} \left[1 + \frac{l_{0y}^2 t^2}{52.7 b_1^4} \right]$$ (4.22)

⑤单轴对称轴心压杆在绕非对称主轴以外的任一轴失稳:

应按照弯扭屈曲计算其稳定性,当计算等边单角钢构件绕平行轴[图 4.24(e)中 u 轴]的稳定时,可用下式计算其换算长细比 λ_{uz},并按 b 类截面确定 φ 值:

当 $b/t \leqslant 0.69 l_{0u}/b$ 时:

$$\lambda_{uz} = \lambda_u \left[1 + \frac{0.25 b^4}{l_{0u}^2 t^2} \right]$$ (4.23a)

当 $b/t > 0.69 l_{0u}/b$ 时:

$$\lambda_{uz} = 5.4 b/t$$ (4.23b)

式中　$\lambda_u = l_{0z}/i_u$;

　　　l_{0z}——构件对 u 轴的计算长度;

　　　i_u——构件截面对 u 轴的回转半径。

对单面连接的单角钢轴心受压构件,考虑强度设计值折减系数后 γ_0(表 4.7),可不考虑弯扭效应。

3)格构式构件的换算长细比

对于实腹式构件,剪力对弹性屈曲的影响很小,一般可以忽略。但格构式轴心受压构件绕虚轴(设虚轴为 x 轴)弯曲时,剪切变形较大,对整体稳定临界力有较大影响,此时剪切变形的影响不可忽略,计算时采用换算长细比 λ_{0x} 考虑此不利影响。

（1）考虑剪切变形影响的换算长细比

依据弹性稳定理论，当考虑剪切变形影响后，临界力 N_{cr} 为：

$$N_{cr} = \frac{\pi^2 EA}{\lambda_x^2} \cdot \frac{1}{1 + \frac{\pi^2 EA}{\lambda_x^2} \cdot \gamma} = \frac{\pi^2 EA}{\lambda_{0x}^2} \qquad (4.24)$$

由上式可求得换算长细比：

$$\lambda_{0x} = \sqrt{\lambda_x^2 + \pi^2 EA\gamma} \qquad (4.25)$$

式中　γ——单位剪力作用下的轴线转角，即单位剪切角；

　　　A——格构式柱的截面面积，即分肢截面面积之和。

求解格构式构件换算长细比的关键是求解单位剪切角 γ。

（2）双肢缀板柱的换算长细比

双肢缀板柱中缀板与肢件的连接可视为刚接，分肢和缀板近似组成一个多层框架，假定变形时反弯点在各节的中点（图 4.25），只考虑分肢和缀板在横向剪力作用下的弯曲变形，取分离体分析。

分肢变位 Δ 包括两部分：缀板弯曲变形引起的分肢变位 Δ_1 和分肢自身弯曲变形引起的分肢变位 Δ_2。

单位剪力作用下缀板弯曲变形引起的分肢变位 Δ_1：

$$\Delta_1 = \frac{l_1}{2}\theta_1 = \frac{l_1}{2} \cdot \frac{al_1}{12EI_b} = \frac{al_1^2}{24EI_b} \qquad (4.26a)$$

分肢自身弯曲变形时的变位 Δ_2：

$$\Delta_2 = \frac{l_1^3}{48EI_1} \qquad (4.26b)$$

剪切角 γ：

$$\gamma = \frac{\Delta_1 + \Delta_2}{0.5l_1} = \frac{al_1}{12EI_b} + \frac{l_1^2}{24EI_1} = \frac{l_1^2}{24EI_1}\left(1 + 2\frac{I_1/l_1}{I_b/a}\right) \qquad (4.27)$$

将式（4.27）代入式（4.25）得换算长细比 λ_{0x} 为：

$$\lambda_{0x} = \sqrt{\lambda_x^2 + \frac{\pi^2}{12}\frac{0.5Al_1^2}{I_1}\left(1 + 2\frac{aI_1}{I_b l_1}\right)} = \sqrt{\lambda_x^2 + \frac{\pi^2}{12}\lambda_1^2\left(1 + 2\frac{K_1}{K_b}\right)} \qquad (4.28)$$

式中　λ_x——格构式构件绕虚轴 x 轴的长细比；

　　　l_1——缀板间的净距离；

　　　a——构件两分肢的轴线距离；

　　　I_1——分肢截面对其弱轴的惯性矩；

　　　I_b——两侧缀板截面惯性矩之和；

　　　K_1——分肢的线刚度，$K_1 = I_1/l_1$；

　　　K_b——两侧缀板线刚度之和，$K_b = I_b/a$；

　　　λ_1——分肢的长细比，$\lambda_1 = l_1/i_1$；其中 i_1 为分肢绕自身中和轴（与虚轴 x 平行的中和轴）的回转半径，如图 4.25 所示。

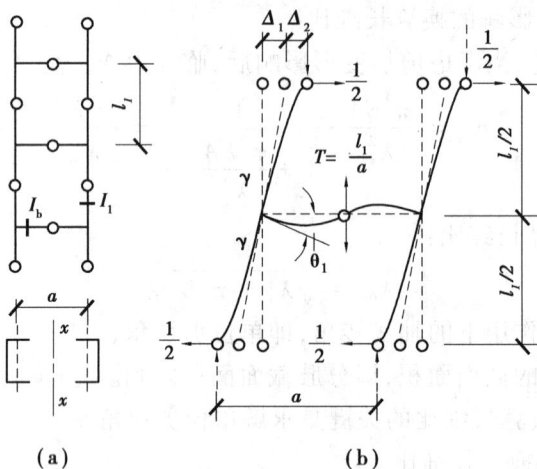

图 4.25　缀板柱的剪切变形

为将缀板柱换算长细比的计算误差控制在 5% 以下,将轴心受压构件的稳定系数误差控制在 2% 以下,《钢结构设计规范》(第 8.4.1 条)规定:$K_b/K_1 \geqslant 6$。

将 $K_b/K_1 \geqslant 6$ 代入式(4.28)得:

$$\lambda_{0x} = \sqrt{\lambda_x^2 + \lambda_1^2} \tag{4.29}$$

式(4.29)为双肢缀板柱换算长细比的简化公式,当 $K_b/K_1 < 6$ 时,应按公式(4.28)计算换算长细比。

(3)双肢缀条柱的换算长细比

缀条柱可简化为桁架,分肢视为桁架弦杆,缀条视为桁架腹杆,如图 4.26 所示。单位剪力作用下一侧缀条所受剪力 $V_1 = 1/2$,斜缀条的轴向变形 Δ_d 为:

$$\Delta_d = \frac{N_d l_d}{EA_1} = \frac{l_1}{EA_1 \sin\alpha \cos\alpha} \tag{4.30}$$

式中　α——斜缀条与柱轴线的夹角;

　　　A_1——一个节间内两侧斜缀条截面积之和;

　　　N_d——斜缀条轴向力,$N_d = 1/\sin\alpha$;

　　　l_d——斜缀条长度,$l_d = l_1/\cos\alpha$。

变形与剪切角很微小时,由 Δ_d 引起的水平变位 Δ 为:

$$\Delta = \frac{\Delta_d}{\sin\alpha} = \frac{l_1}{EA_1 \sin^2\alpha \cos\alpha} \tag{4.31}$$

单位剪切角 γ 为:

$$\gamma = \frac{\Delta}{l_1} = \frac{1}{EA_1 \sin^2\alpha \cos\alpha} \tag{4.32}$$

将式(4.32)代入式(4.25)可得:

$$\lambda_{0x} = \sqrt{\lambda_x^2 + \frac{\pi^2}{\sin^2\alpha \cdot \cos\alpha} \cdot \frac{A}{A_1}} \tag{4.33}$$

《钢结构设计规范》规定 α 角一般应在 $40° \sim 70°$ 范围内,在此范围内,上式中$\dfrac{\pi^2}{\sin^2\alpha \cdot \cos\alpha} \approx$

27,所以式(4.33)可简化为:

$$\lambda_{0x} = \sqrt{\lambda_x^2 + 27 \cdot \frac{A}{A_1}} \tag{4.34}$$

当 α 角不在上述范围时,应该按照式(4.33)计算换算长细比。

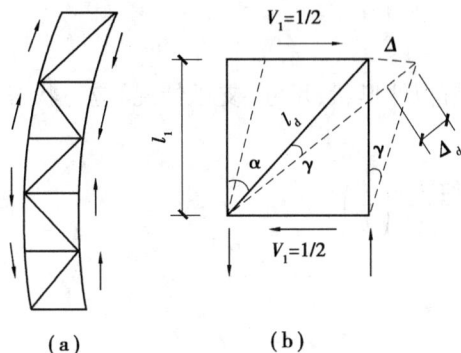

图 4.26 缀条柱的剪切变形

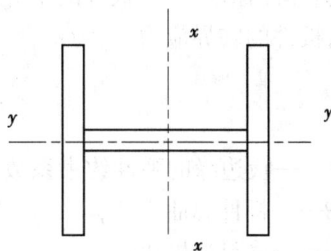

图 4.27 例 4.3 图

【例 4.3】某焊接 H 形截面轴心受压柱(图 4.27),翼缘为焰切边,柱的轴心压力设计值 $N =$ 4 000 kN,计算长度 $l_{0x} = 7$ m,$l_{0y} = 3.5$ m,$A = 275$ cm²,$I_x = 150\ 892$ cm⁴,$I_y = 41\ 667$ cm⁴,钢材为 Q235BF,$f = 215$ N/mm²。试验算该柱的整体稳定性是否满足设计要求。

【分析】该轴心受压构件为双轴对称截面,可以直接计算其长细比,再依据截面类别、长细比以及钢材屈服强度查附录 4 求整体稳定系数 φ,最后按公式(4.12)验算构件的整体稳定性。

此题要点在于"整体稳定系数"的求解。当构件绕两主轴的截面类别不相同时,应分别查表求得整体稳定系数 φ_x 和 φ_y,再取较小值 $\varphi_{\min} = \min\{\varphi_x, \varphi_y\}$ 进行整体稳定计算;当构件绕两主轴的截面类别相同时,可直接取长细比较大值 $\lambda = \max\{\lambda_x, \lambda_y\}$ 查表求得稳定系数,再进行整体稳定计算。

【解】由题意求解回转半径如下:

$$i_x = \sqrt{\frac{I_x}{A}} = \sqrt{\frac{150\ 892}{275}} = 23.42 \text{ cm},\ i_y = \sqrt{\frac{I_y}{A}} = \sqrt{\frac{41\ 667}{275}} = 12.31 \text{ cm}$$

求构件绕两个主轴的长细比:

$$\lambda_x = \frac{l_{0x}}{i_x} = \frac{700}{23.42} = 29.89,\ \lambda_y = \frac{l_{0y}}{i_y} = \frac{350}{12.31} = 28.43$$

焊接 H 形截面翼缘为焰切边,查表 4.4 可知截面对 x、y 轴均为 b 类截面,可取较大的长细比查表求稳定系数值。

根据 $\lambda = \max\{\lambda_x, \lambda_y\} = 29.89$ 查附表 4 得:$\varphi = 0.936\ 4$。

$$\frac{N}{\varphi \cdot A} = \frac{4\ 000 \times 10^3}{0.936\ 4 \times 275 \times 10^2} = 155.3 \text{ N/mm}^2 < f = 215 \text{ N/mm}^2$$

所以该柱的整体稳定满足要求。

4.5 轴心受压构件的局部稳定

4.5.1 板的临界应力

依据弹性稳定理论,板件的临界屈曲应力与板件形状、尺寸、支承情况、应力状态等因素均相关,板件的临界应力 σ_{cr} 为:

$$\sigma_{cr} = \frac{\sqrt{\eta}\chi\beta\pi^2 E}{12(1-\nu^2)}\left(\frac{t}{b}\right)^2 \tag{4.35}$$

式中 χ——板边缘的弹性约束系数;

β——板件屈曲系数;

ν——材料泊松比;

t——板件厚度;

b——板件自由宽度;

η——弹性模量折减系数,根据轴心受压构件局部稳定试验资料,可取为:

$$\eta = 0.101\,3\lambda^2\left(1 - \frac{0.024\,8\lambda^2 f_y}{E}\right)f_y/E \tag{4.36}$$

4.5.2 实腹式轴心受压构件的局部稳定

实腹式轴心受压构件由板件组成,板件屈曲即为构件局部失稳。板件屈曲会使构件部分截面退出工作,使构件有效截面减少,从而加速构件整体失稳发生破坏,因此轴心受压构件一般不允许发生局部失稳现象。图 4.28 展示了 H 形截面轴心受压构件翼缘和腹板在压应力作用下的屈曲。

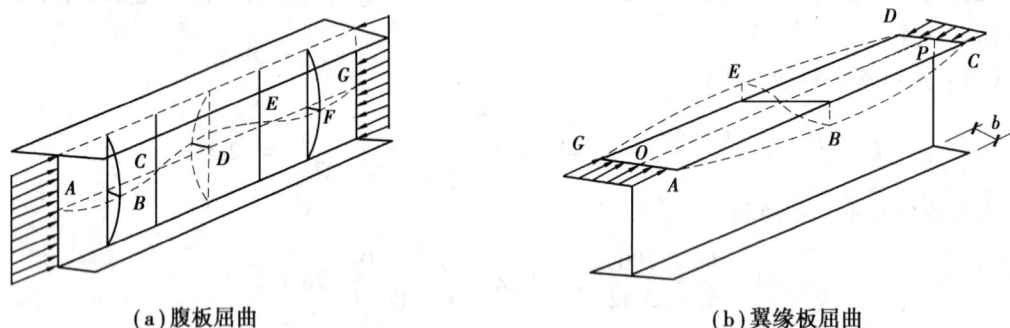

(a)腹板屈曲   (b)翼缘板屈曲

图 4.28 H 形截面轴心受压构件翼缘和腹板失稳示意图

当构件中板件的临界屈曲应力(式 4.35)大于构件的整体稳定临界应力($\sigma_{cr} = \varphi \cdot f_y$)时,构件将不会发生局部失稳,即局部稳定性可以得到保证,可推导出下列关系式:

$$\frac{\sqrt{\eta}\chi\beta\pi^2 E}{12(1-\nu^2)}\left(\frac{t}{b}\right)^2 \geqslant \varphi \cdot f_y \tag{4.37}$$

由式(4.37)可计算出板件宽厚比 b/t 的限值。

各类实腹式轴心受压构件宽厚比的限值如表 4.6 所示。因板件宽厚比的限值是由整体稳定临界力小于局部稳定临界力关系导出的,所以与宽厚比限值有关的长细比应该是决定整体稳定承载力的长细比,一般为长细比的较大值,当构件绕两主轴的截面类别不同时,应为求得最小稳定系数的长细比。

表 4.6 轴心受压构件板件宽厚比限值

截面及板件尺寸	宽厚比限值
	翼缘:$\dfrac{b}{t}$(或$\dfrac{b_1}{t}$)$\leqslant(10+0.1\lambda)\sqrt{\dfrac{235}{f_y}}$) $\dfrac{b_1}{t}\leqslant(15+0.2\lambda)\sqrt{\dfrac{235}{f_y}}$ 腹板:$\dfrac{h_0}{t_w}\leqslant(25+0.5\lambda)\sqrt{\dfrac{235}{f_y}}$
	$\dfrac{b_0}{t}$(或$\dfrac{h_0}{t_w}$)$\leqslant40\sqrt{\dfrac{235}{f_y}}$
	$\dfrac{d}{t}\leqslant100\times\dfrac{235}{f_y}$

注:$\lambda=\max\{\lambda_x,\lambda_y\}$,当 $\lambda<30$ 时,取 $\lambda=30$;当 $\lambda>100$ 时,取 $\lambda=100$。

对于我国生产的各类型钢而言,其局部稳定性一般满足上述要求,所以型钢的板件宽厚比可以不用验算。

H 形、工字形和箱形截面受压构件的腹板,其高厚比不符合上列要求时,可采用纵向加劲肋加强或者在计算构件的强度和稳定性时将腹板的截面仅考虑计算高度边缘范围内两侧宽度各为 $20t_w\sqrt{235/f_y}$ 的部分(计算构件的稳定系数时,仍用全部截面)。

用纵向加劲肋加强的腹板,其在受压较大翼缘与纵向加劲肋之间的高厚比,应符合表 4.6 的规定。

纵向加劲肋宜在腹板两侧成对配置,其一侧外伸宽度不应小于 $10t_w$,厚度不应小于 $0.75t_w$。

【例4.4】某上端铰接、下端固定的轴心受压柱,截面绕 x 与 y 轴均为 b 类截面。柱的长度为 5.25 m,计算长度系数 $\mu=0.8$。钢材为 Q235($f=215$ N/mm^2)。柱截面的尺寸如图 4.29 所示,$i_x=7$ cm,$i_y=6.48$ cm。试验算该柱的局部稳定性。

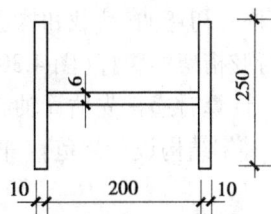

【分析】H 形截面板件宽厚比的限值与长细比有关,故需要先计算出构件绕两个主轴的长细比,再利用表 4.6 验算构件的局部稳定性。本题的要点是宽厚比限制的选择和长细比的选取。

【解】(1)计算长细比。

图 4.29 例 4.5 图

由题意可知,构件绕两主轴的计算长度为 $l_0 = l \times \mu$,代入长细比计算公式(4.16)有:

$\lambda_x = 525 \times 0.8/9.77 \approx 43.0, \lambda_y = 525 \times 0.8/6.48 \approx 64.8$

长细比较大值为 64.8,且 30<64.8<100。

(2)验算局部稳定。

翼缘宽厚比:$b/t = 122/10 = 12.2 < 10 + 0.1 \times 64.8 = 16.48$;

腹板高厚比:$h_0/t_w = 200/0.6 \approx 33.3 < 25 + 0.5 \times 64.8 = 57.4$

局部稳定满足要求。

4.5.3 格构式轴心受压构件的局部稳定

格构式轴心受压构件由分肢和缀材两部分组成(图 4.8 和图 4.9),局部稳定包含分肢板件的稳定、分肢自身的稳定及缀材的稳定 3 个方面的内容,以下分别进行介绍。

1)分肢板件的稳定

格构式构件分肢板件的稳定计算与本章第 4.5.2 节实腹式构件局部稳定计算相同,具体计算参见该节内容。

2)分肢自身的稳定

格构式构件的受压分肢在两个相邻缀材节点之间是一个单独的轴心受压实腹式构件(图 4.9),其长细比 $\lambda_1 = l_{01}/i_1$(符号含义见本章第 4.4.5 节中格构式柱的换算长细比)。

为了保证分肢的稳定性不低于受压格构式柱的整体稳定性,即分肢不先于整体失稳,分肢自身长细比 λ_1 与格构柱最大长细比 $\lambda_{max} = \max\{\lambda_y, \lambda_{0x}\}$(绕虚轴的长细比应该用换算长细比 λ_{0x})应满足如下关系:

(1)缀条柱

$$\lambda_1 < 0.7\lambda_{max} \tag{4.38a}$$

(2)缀板柱

$$\lambda_1 < 0.5\lambda_{max}(\text{当}\ \lambda_{max} < 50\ \text{时,取}\ \lambda_{max} = 50) \tag{4.38b}$$

$$\text{且}\ \lambda_1 \leqslant 40 \tag{4.38c}$$

3)缀材的稳定

(1)缀条

①缀条的内力。轴心受压格构式柱中缀条的实际受力情况不易确定,构件受力后的压缩、构件初弯曲、荷载和构造的偏心,失稳的挠曲均使缀条受力。缀条可视为以柱肢为弦杆的平行弦桁架的腹杆(图 4.30),承受轴向力。

计算时通常先估算轴心受压构件挠曲时产生的剪力,再计算剪力在缀条中产生的轴力。《钢结构设计规范》(第 5.1.6 条)规定轴心受压构件的剪力为:

$$V = \frac{Af}{85}\sqrt{\frac{f_y}{235}} \tag{4.39}$$

式中 A——格构式构件分肢截面面积之和。

剪力值可认为沿格构式柱全长不变,剪力由承受该剪力的缀材面分担。

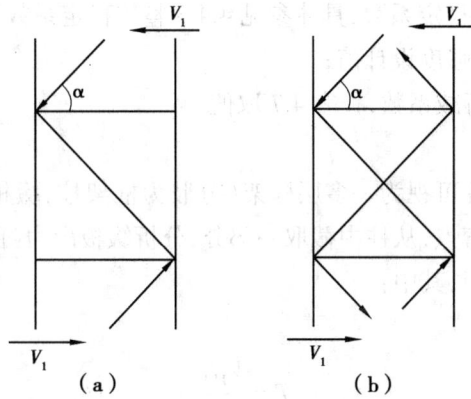

图 4.30　缀条柱剪力及缀条轴力

在剪力作用下,一个斜缀条的内力 N_t 为:

$$N_t = \frac{V_1}{n \cos \alpha} \tag{4.40}$$

式中　V_1——分配到一个缀材面上的剪力;

n——承受剪力 V_1 的斜缀条数,采用单缀条 $n=1$[图 4.30(a)],采用交叉缀条 $n=2$[图 4.30(b)];

α——斜缀条的倾角。

②缀条的稳定性计算。剪力 V_1 方向不定,在其作用下斜缀条的轴力 N_t 可能为拉力或压力,按轴心受压构件验算则更为安全。

缀条采用单角钢或非对称截面构件,与柱单面连接,存在受力时的偏心和受压时的弯扭,当仍按轴心受力构件设计时,应对强度设计值进行折减(乘以折减系数 γ_0)以考虑上述不利影响,折减系数 γ_0 的取值如表 4.7 所示。

表 4.7　单角钢单面连接时强度设计值折减系数 γ_0

计算类别	构件截面		
	等边角钢	短边相连的不等边角钢	长边相连的不等边角钢
按轴心受力计算强度和连接时	0.85	0.85	0.85
按轴心受压计算稳定性时	$0.6+0.0015\lambda$ 且 ≤ 1	$0.5+0.0025\lambda$ 且 ≤ 1	0.7

注:表中 λ 为按角钢的最小回转半径计算求得的长细比,当 $\lambda<20$ 时,取 $\lambda=20$。

引入强度设计值折减系数 γ_0 后的单角钢缀条的整体稳定性计算公式:

$$\frac{N_t}{\varphi A_t} \leq \gamma_0 f_t \tag{4.41}$$

式中　A_t——斜缀条的截面积;

φ——斜缀条的整体稳定系数,具体参见 4.4.3 整体稳定系数相应内容;

f_t——缀条钢材抗压强度设计值;

γ_0——强度设计值折减系数,查表 4.7 取值。

(2)缀板

①缀板的内力。缀板柱可视为一多层框架(分肢为框架柱,缀板为框架梁),可假定各层分肢中点和缀板中点为反弯点,从柱中截取一部分,分析缀板内力(图 4.31)。

缀板内力有剪力和弯矩,其中:

剪力:
$$T = \frac{V_1 l_1}{a} \tag{4.42a}$$

弯矩(与分肢连接处):
$$M = T \cdot \frac{a}{2} = \frac{V_1 l_1}{2} \tag{4.42b}$$

式中 l_1——缀板中心线间的距离;

a——分肢轴线间的距离。

②缀板的稳定。缀板作为受弯构件,若缀板厚度 t_b 满足:

$$t_b \geq \frac{a}{40} \tag{4.43}$$

此时认为缀板不会失稳,只需对缀板及其连接进行强度计算。

缀板的强度计算按第 5 章受弯构件的强度计算方法进行计算,焊缝连接的强度计算参考第 3 章相应内容。

【例 4.5】图 4.32 所示为一三角架,在 D 点承受集中荷载设计值 200 kN(结构自重此时可忽略不计),该结构材料采用 Q235 钢。杆件 AC 拟采用 H 型钢 HW175×175×7.5×11,试验算杆件是否满足要求?

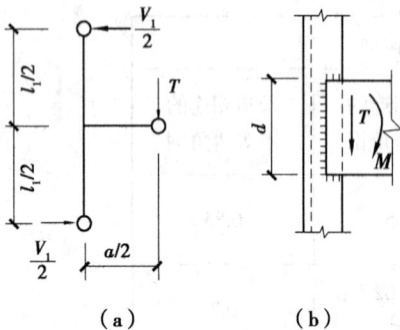

图 4.31 缀板计算简图   图 4.32 例 4.5 图

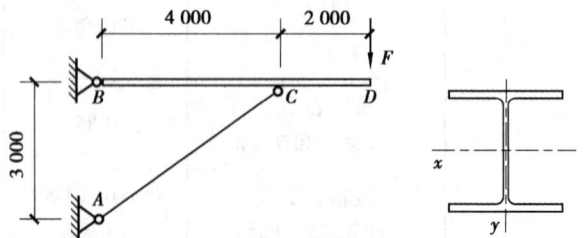

【分析】此题应先利用力的平衡求解 AC 杆件的内力,由题分析可知 AC 杆为轴心受压杆。对于轴心受压构件,要求强度、整体稳定性、局部稳定性、刚度 4 个方面满足要求,AC 杆件没有明显的截面削弱,可以不验算强度,所以计算内容包括整体稳定、局部稳定和刚度 3 个部分。

【解】(1)参数与内力计算

Q235 钢的强度设计值：$f = 215 \text{ N/mm}^2$

查型钢表可知，H 型钢 HW175×175×7.5×11 的截面特征如下：

$$A = 51.43 \text{ cm}^2, i_x = 7.5 \text{ cm}, i_y = 4.37 \text{ cm}$$

杆件 AC 的计算长度（铰节点间距）：

$$l_x = l_y = \sqrt{3\,000^2 + 4\,000^2} = 5\,000 \text{ mm}$$

轴压杆的长细比：

$$\lambda_x = \frac{l_x}{i_x} = \frac{500}{7.5} = 66.7, \lambda_y = \frac{l_y}{i_y} = \frac{500}{4.37} = 114.4$$

根据力系的平衡关系，求杆件 AC 所受的轴心压力设计值 N。

$$\sum M_B = 0$$

$$6F - 4N \frac{3}{\sqrt{3^2 + 4^2}} = 0$$

杆件 AC 的轴压力：

$$N = \frac{6F \times 5}{12} = \frac{6 \times 200 \times 5}{12} = 500 \text{ kN}$$

（2）刚度验算

$$\lambda = \max\{\lambda_x, \lambda_y\} = 114.4 < [\lambda] = 150$$

刚度满足要求。

（3）整体稳定性计算

由于 H 型钢截面

$$\frac{b}{h} = \frac{175}{175} = 1 > 0.8$$

故对 x、y 轴均属于 b 类截面，查附表 4 得：

$$\varphi_{\min} = \varphi_y = 0.47 - \frac{0.47 - 0.464}{10} \times 4 = 0.468$$

杆件 AC 的整体稳定性：

$$\frac{N}{\varphi_y \cdot A} = \frac{500 \times 10^3}{0.468 \times 5\,143} = 207.7 \text{ N/mm}^2 < f = 215 \text{ N/mm}^2$$

整体稳定性满足要求。

（4）局部稳定性计算

因为 $\lambda = \max\{\lambda_x, \lambda_y\} = 114.4 > 100$，取 $\lambda = 100$ 计算局部稳定性。

$$\frac{h_0}{t_w} = \frac{175 - 11 \times 2}{7.5} = 20.4 < (25 + 0.5 \times 100)\sqrt{\frac{235}{f_y}} = 75$$

$$\frac{b}{t} = \frac{175 - 7.5}{2 \times 11} = 7.6 < (10 + 0.1 \times 100)\sqrt{\frac{235}{f_y}} = 20$$

局部稳定性满足要求。

综上可知，该杆件满足设计要求。

4.6 轴心受力构件的设计

4.6.1 轴心拉杆设计

1)截面形式

轴心受拉构件设计时主要考虑强度与刚度问题。从强度要求考虑,只需要截面面积达到计算要求即可;但从刚度要求考虑,轴心拉杆因避免长细比过大,以免在使用时产生过大变形或在动力荷载下发生较大振动,影响运输安装。因此,设计轴心拉杆时,在满足截面面积要求的同时,尽量选用宽肢薄壁的开展截面,如圆钢管、方钢管等。

选择轴心受拉构件截面时,应满足用料经济、制作简单、便于连接、施工方便的原则。宜优先选择截面开展的型钢以减少制作加工的工作量;当构件两个方向计算长度不同时,可选用两个等肢或不等肢角钢组成的 T 形截面(钢屋架下弦拉杆常采用该类截面)。

2)设计流程

轴心受拉构件的设计分为截面设计与构件验算两部分,应先依据上述原则选取合理的截面形式;再依据连接方法,按轴心拉力和材料的抗拉强度设计值计算需要的净截面或毛截面面积;然后依据面积选择合适的型钢规格或确定组合截面的几何尺寸;最后进行强度和刚度的验算。设计流程如图 4.33 所示。

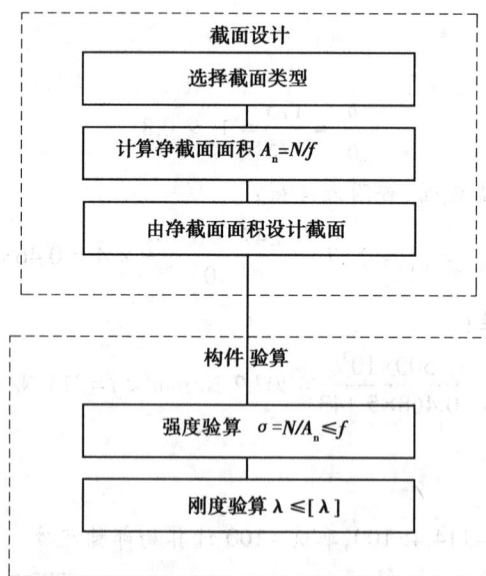

图 4.33 轴心拉杆设计流程图

4.6.2 实腹柱设计

1)截面形式

轴心受压构件的截面设计主要由整体稳定性条件确定,同时应满足强度、刚度、局部稳定性等条件。截面选取时也应遵循前述原则,构造尽量简单,有利于施工和后期维护。

实腹式轴心受压构件一般采用双轴对称截面,以避免弯扭失稳;无任何对称轴且又非极对称的截面(单面连接的不等边单角钢除外)不宜用作轴心受压构件;截面质量分布应尽量开展,使得截面惯性矩和回转半径较大,提高柱的整体稳定性和刚度;尽量使两个主轴方向等稳定性,即 $\varphi_x = \varphi_y$,以达到经济效果。

对桁架、网架、塔架等中的压杆,宜优先选用型钢,如角钢、钢管等;对轴心受压柱,宜采用双轴对称截面的型钢,优先选用轧制型钢,如工字钢、H 型钢、钢管等,当截面面积相同时,H 型钢优于普通热轧工字钢;对高层或超高层的轴心受压柱,宜用刚度大、抗扭性能好的焊接箱形截面。

2)设计流程

实腹式轴心受压构件的设计也分为截面设计与构件验算两大部分,设计流程如图 4.34 所示。

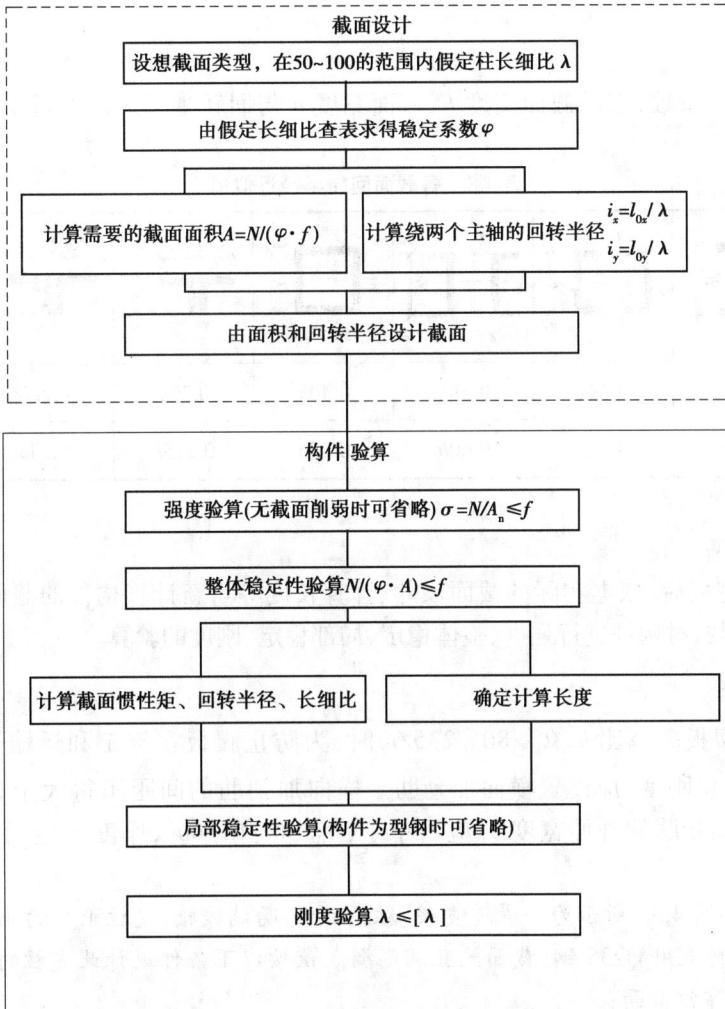

图 4.34 实腹柱设计流程

（1）截面设计

截面设计时，先依据截面选取原则，初步选取合理的截面类型。

从稳定性入手，假定长细比。由轴心受压构件的刚度条件可知，长细比不能大于150，按实际工程经验，长细比宜为 $50\sim100$。

利用已经选取的截面类型和假定的长细比可求得稳定系数和截面的回转半径。

由整体稳定公式可求出截面面积 A，利用长细比计算公式可求出构件绕两主轴的回转半径。

依据截面面积和截面的回转半径可以进行截面设计。一般优先选择型钢，若现有型钢规格不满足所需截面尺寸时，可以采用组合截面。

组合截面的轮廓尺寸与回转半径有如下关系：

$$h \approx \frac{i_x}{\alpha_1} \tag{4.44a}$$

$$b \approx \frac{i_y}{\alpha_2} \tag{4.44b}$$

式中　α_1, α_2——系数，表示截面高度 h、截面宽度 b 与回转半径之间的近似关系，如表4.8所示。

表4.8　各截面回转半径近似值

截面							
$i_x = \alpha_1 h$	$0.43h$	$0.38h$	$0.38h$	$0.40h$	$0.30h$	$0.28h$	$0.32h$
$i_y = \alpha_2 b$	$0.24b$	$0.44b$	$0.60b$	$0.40b$	$0.215b$	$0.24b$	$0.20b$

（2）构件验算

截面设计完成后，依据实际的截面尺寸、计算长度等重新计算构件的截面面积、回转半径、长细比等参数，对构件进行强度、整体稳定、局部稳定、刚度的验算。

3）构造要求

实腹柱的腹板高厚比 $h_0/t_w > 80\sqrt{235/f_y}$ 时，为防止腹板在施工和运输过程中发生变形，提高柱的抗扭刚度，应设置横向加劲肋。横向加劲肋的间距不得大于 $3h_0$，其截面尺寸要求为双侧加劲肋的外伸宽度 b_s 应不小于 $(h_0/30+40)$ mm，厚度 t_s 应大于外伸宽度的 $1/15$。

【例4.6】如图4.35所示为一管道支架，柱高6 m，两端铰接，支柱承受的轴心压力设计值为1 000 kN，材料采用Q235钢，截面无孔洞削弱。试按以下条件设计此支柱的截面：

（1）轧制工字钢截面；

（2）焊接H形截面，翼缘为火焰切割边。

【分析】此题可按前述设计流程（图4.34）进行截面设计并进行截面验算。截面选型原则

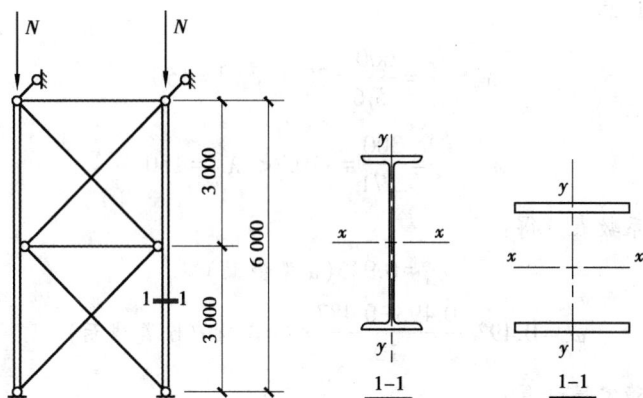

图 4.35 例 4.6 图

可参考第 4.6.2 节截面形式,难点在组合截面的设计,应注意组合截面的宽度、高度与回转半径的关系(表 4.8)。

【解】已知轴心受压支柱的容许长细比$[\lambda]=150$;Q235 钢的强度设计值$f=215$ N/mm²,$f_y=235$ N/mm²。

由图 4.35 可知:

$l_{ox}=6$ m,$l_{oy}=3$ m

1)热轧工字钢截面设计

(1)确定截面参数

假定$\lambda=100$,可知假定热轧工字钢截面$b/h\leqslant0.8$,则对x轴属于 a 类截面,对y轴属于 b 类截面。

分别查轴压杆稳定系数表,得:

$$\varphi_x=0.638,\varphi_y=0.555$$

所需截面几何参数为:

$$A=\frac{N}{\varphi_{\min}f}=\frac{1\,000\times10^3}{0.555\times215}=8\,380.5\ \text{mm}^2=83.81\ \text{cm}^2$$

$$i_x=\frac{l_x}{\lambda}=\frac{600}{100}=6.0\ \text{cm}$$

$$i_y=\frac{l_y}{\lambda}=\frac{300}{100}=3.0\ \text{cm}$$

(2)确定截面规格

选取热轧工字钢 I 40b,其截面特性为:

$A=94.1$ cm²,$i_x=15.6$ cm,$i_y=2.71$ cm,$b/h=144/400=0.36\leqslant0.8$。

(3)截面验算

因轴心受压支柱截面无孔洞削弱,所以可不计算其强度;又因热轧工字钢的翼缘和腹板一般均较厚,能满足局部稳定的要求,故不必验算局部稳定性。构件验算包括刚度和整体稳定性验算。

①杆件的刚度计算:

$$\lambda_x = \frac{l_x}{i_x} = \frac{600}{15.6} = 38.5 < [\lambda] = 150$$

$$\lambda_y = \frac{l_y}{i_y} = \frac{300}{2.71} = 110.7 < [\lambda] = 150$$

查轴压杆稳定系数表可得:

$$\varphi_x = 0.945 (a 类截面)$$

$$\varphi_y = 0.493 - \frac{0.493 - 0.487}{10} \times 7 = 0.489 (b 类截面)$$

②杆件的整体稳定性计算:

$$\frac{N}{\varphi_{\min} \cdot A} = \frac{1\ 000 \times 10^3}{0.489 \times 94.1 \times 10^2} = 217.3\ \text{N/mm}^2 > f = 215\ \text{N/mm}^2$$

由于 $\frac{217.3 - 215}{215} = 1.07\% < 5\%$,故整体稳定性满足要求。

2)焊接组合工字形截面设计

(1)截面参数

假定 $\lambda = 80$,查截面分类表,焊接工字钢截面(翼缘为火焰切割边)对 x、y 轴均属于 b 类截面。查 b 类截面轴压杆稳定系数表,可得 $\varphi_x = \varphi_y = 0.688$。

所需截面几何参数为:

$$A = \frac{N}{\varphi_{\min} f} = \frac{1\ 000 \times 10^3}{0.688 \times 215} = 6\ 760\ \text{mm}^2 = 67.6\ \text{cm}^2$$

$$i_x = \frac{l_x}{\lambda} = \frac{600}{80} = 7.5\ \text{cm}$$

$$i_y = \frac{l_y}{\lambda} = \frac{300}{80} = 3.75\ \text{cm}$$

(2)确定截面尺寸

①利用回转半径与截面高度和宽度的近似关系(表4.8)可以大致确定截面高度和宽度:

$$h = \frac{i_x}{0.43} = \frac{7.5}{0.43} = 17.4\ \text{cm}$$

$$b = \frac{i_y}{0.24} = \frac{3.75}{0.24} = 15.6\ \text{cm}$$

②确定翼缘尺寸:取翼缘宽度 $b = 200$ mm。

由宽厚比要求 $\frac{b}{t} = \frac{200}{2 \times t} \leq (10 + 0.1 \times 80) \sqrt{\frac{235}{f_y}} = 18$,可得 $t \geq 5.6$ mm

根据实际工程经验,取翼缘厚度 $t_f = 12$ mm。

③确定腹板尺寸:取腹板高度 $h_0 = 220$ mm。由所需面积要求 $h_0 t_w = A - 2bt = 6\ 760 - 2 \times 200 \times 12 = 1\ 960$ mm²,可得 $t_w = 8.9$ mm。

根据实际工程经验取腹板厚度 $t_w = 10$ mm $< t_f$

3) 截面验算

因轴心受压支柱截面无孔洞削弱,可不验算强度。

所选焊接工字形截面特征:

$$A = 220 \times 10 + 2 \times 200 \times 12 = 7\ 000\ \text{mm}^2 = 70\ \text{cm}^2$$

$$I_x = \frac{1 \times 22^3}{12} + 2 \times 20 \times 1.2 \times 12.2^2 = 8\ 032\ \text{cm}^4$$

$$I_y = \frac{2 \times 1.2 \times 20^3}{12} = 1\ 600\ \text{cm}^4$$

$$i_x = \sqrt{\frac{I_x}{A}} = \sqrt{\frac{8\ 032}{70}} = 10.71\ \text{cm},\ i_y = \sqrt{\frac{I_y}{A}} = \sqrt{\frac{1\ 600}{70}} = 4.78\ \text{cm}$$

杆件的刚度计算:

$$\lambda_x = \frac{600}{10.71} = 56.0 < [\lambda] = 150,\ \lambda_y = \frac{300}{4.78} = 62.8 < [\lambda] = 150$$

查轴压杆稳定系数表,得

$$\varphi_{\min} = \varphi_y = 0.797 - \frac{0.797 - 0.791}{10} \times 8 = 0.792(\text{b 类截面})$$

(1)杆件的整体稳定性计算

$$\frac{N}{\varphi_{\min} \cdot A} = \frac{1\ 000 \times 10^3}{0.792 \times 70 \times 10^2} = 179.2\ \text{N/mm}^2 < f = 215\ \text{N/mm}^2$$

故整体稳定性满足要求。

(2)杆件的局部稳定计算

腹板 $\dfrac{h_0}{t_w} = \dfrac{220}{10} = 22 < (25 + 0.5 \times 62.8)\sqrt{\dfrac{235}{f_y}} = 56.4$

翼缘板 $\dfrac{b}{t} = \dfrac{200-10}{2 \times 12} = 7.9 < (10 + 0.1 \times 62.8)\sqrt{\dfrac{235}{f_y}} = 16.3$

由上述验算可知,所选截面构件的整体稳定、刚度和局部稳定都满足要求。

【结果分析】由上述计算结果可知,相同轴心压力作用下,选用热轧工字钢时,采用I40b,其截面面积 $A = 94.1\ \text{cm}^2$;选用焊接组合 H 形截面时,截面面积 $A = 70\ \text{cm}^2$,焊接组合截面构件的截面面积比热轧工字钢节约$(94.1-70)/94.1 = 25.61\%$。因为热轧工字钢绕两主轴的回转半径差异较大,绕 y 轴的回转半径远小于绕 x 轴的回转半径,承载力由 y 轴控制,导致截面面积增大;焊接组合截面的绕两个主轴的回转半径较为接近,所以截面相对较小。

焊接组合截面的焊接工作量大,虽面积较小,但建设成本不一定小于热轧工字钢,不是最优的截面形式。前述的宽翼缘或中翼缘 H 型钢,截面两个方向的回转半径较为接近,易于实现等稳定,所需截面面积较小,且不用进行焊接加工,应该优先选择此类截面。

4.6.3 格构柱设计

1)截面形式

格构柱可通过调整分肢间距来实现绕两主轴的等稳定性,多采用双肢截面。双肢截面的分肢一般采用槽钢且翼缘内向放置[图 4.8(a)],这样既外观平整又便于与其他构件连接,且惯性矩比翼缘外向放置[图 4.8(b)]大。受力较大时,分肢可采用工字钢;受力很大时,分肢可采用 H 型钢或焊接工字形截面。

双肢柱按缀材形式可分为缀条柱和缀板柱。缀条柱在缀材平面内的抗剪与抗弯刚度比缀板柱好,缀材面剪力较大的格构式柱宜采用缀条柱;但缀板柱构造简单,剪力较小的轴心受压柱可采用缀板柱。

三肢、四肢格构式截面多用于受力不大但长度较长的结构,如塔桅、井架、龙门架等。三肢柱的分肢截面一般采用圆管[图 4.8(e)],以便于组成几何不变的三角形体系。四肢柱的分肢截面一般采用角钢[图 4.8(d)]。三肢或四肢柱因分肢间距较大,缀材常采用缀条。

2)设计流程

与实腹式柱略有不同,格构柱的设计采用设计与验算同步进行的方式,本节主要介绍双肢格构柱的设计流程。

格构柱的设计主要有分肢截面设计、分肢间距确定和缀材设计 3 个部分,缀材的选择将影响格构式构件的换算长细比,所以缀材设计穿插于格构式柱设计的过程中,具体流程如图 4.36 所示。

(1)分肢截面设计与绕实轴整体稳定性验算

分肢截面设计与实腹式柱截面设计类似,先假定绕实轴(假设为 y 轴)的长细比 λ_y,再依据长细比 λ_y 和截面类型求得稳定系数 φ_y 和回转半径 i_y,然后利用稳定系数 φ_y、回转半径 i_y 求分肢的截面面积 A(绕实轴的整体稳定没有缀材剪切变形的影响,所以此时不需要对长细比进行换算),最后依据分肢截面面积 A 与回转半径 i_y 确定分肢截面,首先优选型钢,当受力较大型钢不能满足要求时,可参考实腹柱组合截面设计方法(参见第 4.6.2 节)设计组合截面。

分肢截面确定后,依据实际的截面参数对格构式柱进行绕实轴的整体稳定验算。此时若发现分肢截面不符合要求可立刻重新进行分肢设计,避免造成后期工作量的浪费。

(2)分肢间距的确定与绕虚轴整体稳定性验算

保证格构柱的"等稳定性"可确定分肢间距离。因格构式柱绕两主轴均是 b 类截面,所以只需绕虚轴的换算长细比 λ_{0x} 与绕实轴的长细比 λ_y 相等,即 $\lambda_{0x} = \lambda_y$ 即可实现格构柱的等稳定性。因缀条柱的换算长细比计算需要缀条的相关参数,所以设计缀条柱时应先选择缀条。由等稳定性可以反算出格构柱绕虚轴的长细比 λ_x(图 4.36);再由 λ_x 可计算出回转半径 $i_x = l_{0x}/\lambda_x$,最后由回转半径 i_x 与分肢间距的关系(表 4.8)可确定分肢间距。由格构式构件分肢自身稳定的要求(参见第 4.5.3 节),可确定缀材节点间的距离。

确定分肢间距后,依据实际的分肢间距计算格构柱的实际长细比 λ_x、换算长细比 λ_{0x},进行格构柱绕虚轴的整体稳定性验算。若验算不合格,应扩大分肢间距后再行验算,直至合格。

(3)缀材的设计与验算

缀板柱应先设计缀板,再对其进行验算;缀条柱在前述设计中已初步选择了缀条截面,所以只需验算缀条。缀条按轴心受压构件进行稳定性验算,缀板按受弯构件进行稳定性或强度验算,具体可参见第 4.5.3 节。

3)横隔设计

格构式构件和大型实腹式柱的抗扭刚度较差,为了提高抗扭刚度,保证柱子在运输和安装过程中截面形状不变,在受有较大水平力处和运送单元的端部应设置横隔。依据实际工程经验,横隔的间距不得大于柱截面长边尺寸的9倍及不得超过8 m。

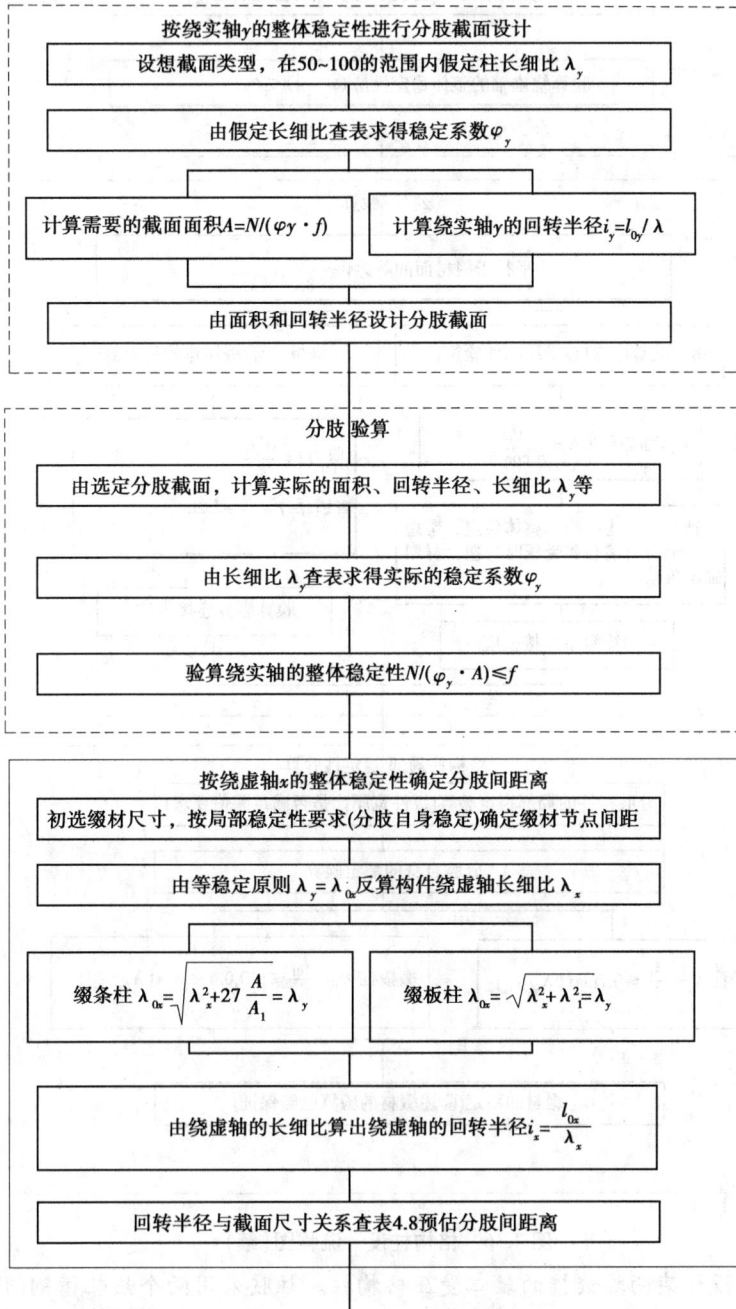

图4.36 格构柱设计流程图

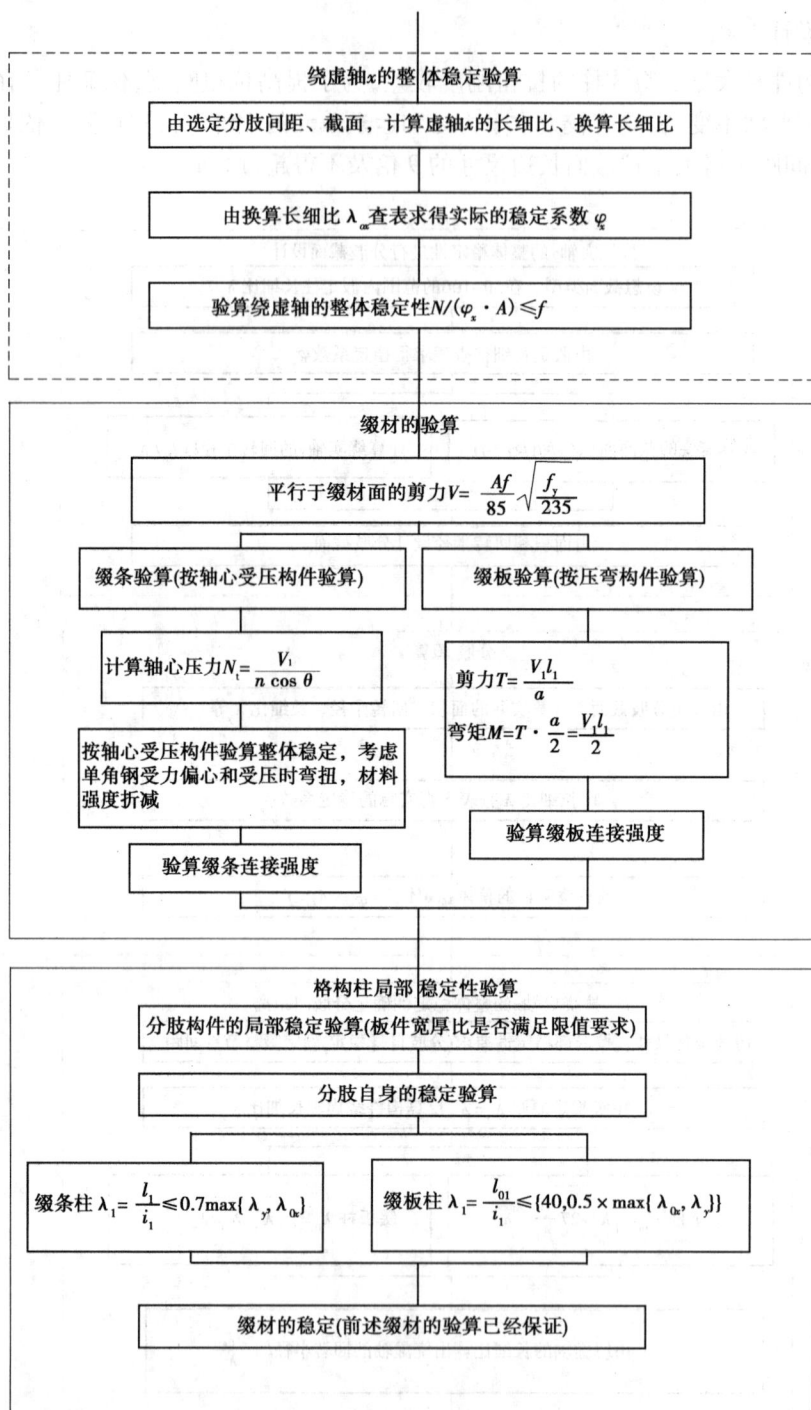

绕虚轴x的整体稳定验算

由选定分肢间距、截面,计算虚轴x的长细比、换算长细比

由换算长细比 λ_{ox} 查表求得实际的稳定系数 φ

验算绕虚轴的整体稳定性 $N/(\varphi_x \cdot A) \leqslant f$

缀材的验算

平行于缀材面的剪力 $V = \dfrac{Af}{85}\sqrt{\dfrac{f_y}{235}}$

缀条验算(按轴心受压构件验算)

缀板验算(按压弯构件验算)

计算轴心压力 $N_t = \dfrac{V_1}{n\cos\theta}$

按轴心受压构件验算整体稳定,考虑单角钢受力偏心和受压时弯扭,材料强度折减

验算缀条连接强度

剪力 $T = \dfrac{V_1 l_1}{a}$

弯矩 $M = T \cdot \dfrac{a}{2} = \dfrac{V_1 l_1}{2}$

验算缀板连接强度

格构柱局部稳定性验算

分肢构件的局部稳定验算(板件宽厚比是否满足限值要求)

分肢自身的稳定验算

缀条柱 $\lambda_1 = \dfrac{l_1}{i_1} \leqslant 0.7\max\{\lambda_y,\lambda_{0x}\}$

缀板柱 $\lambda_1 = \dfrac{l_{01}}{i_1} \leqslant \{40, 0.5 \times \max\{\lambda_{0x}, \lambda_y\}\}$

缀材的稳定(前述缀材的验算已经保证)

图 4.36 格构柱设计流程图(续)

【例 4.7】试设计某两端铰接的轴心受压格构柱。柱肢采用两个热轧槽钢(图 4.37),钢材为 Q235 钢,柱高 9 m,承受轴心压力设计值 $N = 2\,000$ kN。

【分析】按照前述设计流程(图 4.36)对格构柱进行设计,该柱可设计为缀条柱或者缀板柱。截面形式的选择直接影响设计成果的优劣,所以截面选型时应依据各类截面特点,选择

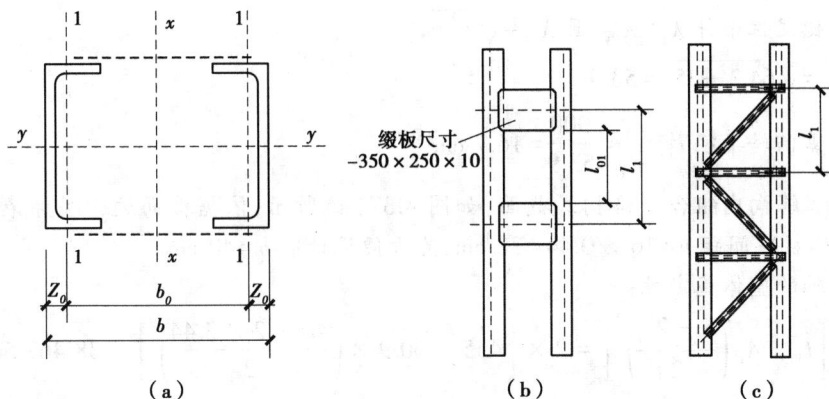

图 4.37　例 4.7 图

最优截面形式。格构式构件设计与计算时应弄清楚一些重要概念的区别与联系,如绕实轴的稳定、绕虚轴的稳定、长细比、换算长细比等。

【解】1)按缀板柱设计[图 4.37(b)]。

已知:两端铰接格构式柱承受轴心压力设计值 $N = 2\ 000$ kN,柱的计算长度 $l_{0x} = l_{0y} = 9\ 000$ mm,格构式轴心受压柱的容许长细比 $[\lambda] = 150$。

Q235 钢的强度设计值 $f = 215$ N/mm^2,$f_y = 235$ N/mm^2。

(1)确定分肢截面(对实轴计算)

假定 $\lambda = 70$,由查截面分类表知,热轧槽钢截面对实轴(y—y 轴)属于 b 类截面。查轴压杆稳定系数表,得 $\varphi_y = 0.751$。

所需截面几何参数为:

$$A' = \frac{N}{\varphi_y f} = \frac{2\ 000 \times 10^3}{0.751 \times 215} = 12\ 387\ \text{mm}^2 = 123.87\ \text{cm}^2$$

$$i'_y = \frac{l_y}{\lambda} = \frac{900}{70} = 12.9\ \text{cm}$$

查槽钢截面表(附表 7.4),可选柱肢为 2[36a,见图 4.37(a),$A = 2 \times 60.9 = 121.8$ cm^2,$i_y = 14$ cm,$I_1 = 455$ cm^4,$i_1 = 2.73$ cm,$z_0 = 2.44$ cm。一个分肢单位长度的自重 47.8 kg/m,考虑缀材、柱头和柱脚等构造的用钢量,柱的重力为:

$$G = 2 \times 47.8 \times 9.8 \times 9 \times 1.2 \times 1.3 = 13\ 154\ \text{N} \approx 13\ \text{kN}$$

式中　1.2——荷载分项系数;

　　　1.3——考虑附加重力影响系数。

验算实轴的整体稳定性:

$$\lambda_y = \frac{l_y}{i_y} = \frac{900}{14} = 64.3 < [\lambda] = 150,刚度满足。$$

查 b 类截面轴压杆稳定系数表,可得 $\varphi_y = 0.784$

$$\frac{N + G}{\varphi_y A} = \frac{(2\ 000 + 13) \times 10^3}{0.784 \times 121.8 \times 10^2} = 210.8\ \text{N/mm}^2 < 215\ \text{N/mm}^2$$

故实轴稳定满足要求。

(2)确定柱肢间距(对虚轴按等稳定性计算)

由单肢稳定性要求 $0.5\lambda_y = 0.5 \times 64.3 = 32.2$;取 $\lambda_1 = 35$(满足 $25 \leqslant \lambda_1 \leqslant 40$)

根据等稳定性条件 $\lambda_y = \lambda_{0x}$，且 $\lambda_{0x} = \sqrt{\lambda_x^2 + \lambda_1^2}$

所以 $\lambda_x = \sqrt{64.3^2 - 35^2} = 53.9$

截面所需回转半径 $i'_x = \dfrac{l_x}{\lambda_x} = \dfrac{900}{53.9} = 16.7$ cm

两槽钢翼缘向内组合成格构式截面，如图 4.37(a)所示，依据截面近似关系表可知 $i'_x = 0.44b$，可得两柱肢间距 $b = 16.7/0.44 = 38$ cm，为方便设计取 $b = 40$ cm。

验算虚轴的整体稳定性：

$$I_x = 2\left[I_1 + A_{z1}\left(\frac{b - 2z_0}{2}\right)^2\right] = 2 \times \left[455 + 60.9 \times \left(\frac{40 - 2 \times 2.44}{2}\right)^2\right] = 38\ 467.5\ \text{cm}^4$$

$$i_x = \sqrt{\frac{I_x}{A}} = \sqrt{\frac{38\ 467.5}{60.9 \times 2}} = 17.77\ \text{cm}, \lambda_x = \frac{l_x}{i_x} = \frac{900}{17.77} = 50.6$$

绕虚轴的换算长细比

$$\lambda_{0x} = \sqrt{\lambda_x^2 + \lambda_1^2} = \sqrt{50.6^2 + 35^2} = 61.5 < [\lambda] = 150，刚度满足要求。$$

查 b 类截面轴压杆稳定系数表得 $\varphi_x = 0.78$

$$\frac{N + G}{\varphi_x A} = \frac{2\ 013 \times 10^3}{0.78 \times 121.8 \times 10^2} = 211.9\ \text{N/mm}^2 < 215\ \text{N/mm}^2$$

故虚轴稳定满足要求。

(3)缀板设计[图 4.37(b)]

①缀板尺寸：

柱分肢轴线距离 $b_0 = b - 2Z_0 = 40 - 2 \times 2.44 = 35.12$ cm $= 351.2$ mm

缀板长度 $l_p = 350$ mm

缀板宽度 $b_p = b_0 \times 2/3 = 351.2 \times 2/3 = 234.1$ mm 取 $b_p = 250$ mm

缀板厚度 $t_p = b_0 \times 1/40 = 351.2/40 = 8.78$ mm 取 $t_p = 10$ mm

缀板间净距离 $l_{01} = \lambda_1 i_1 = 35 \times 2.73 = 95.55$ cm 取 $l_{01} = 950$ mm

缀板中心间距离 $l_1 = l_{01} + b_p = 950 + 250 = 1\ 200$ mm

柱分肢线刚度 $I_1/l_1 = 455/120 = 3.79$ cm^3

两缀板线刚度和 $2I_p/b_0 = 2 \times (1/12) \times 1 \times 25^3/35.12 = 74.2$ cm^3

线刚度比值 $74.2/3.79 = 19.6 > 6$，缀板刚度满足要求。

②内力计算：

柱中剪力 $V = \dfrac{Af}{85}\sqrt{\dfrac{f_y}{235}} = \dfrac{121.8 \times 215}{85}\sqrt{\dfrac{235}{235}} \times 10^{-1} = 30.8$ kN

缀板内力 $V_1 = V/2 = 15.4$ kN

剪力 $T = \dfrac{V_1 l_1}{b_0} = \dfrac{15.4 \times 1\ 200}{351.2} = 52.6$ kN

弯矩 $M = T \cdot \dfrac{b_0}{2} = 52.6 \times \dfrac{351.2}{2} \times 10^{-3} = 9.24$ kN·m

③焊缝计算：

采用 $h_f = 8$ mm，满足构造要求；$l_w = b_p = 250$ mm(略去绕焊部分)

$$\sqrt{\left(\frac{\sigma_{\mathrm f}}{\beta_{\mathrm f}}\right)^2 + \tau_{\mathrm f}^2} = \sqrt{\left(\frac{6 \times 9.24 \times 10^6}{1.22 \times 0.7 \times 8 \times 250^2}\right)^2 + \left(\frac{52.6 \times 10^3}{0.7 \times 8 \times 250}\right)^2}$$

$$= 135.2 \text{ N/mm}^2 < f_{\mathrm f}^{\mathrm w} = 160 \text{ N/mm}^2$$

2)按缀条柱设计[图 4.37(c)]。

(1)确定分肢截面(对实轴计算)

计算过程同缀板柱,选柱肢为 2[36a。

(2)确定分肢间距(对虚轴按等稳定性计算)

初选缀条规格为∟45×4,$A_{\mathrm t} = 349 \text{ mm}^2, i_{\min} = 8.9 \text{ mm}$;

根据等稳定性条件 $\lambda_{0x} = \lambda_y = 64.3$

因　　$\lambda_{0x} = \sqrt{\lambda_x^2 + 27\dfrac{A}{A_{1x}}}$

故　　$\lambda_x = \sqrt{64.3^3 - \dfrac{27 \times 121.8 \times 10^2}{2 \times 349}} = 60.5$

截面所需回转半径 $i'_x = \dfrac{l_x}{\lambda_x} = \dfrac{900}{60.5} = 14.88 \text{ cm}$

两槽钢翼缘向内组合成格构式截面,如图 4.37(c)所示。依据截面近似关系表(表 4.8),

$i'_x = 0.44b$,可得两柱肢间距 $b = \dfrac{14.88}{0.44} = 33.82 \text{ cm}$,取 $b = 35 \text{ cm}$。

验算虚轴的整体稳定性

$$I_x = 2\left[I_1 + A_{z1}\left(\frac{b - 2z_0}{2}\right)^2\right] = 2 \times \left[455 + 60.9 \times \left(\frac{35 - 2 \times 2.44}{2}\right)^2\right] = 28\ 534.7 \text{ cm}^4$$

$$i_x = \sqrt{\frac{I_x}{A}} = \sqrt{\frac{28\ 534.7}{60.9 \times 2}} = 15.31 \text{ cm}, \lambda_x = \frac{l_x}{i_x} = \frac{900}{15.31} = 58.8$$

虚轴的换算长细比

$$\lambda_{0x} = \sqrt{\lambda_x^2 + 27\frac{A}{A_{1x}}} = \sqrt{58.8^2 + \frac{27 \times 12\ 180}{2 \times 349}} = 62.7 < [\lambda] = 150$$

刚度满足要求。

查 b 类截面轴压杆稳定系数表得 $\varphi_x = 0.793$

$$\frac{N + G}{\varphi_x A} = \frac{2\ 013 \times 10^3}{0.793 \times 121.8 \times 10^2} = 208.4 \text{ N/mm}^2 < 215 \text{ N/mm}^2$$

所以绕虚轴稳定也满足要求。

(3)局部稳定验算(分肢稳定性验算)

柱分肢轴线距离 $b_0 = b - 2z_0 = 35 - 2 \times 2.44 = 30.12 \text{ cm} = 301.2 \text{ mm}$

缀条布置如图 4.5(c)所示,斜缀条与水平缀条夹角取 $\alpha = 45°$,则取 $l_1 = 300 \text{ mm}$。

$$\lambda_1 = \frac{l_1}{i_1} = \frac{300}{27.3} = 11$$

$$0.7\lambda_{\max} = 0.7\max(64.3, 62.7) = 0.7 \times 64.3 = 45.01$$

因为 $\lambda_1 < 0.7\lambda_{\max}$,故分肢不先于整体失稳,局部稳定性满足要求。

(4)缀条设计与验算

柱中剪力 $V = \dfrac{Af}{85}\sqrt{\dfrac{f_y}{235}} = \dfrac{121.8 \times 215}{85}\sqrt{\dfrac{235}{235}} \times 10^{-1} = 30.8$ kN

一侧缀材内力 $V_1 = V/2 = 15.4$ kN

斜缀条的轴力为 $N_t = V_1/(n \times \cos\alpha) = 15.4/(1 \times \cos 45°) = 21.78$ kN

斜缀条计算长度 $l_0 = 0.9l = 0.9b_0/\cos 45° = 0.9 \times 426 = 383.4$ mm

(单角钢压杆为斜向屈曲,计算长度 $l_0 = 0.9l$)

斜缀条的长细比 $\lambda_t = l_0/i_{min} = 383.4/8.9 = 43.1$

查 b 类截面轴压杆稳定系数表得 $\varphi_t = 0.887$;

缀条为单角钢单面连接,强度设计值应乘以折减系数

$$\gamma_0 = 0.6 + 0.001\ 5\lambda_t = 0.6 + 0.001\ 5 \times 43.1 = 0.665$$

缀条的稳定性验算

$$\dfrac{N_t}{\varphi_t A_t} = \dfrac{21.78 \times 10^3}{0.887 \times 349} = 70.4 \text{ N/mm}^2 < \gamma_0 f = 0.665 \times 215 = 143 \text{ N/mm}^2$$

所以缀条设计满足要求。

所选角钢为最小规格要求,横缀条和斜缀条取相同截面规格。

4.6.4 柱脚设计

1)铰接柱脚的形式与构造

柱脚的构造与柱脚内力有关,柱身内力应可靠传递给基础,并与基础有牢固连接。轴心受压柱的柱脚主要传递轴心压力,与基础的连接一般采用铰接形式。

铰接柱脚常用形式如图 4.38 所示。柱脚由柱身、底板、靴梁、隔板、肋板等构件组成。底板的作用是扩大钢柱与基础的接触面积。由于柱基础常用混凝土制作,而混凝土的材料强度低于钢材,所以需要将传力面积扩大以减小接触面应力,保证混凝土基础不被压坏。靴梁、隔板、肋板等是柱底与底板之间的中间传力构件,其作用是将底板分成许多小的区格,以减小底板的弯矩,从而减小底板的厚度。

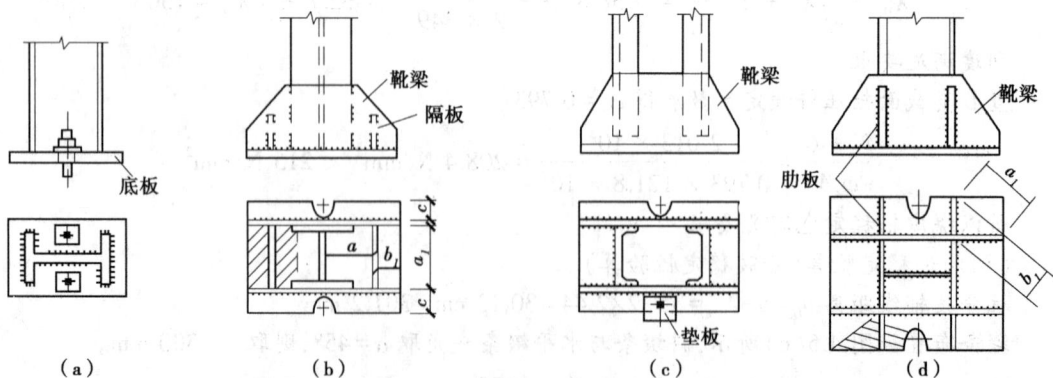

图 4.38　平板式柱脚示意图

柱脚中焊缝布置应该考虑施工的便利性,隔板的内侧[图 4.38(b)],靴梁中间部位内侧[图 4.38(c)、(d)]不宜布置焊缝。

柱脚利用预埋在基础中的锚栓进行固定。铰接柱脚只沿着一条轴线设立两个连接于底板上的锚栓(图 4.38)。

底板的抗弯刚度较小,锚栓受拉时底板会产生弯曲变形,不能阻止柱端转动,因此无法承受弯矩,此类平板式柱脚可视为铰接柱脚。铰接柱脚只承受轴向压力和剪力。剪力通常由底板与基础表面的摩擦力传递。当摩擦力不足以承受水平剪力时,可在柱脚底板下设置抗剪键,抗剪键可用方钢、短 T 字钢或 H 型钢(图 4.39)做成。

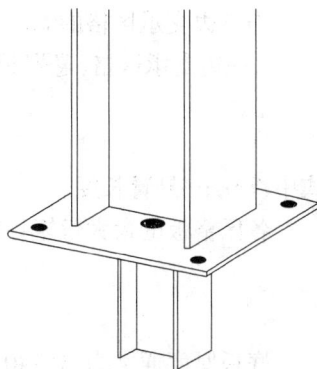

图 4.39 柱脚抗剪键示意图

2)铰接柱脚的设计

铰接柱脚的设计分为底板设计和中间传力件设计两个部分。

(1)底板设计

底板的设计包括底板面积(尺寸)和底板厚度设计两部分。

①底板面积设计。底板平面尺寸由基础材料的抗压强度确定,设计时认为轴心压力产生的压应力均匀分布,底板净截面面积 A_n(扣除锚栓孔面积)应满足:

$$A_n \geq \frac{N}{\beta_c f_c} \tag{4.45}$$

式中 f_c——基础混凝土的抗压强度设计值;

β_c——基础混凝土局部承压时的强度提高系数。

f_c 和 β_c 按《混凝土结构设计规范》取值。

求得底板净截面面积后,可依据预留锚栓孔的尺寸,设计底板的尺寸(长度和宽度)。

②底板厚度计算。柱脚轴心压力通过底板传递给基础,基底反力均匀作用于底板上,该均匀反力在底板上产生弯矩。靴梁、肋板、隔板都可视为底板的支承构件,将底板分隔成不同的区格,其中有四边支承、三边支承、两相邻边支承和单边支承(悬臂)等区格(图 4.39),各种支承区格内的最大弯矩计算如下:

a.四边支承区格:

$$M = \alpha q a^2 \tag{4.46a}$$

式中 q——作用于底板单位面积上的压应力,$q = N/A_n$;

a——四边支承区格的短边长度;

α——系数,根据长边 b 与短边 a 之比按表 4.9 取用。

表 4.9 α 系数取值表

b/a	1.0	1.1	1.2	1.3	1.4	1.5	1.6	1.7	1.8	1.9	2.0	3.0	≥4.0
α	0.048	0.055	0.063	0.069	0.075	0.081	0.086	0.091	0.095	0.099	0.101	0.119	0.125

b.三边支承区格和两相邻支承区格:

$$M = \beta q a_1^2 \tag{4.46b}$$

式中 a_1——对三边支承区格为自由边长度,对两相邻边支承区格为对角线长度;

β——系数,依据 b_1/a_1 值由表 4.10 查得,对三边支承区格 b_1 为垂直于自由边的宽度;对两相邻边支承区格,b_1 为内角顶点到对角线的垂直距离。

表 4.10 β 系数取值表

b_1/a_1	0.3	0.4	0.5	0.6	0.7	0.8	0.9	1.0	1.1	≥1.2
β	0.026	0.042	0.056	0.072	0.085	0.092	0.104	0.111	0.120	0.125

当三边支承区格的 $b_1/a_1<0.3$ 时,可按悬臂长度为 b_1 的悬臂板计算。

c.一边支承区格(悬臂板):

$$M = \frac{1}{2}qc^2 \tag{4.46c}$$

式中　c——悬臂长度。

各区格板的最大弯矩存在差异,底板厚度 t 由各区格中的最大弯矩 M_{max} 确定。

$$t \geq \sqrt{\frac{6M_{max}}{f}} \tag{4.47}$$

底板厚度通常为 20~40 mm,最薄一般不得小于 14 mm,以保证底板具有一定的刚度,从而满足基础反力均匀分布的假定。靴梁、隔板、肋板等中间传力件的作用是减小底板区格尺寸从而减小各区格弯矩,由此减小底板厚度。当按式(4.47)计算出的底板厚度较大时,可以通过合理布置中间传力件或增设中间传力件等方式来减小底板厚度。

(2)隔板与肋板设计

隔板[图 4.38(b)]可视为支承在靴梁上的简支梁,承受一定区域(以隔板为中心,两边各取等宽度的区域)的底板反力产生的线荷载(图 4.40)。先计算线荷载产生的剪力与弯矩,再验算隔板与靴梁的连接焊缝(连接焊缝承受隔板的支反力)及隔板自身的强度(按照受弯构件验算抗弯和抗剪强度)。隔板内侧不易施焊,所以焊缝只布置在外侧,计算时要注意焊缝的数量。

肋板[图 4.38(d)]可视为支承在靴梁上的悬臂梁,承受一定区域底板反力产生的线荷载(图 4.41)。同样先计算线荷载产生的剪力与弯矩,再验算肋板的强度及其与靴梁的连接焊缝。

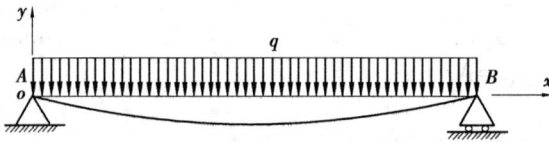

图 4.40　隔板(简支梁)计算简图

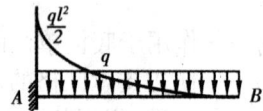

图 4.41　肋板(悬臂梁)计算简图

为了支承底板,隔板与肋板应具有一定的刚度,因此厚度不得小于其宽度 b 的 1/50,厚度比靴梁略薄,高度比靴梁略小。

(3)靴梁设计

靴梁[图 4.38(b)、(c)、(d)]可按支承于柱边的双悬臂梁计算,靴梁上承受基础反力产生的均布线荷载,若靴梁支承隔板和肋板,则支承处的支座反力也作用于靴梁(图 4.42)。计算出靴梁的内力,对其进行抗弯和抗剪强度验算。

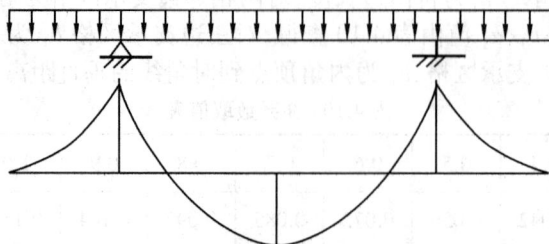

图 4.42　靴梁(双悬臂梁)计算简图

靴梁高度由其与柱边连接所需焊缝长度决定,该焊缝传递柱身的轴心压力 N。

靴梁厚度比柱翼缘厚度略小。

具体的设计流程如图 4.43 所示。

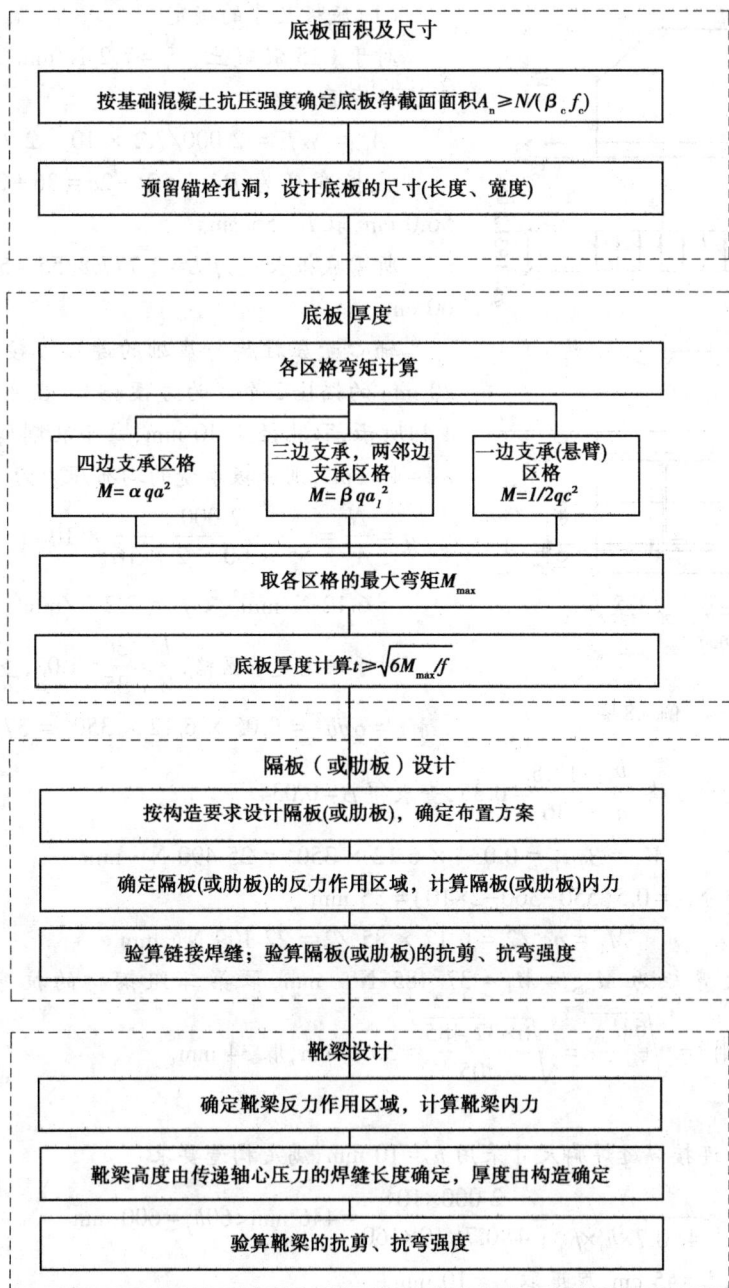

```
底板面积及尺寸

按基础混凝土抗压强度确定底板净截面面积 $A_n \geq N/(\beta_c f_c)$

预留锚栓孔洞,设计底板的尺寸(长度、宽度)


底板 厚度

各区格弯矩计算

四边支承区格          三边支承,两邻边          一边支承(悬臂)
$M = \alpha q a^2$    支承区格                  区格
                      $M = \beta q a_1^2$       $M = 1/2 q c^2$

取各区格的最大弯矩 $M_{max}$

底板厚度计算 $t \geq \sqrt{6M_{max}/f}$


隔板（或肋板）设计

按构造要求设计隔板(或肋板),确定布置方案

确定隔板(或肋板)的反力作用区域,计算隔板(或肋板)内力

验算链接焊缝;验算隔板(或肋板)的抗剪、抗弯强度


靴梁设计

确定靴梁反力作用区域,计算靴梁内力

靴梁高度由传递轴心压力的焊缝长度确定,厚度由构造确定

验算靴梁的抗剪、抗弯强度
```

图 4.43　铰接柱脚设计流程图

【例 4.8】试设计轴心受压格构柱的柱脚,柱的截面尺寸见例 4.7 的缀条柱截面,轴心压力设计值为 2 000 kN(含自重),钢材为 Q235,焊条为 E43 系列。基础混凝土强度等级为 C15。

【分析】按照柱脚设计流程(图 4.43),先设计底板面积及厚度,再设计靴梁。本题难点在

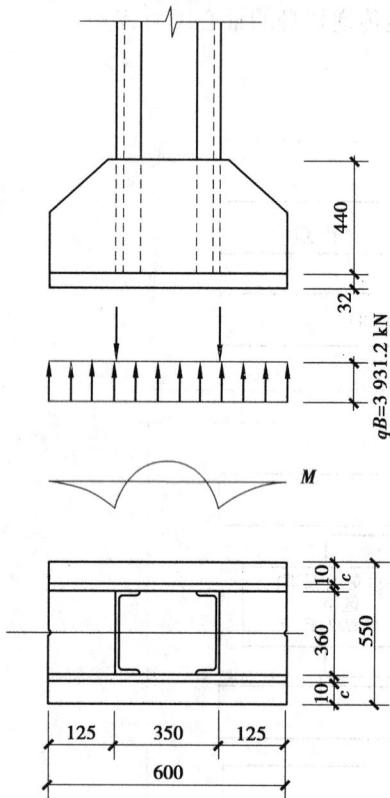

图 4.44 例 4.8 图

于靴梁计算简图的确定、内力计算及靴梁的设计。

【解】柱脚构造如图 4.44 所示,只设置靴梁,无隔板、肋板等构件。

(1)底板尺寸的确定

对于 C15 混凝土,$f_c = 7.2$ N/mm²,$\beta_c = 1.0$,需要的底板净面积为:

$$A_n = N/f_c = 2\ 000/7.2 \times 10 = 2\ 777.8\ \text{cm}^2$$

底板宽度为 $B = b + 2t + 2c = 36 + 2 \times 1.0 + 2 \times 9 = 56.0$ cm,取 $B = 55$ cm。

所需底板长度为 $L = 2\ 777.8/55 = 50.5$ cm,取 $L = 60$ cm。

轴心受压柱脚与基础的连接可按构造选用直径 20 mm 的锚栓 2 个。为方便施工,在底板边开孔如图 4.44 所示,取孔径为 40 mm,每个孔削弱面积近似取 $4 \times 4 = 16$ cm²,则底板承受的均布压力为

$$q = \frac{N}{A_n} = \frac{2\ 000}{55 \times 60 - 2 \times 16} \times 10$$

$$= 6.12\ \text{N/mm}^2 < f_c = 7.2\ \text{N/mm}^2 (基础安全)$$

对于四边支承区格,$\frac{b}{a} = \frac{36}{35} = 1.03$,查表得 $\alpha = 0.05$

$$M_4 = \alpha q a^2 = 0.05 \times 6.12 \times 350^2 = 37\ 485\ \text{N} \cdot \text{mm}$$

对于三边支承区格,$\frac{b_1}{a_1} = \frac{12.5}{36} = 0.35$,查表得 $\beta = 0.034$

$$M_3 = \beta q a_1^2 = 0.034 \times 6.12 \times 350^2 = 25\ 490\ \text{N} \cdot \text{mm}$$

对于悬臂部分,$c = 0.5(550 - 360 - 2 \times 10) = 85$ mm

$$M_1 = q c^2/2 = 6.12 \times 85^2/2 = 22\ 109\ \text{N} \cdot \text{mm}$$

因此,最大弯矩为 $M_{max} = M_4 = 37\ 485$ N · mm,取第二组钢材的抗弯强度设计值 $f = 205$ N/mm²,则 $t = \sqrt{\dfrac{6M_{max}}{f}} = \sqrt{\dfrac{6 \times 37\ 485}{205}} = 33.1$ mm,取 34 mm。

(2)靴梁计算

靴梁与柱身连接焊缝焊脚尺寸采用 $h_f = 10$ mm,满足构造要求。

靴梁高度:$l_f = \dfrac{N}{4 \times 0.7 \times h_f \times f_f^w} = \dfrac{2\ 000 \times 10^3}{4 \times 0.7 \times 10 \times 160} = 446$ mm $< 60 h_f = 600$ mm

靴梁高度取 $l_f = 45$ cm,厚度取 $t_1 = 10$ mm。

两靴梁承受的线荷载为 $qB = 6.12 \times 550 = 3\ 366$ N/mm,承受的最大弯矩为 $M = qBl^2/2 = \dfrac{3\ 366 \times 125^2}{2} \times 10^{-6} = 26.3$ kN · m,承受的最大剪力为 $V = qBl = 3\ 366 \times 125 \times 10^{-3} = 420.75$ kN。

$$\sigma = \frac{M}{W} = \frac{6 \times 26.3 \times 10^6}{2 \times 10 \times 450^2}$$

$$= 39 \text{ N/mm}^2 < f = 215 \text{ N/mm}^2,满足要求。$$

$$\tau = \frac{1.5V}{2ht_1} = \frac{1.5 \times 420.75 \times 10^3}{2 \times 450 \times 10}$$

$$= 70.1 \text{ N/mm}^2 < f_v = 125 \text{ N/mm}^2,满足要求。$$

靴梁板与底板的连接焊缝以及柱身与底板的连接焊缝传递全部柱压力。

焊缝的总长度为 $\sum l_w = 2 \times (60-2) + 4 \times (12.5-2) + 2 \times (36-2) = 226$ cm，所需焊脚尺寸为

$$h_f = \frac{N}{0.7 \times \beta_f \times \sum l_w f_f^w} = \frac{2\,000 \times 10^3}{0.7 \times 1.22 \times 2\,260 \times 160} = 6.5 \text{ mm},取底板的连接焊缝 } h_f = 8 \text{ mm}。$$

习　题

4.1　某格构柱的单角钢斜缀条∟45×4 与分肢采用螺栓连接，构件杆端有一排直径为 15 mm 的螺栓孔，轴心力设计值为 200（该力可能为拉力也可能为压力），计算长度为 200 mm，钢材为 Q235 钢，试验算该缀条是否满足要求，若不满足要求，试重新设计缀条截面。

注：考虑单角钢缀条受力偏心和弯扭作用，强度设计值应按照规定折减。

4.2　某两端铰接的支撑构件，采用热轧工字钢Ⅰ20a，截面如图 4.45 所示，杆长 7 m，承受轴心拉力设计值 $N = 1\,000$ kN，钢材为 Q345 钢，试验算该支撑是否满足要求？

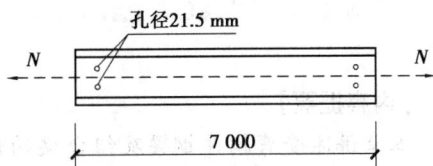

图 4.45　习题 4.2 图

4.3　某车间工作平台柱高 3.3 m，轴心受压，两端铰接。采用Ⅰ18，Q235 钢，求该平台柱能承受的极限荷载值。若改用 Q345 钢材，其极限承载力提高多少？

4.4　某轴心受压缀条柱，两端铰接，柱高 7 m，轴心力设计值 $N = 1\,300$ kN，钢材为 Q235 钢，截面采用 2〔28a 肢尖向内组成，缀条采用∟45×4，试验算该柱是否满足要求？

4.5　设计由两槽钢组成的缀条柱，柱子长度为 6 m，两端铰接，轴心压力设计值为 1\,000 kN，钢材为 Q235B，截面无削弱。

4.6　设计由两槽钢组成的缀板柱，柱子长度为 7.5 m，两端铰接，轴心压力设计值为 2\,000 kN，钢材为 Q345，截面无削弱。

5

受弯构件

【内容提要】

本章讲述受弯构件钢梁及组合梁的设计方法和设计步骤,梁的拼接和连接设计,同时简要讲述梁的整体稳定和局部稳定计算基本概念和设计方法。

【学习重点】

受弯构件钢梁的强度和刚度计算,整体稳定和局部稳定的概念。

【学习难点】

局部稳定的计算。

5.1 概　述

狭义上说,截面上有弯矩和剪力共同作用而轴力忽略不计的构件称为受弯构件。广义上讲,承受横向荷载的构件称为受弯构件,其形式有实腹式和格构式两种。钢结构的受弯构件在实际工程中被广泛运用,如屋架、楼盖、工作平台、吊车梁、屋面檩条、墙架横梁,以及桥梁、水工闸门、起重机、海上采油平台等。

格构式的受弯钢构件称为钢桁架,其特点是以弦杆件代替翼缘、以腹杆代替腹板,而在各节点将腹杆与弦杆连接。桁架整体受弯时,弯矩表现为上、下弦杆的轴心压力和拉力,剪力则变现为各腹杆的轴心压力或拉力。钢桁架可以根据不同使用要求制成各种所需外形,对跨度较大的构件,在相同的刚度下,钢桁架相比实腹式轻盈且节约钢材。但钢桁架的节点多,构造较复杂,较为费工。钢桁架的类型按约束条件分为简支梁式、刚架横梁式、连续式、伸臂式和悬臂式。按杆件截面形式和节点构造特点分为普通、重型和轻型三种。桁架的杆件主要为轴心拉或压构件,也有可能出现压弯构件,其设计方法详见本书其他章节。

实腹式受弯钢构件通常称为钢梁,下面介绍其工作性能和设计方法。

5.1.1 截面类型

钢梁按截面形式的不同可以分为型钢梁和组合梁两大类,如图 5.1 所示。型钢梁又可分为热轧型钢梁和冷弯薄壁型钢梁两种。热轧型钢梁常用普通工字钢、槽钢或 H 型钢制作[图 5.1(a)、(b)、(c)],应用最为广泛,成本也较为低廉。对受荷较小,跨度不大的梁用带有卷边的冷弯薄壁钢槽[图 5.1(d)、(f)]或 Z 型钢[图 5.1(e)]制作,可以有效地节省钢材。受荷很小的梁,有时也可采用单角钢制作。由于型钢梁具有加工方便和成本较低的优点,在结构设计中应该优先采用。

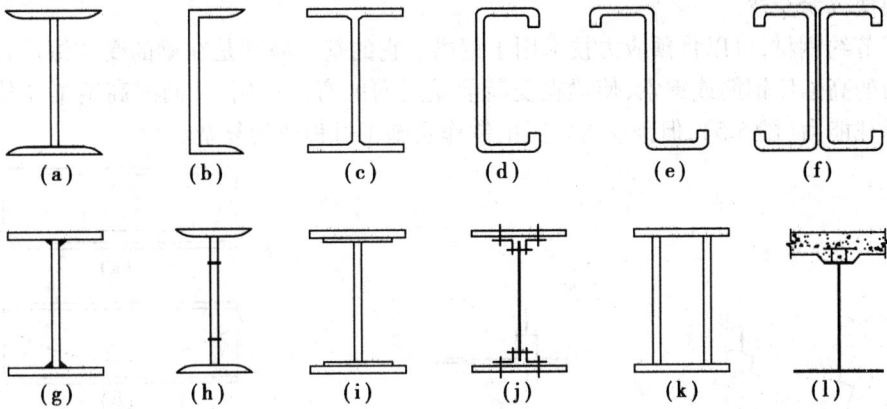

图 5.1 钢梁的类型

当荷载和跨度较大时,型钢梁受到尺寸和规格的限制,常不能满足承载能力或刚度的要求,此时可考虑采用组合梁。组合梁按其连接方法和使用材料的不同,可以分为焊接组合梁(简称焊接梁)、铆接组合梁、钢与混凝土组合梁等。组合梁截面的组成比较灵活,可使材料在截面上的分布更为合理。

最常用的组合梁是由两块翼缘板加一块腹板做成的焊接工字型截面[图 5.1(g)],它的构造比较简单、制作方便,必要时也可考虑采用双层翼缘板组成的截面[图 5.1(i)]。如图 5.1(h)所示为由两个 T 型钢和钢板组成的焊接梁。铆接梁[图 5.1(j)]除翼缘板和腹板外还需要有翼缘角钢,与焊接梁相比,它既费材料又费工时,属于已经淘汰的结构形式。

对于荷载较大而高度受到限制的梁,可考虑采用双腹板的箱型梁[图 5.1(k)],这种截面形式具有较好的抗扭刚度。

为了充分地利用钢材强度,可考虑受力较大的翼缘板采用强度较高的钢材,腹板采用强度稍低的钢材,制作成异种钢组合梁。

混凝土宜于受压,钢材宜于受拉,为了充分发挥两种材料的优势,钢与混凝土组合梁得到了广泛的应用[图 5.1(l)],并收到了较好的经济效果。

将工字钢或 H 型钢的腹板沿如图 5.2(a)所示折线切开,焊成如图 5.2(b)所示的空腹梁,常称之为蜂窝梁,是一种较为经济合理的构件形式。也可如图 5.3 所示将工字型或 H 型钢的腹板斜向切开,颠倒相焊制作形成楔形梁以适应弯矩的变化。

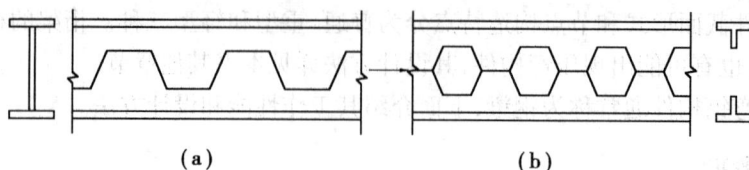

图 5.2　蜂窝梁

5.1.2　受力情况

按受力情况的不同,可以分为单向弯曲梁和双向弯曲梁。图 5.4 所示的屋面檩条及吊车梁都是双向受弯梁,不过吊车梁的水平荷载主要使翼缘受弯。

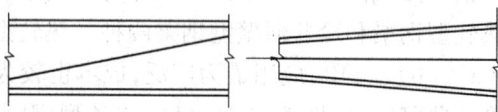

图 5.3　楔形梁

为了节约钢材,可以将预应力技术用于钢梁。它的基本原理是在梁的受拉侧设置具有较高预拉力的高强度钢筋或钢索,使梁在受荷前受反向的弯曲作用,从而提高钢梁在外荷载作用下的承载能力(图 5.5),但预应力钢梁的制作及施工过程较为复杂。

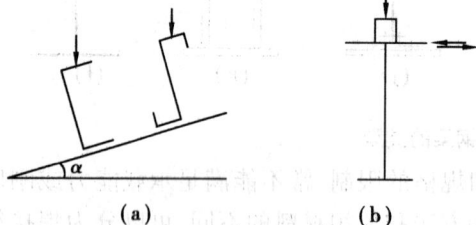

图 5.4　双向受弯梁

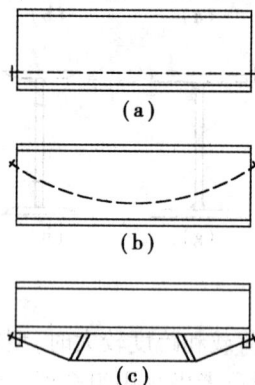

图 5.5　预应力梁

受弯构件的设计应满足强度、整体稳定、局部稳定和刚度 4 个方面的要求。前 3 项属于承载能力极限状态计算,采用荷载的设计值;第 4 项为正常使用极限状态的计算,计算挠度时按荷载的标准值进行。对于直接受到重复荷载作用的梁,如吊车梁,当应力循环次数 $n \geqslant 5 \times 10^4$ 时尚应进行疲劳验算。本章只阐述强度计算,包括弯、剪等受力及其综合效应。

5.2　受弯构件的强度和刚度

5.2.1　抗弯强度

在纯弯曲情况下梁的纤维应变沿杆长为定值,其弯矩与挠度之间的关系与钢材抗拉试验的 $\sigma\text{-}\varepsilon$ 关系形式上大体相同,如图 5.6 所示,M_e 为截面最外纤维应力到达屈服强度时的弯矩,它的数值与梁的残余应力分布有关,不过在分析梁的强度时并不需要考虑残余应力的影响。

M_p 为截面全部屈服时的弯矩。由于钢材存在硬化阶段,最终弯矩超过 M_p 值。在强度计算中,通常将钢材理想化为图 5.7 所示的弹塑性应力应变关系,忽略残余应力的影响。在荷载作用下钢梁呈现 4 个阶段,所以下面以双轴对称工字形截面梁为例进行说明。

(1)弹性工作阶段

弯矩较小时(图 5.6 中的 A 点),梁截面上的正应力都小于材料的屈服点,属于弹性工作阶段[图 5.8(a)]。对需要计算疲劳的梁,常以最外纤维应力达到 f_y 作为强度的限值。冷弯型钢梁因其壁薄,也以截面边缘屈服作为强度极限。

(2)弹塑性工作阶段

荷载继续增加,梁的两块翼缘板逐渐屈服,随后副班上下侧也部分屈服[图 5.6 中的 B 点及图 5.8(b)]。《钢结构设计规范》中,对一般受弯构件的计算就适当考虑了截面的塑性发展,以截面部分进入塑性作为承载能力的极限。

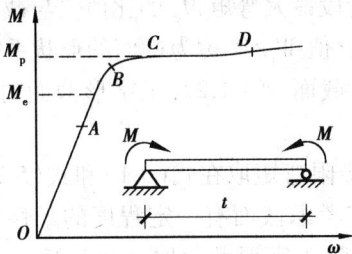

图 5.6 梁的 $M-\omega$ 曲线　　　　　图 5.7 应力应变关系简图

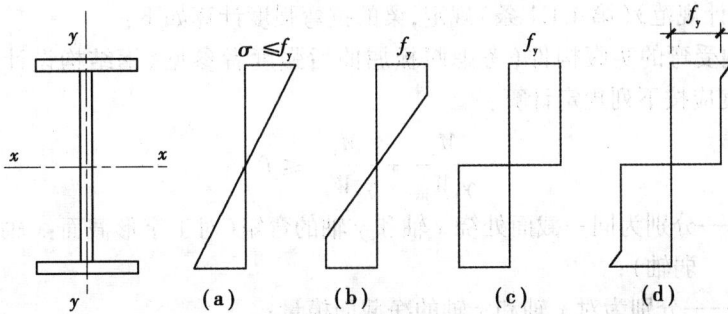

图 5.8 梁的正应力分布

(3)塑性工作阶段

荷载再增大(图 5.6 中的 C 点),梁截面将出现塑性铰[图 5.8(c)]。静定梁只有一个截面弯矩最大者,原则上可以将塑性铰弯矩 M_p 作为承载能力极限状态。但若梁的一个区段同时弯矩最大,则在到达 M_p 之前,梁就已发生过大的变形,从而受到"因过度变形而不适于继续承载"极限状态的制约。超静定梁的塑性设计允许出现若干个塑性铰,直至形成机构。

(4)应变硬化阶段

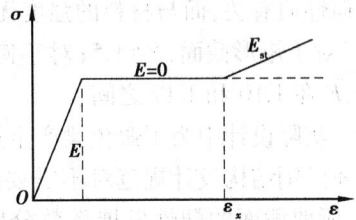

按照图 5.7 所示的应力-应变关系,钢材进入应变硬化阶段后,变形模量为 E_{st}。梁变形增加时,应力将继续有所增加。梁截面上的应力分布将如图 5.8(d)所示,虽然在工程设计中,梁强度设计计算一般不利用这一阶段,它却是梁截面实现塑性铰不可或缺的条件。

根据以上几个阶段的工作情况,可以得到梁在弹性工作阶段的最大弯矩为

$$M_e = W_n f_y \tag{5.1}$$

在塑性阶段,产生塑性铰时的最大弯矩为

$$M_p = W_{pn} f_y \tag{5.2}$$

式中　f_y——钢材屈服强度;

　　　W_n——梁净截面模量;

　　　W_{pn}——梁塑性净截面模量,有:

$$W_{pn} = S_{1n} + S_{2n} \tag{5.3}$$

式中　S_{1n}——中和轴以上净截面面积对中和轴的面积矩;

　　　S_{2n}——中和轴以下净截面面积对中和轴的面积矩。

中和轴是与弯曲主轴平行的截面面积平分线,中和轴两边的面积相等,对于双轴对称截面即为形心主轴。

由式(5.1)和式(5.2)可见,梁的塑性铰弯矩 M_p 与弹性阶段最大弯矩 M_e 的比值仅与截面几何性质有关,而与材料的强度无关。一般将毛截面的模量比值 W_p/W 称为截面的形状系数 F。对于矩形截面,$F = 1.5$;对于圆形截面,$F = 1.7$;对于圆管截面,$F = 1.27$;工字形截面对 x 轴,F 在 1.10 和 1.17 之间。

实际设计中为了避免梁产生过大的非弹性变形,将梁的极限弯矩取在式(5.1)和式(5.2)之间。钢结构设计规范对不需要计算疲劳的受弯构件,允许考虑截面有一定程度的塑性发展,所取截面的塑性发展系数分别为 γ_x 和 γ_y。例如双轴对称工字形截面取 $\gamma_x = 1.05$,$\gamma_y = 1.2$;箱型截面取 $\gamma_x = \gamma_y = 1.05$,均较截面的形状系数 F 小。

《钢结构设计规范》(第4.1.1条)规定,梁的抗弯强度计算如下:

在主平面内受弯的实腹构件(考虑腹板屈曲后强度者参见《钢结构设计规范》第4.4.1条),其抗弯强度应按下列规定计算:

$$\frac{M_x}{\gamma_x W_{nx}} + \frac{M_y}{\gamma_y W_{ny}} \leqslant f \tag{5.4}$$

式中　M_x, M_y——分别为同一截面处绕 x 轴和 y 轴的弯矩(对工字形截面:x 轴为强轴,y 轴为弱轴);

　　　W_{nx}, W_{ny}——分别为对 x 轴和 y 轴的净截面模量;

　　　γ_x, γ_y——分别为截面塑性发展系数,对工字形截面,$\gamma_x = 1.05$,$\gamma_y = 1.20$;对箱形截面;

　　　　$\gamma_x = \gamma_y = 1.05$;

　　　f——钢材的抗弯强度设计值。

当梁受压翼缘的自由外伸宽度与其厚度之比大于 $13\sqrt{235/f_y}$ 而不超过 $15\sqrt{235/f_y}$ 时,应取 $\gamma_x = 1.0$,f_y 为钢材牌号所指屈服点。

对需要计算疲劳的梁,宜取 $\gamma_x = \gamma_y = 1.0$。

5.2.2　抗剪强度

受弯构件在横向荷载作用下都会产生弯曲剪应力。初等材料力学的计算方法假定剪应力沿梁截面宽度均匀分布,作用方向与横向荷载平行,但钢梁截面由于其组成板件的高厚比或宽厚比较大(一般大于10),属薄壁构件。薄壁截面上弯曲剪应力的计算宜用剪力流理论,即假定剪应力沿壁厚均匀分布,剪应力的方向与各板件平行,形成剪力流如图5.9所示。显然,两种方法在计算腹板剪应力时是一致的,但在计算翼缘剪应力时,无论大小和方向都有质的区别。

剪力流的强度可用剪应力 τ 与该处的壁厚 t 的乘积 $\tau \cdot t$ 来表示,图 5.9 中分别绘出了工字形截面和槽形截面在竖向剪力 V 作用下剪力流强度变化的图形,最大剪应力均发生在腹板中点。

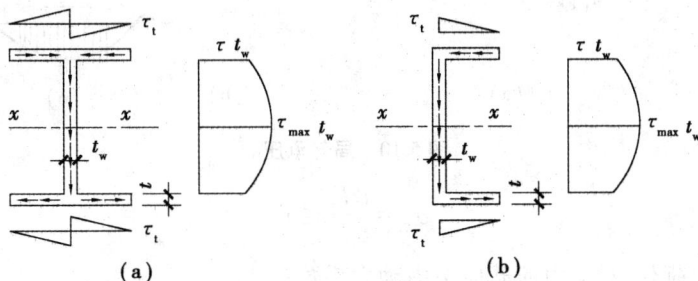

图 5.9 工字形截面和槽形截面上的剪力流

《钢结构设计规范》(第 4.1.2 条)对在主平面内受弯的实腹构件抗剪强度计算如下:

在主平面内受弯的实腹构件(考虑腹板屈曲后强度者参见《钢结构设计规范》第 4.4.1 条),其抗剪强度应按下式计算:

$$r = \frac{VS}{It_w} \leq f_v \tag{5.5}$$

式中　V——计算截面沿腹板平面作用的剪力;

　　　S——计算剪应力处以上毛截面对中和轴的面积矩;

　　　I——毛截面惯性矩;

　　　t_w——腹板厚度;

　　　f_v——钢材的抗剪强度设计值。

5.2.3 局部承压强度

作用在受弯构件上的横向力一般以分布荷载或集中荷载的形式出现。实际工程中的集中荷载也是有一定分布长度的,不过其分布范围较小而已。对于工字形截面受弯构件,在上翼缘集中荷载作用下,腹板和上翼缘交界处可能出现较大的集中应力,如在楼面结构主次梁连接处主梁的腹板上,在吊车轮压作用下吊车梁靠近上翼缘的腹板上,见图 5.10。当梁翼缘受有沿腹板平面作用的压力(包括集中荷载和支座反力),且该处又未设置支承加劲肋时[图5.10(a)],或受有移动的集中荷载(如吊车的轮压)时[图 5.10(b)],应验算腹板计算高度边缘的局部承压强度。

在集中荷载作用下,翼缘(在吊车梁中,还包括轨道)类似支承于腹板上的弹性地基梁。腹板计算高度边缘的压应力分布如图 5.10(c)的曲线所示。假定集中荷载从作用处以 1∶2.5 (在 h_y 高度范围)和 1∶1(h_R 高度范围)扩散,均匀分布于腹板计算高度边缘。这种假定计算的均匀压应力 σ_c 与理论的局部压应力的最大值十分接近。

《钢结构设计规范》(第 4.1.3 条)对梁的局部承压强度规定如下:

当梁上翼缘受有沿腹板平面作用的集中荷载,且该荷载处又未设置支承加劲肋时,腹板计算高度上边缘的局部承压强度应按下式计算:

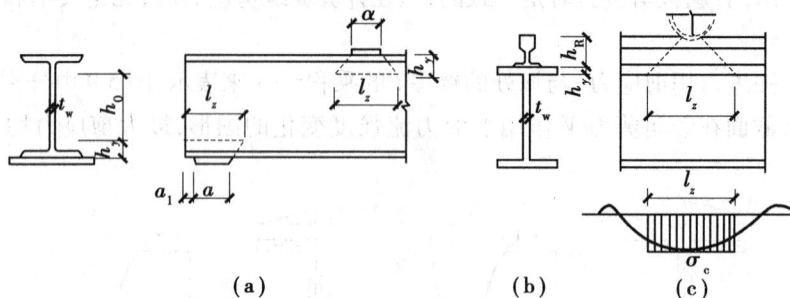

(a)　　　　　　(b)　　(c)

图 5.10　局部承压

$$\sigma_c = \frac{\psi F}{t_w l_z} \leqslant f \tag{5.6}$$

式中　F——集中荷载,对动力荷载应考虑动力系数;

　　　ψ——集中荷载增大系数,对重级工作制吊车梁,$\psi=1.35$;对其他梁,$\psi=1.0$;

　　　l_z——集中荷载在腹板计算高度上边缘的假定分布长度,按下式计算:

$$l_z = a + 5h_y + 2h_R \tag{5.7}$$

　　其中　a——集中荷载沿梁跨度方向的支承长度,对钢轨上的轮压可取 50 mm;

　　　　　h_y——自梁顶面至腹板计算高度上边缘的距离;

　　　　　h_R——轨道的高度,对梁顶无轨道的梁 $h_R=0$;

　　　　　f——钢材的抗压强度设计值。

在梁的支座处,当不设置支承加劲肋时,也应按式(5.6)计算腹板计算高度下边缘的局部压应力,但 ψ 取 1.0。支座集中反力的假定分布长度,应根据支座具体尺寸参照式(5.7)计算。

注:腹板的计算高度 h_0,对轧制型钢梁,为腹板与上、下翼缘相接处两内弧起点间的距离;对焊接组合梁,为腹板高度;对铆接(或高强度螺栓连接)组合梁,为上、下翼缘与腹板连接的铆钉(或高强度螺栓)。

5.2.4　折算应力的强度

《钢结构设计规范》(第4.1.4条)对梁在复杂应力作用下的强度规定如下:

在梁的腹板计算高度边缘处,若同时受有较大的正应力、剪应力和局部压应力,或同时受有较大的正应力和剪应力(如连续梁中部支座处或梁的翼缘截面改变处等)时,其折算应力应按下式计算:

$$\sqrt{\sigma^2 + \sigma_c^2 - \sigma\sigma_c + 3\tau^2} \leqslant \beta_1 f \tag{5.8}$$

式中　σ,τ,σ_c——分别为腹板计算高度边缘同一点上同时产生的正应力、剪应力和局部压应力,σ 和 σ_c 以拉应力为正值,压应力为负值,τ 和 σ_c 应按式(5.5)和式(5.6)计算,σ 应按下式计算:

$$\sigma = \frac{M}{I_n} y_1 \tag{5.9}$$

式中　I_n——梁净截面惯性矩;

Y_1——所计算点至梁中和轴的距离;

β_1——计算折算应力的强度设计值增大系数,当 σ 与 σ_c 异号时,取 $\beta_1 = 1.2$;当 σ 与 σ_c 同号或 $\sigma_c = 0$ 时,取 $\beta_1 = 1.1$。

【例5.1】图5.11所示为一焊接组合截面吊车梁,其钢梁截面尺寸如图5.11所示。吊车为重级工作制(A7),吊车轨道型号为QU100,轨道高度为150 mm。吊车最大轮压 $F = 355$ KN,吊车竖向荷载动力系数为1.1,可变荷载分项系数为1.4,图示车轮作用处最大弯矩设计值为 $M = 4\ 932$ kN·m,对应的剪应力设计值316 kN。吊车梁材料采用Q345-B钢,$I_{nx} = 2.433 \times 10^{10}$ m⁴。

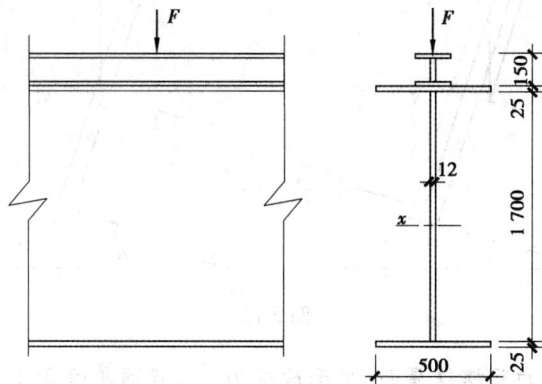

图 5.11

试求车轮作用处钢梁的折算应力。

【解】(1)计算点车轮作用处钢梁的局部承压应力计算:

吊车梁最大轮压设计值:$F_d = 1.4 \times 1.1 \times 355 = 546.7$ kN

重级工作制吊车:$\psi = 1.35$

$$l_z = a + 5h_y + 2h_R = 50 + 5 \times 25 + 2 \times 150 = 475\ mm$$

$$\sigma_c = \frac{\psi F}{l_z t_w} = \frac{1.35 \times 546.7 \times 10^3}{475 \times 14} = 111.0\ N/mm^2 < f = 310\ N/mm^2$$

(2)计算点正应力计算:

$$\sigma = \frac{My}{I_{nx}} = \frac{4\ 932 \times 10^6 \times 850}{2.433 \times 10^{10}} = 172.3\ N/mm^2$$

(3)计算点剪应力计算:

上翼缘对中和轴的面积矩:$S_1 = 500 \times 25 \times (850 + 12.5) = 1.078 \times 10^7\ mm^3$

$$\tau = \frac{VS_1}{I t_w} = \frac{316 \times 10^3 \times 1.078 \times 10^7}{2.433 \times 10^{10} \times 14} = 10.0\ N/mm^2$$

(4)计算点折算剪应力计算:

σ_c 与 σ 同号,$\beta_1 = 1.1$

$$\sqrt{\sigma^2 + \sigma_c^2 - \sigma\sigma_c + 3\tau^2} = \sqrt{172.3^2 + 111^2 - 172.3 \times 111 + 3 \times 10^2}$$

$$= 152.3\ N/mm^2 < 1.1 \times 310 = 341\ N/mm^2$$

5.2.5　双向弯曲

在竖向荷载 q 的作用下,荷载作用线通过截面的剪心而又不与截面的形心主轴 x、y 平行时(图 5.12),该梁即产生双向弯曲。截面的两个主轴方向分别承受 $q_x = q\sin\varphi$ 和 $q_y = q\cos\varphi$ 分力的作用(φ 为 q 与主轴 y 的夹角)。如荷载偏离截面的剪心,还要产生扭转。但一般偏心不大,且屋面材料和拉条对阻止扭转能起一定作用,故扭转的影响可不考虑,只需按双向受弯构件作强度计算。

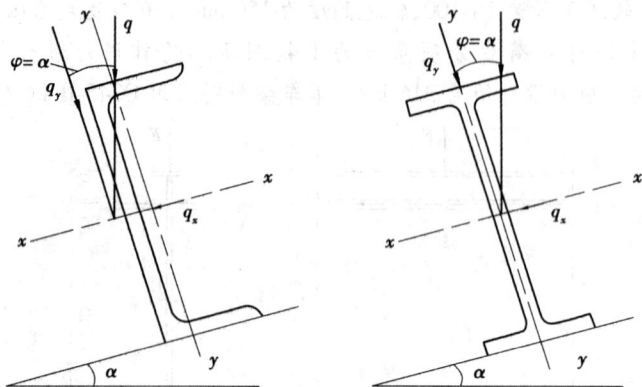

图 5.12

【例 5.2】某无积灰的瓦楞铁屋面,屋面坡度为 $\dfrac{1}{2.5}$,普通单跨简支槽钢檩条(图 5.13),跨度为 6 m,跨中设一道拉条。檩条上活荷载标准值为 600 N/m,恒荷载标准值为 200 N/m(包括檩条自重)。钢材为 Q235,檩条容许挠度 $[\nu] = \dfrac{1}{150}$。选[10,$W_x = 39.7$ cm^3,$W_y = 7.8$ cm^3,$I_x = 198$ cm。要求验算双向弯曲简支檩条的强度。

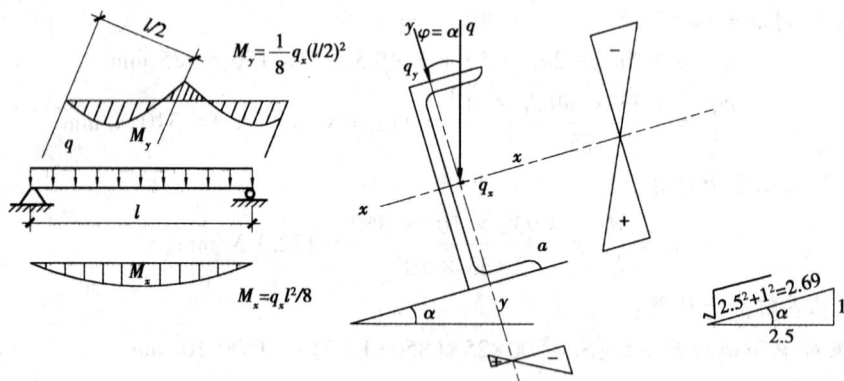

图 5.13

【解】(1)内力计算:

$$q = 600\times1.4 + 200\times1.2 = 1\,080 \text{ N/m}$$

$$q_y = q\cos\varphi = 1\,080\times\frac{2.5}{2.69} = 1\,004 \text{ N/m}$$

$$q_x = q\sin\varphi = 1\,080\times\frac{1.0}{2.69} = 401.5 \text{ N/m}$$

由 q_x 和 q_y 引起跨中截面的弯矩 W_x 和 W_y 分别为:

$$M_x = \frac{1}{8}q_yl^2 = \frac{1}{8} \times 1\ 004 \times 6^2 = 4\ 518\ \text{N} \cdot \text{m}$$

$$M_y = \frac{1}{8}q_xl^2 = -\frac{1}{8} \times 401.5 \times 3^2 = -451.7\ \text{N} \cdot \text{m}$$

(2)截面抗弯强度计算：

由附表 1.1 查得 $f = 215\ \text{N/mm}^2$。

由于跨中截面 W_x 和 W_y 都最大，故在该截面上的 a 点应力最大，为拉应力。

$$\sigma = \frac{M_x}{\gamma_xW_x} + \frac{M_y}{\gamma_yW_y} = \frac{4\ 518 \times 10^3}{1.05 \times 39.7 \times 10^3} + \frac{451.7 \times 10^3}{1.20 \times 7.8 \times 10^3}$$

$$= 156.7\ \text{N/mm}^2 < f = 215\ \text{N/mm}^2$$

5.2.6 受弯构件的刚度

受弯构件的刚度是指在使用荷载作用下构件抵抗变形的能力。变形太大，会妨碍构件正常使用，导致依附于受弯构件的其他部件损坏。梁必须具有一定的刚度才能保证正常的使用和观感，梁的刚度可用荷载作用下的挠度进行衡量，挠度过大，会降低观感和安全性。对梁的挠度 ν 应分别按全部(永久和可变)荷载、可变荷载两种情况计算。全部荷载的挠度容许值 $[\nu_T]$ 主要是考虑观感。而可变荷载的 $[\nu_Q]$，则是保证正常使用条件，如吊车梁若挠度过大，轨道将随之变形，可能影响吊车的正常运行和引起过大的振动，故二者均应计算。工程设计中，通常有限制受弯构件竖向挠度的要求，其一般表达式为：

$$\nu \leqslant [\nu] \tag{5.10}$$

式中　ν——由荷载标准值(不考虑荷载分项系数和动力系数)产生的最大挠度；

　　　$[\nu]$——梁的容许挠度值。

梁的挠度 ν 可以按材料力学和结构力学的方法算出。受多个集中荷载的梁，其挠度的精确计算较为复杂，但与最大弯矩相同的均布荷载的挠度接近，因此可按下列近似公式验算梁的挠度：

对等截面简支梁，$\dfrac{\nu}{l} = \dfrac{5}{384} \cdot \dfrac{q_kl^3}{EI_x} = \dfrac{5}{48} \cdot \dfrac{q_kl^2 \cdot l}{8EI_x} \approx \dfrac{M_kl}{10EI_x} \leqslant \dfrac{[\nu]}{l}$ $\tag{5.11}$

对变截面简支梁，$\dfrac{\nu}{l} = \dfrac{M_kl}{10EI_x}\left(1 + \dfrac{3}{25} \cdot \dfrac{I_x - I_{x1}}{I_x}\right) \leqslant \dfrac{[\nu]}{l}$ $\tag{5.12}$

式中　q_k——均布荷载标准值；

　　　M_k——荷载标准值产生的最大弯矩；

　　　I_x——跨中毛截面惯性矩；

　　　I_{x1}——支座附近毛截面惯性矩。

由于挠度是构件整体的力学行为，所以采用毛截面参数进行计算。表 5.1 为简支梁在常见荷载类型作用下的最大挠度计算公式。

表 5.1 简支梁最大挠度的计算公式

荷载类型				
计算公式	$\dfrac{1}{48}\dfrac{Fl^3}{EI}=0.083\dfrac{Ml^2}{EI}$	$\dfrac{23}{648}\dfrac{Fl^3}{EI}=0.106\dfrac{Ml^2}{EI}$	$\dfrac{19}{384}\dfrac{Fl^3}{EI}=0.099\dfrac{Ml^2}{EI}$	$\dfrac{5}{384}\dfrac{Fl^3}{EI}=0.104\dfrac{Ml^2}{EI}$

一般情况下,统一采用近似公式

$$\nu = 0.1\frac{Ml^2}{EI} \tag{5.13}$$

5.2.7 结构或构件变形的规定

《钢结构设计规范》对结构或构件变形的规定如下:为了不影响结构或构件的正常使用和观感,设计时应对结构或构件的变形(挠度或侧移)规定相应的限值。一般情况下,结构或构件变形的容许值应符合《钢结构设计规范》附录 A 的规定。当有实践经验或有特殊要求时,可根据不影响正常使用和观感的原则对附录 A 的规定进行适当的调整。

计算结构或构件的变形时,可不考虑螺栓(或铆钉)孔引起的截面削弱。

吊车梁、楼盖梁、屋盖梁、工作平台梁以及墙架构件的挠度不宜超过表 5.2 所列的容许值。

表 5.2 受弯构件挠度容许值

项次	构件类别	挠度容许值	
4	楼(屋)盖梁或桁架、工作平台梁(第 3 项除外)和平台板	$l/400$	$l/500$
	(1)主梁或桁架(包括设有悬挂起重设备的梁和桁架)	$l/250$	$l/350$
	(2)抹灰顶棚的次梁	$l/250$	$l/300$
	除(1)、(2)款外的其他梁(包括楼梯梁)		
	屋盖檩条 支承无积灰的瓦楞铁和石棉瓦屋面者	$l/150$	—
	支承压型金属板、有积灰的瓦楞铁和石棉瓦屋面者	$l/200$	
	支承其他屋面材料者	$l/200$	

注:①l 为受弯构件的跨度(对悬臂梁和伸臂梁为悬伸长度的 2 倍);

②$[\nu_T]$ 为永久和可变荷载标准值产生的挠度(如有起拱应减去拱度)的容许值,$[\nu_Q]$ 为可变荷载标准值产生的挠度的容许值。

【例 5.3】如图 5.14 所示为普通工字型钢主梁的计算简图,主梁间距为 6 m,采用 I45a,$I_x = 32\ 241\ \text{cm}^4$,每米质量为 80.4 kg。次梁间距为 2 m,选用 I25a,质量为:38.1 kg×6 = 228.6 kg。梁上铺设钢筋混凝土预制板,楼板自重标准值 3 kN/m^2,均布荷载标准值为 3 kN/m^2。

已知次梁传来的恒荷载标准值为 19.1 kN,次梁传来的活荷载标准值为 18 kN,次梁传来的总荷载标准值为 37.1 kN。请验算梁的挠度。

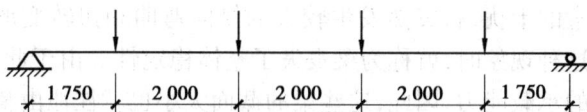

图5.14　计算简图

【解】梁的计算跨度为 2×5−0.5＝9.5 m。

(1)由可变荷载标准值产生的最大弯矩为：

$$M_{kQ} = 36 \times 9.5/2 - 18 \times 1 - 18 \times 3 = 99 \text{ kN} \cdot \text{m}$$

由此产生的最大挠度为：

$$\nu_{max} = \frac{M_k l^2}{10 E I_x} = \frac{99 \times 9.5^2 \times 10^{12}}{10 \times 2.06 \times 10^5 \times 32\,241 \times 10^4} \text{ mm} = 13.5$$

查《钢结构设计规范》表 5.2 得 $[\nu_Q] = l/500 = 19$ mm $> \nu_{max} = 13.5$ mm，满足要求。

(2)由永久和可变荷载标准值产生的最大弯矩为：

$$M_{kT} = 74.3 \times 9.5/2 - 37.1 \times 1 - 37.1 \times 3 + 80.4 \times 9.8 \times 10^{-3} \times 9.5^2/8 = 212.9 \text{ kN} \cdot \text{m}$$

由此产生的最大挠度为：

$$\nu_{max} = \frac{M_k l^2}{10 E I_x} = \frac{212.9 \times 9.5^2 \times 10^{12}}{10 \times 2.06 \times 10^5 \times 32241 \times 10^4} = 28.9 \text{ mm}$$

$[\nu_T] = l/400 = 23.8$ mm，$\nu_{max} > [\nu_T]$，不满足要求。

为改善外观和使用条件，可将横向受力构件预先起拱，起拱的大小应视实际需要而定，一般为恒载标准值加 1/2 活载标准值所产生的挠度值。当仅为改善外观条件时，构件挠度应取在恒荷载和活荷载标准值作用下的挠度计算值减去起拱度。

5.3　整体稳定计算

失稳现象具有多样性，弯曲屈曲是轴压构件的常见形式，但并非是其唯一的失稳形式。受弯构件和压弯构件以及它们的受压板件都需要考虑稳定问题，与轴压构件相连接传递其压力的节点板也是如此。总之，结构的所有受压部位在设计中都存在处理稳定的问题。

整体性是稳定问题的另一特点。构件作为结构的组成单元，其稳定性不能就其本身去孤立地分析，而应当考虑相邻构件对它的约束作用。这种约束作用显然要从结构的整体分析来确定。稳定问题的整体性不仅表现为构件之间的相互约束作用，也存在于维护结构与承重结构之间的相互约束作用中，只不过在通常的平面结构(框架和桁架)的分析中被忽略了。

5.3.1　受弯构件整体稳定的概念

为了提高抗弯强度，受弯构件一般采用高而窄的工字形或 H 形截面，工字形截面的一个显著特点是两个主轴惯性矩相差极大，即 $I_x \gg I_y$；(设 x 轴为强轴，y 轴为弱轴)。因此，当受弯构件在其最大刚度平面内受荷载作用时，若荷载不大，梁的弯曲平衡状态是稳定的，基本上在其最大刚度平面内弯曲。虽然外界因素可能会使梁产生微小的侧向弯曲和扭转变形，但外界因素消失后，梁仍能恢复原来的弯曲平衡状态。但当荷载增大到一定数值后，梁在向下弯曲的同时若受到外界因素的干扰,将突然发生较大的侧向弯曲和扭转变形,最后很快地丧失继续承载的能力。出现这种现象时,就称为梁丧失了整体稳定性。由于此时的承载能力往往低于按其抗弯强度确定的承载能力,因此,这些梁的截面大小也就往往由整体稳定性所控制。

在弯矩作用下,受弯构件的受压翼缘也类似压杆,若无腹板的限制,有沿刚度较小方向(即翼缘板平面外)屈曲的可能,但腹板提供了连续的支承作用,使得这一方向的刚度实际上提高了,于是受压翼缘只可能在翼缘板平面内发生屈曲。而梁的受压翼缘和受压区腹板又与轴心受压构件不完全相同,它与受拉翼缘和受拉区腹板是直接相连的。因此,当其发生屈曲时只能是平面侧向弯曲(即对 y 轴弯曲),一旦这一方向失稳,受弯构件发生侧倾,而构件的受拉部分则以张力的形式抵抗着这种侧倾倾向,对其侧向弯曲产生牵制。因此,受压翼缘出平面弯曲时就同时发生截面的扭转,因而梁发生整体失稳时必然是侧向弯扭弯曲(图 5.15)。

梁维持其稳定平衡状态所承担的最大荷载或最大弯矩,称为临界荷载或临界弯矩。

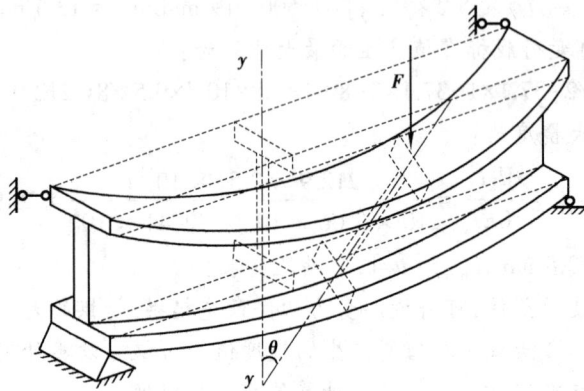

图 5.15　简支梁的整体失稳

5.3.2　受弯构件的临界荷载

1)双轴对称工字型截面简支梁在纯弯曲时的临界弯矩

双轴对称工字形截面简支梁在纯弯曲时的临界弯矩,可根据弹性稳定理论,通过建立绕 y 轴的弯矩平衡微分方程和绕 z 轴的扭矩平衡方程求得:

$$M_{cr} = \frac{\pi^2 EI_y}{l^2} \sqrt{\frac{I_w}{I_y} + \frac{l^2 GI_t}{\pi^2 EI_y}} \tag{5.14}$$

式中　I_y——截面翼缘对截面弱轴的惯性矩;

　　　I_t——截面的抗扭惯性矩;

　　　I_w——截面的翘曲惯性矩;

　　　l——构件受压翼缘的侧向无支承长度。

式(5.14)中根号前的 $\pi^2 EI_y/l^2$ 即为绕 y 轴屈曲的轴心受压构件的欧拉临界力。由该公式可见,影响双轴对称工字形截面简支梁临界弯矩的因素包含了抗翘曲刚度 EI_w、侧向抗弯刚度 EI_y、抗扭刚度 GI_t 和梁的侧向无支承长度 l。显然,受弯构件的临界弯矩与截面的抗翘曲刚度 EI_w、侧向抗弯刚度 EI_y 和抗扭刚度 GI_t 成正比,与梁的侧向无支承长度 l 成反比。

2) 单轴对称工字形截面梁承受横向荷载作用时的临界弯矩

单轴对称工字形截面[图 5.16(a)、(c)]的剪切中心 S 和形心 O 不重合,承受横向荷载时梁在微弯平衡状态时的微分方程不是常系数,因而不可能有准确的解析解,只能有数值解和近似解。下面是在不同荷载作用下用能量法求得的临界弯矩近似解:

$$M_{cr} = \beta_1 \frac{\pi^2 E I_y}{l_1^2} \left[\beta_2 a + \beta_3 B_y + \sqrt{(\beta_2 a + \beta_3 B_y)^2 + \frac{I_w}{I_y}\left(1 + \frac{l_1^2 G I_t}{\pi^2 E I_w}\right)} \right] \qquad (5.15)$$

式中 $\beta_1, \beta_2, \beta_3$——系数,随荷载类型而异,表 5.3 给出了两端简支梁在 3 种典型荷载情况下的 $\beta_1 \sim \beta_3$ 值;

     l_1——梁的侧向无支承长度;

     a——横向荷载作用点至剪切中心的距离,当荷载作用点在剪切中心以上时,a 为负值;在剪切中心以下时,a 取正值;

     B_y——反映截面不对称特性的系数,当截面为双轴对称时,$B_y = 0$;当为不对称截面时,按下式计算:

$$B_y = \frac{1}{2I_x}\int_A y(x^2 + y^2)\,\mathrm{d}A - y_0$$

式中 $y_0 = \dfrac{I_1 h_1 - I_2 h_2}{I_y}$——剪切中心的纵坐标;

     I_1, I_2——分别为受压翼缘和受拉翼缘对 y 轴的惯性矩;

     h_1, h_2——分别为受压翼缘和受拉翼缘形心至整个截面形心的距离。

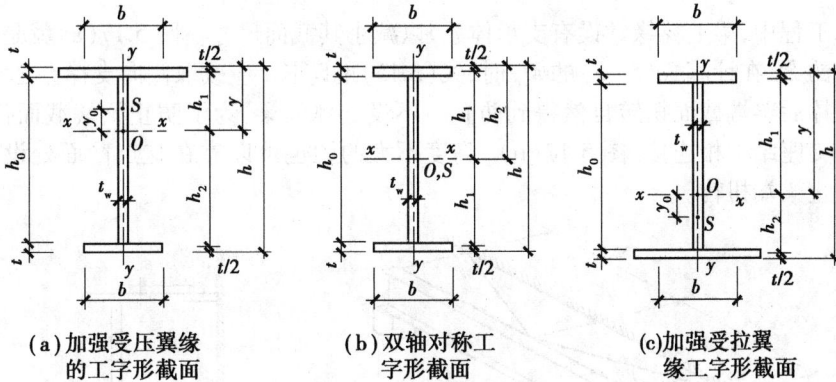

(a)加强受压翼缘的工字形截面   (b)双轴对称工字形截面   (c)加强受拉翼缘工字形截面

图 5.16 焊接工字形截面

表 5.3 两端简支梁侧扭屈曲临界弯矩式(5.15)中的系数

荷载类型	β_1	β_2	β_3
跨度中点集中荷载	1.35	0.55	0.40
满跨均布荷载	1.13	0.46	0.53
纯弯曲	1	0	1

5.3.3 影响受弯构件整体稳定性的主要因素

通过受弯构件整体稳定临界弯矩式(5.15),可以看到影响临界弯矩大小的因素有:

①梁侧向无支承长度或受压翼缘侧向支承点的距离 l_1。l_1 越小,则整体稳定性能越好,临界弯矩值越高。

②梁截面的尺寸,包括各种惯性矩。惯性矩 I_y、I_t 和 I_w 越大,则梁的整体稳定性能越好。此时,对加强受压翼缘(加大梁受压翼缘的宽度)的工字形截面,由于 $B_y>0$,而加强手拉翼缘时 $B_y<0$,所以后者较前者容易侧扭屈曲。高而窄的截面较矮而宽的截面更容易侧扭屈曲。

③梁所受荷载类型。假设梁的两端为简支,荷载均作用在截面的剪切中心($a=0$),梁截面形状为双轴对称且尺寸一定,由式(5.27)可见此时临界弯矩 M_{cr} 的大小就只取决于系数 β_1。由表 5.2 所示 3 种典型荷载的 β_1 值可知,纯弯度(弯矩图形为矩形)的 β_1 为最小($\beta_1=1.13$),跨度中点作用一个集中荷载(纯弯度图形为一等腰三角形)的 β_1 为最大($\beta_1=1.35$),满跨均布荷载(弯矩图形为一抛物线)的 β_1 居中。总之,弯矩图与矩形相差越大,β_1 大于 1.0 就越多,整体稳定临界弯矩值就越高。

④沿梁截面高度方向的荷载作用点位置。荷载作用于梁的上翼缘时,式(5.15)中 a 值为负,临界弯矩将降低;荷载作用于下翼缘时,a 值为正,临界弯矩将提高。当荷载作用在梁的上翼缘时,荷载对梁截面的转动有加大作用因而降低梁的稳定性能;反之,则提高梁的稳定性能。

了解了影响梁整体稳定性的因素后,除可正确使用设计规范外,更重要的是可在工程实践中设法采取措施以提高梁的整体稳定性能。

5.3.4 整体稳定的保证

在实际工程中,梁上翼缘常设有支承体系,以减小其截面尺寸。图 5.17(a)就是常见的设置侧向支撑的梁,在计算式(5.15)的 M_{cr} 时,式(5.15)的跨长 l 应改取侧向支撑点之间距离 l_1,设置侧向支撑后梁端截面扭转自然得到防止。不设支撑的梁,为了防止梁端截面扭转,可以把上翼缘和支座结构相连接[图 5.17(b)]高度不大的梁也可以靠在支点截面处设置的支承加劲肋来防止梁端扭转。

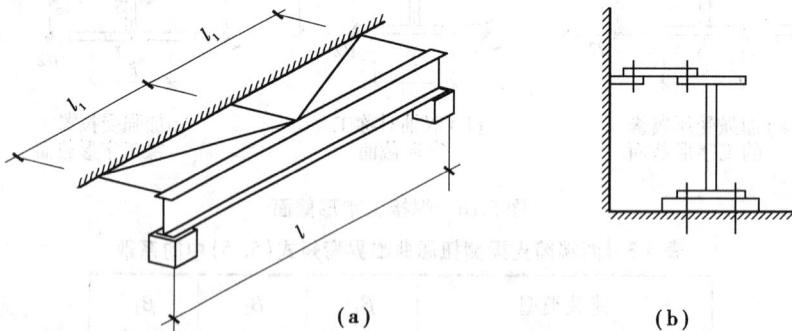

图 5.17 设置侧向支撑的梁和上翼缘有侧向支撑的梁

《钢结构设计规范》(第 4.2.1 条)规定,符合下列情况之一时,可不计算梁的整体稳定性:

①有铺板(各种钢筋混凝土板和钢板)密铺在梁的受压翼缘上并与其牢固相连,能防止梁受压翼缘的侧向位移时。

②H 型钢或等截面工字形简支梁支压翼缘的自由长度 l_1 与其宽度 b_1 之比不超过表 5.4 所规定的数值时。

表 5.4　H 型钢或等截面工字形简支梁不需计算整体稳定性的最大 l_1/b_1 值

钢　号	跨中无侧向支承点的梁		跨中受压翼缘有侧向支承点的梁,不论荷载作用于何处
	荷载作用在上翼缘	荷载作用在下翼缘	
Q235	13.0	20.0	16.0
Q345	10.5	16.5	13.0
Q390	10.0	15.5	12.5
Q420	9.5	15.0	12.0

注:其他钢号的梁不需计算整体稳定性的最大 l_1/b_1 值应取 Q235 钢的数值乘以 $\sqrt{235/f_y}$。

对跨中无侧向支承点的梁,l_1 为其跨度;对跨中有侧向支承点的梁,l_1 为受压翼缘侧向支承点间的距离(梁的支座处视为有侧向支承)。

5.3.5　梁的整体稳定性验算

《钢结构设计规范》(第 4.2.2 条)规定,除 4.2.1 条所指情况外,在最大刚度主平面内受弯的构件,其整体稳定性应按下式计算:

$$\frac{M_x}{\varphi_b W_x} \leqslant f \tag{5.16}$$

式中　M_x——绕强轴作用的最大弯矩;

　　　W_x——按受压纤维确定的梁毛截面模量;

　　　φ_b——梁的整体稳定性系数,应按附录 B 确定。

1)轧制工字钢梁整体稳定系数

轧制普通工字钢简支梁整体稳定系数 φ_b 应按表 5.5 采用,当所得的 φ_b 值大于 0.6 时,应按式(5.23)算得相应的 φ'_b 替代 φ_b 值。

表 5.5　普通轧制工字钢简支梁的稳定系数 φ_b

项次	荷载情况			工字钢型号	自由长度 l_1/m								
					2	3	4	5	6	7	8	9	10
1	跨中无侧向支承点的梁	集中荷载作用于	上翼缘	10~20	2.00	1.30	0.99	0.80	0.68	0.58	0.53	0.48	0.43
				22~32	2.40	1.48	1.09	0.86	0.72	0.62	0.54	0.49	0.45
				36~63	2.80	1.60	1.07	0.83	0.68	0.56	0.50	0.45	0.40
2			下翼缘	10~20	3.10	1.95	1.34	1.01	0.82	0.69	0.63	0.57	0.52
				22~40	5.50	2.80	1.84	1.37	1.07	0.86	0.73	0.64	0.56
				45~63	7.30	3.60	2.30	1.62	1.20	0.96	0.80	0.69	0.60

续表

项次	荷载情况			工字钢型号	自由长度 l_1/m								
					2	3	4	5	6	7	8	9	10
3	跨中无侧向支承点的梁	均布荷载作用于	上翼缘	10~20	1.70	1.12	0.84	0.68	0.57	0.50	0.45	0.41	0.37
				22~40	2.10	1.30	0.93	0.73	0.60	0.51	0.45	0.40	0.36
				45~63	2.60	1.45	0.97	0.73	0.59	0.50	0.44	0.38	0.35
4			下翼缘	10~20	2.50	1.55	1.08	0.83	0.68	0.56	0.52	0.47	0.42
				22~40	4.00	2.20	1.45	1.10	0.85	0.70	0.60	0.52	0.46
				45~63	5.60	2.80	1.80	1.25	0.95	0.78	0.65	0.55	0.49
5	跨中有侧向支承点的梁（荷载作用在截面高度位置）			10~20	2.20	1.39	1.01	0.79	0.66	0.57	0.52	0.47	0.42
				22~40	3.00	1.80	1.24	0.96	0.76	0.65	0.56	0.49	0.43
				45~63	4.00	2.20	1.38	1.01	0.80	0.66	0.56	0.49	0.43

注:①同表 5.6 的注③、⑤;

②表中的 φ_b 值适用于 Q235 钢,对其他钢号,表中数值应乘以 $235/f_y$。

2)整体稳定系数的近似计算

均匀弯曲的受弯构件,当 $\lambda_y \leqslant 120\sqrt{235/f_y}$ 时,其整体稳定系数 φ_b 可按以下近似公式计算:

(1)工字形截面(含 H 型钢)

双轴对称时

$$\varphi_b = 1.07 - \frac{\lambda_y^2}{44\ 000} \cdot \frac{f_y}{235} \tag{5.17}$$

单轴对称时

$$\varphi_b = 1.07 - \frac{W_{1x}}{2(\alpha_b + 0.1)Ah} \cdot \frac{\lambda_y^2}{14\ 000} \cdot \frac{f_y}{235} \tag{5.18}$$

(2)T 形截面(弯矩作用在对称轴平面,绕 x 轴)

①弯矩使翼缘受压时:

双角钢 T 形截面

$$\varphi_b = 1 - 0.001\ 7\lambda_y\sqrt{f_y/235} \tag{5.19}$$

部分 T 型钢和双板件组合 T 形截面

$$\varphi_b = 1 - 0.002\ 2\lambda_y\sqrt{f_y/235} \tag{5.20}$$

②弯矩使翼缘受拉且腹板宽厚比不大于 $18\sqrt{235/f_y}$ 时:

$$\varphi_b = 1 - 0.000\ 5\lambda_y\sqrt{f_y/235} \tag{5.21}$$

按式(5.17)—式(5.21)计算整体稳定系数得到的 $\varphi_b > 0.6$ 时,不需要对 φ_b 进行修正。当按式(5.17)、式(5.21)计算得到的 $\varphi_b > 1.0$ 时,取 $\varphi_b = 1.0$。

在采用近似公式确定梁的整体稳定系数时要满足两个条件,其中所要求"是均匀弯曲的受弯构件"的含义可以从图 5.18 中了解到,就是说跨中弯矩图形没有突变、符合图 5.18(a)的弯矩图形的梁才能采用。

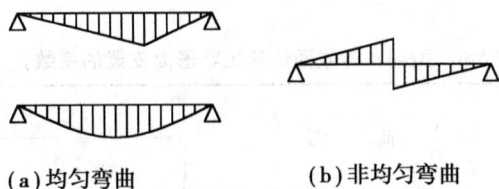

(a)均匀弯曲　　　(b)非均匀弯曲

图 5.18

3)焊接工字形的整体稳定系数

等截面焊接工字形和轧制 H 型钢等截面简支梁的整体稳定系数应按下式计算:

$$\varphi_b = \beta_b \frac{4\,320}{\lambda_y^2} \cdot \frac{Ah}{W_x} \left[\sqrt{1 + \left(\frac{\lambda_y t_1}{4.4h}\right)^2} + \eta_b \right] \frac{235}{f_y} \tag{5.22}$$

式中　β_b——梁整体稳定等效弯矩系数,根据荷载的形式和作用位置按表 5.6 选用;

　　λ_y——梁的侧向长细比,$\lambda_y = l_1/i_y$,l_1 为梁的侧向计算长度,取受压翼缘侧向支承点间的距离,i_y 为梁毛截面对 y 轴的回转半径;

　　A——梁的毛截面面积;

　　h, t_1——分别为梁截面的全高和受压翼缘厚度;

　　W_x——梁受压翼缘边缘纤维的毛截面抵抗矩;

　　f_y——钢材的屈服强度;

　　η_b——截面不对称影响系数,双轴对称焊接工字形截面[图 5.19(a)、(d)]的 $\eta_b = 0$;单轴对称焊接工字形截面图[图 5.19(b)、(c)],加强受压翼缘 $\eta_b = 0.8(2\alpha_b - 1)$,

　　　加强受拉翼缘:$\eta_b = 2\alpha_b - 1$,$\alpha_b = \frac{I_1}{I_1 + I_2} = \frac{I_1}{I_y}$

　　α_b——受压翼缘与全截面侧向惯性矩比值;

　　I_1, I_2——受压翼缘和受拉翼缘对 y 轴的惯性矩。

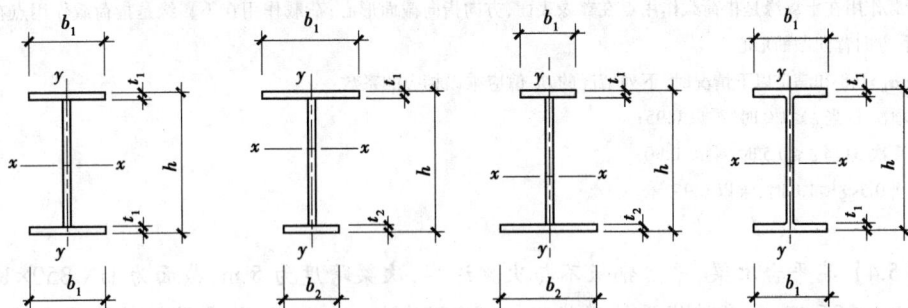

(a)双轴对称焊　　(b)加强受压翼缘的截面　　(c)加强受拉翼缘的单　　(d)轧制 H
接工字形截面　　单轴对称焊接工字形　　轴对称焊接工字形截面　　型钢截面

图 5.19　焊接工字形和轧制 H 型钢截面

当按式(5.22)计算得到的 $\varphi_b > 0.6$ 时,应按下式对 φ_b 进行修正,以 φ'_b 代替 φ_b:

$$\varphi'_b = 1.07 - 0.282/\varphi_b \leq 1.0 \tag{5.23}$$

注:式(5.22)也适用于等截面铆接(或高强度螺栓连接)简支梁,其受压翼缘厚度 t_1 包括翼缘角钢厚度。

表5.6 型钢和等截面焊接工字形简支梁的系数 β_b

项次	侧向支承	荷 载		$\xi = l_1 t_1/b_1 h$		适应范围
				$\xi \leq 2.0$	$\xi > 2.0$	
1	跨中无侧向支承	均布荷载作用于	上翼缘	$0.69 + 0.13\xi$	0.95	图 5.19; a、b、d 的截面
2			下翼缘	$1.73 - 0.20\xi$	1.33	
3		集中荷载作用于	上翼缘	$0.73 + 0.18\xi$	1.09	
4			下翼缘	$2.23 - 0.28\xi$	1.67	
5	跨度中点有一个侧向支承点	均布荷载作用于	上翼缘	1.15		图 5.19 中的所有截面
6			下翼缘	1.40		
7		集中荷载作用于截面上任意处		1.75		
8	跨中有不少于两个等距离侧向支承点	任意荷载作用于	上翼缘	1.20		
9			下翼缘	1.40		
10	梁端有弯矩,跨中无荷载作用			$1.75 - 1.05(M_2/M_1) + 0.3(M_2/M_1)^2$ 且 ≤ 2.3		

注:①ε 为参数,$\varepsilon = \dfrac{l_1 t_1}{b_1 h}$,其中 b_1 和 l_1 见《钢结构设计规范》(第4.2.1条)。

②M_1、M_2 为梁侧向支承点间的端弯矩,使梁产生同向曲率时取同号,反向曲率时取异号,且 $|M_1| \geq |M_2|$。

③表中项次3、4和7的集中荷载指一个或少数几个集中荷载位于跨中央附近的情况,对其他情况的集中荷载,应按表中项次1、2、5、6内的数值采用。

④表中项次8、9的 β_b,当集中荷载作用在侧向支承点处时,取 $\beta_b = 1.20$。

⑤荷载作用在上翼缘是指荷载作用点在翼缘表面,方向指向截面形心;荷载作用在下翼缘是指荷载作用点在翼缘表面,方向背向截面形心。

⑥当 $\alpha_b > 0.8$ 和满足以下情况时,下列情况的 β_b 值应乘以相应的系数:

    a.项次1:当 $\xi \leq 1.0$ 时,乘0.95;

    b.项次3:当 $\xi \leq 0.5$ 时,乘0.90;

    c.当 $0.5 < \xi \leq 1.0$ 时,乘0.95。

【例5.4】某平台次梁,平台铺板不与次梁连牢,次梁跨度为5 m,截面为 HN 350×175×7×11,钢材为 Q235 钢,承受的线设计荷载值 $q = 34.35$ kN/m。要求:验算该梁整体稳定性。

【解】(1)由于平台铺板不与次梁连牢,需验算梁的整体稳定性。

(2)HN 350×175×7×11 的截面特性为 $I_x = 13\,700$ cm^4,$W_x = 782$ cm^3,$A = 63.66$ cm^2,$i_y = 3.93$ cm,有 $\lambda_y = \dfrac{500}{3.93} = 127 > 120$,不满足表5.4所规定的采用近似计算的条件,故按表5.5的规定计算。

（3）计算简支梁的整体稳定性系数 φ_b：

$\xi = \dfrac{l_1 t_1}{b_1 h} = \dfrac{5\,000 \times 11}{175 \times 350} = 0.898$，查《钢结构设计规范》表 5.5 得 $\beta_b = 0.69 + 0.13 \times 0.898 = 0.807$，应用式（5.22）得

$$\varphi_b = \beta_b \frac{4\,320}{\lambda_y^2} \frac{Ah}{W_z} \sqrt{1 + \left(\frac{\lambda_y t_1}{4.4h}\right)^2}$$

$$= 0.807 \times \frac{4\,320}{127^2} \times \frac{63.66 \times 35}{782} \times \sqrt{1 + \left(\frac{127 \times 1.1}{4.4 \times 35}\right)^2} = 0.83$$

$\varphi_b' = 1.07 - 0.282/0.83 = 0.73$

（4）验算整体稳定性：

最大弯矩设计值：$M_x = \dfrac{1}{8} q l^2 = \dfrac{1}{8} \times 34.35 \times 5^2 = 107.3 \ \text{kN} \cdot \text{m}$

应用式（5.16）得

$$\sigma = \frac{M_x}{\varphi_b' W_x} = \frac{107.3 \times 10^6}{0.73 \times 782 \times 10^3} = 188 \ \text{N/mm}^2 < f = 215 \ \text{N/mm}^2$$

5.3.6　双向受弯构件的整体稳定性验算

《钢结构设计规范》（第 4.2.3 条）规定，除 4.2.1 条所指情况外，在两个主平面受弯的 H 型钢截面或工字形截面构件，其整体稳定性应按下式计算：

$$\frac{M_x}{\varphi_b W} + \frac{M_y}{\gamma_y W_y} \leqslant f \tag{5.24}$$

式中　W_x, W_y——分别为按受压纤维确定的对 x 轴和对 y 轴毛截面模量；

φ_b——绕强轴弯曲所确定的梁整体稳定系数。

5.4　局部稳定

受弯构件的截面一般由翼缘和腹板等板件组成。为了增加受弯构件截面的抗弯刚度或抗侧移刚度，在保持梁截面尺寸不变的情况下，通常需加大其截面各板件的宽厚比或高厚比。例如，当已确定所需工字形截面翼缘板的截面积 $A_f = bt$，具体选用 b 与 t 时，采用 b/t 比值较大，则所得截面的 I_y 也就较大；又如，增加腹板高度对增大惯性矩 I_x 的影响远较增加腹板厚度显著。显然增大组合梁截面板件的高（宽）厚比可得到较经济的梁截面，但如果采用的板件宽（高）而薄，板中压应力或剪应力达到某数值时，受压翼缘 [图 5.20（a）] 或腹板 [图 5.20（b）] 可能偏离其平衡位置而出现波形凸曲，即各板件有可能先失去局部稳定性。梁丧失局部稳定的后果虽然没有丧失整体稳定性会导致梁立即失去承载能力那样严重，但丧失局部稳定性会改变梁的受力情况、降低梁的整体稳定性和刚度，因此对局部稳定性问题仍必须认真对待。

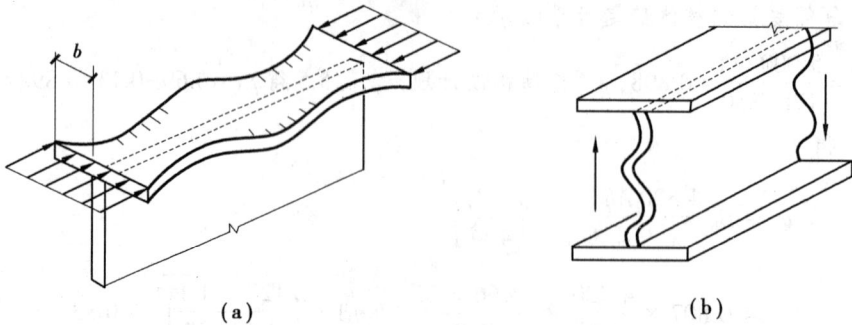

（a）   （b）

图 5.20　梁组成板件的局部失稳

5.4.1　加劲肋的配置

钢结构梁中加劲肋的作用,是使得钢结构梁中节点的整体刚度大大提高,在受到剪力作用时减小节点因弯矩导致的变形,从而大大增强节点的承载力。

由梁端传来的剪力作用到柱子腹板上时,剪力对腹板中心存在偏心,产生附加弯矩。若没有设置加劲肋,则腹板受到较大弯矩的作用,易于失稳。连接板与腹板之间的焊缝受到附加弯矩和剪力的综合作用,从而使节点的承载力降低,同时连接板的转角很大。若设置了加劲肋,则连接板不再是单纯的一块板,而是一个程度很小的工字钢,刚度很大,同时增加的上下两块加劲板(即工字钢的翼缘)又与柱子的腹板相连接,从而使得节点的整体刚度有了很大的提高。受到剪力作用时,尽管有弯矩的作用,但是节点变形很小,节点的承载力有很大的提高。

《钢结构设计规范》(第4.3.1)规定加劲肋的配置如下:

a.承受静力荷载和间接承受动力荷载的组合梁宜考虑腹板屈曲后强度,按《钢结构设计规范》第4.4节的规定计算其抗弯和抗剪承载力;而直接承受动力荷载的吊车梁及类似构件或其他不考虑屈曲后强度的组合梁,则应按《钢结构设计规范》第4.3.2条的规定配置加劲肋。当 $h_0 t_w > 80\sqrt{235/f_y}$ 时,尚应按《钢结构设计规范》第4.3.3至第4.3.5条的规定计算腹板的稳定性。

b.轻、中级工作制吊车梁计算腹板的稳定性时,吊车轮压设计值可乘以折减系数0.9。

《钢结构设计规范》(第4.3.2条)规定,组合梁腹板配置加劲肋应符合下列要求(图5.21):

①当 $h_0/t_w \leq 80\sqrt{235/f_y}$ 时,对有局部压应力($\sigma_c \neq 0$)的梁,应按构造配置横向加劲肋;但对无局部压应力($\sigma_c = 0$)的梁,可不配置加劲肋。

②当 $h_0/t_w > 80\sqrt{235/f_y}$ 时,应配置横向加劲肋。其中,当 $h_0/t_w > 170\sqrt{235/f_y}$ (受压翼缘扭转受到约束,如连有刚性铺板、制动板或焊有钢轨)或 $h_0/t_w > 150\sqrt{235/f_y}$ (受压翼缘扭转未受到约束时),或按计算需要时,应在弯曲应力较大区格的受压区增加配置纵向加劲肋。局部压应力很大的梁,必要时尚宜在受压区配置短加劲肋。

任何情况下,h_0/t_w 均不应超过 $250\sqrt{235/f_y}$。

此处 h_0 为腹板的计算高度(对单轴对称梁,当确定是否要配置纵向加劲肋时,h_0 应取为腹板受压区高度 h_c 的2倍),t_w 为腹板的厚度。

③梁的支座处和上翼缘受有较大固定集中荷载处,宜设置支承加劲肋。

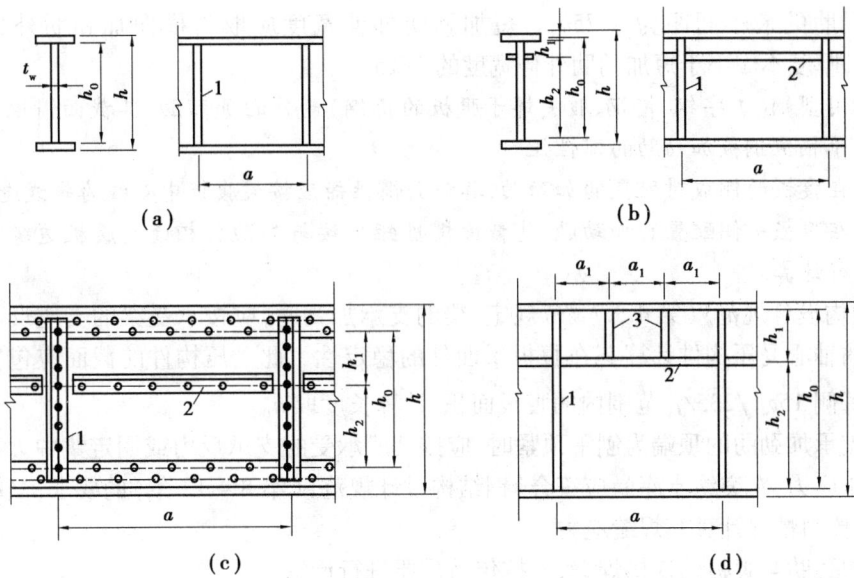

图 5.21 加劲肋布置

1—横向加劲肋;2—纵向加劲肋;3—短加劲肋

5.4.2 加劲肋的设计

《钢结构设计规范》(第 4.3.6 条)规定,加劲肋宜在腹板两侧成对布置,也可单侧布置,但支撑加劲肋、重级工作制吊车梁的加劲肋不应单侧配置。

横向加劲肋的最小间距 a 不得小于 $0.5\ h_0$,最大间距应为 $2\ h_0$(对无局部压应力的梁,当 $h_0/t_w \leq 100$ 时,可采用 $2.5\ h_0$)。纵向加劲肋至腹板计算高度受压边缘的距离应在 $h_c/2.5 \sim h_c/2$ 范围内。

在腹板两侧成对配置的钢板横向加劲肋,其截面尺寸应符合下列公式要求:

外伸宽度(mm):

$$b_s \geq \frac{h_0}{30} + 40 \tag{5.25}$$

厚度:

$$t_s \geq \frac{b_s}{15} \tag{5.26}$$

在腹板一侧配置的钢板横向加劲肋,其外伸宽度应大于按式(5.25)计算得到的 1.2 倍,厚度不应小于其外伸宽度的 1/15。

在同时用横向加劲肋和纵向加劲肋加强的腹板中,横向肋的断面尺寸除应符合上述规定外,其截面惯性矩 I_z 尚应满足下列要求:

$$I_z \geq 3h_0 t_w^3 \tag{5.27}$$

纵向加劲肋的截面惯性矩 I_y,应满足下列公式的要求:

当 $a/h_0 \leq 0.85$ 时: $\qquad I_y \geq 1.5h_0 t_w^3 \tag{5.28}$

当 $a/h_0 > 0.85$ 时: $\qquad I_y \geq \left(2.5 - 0.45\frac{a}{h_0}\right)\left(\frac{a}{h_0}\right)^2 h_0 t_w^3 \tag{5.29}$

短加劲肋的最小间距为$0.75h_1$。短加劲肋外伸宽度应取为横向加劲肋外伸宽度的$0.7\sim1.0$倍,厚度不应小于短加劲肋外伸宽度的$1/15$。

注:①用型钢(工字钢、槽钢、肢尖焊于腹板的角钢)制作的加劲肋,其截面惯性矩不得小于相应钢板加劲肋的惯性矩。

②在腹板两侧成对配置的加劲肋,其截面惯性矩应按梁腹板中心线为轴线进行计算。

③在腹板一侧配置的加劲肋,其截面惯性矩应按与加劲肋相连的腹板边缘为轴线进行计算。

《钢结构设计规范》(第4.3.7条)规定,梁的支承加劲肋,应按承受梁的支座反力或固定集中荷载的轴心受压构件计算其在腹板平面外的稳定性。此受压构件的截面应包括加劲肋和加劲肋每侧$15t_w\sqrt{235/f_y}$范围内的腹板面积,计算长度取h_0。

当梁支承加劲肋的顶端为刨平顶紧时,应按其所承受的支承反力或固定集中力荷载计算其端面承压应力,对突缘支座尚应符合《钢结构设计规范》(第8.4.12条)的要求;当端部有焊接时,应按传力情况计算其焊缝应力。

支承加劲肋与腹板的连接焊缝,应按传力需要进行计算。

5.4.3 腹板的局部稳定验算

1)临界条件公式

《钢结构设计规范》(第4.3.3条)规定,仅配置横向加劲肋的腹板,其各区格的局部稳定应按下式计算:

$$\left(\frac{\sigma}{\sigma_{cr}}\right)^2+\left(\frac{\tau}{\tau_{cr}}\right)^2+\frac{\sigma_c}{\sigma_{c,cr}}\leqslant1 \tag{5.30}$$

式中 σ——计算腹板区格内,由平均弯矩产生的腹板计算高度边缘的弯曲压应力;

τ——所计算腹板区格内,由平均剪力产生的腹板平均剪应力,应按$\tau=V/(h_w t_w)$计算,h_w为腹板高度;

σ_c——计算稳定性的承压应力,与计算强度的承压应力相同;

$\sigma_{cr},\tau_{cr},\sigma_{c,cr}$——分别为各种应力单独作用下的欧拉临界应力,按下列方法计算。

2)临界弯曲压应力

《钢结构设计规范》(第4.3.3条)中σ_{cr}按如下公式计算:

当$\lambda_b\leqslant0.85$时 $\sigma_{cr}=f$ (5.31)

当$0.85<\lambda_b\leqslant1.25$时 $\sigma_{cr}=[1-0.75(\lambda_b-0.85)]f$ (5.32)

当$\lambda_b>1.25$时 $\sigma_{cr}=1.1f/\lambda_b^2$ (5.33)

式中 λ_b——用于腹板受弯计算时的通用高厚比。

当梁受压翼缘扭转受到约束时

$$\lambda_b=\frac{2h_c/t_w}{177}\sqrt{\frac{f_y}{235}} \tag{5.34}$$

当梁受压翼缘扭转未受到约束时

$$\lambda_b=\frac{2h_c/t_w}{153}\sqrt{\frac{f_y}{235}} \tag{5.35}$$

h_c 为梁腹板弯曲受压区高度,对双轴对称截面,有 $2h_c=h_0$。

3)临界剪应力

《钢结构设计规范》(第4.3.3条)规定,τ_{cr} 按如下公式计算:

当 $\lambda_s \leqslant 0.8$ 时: $\qquad \tau_{cr}=f_v$ $\qquad\qquad\qquad$ (5.36)

当 $0.8<\lambda_s \leqslant 1.2$ 时: $\qquad \tau_{cr}=[1-0.59(\lambda_s-0.8)]f_v$ $\qquad$ (5.37)

当 $\lambda_s>1.2$ 时: $\qquad \tau_{cr}=1.1f_v/\lambda_s^2$ $\qquad\qquad\qquad$ (5.38)

式中 $\quad\lambda_s$ ——用于腹板抗局部压力作用时的通用高厚比。

当 $a/h_0 \leqslant 1.0$ 时: $\qquad \lambda_c=\dfrac{h_0/t_w}{41\sqrt{4+5.34\,(h_0/a)^2}}\sqrt{\dfrac{f_y}{235}}$ $\qquad$ (5.39)

当 $a/h_0>1.0$ 时: $\qquad \lambda_s=\dfrac{h_0/t_w}{41\sqrt{5.34+4\,(h_0/a)^2}}\sqrt{\dfrac{f_y}{235}}$ $\qquad$ (5.40)

【例5.5】某焊接工字型截面组合梁如图5.22所示,采用Q235钢,次梁传来的集中荷载设计值 $F=515.8$ kN,梁的自重标准值 $g_k=3.56$ kN/m。次梁集中荷载处设置支撑加劲肋[图5.23(a)]。横向加劲肋间距 $a=3\,000$ mm。截面模量:支座截面 $W_1=15\,420\times10^3$ mm³,跨中截面 $W=23\,990\times10^3$ mm³。已求得临界应力为 $\sigma_{cr}=282.1$ N/mm³,$\tau_{cr}=74.5$ N/mm²,受压翼缘扭转受到约束。要求:横向加劲肋各区格的局部稳定计算。

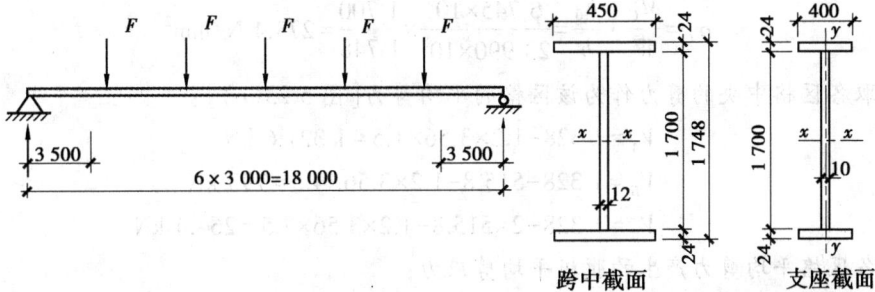

图 5.22

【解】(1)支座反力设计值(包括自重):

$$R=2.5\times515.8+0.5\times18\times1.2\times3.56=1\,328 \text{ kN}$$

(2)取区格中央的弯矩作为该区格的平均弯矩[图5.23(b)]:

$$M_A=1\,328\times1.5-\frac{1}{2}\times1.2\times3.56\times1.5^2=1987 \text{ kN}\cdot\text{m}$$

$$M_B=1\,328\times4.5-515.8\times1.5-\frac{1}{2}\times1.2\times3.56\times4.5^2=5\,159 \text{ kN}\cdot\text{m}$$

$$M_C=1\,328\times7.5-515.8\times(1.5+4.5)-\frac{1}{2}\times1.2\times3.56\times7.5^2=6\,745 \text{ kN}\cdot\text{m}$$

(3)各区格平均弯矩产生的腹板计算高度边缘的弯曲正应力:

$$\sigma_A=\frac{M_A}{W_1}\cdot\frac{h_0}{h}=\frac{1\,987\times10^6}{15\,420\times10^3}\times\frac{1\,700}{1\,748}=125.3 \text{ N/mm}^2$$

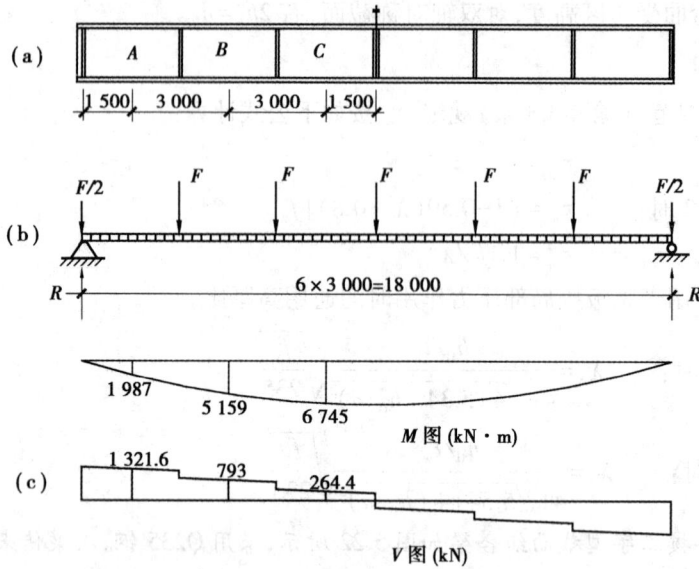

图 5.23

$$\sigma_B = \frac{M_B}{W} \cdot \frac{h_0}{h} = \frac{5\ 159 \times 10^6}{23\ 990 \times 10^3} \times \frac{1\ 700}{1\ 748} = 209.1\ \text{N/mm}^2$$

$$\sigma_C = \frac{M_C}{W} \cdot \frac{h_0}{h} = \frac{6\ 745 \times 10^6}{23\ 990 \times 10^3} \times \frac{1\ 700}{1\ 748} = 273.4\ \text{N/mm}^2$$

(4)取各区格中央的剪力作为该区格的平均剪力[图 5.23(c)]:

$$V_A = 1\ 328 - 1.2 \times 3.56 \times 1.5 = 1\ 321.6\ \text{kN}$$

$$V_B = 1\ 328 - 515.8 - 1.2 \times 3.56 \times 4.5 = 793\ \text{kN}$$

$$V_C = 1\ 328 - 2 \times 515.8 - 1.2 \times 3.56 \times 7.5 = 264.4\ \text{kN}$$

(5)各区格平均剪力产生的腹板平均剪应力:

$$\tau_A = \frac{V_A}{h_0 t_w} = \frac{1\ 321.6 \times 10^3}{1\ 700 \times 12} = 64.8\ \text{N/mm}^2$$

$$\tau_B = \frac{V_B}{h_0 t_w} = \frac{793 \times 10^3}{1\ 700 \times 12} = 38.9\ \text{N/mm}^2$$

$$\tau_C = \frac{V_C}{h_0 t_w} = \frac{264.4 \times 10^3}{1\ 700 \times 12} = 13.0\ \text{N/mm}^2$$

(6)各区格的局部稳定计算,按式(5.30),有:

$$A\ 区格:\left(\frac{\sigma_A}{\sigma_{cr}}\right)^2 + \left(\frac{\tau_A}{\tau_{cr}}\right)^2 = \left(\frac{125.3}{282.1}\right)^2 + \left(\frac{64.8}{74.5}\right)^2 = 0.95 < 1(满足)$$

$$B\ 区格:\left(\frac{\sigma_B}{\sigma_{cr}}\right)^2 + \left(\frac{\tau_B}{\tau_{cr}}\right)^2 = \left(\frac{209.1}{282.1}\right)^2 + \left(\frac{38.9}{74.5}\right)^2 = 0.82 < 1(满足)$$

$$C\ 区格:\left(\frac{\sigma_C}{\sigma_{cr}}\right)^2 + \left(\frac{\tau_C}{\tau_{cr}}\right)^2 = \left(\frac{273.4}{282.1}\right)^2 + \left(\frac{13}{74.5}\right)^2 = 0.97 < 1(满足)$$

5.4.4 受压翼缘板的局部稳定

工字形截面受弯构件的板,其纵向的一条边与腹板相连,由于腹板的厚度常小于翼缘板的厚度,腹板对翼缘板的转动约束较小,该边可视为简支边,两条横向支承边可看成简支与相邻翼缘板。因此,受压翼缘可看成在板平面内均匀受压的两块三边支承、一边自由的矩形板条。受压翼缘板是用限制其宽厚比的方法防止其发生局部失稳的。

仅在板件平面内受压的翼缘板,根据弹性屈曲理论,起稳定临界应力可表示为:

$$\sigma_{cr} = \beta \chi \frac{\pi^2 E}{12(1-\nu^2)} \left(\frac{t}{b}\right)^2 \tag{5.41}$$

式中 χ——支承边的弹性约束系数,对简支边取 $\chi = 1.0$;

β——简支边的弹性屈曲系数,与荷载分布情况和支承边数有关,受弯构件的受压翼缘板可视为三边支承、一边自由的均匀受压板,因此 $\beta = 0.425$;

ν——材料的泊松比,对钢材有 $\nu = 0.3$;

t, b——分别为翼缘板的厚度和外伸宽度。

当按边缘屈曲准则计算梁的强度时,考虑残余应力的影响,翼缘板纵向应力已超过有效比例极限进入了弹塑性阶段,但在与压应力相垂直的方向仍然是弹性的,这种情况属正交异形板,其临界应力的精确计算较为复杂,一般可用 $\sqrt{\eta} E$ 代替 E 来考虑这种弹塑性影响。系数 $\eta \leq 1$,为切线模量 E_t 与弹性模量 E 之比。

如取 $\eta = 0.5$,再令式(5.41)的 $\sigma_{cr} \geq f_y$(即满足局部失稳不先于受压边缘最大应力屈服的条件),则

$$\sigma_{cr} = 0.425 \times 1.0 \frac{\pi^2 \sqrt{0.5} \times 206 \times 10^3}{12(1-0.3^2)} \left(\frac{t}{b}\right)^2 \geq f_y$$

得

$$b/t \leq 15 \sqrt{\frac{235}{f_y}} \tag{5.42}$$

这是当构件的抗弯强度按弹性设计时翼缘板不会局部失稳的条件。

当考虑截面部分发展塑性变形时,截面上形成塑性区和弹性区,翼缘板整个厚度上的应力均可达到屈服点 f_y,若 $\eta = 0.25$,则有

$$\sigma_{cr} = 0.425 \times 1.0 \frac{\pi^2 \sqrt{0.25} \times 206 \times 10^3}{12(1-0.3^2)} \left(\frac{t}{b}\right)^2 \geq f_y$$

得

$$b/t \leq 13 \sqrt{\frac{235}{f_y}} \tag{5.43}$$

若满足式(5.42)的宽厚比条件,在受弯构件达到承载能力极限状态以前,翼缘板不会发生局部失稳。

对箱形截面梁,受压翼缘板在两腹板间的部分可视为四边简支纵向均匀受压板,屈曲系数 $\beta = 4$,取弹性约束系数 $\chi = 1.0$、$\eta = 0.25$,令 $\sigma_{cr} \geq f_y$,得宽厚比限制为:

$$b_0/t \leq 40 \sqrt{\frac{235}{f_y}} \tag{5.44}$$

5.5 考虑腹板屈曲后强度的梁的计算

考虑梁腹板屈曲后强度的理论分析和计算方法较多,目前各国规范大都采用张力场理论,它的基本假定是:

①腹板剪切屈曲后因薄膜应力而形成张力场,腹板中的剪力,一部分由小挠度理论算出的抗剪力承担,另一部分由斜张力场作用(薄膜效应)承担。

②翼缘的弯曲刚度小,假定不能承担腹板斜张力场产生的垂直分力的作用。

同时需注意的是,屈曲后强度计算方法仅适用于承受静力荷载或间接承受动力荷载的梁。

5.5.1 单纯受弯腹板屈曲后的承载力设计值

腹板屈曲后考虑张力场的作用,抗剪承载力有所提高,但在弯矩作用下腹板受压区屈曲后将不能继续承受压应力而退出工作,因而梁的抗弯承载力有所下降,不过下降很少。屈曲后构件的抗弯承载力 M_{eu} 采用有效截面的概念计算,假定如下:

①腹板受压区截面的有效高度为 ρh_c,并等分在受压区的两侧,中部则扣除 $(1-\rho)h_c$ 高度、h_c 为截面的弯曲受压区高度,ρ 为腹板受压区有效高度系数。

②为了使腹板屈曲后截面中和轴位置不改变,假设弯曲受拉区也有相应高度为 $(1-\rho)h_c$ 的部分腹板退出工作。

以上假设是为了简化计算工作,结果偏于安全。

《钢结构设计规范》对单纯受弯腹板屈曲后的承载力设计值规定如下:

当 M_{eu} 时下列公式计算:

$$M_{eu} = \gamma_x \alpha_e W_x f \qquad (5.45)$$

$$\alpha_e = 1 - \frac{(1-\rho)h_c^3 t_w}{2I_x} \qquad (5.46)$$

式中 α_e——梁截面模量考虑腹板有效高度的折减系数;

      I_x——按梁截面全部有效算得的绕 x 轴的惯性矩;

      h_c——按梁截面全部有效算得的腹板受压区高度;

      γ_x——梁截面塑性发展系数;

      ρ——腹板受压区有效高度系数;

当 $\lambda_b \leqslant 0.85$ 时: $\rho = 1.0$ (5.47)

当 $0.85 \leqslant \lambda_b \leqslant 1.25$ 时: $\rho = 1 - 0.82(\lambda_b - 0.85)$ (5.48)

当 $\lambda_b \geqslant 1.25$ 时: $\rho = \frac{1}{\lambda_b}\left(1 - \frac{0.2}{\lambda_b}\right)$ (5.49)

式中 λ_b——用于腹板受弯计算时的通用高厚比,按式(5.48)、式(5.49)计算。

【例5.6】某简支梁跨长18 m,受压翼缘扭转未受约束。承受全跨度均布荷载和两个三分点处的集中荷载(图5.24),荷载设计值 $g = 66$ kN/m,$Q = 460$ kN,钢材为 Q345,梁的截面尺寸为翼缘 2－440×20,腹板 1－1 600×12 在集中荷载作用处设置横向加劲肋。考虑腹板屈曲后强度。要求:验算梁跨中截面的承载力是否满足要求。

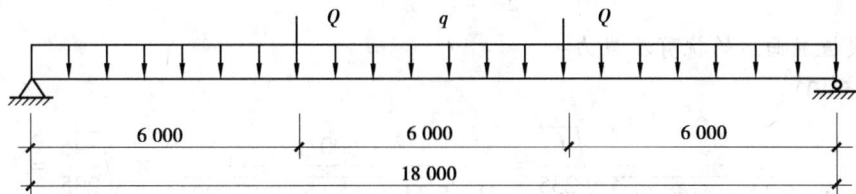

图 5.24

【解】 最大弯矩 $M_1 = M_{max} = \dfrac{1}{8}ql^2 + \dfrac{1}{3}Ql = \dfrac{1}{8} \times 66 \times 18^2 + \dfrac{1}{3} \times 460 \times 18 = 5\ 433\ kN \cdot m$

剪力: $V_1 = 0$

截面惯性矩

$$I_x = \frac{1}{12} \times 12 \times 1\ 600^3 + 2 \times 440 \times 20 \times 810^2 = 1.564 \times 10^{10}\ mm^4$$

$$w_x = \frac{I_x}{h/2} = \frac{1.564 \times 10^{10}}{820} = 1.907 \times 10^7\ mm^3$$

按式(5.35),有 $\lambda_b = \dfrac{h_0/t_w}{153}\sqrt{\dfrac{f_y}{235}} = \dfrac{1\ 600/12}{153}\sqrt{\dfrac{345}{235}} = 1.06$

因 $0.85 < \lambda_b < 1.25, \rho = 1 - 0.82(\lambda_b - 0.85) = 1 - 0.82 \times (1.06 - 0.85) = 0.828$

按式(5.46),有 $\alpha_e = 1 - \dfrac{(1-\rho)h_c^3 t_w}{2I_x} = 1 - \dfrac{(1-0.828) \times 800^3 \times 12}{2 \times 1.564 \times 10^{10}} = 0.966$

按式(5.45),有 $M_{eu} = \gamma_x \alpha_e W_x f = 1.05 \times 0.966 \times 1.907 \times 10^7 \times 295$
$\qquad = 5\ 706\ kN \cdot m > M_1 = 5\ 433\ kN \cdot m,$承载力满足要求。

5.5.2　单纯受剪腹板屈曲后的承载力设计值

根据张力场理论基本假设,在设有横向加劲肋的组合梁中,腹板一旦受剪产生屈曲,腹板沿一个斜方向因受斜压力而呈波浪鼓曲,不能继续承受斜向压力,但在另一方向则因薄膜张力作用可继续受拉。腹板张力场中拉力的水平分力和竖向分力需由翼缘板和加劲肋承受,此时梁的作用又如一桁架结构翼缘板相当于桁架的上、下弦杆,横向加劲肋相当于其竖腹杆,而腹板的张力场则相当于桁架的斜腹杆。

《钢结构设计规范》对单纯受剪腹板屈曲后的承载力设计值规定如下:

V_u 应按下列公式计算:

当 $\lambda_s \leq 0.8$ 时: $\qquad V_u = h_w t_w f_v$ \hfill (5.50)

当 $0.8 \leq \lambda_s \leq 1.2$ 时: $\qquad V_u = h_w t_w f_v [1 - 0.5(\lambda_s - 0.8)]$ \hfill (5.51)

当 $\lambda_s \geq 1.2$ 时: $\qquad V_u = h_w t_w f_v / \lambda_s^{1.2}$ \hfill (5.52)

式中　λ_s——用于腹板受弯计算时的通用高厚比,按式(5.51)和式(5.52)计算。

当组合梁仅配置支座加劲肋时,取式(5.40)中的 $h_0/\alpha = 0$。

【例 5.7】条件同例 5.6,要求:验算梁的梁端截面承载力是否满足要求。

【解】梁端截面有 $M_3 = 0$, $V_3 = V_{max} = \dfrac{1}{2}ql + Q = \dfrac{1}{2} \times 66 \times 18 + 460 = 1\,054$ kN。

计算腹板屈曲后的抗剪承载力:

按式(5.40):

$$\lambda_s = \frac{h_0/t_w}{41\sqrt{5.34 + 4(h_0/a)^2}}\sqrt{\frac{f_y}{235}} = \frac{1\,600/12}{41\sqrt{5.34 + 4(1\,600/6\,000)^2}} \times \sqrt{\frac{345}{235}} = 1.66$$

按式(5.52):

$$\lambda_s > 1.2, \quad V_u = \frac{h_w t_w f_v}{\lambda_a^{1.2}} = \frac{1\,600 \times 12 \times 180 \times 10^{-3}}{1.66^{1.2}} = 1\,881 \text{ kN}$$

$V_3 < V_u$,所以梁端截面承载能力满足要求。

5.5.3 弯矩、剪力共同作用时,考虑腹板屈曲后强度的验算

《钢结构设计规范》(第4.4条)给出了组合梁腹板考虑屈曲后强度的计算。腹板仅配置支承加劲肋(或尚有中间横向加劲肋)而考虑屈曲后强度的工字形截面焊接组合梁,应按下列验算抗弯和抗剪承载能力:

$$\left(\frac{V}{0.5V_u} - 1\right)^2 + \frac{M - M_f}{M_{eu} - M_f} \leqslant 1 \tag{5.53}$$

$$M_f = \left(A_{f1}\frac{h_1^2}{h_2^2} + A_{f2}h_2\right)f \tag{5.54}$$

式中 M, V——梁的同一截面上同时产生的弯矩和剪力设计值,计算时,当 $V < 0.5V_u$ 取 $V = 0.5V_u$;当 $M < M_f$,取 $M = M_f$;

     M_f——梁两翼缘所承担的弯矩设计值;

     A_{f1}, h_1——较大翼缘的截面积及其形心至梁中和轴的距离;

     A_{f2}, h_2——较小翼缘的截面积及其形心至梁中和轴的距离;

     M_{eu}, V_u——梁抗弯和抗剪承载力设计值。

【例 5.8】如图 5.25 所示为工字形截面组合梁,梁的腹板尺寸为 6 mm×1 000 mm,翼缘为 14 mm×300 mm,在支座和次梁作用点设有横向加劲肋,梁的跨度和作用的荷载见图。次梁和铺板可有效地约束主梁的受压翼缘。$I_x = 6 \times 1\,000^3/12 + 2 \times 14 \times 300 \times 507^2 = 265\,911\,600$ mm^4,$W_x = 265\,911\,600/514 = 5\,173\,536.4$ mm^3,$f = 215$ N/mm^2,$f_v = 125$ N/mm^2,主梁的支座反力(未计主梁自重)为 $R = 2 \times 181.9$ kN $= 363.8$ kN,梁跨中最大弯矩(未计主梁自重)$M_{max} = (363.8 - 90.95) \times 6 - 181.9 \times 3 = 1\,091.4$ kN·m,单位长度梁的荷载为 $g = 1\,463$ N/m。自重生产的跨中最大弯矩为 $M_g = \dfrac{1}{8} \times 1\,463 \times 1.2 \times 12^2 = 31.6$ kN·m,跨中最大弯矩 $M_x = 1\,091.4 + 31.6 = 1123$ kN·m,支座处的最大剪力按梁的支座反力计算,其值为 $V = 363.8 \times 1\,000 + 1\,463 \times 1.2 \times 6 = 374.2$ kN。式中 1.2 为恒载分项系数。

要求:用考虑腹板屈曲后强度的计算方法校核其腹板强度。

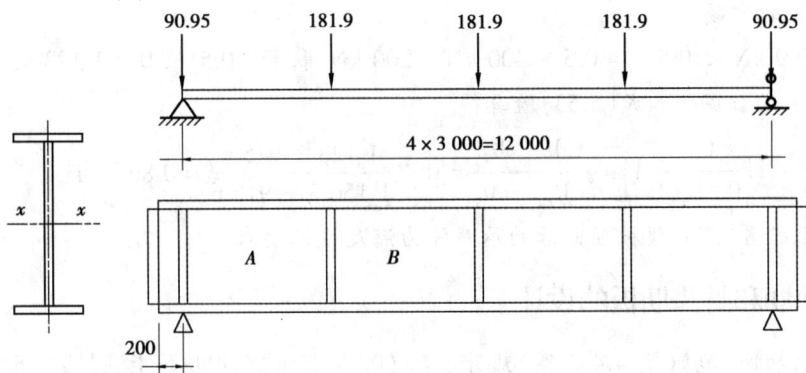

图 5.25

【解】1)腹板屈曲后纯弯,纯剪的强度设计值计算

(1)梁两翼缘所承担的弯矩设计值

$$M_f = 2A_f h_1 f = 2 \times 14 \times 300 \times 507 \times 215 \text{ kN} \cdot \text{m} = 915.6 \text{ kN} \cdot \text{m}$$

(2)抗弯承载力 M_{cu} 计算

$$\gamma_s = 1.05, \lambda_b = 2h_c/(177t_w) = 2 \times 500/(177 \times 6) = 0.94$$

$$\rho = 1 - 0.82 \times (0.94 - 0.85) = 0.93$$

$$\alpha_\varepsilon = 1 - (1-0.93) \times 500^3 \times 6/(2 \times 265\ 911\ 600) = 0.99$$

$$M_{\varepsilon u} = \gamma_x \alpha_\varepsilon W_x f = 1.05 \times 0.99 \times 5\ 173\ 563.4 \times 215 = 1\ 156.3 \text{ kN} \cdot \text{m}$$

(3)抗剪承载力 V_u 计算

$$a/h_0 = 3 > 1.0, k_s = 5.34 + 4(h_0/a)2 = 5.784,$$

$$\lambda_s = h_0/(41t_w k_s^{1/2}) = 1\ 000/(41 \times 6 \times 5.784^{1/2}) = 1.69$$

$$V_u = h_w t_w f_v/\lambda_s^{1.2} = 1\ 000 \times 6 \times 125/1.69^{1.2} \text{ kN} = 400.0 \text{ kN}$$

2)区格左截面

$M = 0 < M_f = 915.6 \text{ kN} \cdot \text{m}$,取 $M = M_f$

$V = 374.3 \text{ kN} - 90.95 \text{ kN} = 283.4 \text{ kN} > 0.5V_u = 0.5 \times 400 \text{ kN} = 200 \text{ kN}$

将 M 和 V 的数据代入式(5.53)验算得:

$$\left(\frac{V}{0.5V_u} - 1\right)^2 + \frac{M - M_f}{M_{cu} - M_f} = \left(\frac{283.4}{0.5 \times 400} - 1\right)^2 + 0 = 0.17 < 1$$

3)区格 A 右截面(区格 B 左截面)

$$M = 283.4 \times 3 - 0.5 \times 1.463 \times 3^2 \times 1.2$$

$$= 842.3 < M_f = 915.6 \text{ kN} \cdot \text{m},取 M = M_{f \circ}$$

$V = 283.4 - 1.463 \times 3 \times 1.2 = 278.1 \text{ kN} > 0.5V_u = 0.5 \times 400 \text{ kN} = 200 \text{ kN}$

将 M 和 V 的数据代入式(5.53)验算得

$$\left(\frac{V}{0.5V_u} - 1\right)^2 + \frac{M - M_f}{M_{cu} - M_f} = \left(\frac{278.1}{0.5 \times 400} - 1\right)^2 + 0 = 0.15 < 1$$

4)区格 B 的右截面

$V = 90.9$ kN $< 0.5V_u = 0.5 \times 400$ kN $= 200$ kN,取 $V = 0.5V_u$, $M = 1\ 123$ kN·m

将 M 和 V 的数据代入式(5.53)验算得

$$\left(\frac{V}{0.5V_u} - 1\right)^2 + \frac{M - M_f}{M_{cu} - M_f} = 0 + \frac{1\ 123 - 915.6}{1\ 156.3 - 915.6} = 0.86 < 1$$

通过以上验算可知,腹板屈曲后的承载能力满足设计要求。

5.5.4 加劲肋和封头肋板的设计

《钢结构设计规范》(第4.4.2条)规定,当仅配置支座加劲肋不能满足式(5.53)的要求时,应在两侧成对配置中间横向加劲肋。中间横向加劲肋和上端受有集中压力的中间支承加劲肋,其截面尺寸除应满足式(5.37)和式(5.38)的要求外,尚应按轴心受压构件参照(第4.3.7)计算其在腹板平面外的稳定性,轴心压力应按下式计算:

$$N_s = V_u - \tau_{cr} h_w \tau_w + F \tag{5.55}$$

式中 V_u——按式(5.52)计算;

h_w——腹板高度;

τ_{cr}——按式(5.38)计算;

F——作用于中间支承加劲肋上端的集中压力。

当腹板在支座旁的区格 $\lambda_s > 0.8$ 时,支座加劲肋除承受梁的支座反力外尚应承受拉力场的水平分力 H,按压弯构件计算强度和在腹板平面外的稳定。

$$H = (V_u - \tau_{cr} h_w t_w) \sqrt{1 + (a/h_0)^2} \tag{5.56}$$

对设中间横向加劲肋的梁,a 取支座端区格的加劲肋间距;对不设中间加劲肋的腹板,a 取梁支座至跨内剪力为零点的距离。

H 的作用点在距腹板计算高度上边缘 $h_0/4$ 处。此压弯构件的截面和计算长度同一般支座加劲肋。当支座加劲肋采用图5.26;的构造形式时,可按下述简化方法进行计算:加劲肋1作为承受支座反力 R 的轴心压杆计算,封头肋板2的截面积不应小于按下式计算的数值:

$$A_c = \frac{3h_0 H}{16ef} \tag{5.57}$$

注:①腹板高厚比不应大于250。

②考虑腹板屈曲后强度的梁,可按构造需要设置中间横向加劲肋。

③中间横向加劲肋较大($a > 2.5h_0$)和不设中间横向加劲肋的腹板,当满足式(5.36)时,可取 $H = 0$。

【例5.9】条件同【例5.6】,要求确定梁端的封头肋板。

【解】$a/h_0 = 3 > 1.0$,$k_a = 5.34 + 4(h_0/a)^2 = 5.784$

按式(5.40),有 $\lambda_s = h_0/(41t_w k_a^{1/2}) = 1\ 000/(41 \times 6 \times 5.784^{1/2}) = 1.69$。

由于 $\lambda_s = 1.69 > 0.8$,根据《钢结构设计规范》第4.2.2条的规定,需考虑水平力 H 的影响。

$\lambda_s = 1.69 > 1.2$,按式(5.38),有 $\tau_{cr} = 1.1 f_v/(\lambda_s)^2 = 1.1 \times 125/1.69^2 = 48.1$ N/mm²。

按式(5.16),有

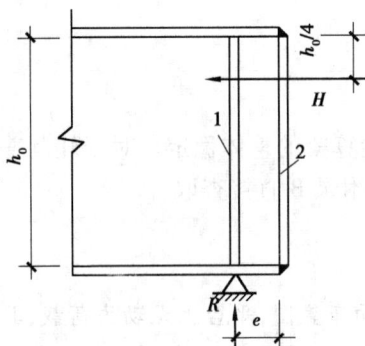

图 5.26　设置封头板的梁端构造　　　　图 5.27　设置封头肋板的梁端构造

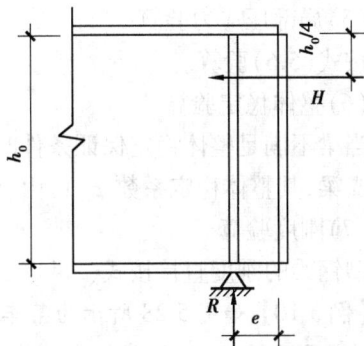

$$H = (V_u - \tau_{cr} h_w t_w) \sqrt{1 + (a/h_0)^2}$$

$$= (400 \times 10^3 - 48.1 \times 1\,000 \times 6) \times (1 + 3^2)^{1/2}$$

$$= 352\,278\ \text{N}$$

根据《钢结构设计规范》第 4.2.2 的规定,支座加劲肋采用图 5.27 所示的构造,按式(5.55),可得封头肋板所需截面积为

$$A_c \geqslant \frac{3h_0 H}{16ef} = \frac{3 \times 1\,000 \times 352\,278}{16 \times 200 \times 215} = 1\,536.1\ \text{mm}^2$$

实际取封头板截面积 $A_c = 14 \times 160\ \text{mm}^2 = 2\,240\ \text{mm}^2 > 1\,536.1\ \text{mm}^2$。

5.6　梁的设计

5.6.1　型钢梁设计

型钢梁中应用最多的是普通工字钢和 H 型钢。型钢梁的设计一般应满足承载力、整体稳定和刚度要求。当梁上有集中荷载作用且荷载作用处梁的腹板又未设置加劲肋时,还需验算腹板边缘的局部压应力。型钢梁腹板和翼缘的宽厚比都不太大,局部稳定常可保证,不需验算。

下面以普通工字钢梁为例,按一般设计步骤,简述型钢梁的设计方法。

(1)计算梁的内力

根据已知梁的荷载设计值计算梁的最大弯矩 M_x 和剪力 V。

(2)计算梁需要的净截面抵抗矩 W_{nx}

$$W_{nx} = M_x / (\gamma_x f)$$

式中　γ_x 可取 1.05,据 W_{nx} 查附表 1.1,选用合适的工字钢型号。

(3)弯曲正应力验算

$$\sigma = M_x / (\gamma_x W_{nx}) \leqslant f$$

式中　M_x 应包括型钢自重所产生的弯矩,W_{nx} 为所选型钢实际的净截面抵抗矩。

(4)最大剪应力验算

按式(5.5)验算。

(5)局部压应力验算

按式(5.6)验算。

(6)整体稳定验算

当梁不满足整体稳定保证条件时,可按式(5.16)验算梁的整体稳定。对于轧制普通工字钢简支梁,其整体稳定系数φ_b可由《钢结构设计规范》附录B直接查取。

(7)刚度验算

型钢梁的刚度直接按式(5.4)~式(5.6)验算。

【例5.10】如图5.28所示为某车间工作平台的平面布置图,平台上无动力荷载,其恒载标准值为3 000 N/mm²,活载标准值为4 500 N/mm²,钢材为Q235,恒载分项系数$\gamma_G=1.2$,活载分项系数$\gamma_Q=1.4$,分别按以下两种情况设计工字型截面次梁A。

(1)平台板为刚性,可保证次梁的整体稳定。

(2)平台板不能保证次梁的整体稳定。

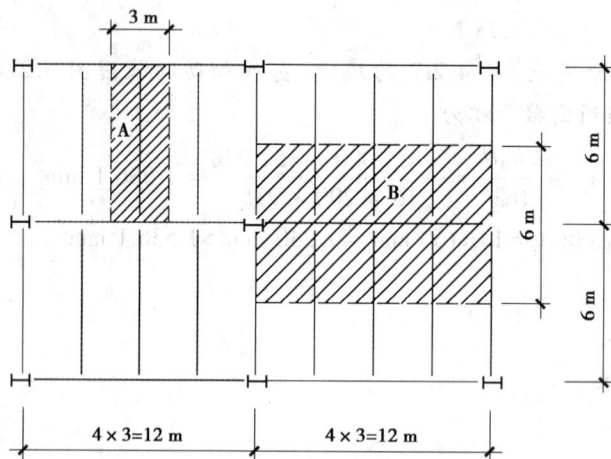

图5.28　工作平台布置简图

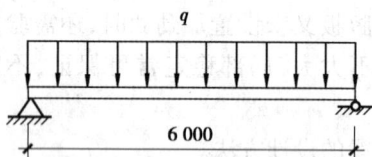

图5.29　次梁A计算简图

【解】次梁A计算简图如图5.29所示。

1)第(1)种情况:次梁A整体稳定有保证

梁上的荷载标准值:

$$q_k = 3\ 000 + 4\ 500 = 7\ 500 \text{ N/mm}^2$$

荷载设计值为:

$$q_d = 1.2 \times 3\ 000 + 1.4 \times 4\ 500 = 9\ 900 \text{ N/mm}^2$$

次梁A单位长度上的荷载设计值为:

$$q = 9\ 900 \times 3 = 29\ 700 \text{ N/m}$$

跨中最大弯矩为:

$$M_{max} = \frac{1}{8} \times 29\ 700 \times 6^2 = 133\ 650 \text{ N} \cdot \text{m}$$

支座处最大剪力为:

$$V_{max} = \frac{1}{2}ql = \frac{1}{2} \times 29\ 700 \times 6 \text{ N} = 89\ 100 \text{ N}$$

梁所需要的净截面抵抗矩为：

$$W_{nx} = \frac{M_x}{\gamma_x f} = \frac{133\ 650 \times 10^2}{1.05 \times 215 \times 10^2} = 592\ cm^3$$

查附表 1.1，选 I 32a，单位长度质量为 52.7 kg/m，梁自重为 52.7×9.8 N/m=517 N/m，I_x = 11 080 cm^4，W_x=692 cm^3，I_x/S=27.5 cm，t_w=9.5 mm。

下面验算所选型钢：

梁自重产生的弯矩为：

$$M_g = \frac{1}{8} \times 517 \times 1.2 \times 6^2 = 2\ 792\ N \cdot m$$

总弯矩为：

$$M_x = 133\ 650 + 2\ 792 = 136\ 442\ N \cdot m$$

弯曲正应力为：

$$\sigma = \frac{M_x}{\gamma_x W_{nx}} = \frac{136\ 442 \times 10^3}{1.05 \times 692 \times 10^3} = 187.8\ N/mm^2 < f = 215\ N/mm^2$$

支座处最大剪应力为：

$$\tau = \frac{VS}{It_w} = \frac{89\ 100 + 517 \times 1.2 \times 3}{27.5 \times 10 \times 9.5} = 34.8\ N/mm^2 < f_v = 125\ N/mm^2$$

可见，型钢由于其腹板较厚，剪应力一般不起控制作用。因此，对型钢梁只有在截面有较大削弱时，才必须验算剪应力。

验算梁跨中挠度时，荷载标准值为：

$$q = 7\ 500 \times 3 + 517 = 23\ 017\ N/m$$

则挠度为：

$$\nu = \frac{5}{384} \cdot \frac{ql^4}{EI} = \frac{5 \times 23\ 017 \times 6\ 000^4}{384 \times 2.06 \times 10^5 \times 11\ 080 \times 10^4} = 17\ mm \approx \frac{l}{353} < \frac{l}{250}$$

满足要求。

2) 第(2)种情况：次梁 A 整体稳定不能保证

假定工字钢型号为 I 22~I 40，均布荷载作用在上翼缘，梁的自由长度 l_1=6 m，由《钢结构设计规范》查得 φ_b=0.6，所需毛截面抵抗矩为：

$$W_x = \frac{M_x}{\varphi_b f} = \frac{133\ 650 \times 10^2}{0.6 \times 215 \times 10^2} = 1\ 036 cm^3$$

查附表 1.1，选用 I 40a，梁的单位质量为 67.6 kg/m，单位自重为 663 N/m，W_x=1 090 cm^3

跨中弯矩为：

$$M_x = 133\ 650 + \frac{1}{8} \times 663 \times 1.2 \times 6^2 = 137\ 230\ N \cdot m$$

$$\frac{M_x}{\varphi_b W_x} = \frac{137\ 320 \times 10^3}{0.6 \times 1\ 090 \times 10^3} = 209.8\ N/mm^2 < f = 215\ N/mm^2$$

说明整体稳定满足要求。

其他验算内容与第(1)种情况雷同，读者可参照完成。

由以上计算可见,若由整体稳定条件选择截面,截面需要增大很多,钢材用量约增加 $\frac{67.6-52.7}{52.7}\times100\%=28.2\%$。因此,应尽可能将平台设计为刚性,并使之与梁有可靠连接,以保证梁的整体稳定性。

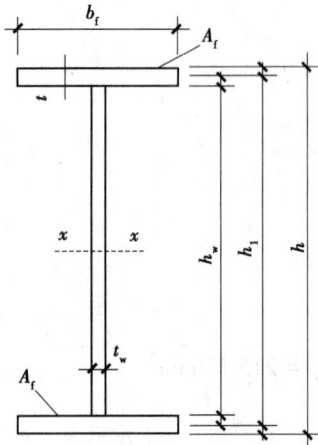

图 5.30 组合梁截面

5.6.2 焊接梁的设计

当梁的内力较大、采用热轧型钢梁不能满足要求时,就需采用组合截面梁。组合截面梁多采用焊接工字型截面。焊接工字型截面梁设计与型钢梁设计不同,型钢梁只要确定型钢型号即可,而组合梁则需要确定腹板的高度及厚度,翼缘的宽度及厚度等几个尺寸。总的设计原则为:既要保证梁的承载力、刚度、稳定性等要求,又要使钢材用量经济合理。

1)截面选择

焊接梁一般常用两块翼缘板和一块腹板焊接成双轴对称工字型截面(图 5.30),需要根据已知设计条件,选择经济合理的翼缘板和腹板尺寸。

(1)截面高度

确定梁的截面高度应考虑建筑高度、刚度条件和经济条件。

①建筑高度要求。建筑高度是指梁的底面到铺板顶面之间的高度,它往往由生产工艺和使用要求决定。梁的高度不能使净空超过建筑设计或工艺设备需要的净空允许值,依此条件决定的梁截面高度常称为容许最大高度 $h_{\max}$。简支梁的常用范围为 $h=l/14\sim l/6$,l 为跨度。

②刚度条件。刚度条件决定了梁的最小高度 $h_{\min}$。以均布荷载作用的简支梁为例,其最大挠度公式为:

$$\nu=\frac{5}{384}\frac{q_k l^4}{EI_x}=\frac{5}{48}\frac{q_k l^2\cdot l^2}{8EI_x}\approx\frac{M_k l^2}{10EI_x}$$

则应满足:

$$\frac{\nu}{l}\approx\frac{M_k l}{10EI_x}=\frac{\sigma_k l}{5Eh}\leqslant\frac{[\nu]}{l}\tag{5.58}$$

式中 q_k——均布线荷载标准值;

M_k——全部荷载标准值产生的最大弯矩;

I_x——毛截面惯性矩;

σ_k——全部荷载标准值产生的最大弯曲正应力。若使梁的抗弯强度基本满足,可令 $\sigma_k=f/1.3$,这里 1.3 为永久荷载及可变荷载分项系数的平均值。

可以得到梁的最小高跨比的计算公式:

$$\frac{h_{\min}}{l}=\frac{\sigma_k l}{5E[\nu]}=\frac{f}{1.34\times10^6}\cdot\frac{l}{[\nu]}\tag{5.59}$$

③经济条件。从用料最省的角度出发,可以定出梁的经济高度 h_e。梁的经济高度是指满足强度、刚度、整体和局部稳定的梁用钢量最少的高度。下面介绍一种确定经济高度 h_e 的简单方法。

对图 5.30 所示截面,有:

$$I_x = \frac{1}{12} t_w h_w^{\;3} + 2 A_f \left(\frac{h_1}{2}\right)^2 = W_x \frac{h}{2}$$

由此得每个翼缘的面积:

$$A_f = W_x \frac{h}{h_1^{\;2}} - \frac{1}{6} t_w \frac{h_w^3}{h_1^{\;2}}$$

近似取 $h \approx h_1 \approx h_w$,则翼缘面积为:

$$A_f = \frac{W_x}{h_w} - \frac{1}{6} t_w h_w \tag{5.60}$$

梁截面的总面积 A 为两个翼缘面积($2A_f$)与腹板面积($t_w h_w$)之和,腹板加劲肋的用量约为腹板用钢量的 20%,故将腹板面积乘以构造系数 1.2,由此得:

$$A = 2A_f + 1.25 t_w h_w = 2\frac{W_x}{h_w} + 0.867 t_w h_w$$

腹板厚度与其高度 h_w 之间有经验关系:

$$t_w = \sqrt{h_w}/3$$

则有:

$$A = \frac{2W_x}{h_w} + 0.248 h_w^{3/2}$$

总面积最小的条件为:

$$\frac{\mathrm{d}A}{\mathrm{d}h_w} = -\frac{2W_x}{h_w^{\;2}} + 0.372 h_w^{1/2} = 0$$

由此得用钢量最少时的经济高度为:

$$h_e \approx h_w = 2 W_x^{\;0.4} \tag{5.61}$$

式中,W_x 可按下式求出:

$$W_x = \frac{M_x}{\alpha f}$$

其中,α 为系数,对一般单向弯曲梁:当最大弯矩无孔眼时,$\alpha = \gamma_x = 1.05$;有孔眼时,$\alpha = 0.85 \sim 0.9$。对吊车梁,考虑横向水平荷载作用可取 $\alpha = 0.7 \sim 0.9$。

实际采用的梁高 h 应满足 $h_{min} \leqslant h \leqslant h_{max}$,且 $h \approx h_e$,并且应取 50 mm 的倍数。

(2)腹板厚度

腹板厚度应满足抗剪强度要求。初选界面时,可近似的假定最大剪应力为腹板平均剪力 $V_{max}/(h_w t_w)$ 的 1.2 倍,应满足:

$$\tau_{max} \approx 1.2 \frac{V_{max}}{h_w t_w} \leqslant f_v$$

则:

$$t_w \geqslant 1.2 \frac{V_{max}}{h_w f_v} \tag{5.62}$$

由式(5.37)确定的 t_w 往往偏小,为了考虑局部稳定和构造等因素,腹板厚度一般用下列经验公式估算：

$$t_w = \sqrt{h_w}/3.5 \tag{5.63}$$

实际采用的腹板厚度应考虑钢板的现有规格，一般为 2 mm 的倍数，对于非吊车梁，腹板厚度取值宜比式(5.43)的计算值略小；对考虑腹板屈曲后的强度的梁，腹板厚度可更小，但不得小于 6 mm，同时应满足 $h_w/t_w \leqslant 250\sqrt{235/f_y}$。

（3）翼缘尺寸

已知腹板尺寸，由式(5.40)即可求得需要的翼缘截面积 A_f。

翼缘板的宽度通常为 $b_f = (1/5 \sim 1/3)h$，厚度 $t = A_f/b_f$，且应满足局部稳定要求，使受压翼缘的外伸宽度 b 与其厚度 t 之比 $b/t \leqslant 15\sqrt{235/f_y}$（弹性设计，即取 $\gamma_x = 1.0$）或 $b/t \leqslant 13\sqrt{235/f_y}$（考虑塑性发展，即取 $\gamma_x = 1.05$）。

选择翼缘尺寸时，同样应符合钢板规格，宽度取 10 mm 的倍数，厚度取 2 mm 的倍数。

2）截面验算

首先需要根据初选的截面尺寸计算实际截面的几何性质（如截面惯性矩、截面抵抗矩和截面面积矩等），然后按照与型钢梁截面验算基本相同的方法验算下列各项。其中，腹板的局部稳定通常是采用配置加劲肋来保证的。

①弯曲正应力验算：按式(5.4)验算。

②最大剪应力验算：按式(5.5)验算。

③局部压应力验算：按式(5.6)验算。

④折算应力验算。在弯曲正应力和剪应力均较大处，有时还发生局部压应力作用，按照规范规定对组合梁的腹板应该验算折算应力。这种情况可能发生在弯矩和剪力均较大的截面，如图 5.31 所示的简支梁1—1 截面出，或在梁的翼缘截面改变处以及连续梁的中间支座等处。由图 5.32 可见，在集中荷载下稍左一点的1—1 截面将同时作用有最大弯矩和最大剪力，并且还有局部压应力，此时需要按式(5.8)验算折算应力。

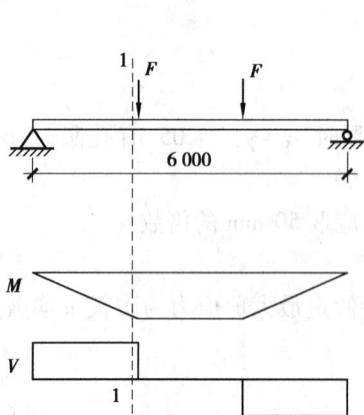

图 5.31　集中荷载作用简支梁

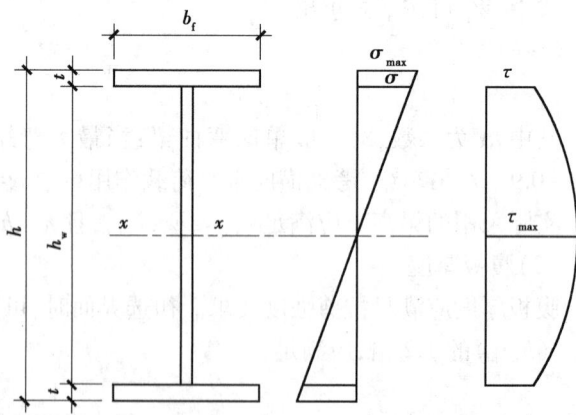

图 5.32　验算截面

$$\sqrt{\sigma^2 + \sigma_c^2 - \sigma\sigma_c + 3\tau^2} \leqslant \beta_1 f$$

式中　σ, τ, σ_c——腹板计算高度边缘同一点上的弯曲正应力，剪应力和局部压应力。

对于如图 5.32 所示的工字形截面，有：

$$\sigma = \frac{My}{I_{nx}}$$

$$\tau = \frac{VS}{I_x t_w}$$

式中　M——所验算截面的弯矩;

　　　I_{nx}——梁净截面惯性矩;

　　　y——验算点到梁中和轴的距离,此处 $y = h_w/2$;

　　　V——所验算截面的剪力;

　　　S——截面面积矩,此处应为翼缘截面对两中和轴的面积矩;

　　　σ_c——局部压应力,按式(5.6)计算,当所验算截面处设有支撑加劲肋无集中荷载时 $\sigma_c = 0$。

⑤梁整体稳定验算:按式(5.16)验算。

⑥刚度验算:按式(5.4)—式(5.6)验算梁的挠度。

经过上述强度、整体稳定性的各项验算,如发现初选截面有不满足要求之处时,应修改截面重新验算,直至满足各项要求为止。

⑦对于承受动力荷载的梁,必要时应按规范规定进行疲劳验算。

【例 5.11】图 5.33 为一工作平台主梁的计算简图。次梁传来的集中荷载标准值为 $F_k = 253$ kN,设计值为 323 kN。主梁自重标准值 3 kN/m,设计值为 $1.2 \times 3 = 3.6$ kN/m 钢材为 Q235B,焊条为 E43 型。要求:设计主梁。

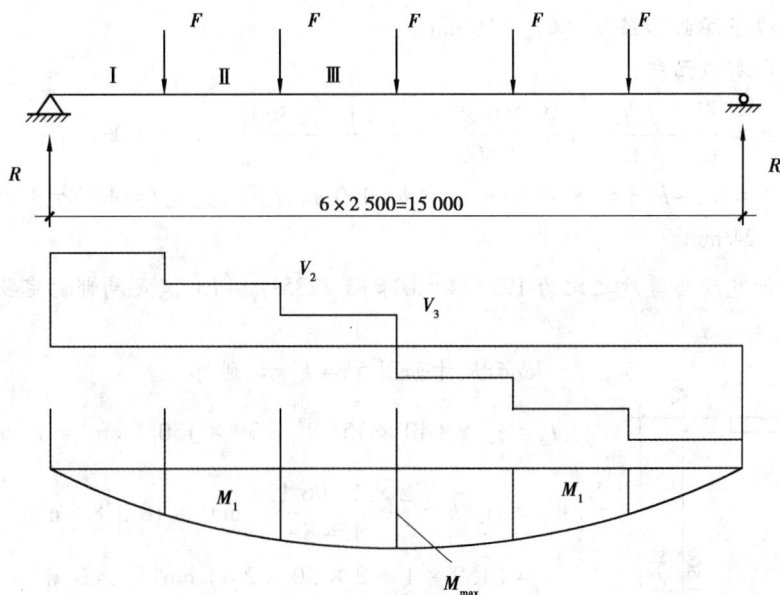

图 5.33

【解】支座处的最大剪力为:

$$V_1 = R = 323 \times 2.5 + \frac{1}{2} \times 3.6 \times 15 = 834.5 \text{ kN}$$

跨中最大弯矩 $M_x = 834.5 \times 7.5 - 323 \times (5 + 2.5) - \dfrac{1}{2} \times 3.6 \times 7.5^2 = 3\,735 \text{ kN} \cdot \text{m}$

采用焊接组合梁,估计翼缘板厚 $t_f \geq 16$ mm,则抗弯强度设计值 $f = 205 \text{ N/mm}^2$,需要截面抵抗矩为:

$$W_x \geq \frac{M_x}{\alpha f} = \frac{3\,735 \times 10^6}{1.05 \times 205} = 17\,350 \times 10^3 \text{ mm}^3$$

最大的轧制型钢也不能提供如此大的截面抵抗矩,可见此梁需要用组合截面。

1)初选截面

按刚度条件,$[\alpha]/l = 1/400$,由式(5.35)得:

$$h_{min} = \frac{f}{1.34 \times 10^6} \cdot \frac{l^2}{[\nu]} = \frac{205}{1.34 \times 10^6} \times 400 \times 15\,000 \text{ mm} = 918 \text{ mm}$$

按经济条件,由式(5.37)得梁的经济高度:

$$h_e = 2W_x^{0.4} = 2 \times (17\,350 \times 10^3)^{0.4} \text{ mm} = 1\,573 \text{ mm}$$

综合考虑后,取梁腹板高度 $h_w = 1\,500$ mm。

腹板厚度 t_w 应满足抗剪要求式(5.36),即:

$$t_w \geq 1.2 \frac{V_{max}}{h_w f_w} = 1.2 \frac{834.5 \times 10^3}{1\,500 \times 125} \text{ mm} = 5.3 \text{ mm}$$

由经验式(5.39)得:

$$t_w = \sqrt{h_w}/3.5 = \sqrt{1\,500}/3.5 \text{ mm} = 11.0 \text{ mm}$$

若不考虑腹板屈曲后强度,取 $t_w = 10$ mm。

每个翼缘所需截面积:

$$A_f = \frac{W_s}{h_w} - \frac{t_w h_w}{6} = \left(\frac{17\,350 \times 10^3}{1\,500} - \frac{10 \times 1\,500}{6} \right) \text{ mm}^2 = 9\,067 \text{ mm}^2$$

翼缘宽度 $b_f = h/5 \sim h/3 = 300 \sim 500$ mm,取 $b = 400$ mm;翼缘宽度 $t_f = A_f/b_f = 9\,067/400$ mm = 22.7 mm,取 $t_f = 24$ mm。

翼缘板外伸宽度与厚度之比为 $195/24 = 8.1 < 13\sqrt{235/f_y} = 13$,满足局部稳定要求。

2)强度验算

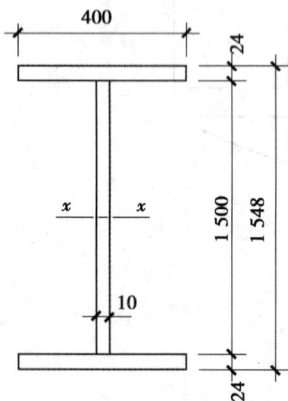

图 5.34 梁截面尺寸

截面尺寸如图 5.34 所示,则有

$$I_x = \frac{1}{12} \times (40 \times 154.8^3 - 39 \times 150^3) \text{ cm}^4 = 1\,396\,179 \text{ cm}^4$$

$$W_x = 2I_x/h = \frac{2 \times 1\,396\,179}{154.8} \text{ cm}^3 = 18\,038.5 \text{ cm}^3$$

$$A = (150 \times 1 + 2 \times 40 \times 2.4) \text{ cm}^2 = 342 \text{ cm}^2$$

梁自重(钢材质量密度 7 850 kg/m³,重力密度 77 kN/m³)为:

$$g_k = 0.034\,2 \times 77 \text{ kN/m} = 2.6 \text{ kN/m}$$

考虑腹板加劲肋等增加的质量,原假设的梁自重 3 kN/m 比较合适。

验算抗弯强度(截面无削弱,$W_{nx} = W_x$):

$$\sigma = \frac{M_x}{\gamma_x W_{nx}} = \frac{3\ 735 \times 10^6}{1.05 \times 18\ 038.5 \times 10^3}\ \text{N/mm}^2$$
$$= 197.2\ \text{N/mm}^2 < f = 205\ \text{N/mm}^2$$

验算抗剪强度：

$$\tau = \frac{V_{max}S}{I_x t_w}$$

$$= \frac{834.5 \times 10^3}{1\ 396\ 179 \times 10^4 \times 10} \times (400 \times 24 \times 762 + 750 \times 10 \times 375)\ \text{N/mm}^2$$

$$= 60.5\ \text{N/mm}^2 < f_v = 125\ \text{N/mm}^2$$

在主梁的支承处以及支承次梁处均配置支承加劲肋，故不验算局部承压强度(即 $\sigma_c = 0$)

3) 梁整体稳定计算

次梁可视为主梁受压翼缘的侧向支承，主梁受压翼缘自由长度与宽度之比为 $l_1/b_1 = 250/40 = 6.3 < 16$，故不需要验算主梁的整体稳定性。

4) 刚度验算

挠度容许值为 $[\nu] = l/400$(全部荷载标准值作用)或 $[\nu] = l/500$(仅有可变荷载标准值作用)。

全部荷载标准值在梁跨中产生的最大弯矩：

$$M_k = [655 \times 7.5 - 253(5 + 2.5) - 3 \times 7.5^2/2]\ \text{kN} \cdot \text{m} = 2\ 930.6\ \text{kN} \cdot \text{m}$$

由式(5.33)得：

$$\frac{\nu}{l} \approx \frac{M_k l}{10EI_x} = \frac{2\ 930.6 \times 10^6 \times 1\ 500}{10 \times 206\ 000 \times 1\ 396\ 179 \times 10^4} = \frac{1}{654} < \frac{[\nu]}{l} = \frac{1}{400}$$

由上式可知仅有可变荷载作用时的梁挠度一定也满足要求。

5) 主梁加劲肋设计

(1) 加劲肋的布置

梁腹板高厚比 $h_0/t_w = 1\ 500/10 = 150$，即 $80 < h_0/t_w < 170$，故只布置横向加劲肋，取加劲肋间距 $a = 2\ 500\ \text{mm}$，满足 $0.5h_0 < a < 2h_0$ 的构造要求，且使主梁中每个次梁位置处均有加劲肋。然后就需要对配有加劲肋的不同区格验算腹板的局部稳定。

对板段 I (图 5.33)：

$$\sigma = \frac{M_1 h_0}{W_x h} = \frac{834.5 \times 2.5 \times 10^6}{18\ 038.5 \times 10^3} \times \frac{1\ 500}{1\ 548}\ \text{N/mm}^2 = 112.1\ \text{N/mm}^2$$

$$\tau = \frac{V}{h_0 t_w} = \frac{834.5 \times 10^3}{1\ 500 \times 10}\ \text{N/mm}^2 = 55.6\ \text{N/mm}^2$$

$$\sigma_c = 0$$

由于受压翼缘扭转收到约束，则通用高厚比为：

$$\lambda_b = \frac{2h_c/t_w}{177}\sqrt{\frac{f_y}{235}} = \frac{1\ 500}{177 \times 10}\sqrt{\frac{235}{235}} = 0.847 < 0.85$$

则：

$$\sigma_{cr} = f = 205\ \text{N/mm}^2$$

又因为 $a/h_0 = 2\,500/1\,500 = 1.67 > 1.0$，则用于腹板受剪时的通用高厚比为：

$$\lambda_s = \frac{h_0/t_w}{41\sqrt{5.34 + 4(h_0/a)^2}}\sqrt{\frac{f_y}{235}} = \frac{1\,500/10}{41\sqrt{5.34 + 4(1\,500/2\,500)^2}}\sqrt{\frac{235}{235}} = 1.405 > 1.2$$

则有：

$$\tau_{cr} = 1.1f_v/\lambda_s^2 = 1.1 \times 125/1.405^2 \text{ N/mm}^2 = 69.65 \text{ N/mm}^2$$

由式得：

$$\left(\frac{\sigma}{\sigma_{cr}}\right)^2 + \left(\frac{\tau}{\tau_{cr}}\right)^2 + \frac{\sigma_c}{\sigma_{c,cr}} = \left(\frac{112.1}{205}\right)^2 + \left(\frac{55.6}{69.65}\right)^2 + 0 = 0.299 + 0.637 = 0.936 < 1$$

从上面的验算结果可知，梁腹板加劲肋设置合理。同理，用类似的步骤可以验算梁长度内的其他板段。

（2）加劲肋的计算

根据《钢结构设计规范》第4.3.8条的规定，加劲肋应符合下列构造要求：

主梁加劲肋两侧成对配置，其截面尺寸为：

$$b_s \geqslant \frac{h_0}{30} + 40 = \frac{1\,500}{30} \text{ mm} + 40 \text{ mm} = 90 \text{ mm}$$

$$t_s \geqslant \frac{b_s}{15} = \frac{90}{15} \text{ mm} = 6 \text{ mm}$$

取 $b_s = 100$ mm，$t_s = 8$ mm。次梁的支反力 $R_1 = 323$ kN。取加劲肋与腹板之间角焊缝焊脚尺寸 $h_f = 6$ mm，满足 $h_f > 1.5\sqrt{t_{max}} = 1.5\sqrt{10}$ mm $= 4.7$ mm 及 $h_f < 1.2t_{min} = 1.2 \times 8$ mm $= 9.6$ mm。考虑加劲肋梁端各切去高50 mm、宽30 mm的斜角，以避免焊缝相交，则加劲肋焊缝计算长度 $l_w = (1\,500 - 2 \times 50 - 10)$ mm $= 1\,390$ mm。

$$\tau_f = \frac{R_1}{1.4h_f l_w} = \frac{323 \times 10^3}{1.4 \times 6 \times 1\,390} \text{ N/mm}^2 = 27.7 \text{ N/mm}^2 < f_f^w = 160 \text{ N/mm}^2，所以加劲肋焊缝可靠。}$$

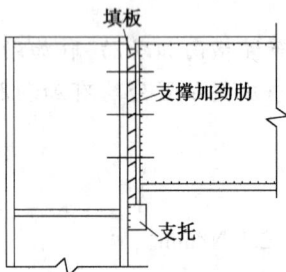

图5.35 主梁支座

主梁采用如图5.35所示的突缘支座，取支座加劲肋的宽度 $b_s = 300$ mm，厚度 $t_w = 12$ mm，将主梁支撑加劲肋搁置在焊接于工字型柱翼缘的支托上（刨平抵紧），并用构造螺栓将支撑加劲肋与柱翼缘相连，阻止梁端截面的侧向扭转和平移。这样支撑加劲肋在梁腹板板面外的稳定得到保证，不必计算。

验算支撑加劲肋断面承压强度：

$$\sigma_{ce} = \frac{R}{A_{ce}} = \frac{834.5 \times 10^3}{300 \times 12} \text{ N/mm}^2$$

$$= 231 \text{ N/mm}^2 < f_{ce} = 320 \text{ N/mm}^2。$$

支撑加劲肋与腹板间的角焊缝焊脚尺寸，满足要求

由【例题5.10】和【例题5.11】的设计中可以看出，焊接组合截面梁与型钢设计虽然在内容上繁简程度相差较大，但共同突出的特点是要保证梁的强度、稳定性及刚度要求，即要满足结构设计的两个极限状态要求。在强度方面，型钢梁与组合梁的验算内容有区别；在稳定性方面，要注意组合截面梁的局部稳定验算，而型钢梁则不考虑局部稳定问题。

习 题

5.1 如图 5.36 所示的简支梁,钢材为 Q235,试问采用下列何项措施后,整体稳定还可能起控制作用?

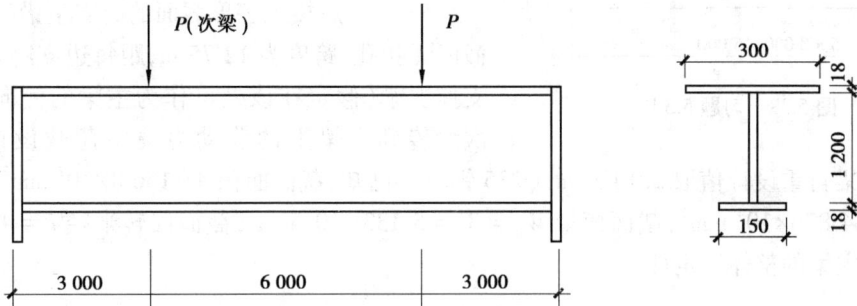

图 5.36 习题 5.1 图

A.梁上缘未设置侧向支撑点,但有钢铺板并与上翼缘连牢

B.梁上翼缘侧向支撑点间距离 $l_1 = 6\ 000$ mm,梁上设有钢铺板但并未与上翼缘连牢

C.梁上翼缘侧向支撑点间距离 $l_1 = 600$ mm,梁上设有钢铺板并与上翼缘连牢

D.梁上翼缘侧向支撑点间距离 $l_1 = 3\ 000$ mm,但上翼缘没有刚铺板

5.2 工字型梁受压翼缘宽度比限值为:$\dfrac{b_1}{t} \leq 15\sqrt{\dfrac{235}{f_y}}$,式中 b_1 为下列何项?

A.受压翼缘板外伸宽度   B.受压翼缘板全部宽度

C.受压翼缘板全部宽度的 1/2 D.受压翼缘板的有效宽度

5.3 已知简支轨道梁承受动力荷载,其最大弯矩设计值 $M = 440$ kN·m,采用热轧 H 型钢 H600×220×11×7 制作,$I_x = 78\ 200 \times 10^4$ mm^4,$W_{nx} = W_x = 2\ 610 \times 10^3$ mm^3,钢材为 Q235。要求验算其受弯承载力。

5.4 某焊接工字形等截面简支楼盖梁,截面尺寸如图 5.37 所示,无削弱,为 Q235 钢,梁的剪力设计值:支座截面处 $V_{max} = 224.22$ kN,跨度中点截面处 $V = 214.5$ kN。要求验算其抗弯强度。

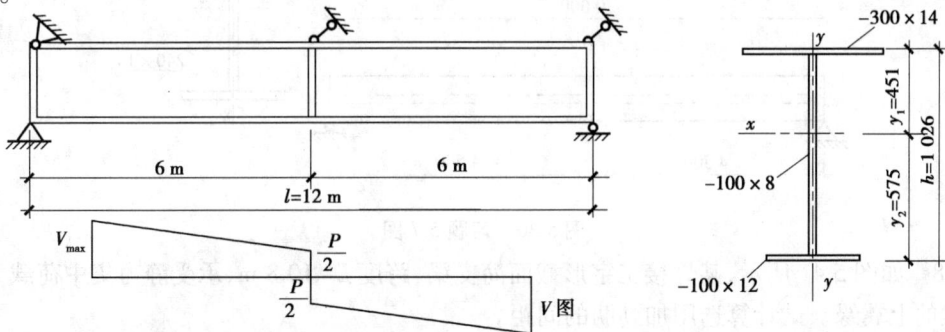

图 5.37 习题 5.4 图

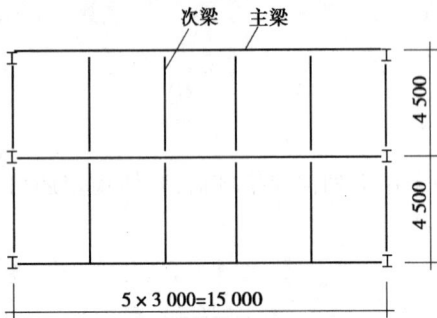

图 5.38 习题 5.5 图

5.5 如图 5.38 所示的工作平台梁格中的次梁,采用 HN298×149×5.5×8, $I_x = 6\,460\ \text{cm}^4$,自重 32.6 kg/m = 0.32 kN/m。梁上铺 80 mm 厚预制钢筋混凝土板和 30 mm 厚素混凝土面层。钢筋混凝土自重 25 kN/m³,素混凝土 24 kN/m³。活荷载标准值 6 kN/m²(静力荷载)。要求:验算挠度。

5.6 一焊接工字形截面的简支主梁(图 5.39)截面无扣孔,跨度为 12.75 m,距每边支座 4.25 m 处支撑次梁(假定在该处可作为主梁的侧向支点),次梁传到主梁上的非动力集中荷载设计值 p = 220 kN,主梁自重设计值取 2.0 kN/m,Q235 钢材。已知:截面面积 $A = 156.8 \times 10^2\ \text{mm}^2$,截面惯性矩 $I_x = 264\,876 \times 10^4\ \text{mm}^2$,截面模量 $W_{nx} = W_x = 5\,133 \times 10^3\ \text{mm}^3$,截面回转半径 $i_y = 48.5\ \text{mm}$。要求:验算主梁的整体稳定性。

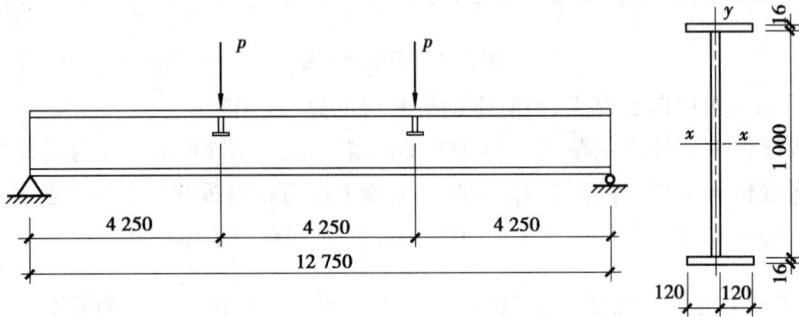

图 5.39 习题 5.6 图

5.7 如图 5.40 所示,一等截面焊接简支梁,在均布荷载 q 作用下,跨中有一侧向支撑点,已知钢材为 Q235, $I_x = 391\,600\ \text{cm}^4$, $\beta_0 = 1.15$, $f = 215\ \text{N/mm}^2$,请按整体稳定要求,计算梁所能承受的最大均布荷载 q。

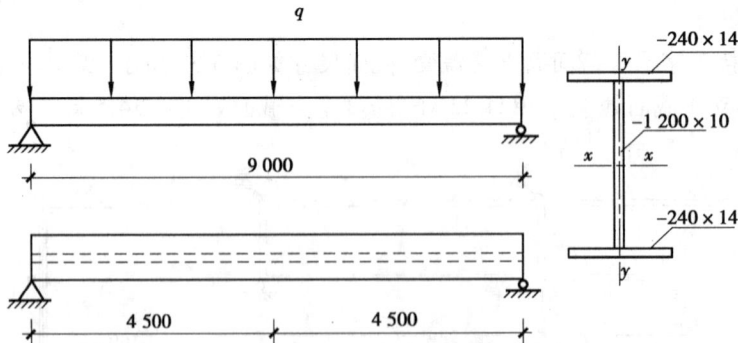

图 5.40 习题 5.7 图

5.8 如图 5.41 所示,某焊接工字形截面简支梁,跨度 $L = 10.8$ m,承受静力集中荷载 P,作用在梁的上翼缘。试计算选用加劲肋的间距。

5.9 梁的截面尺寸如图 5.42 所示,端部支撑加劲肋设计采用突缘加劲板,支座反力为

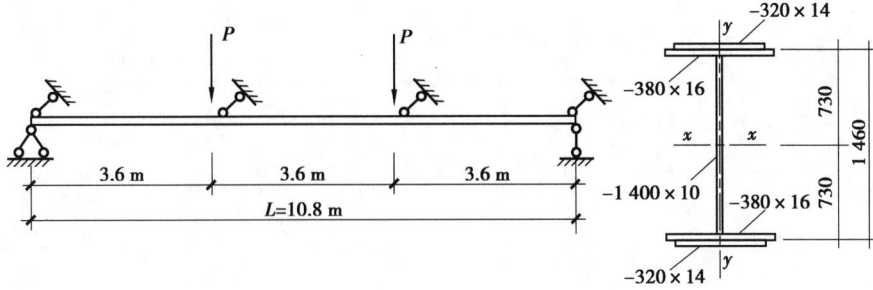

图 5.41　习题 5.8 图

$F = V_{\max} = 794.6$ kN,请设计支撑加劲肋。

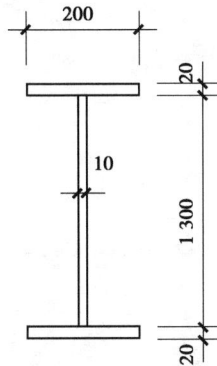

图 5.42　习题 5.9 图

5.10　有一梁的受力如图 5.43(a)所示,梁截面尺寸和加劲肋布置如图 5.43(b)和(c)所示,在离支座 1.5 m 处梁翼缘的宽度改变一次(280 mm 变为 140 mm),钢材为 Q235,请验算离支座处第一区格的稳定性。

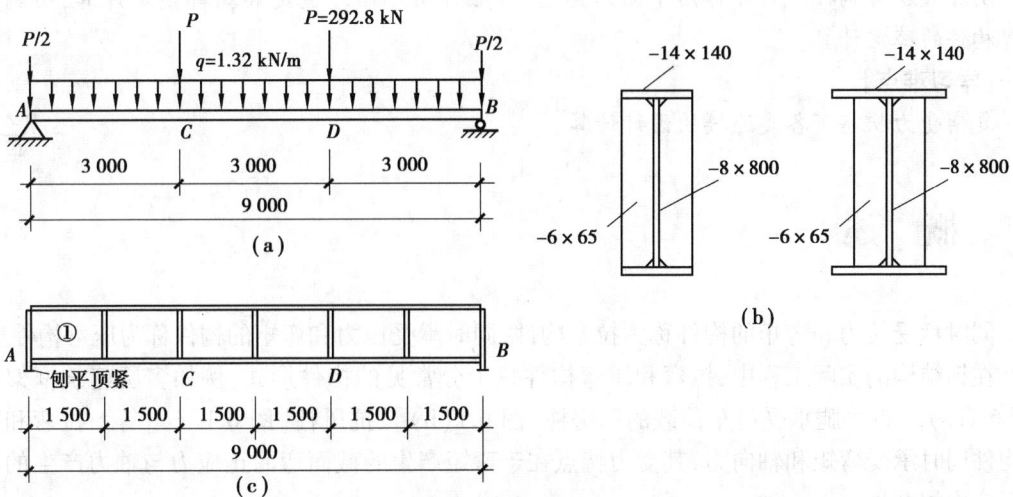

图 5.43　梁的受力示意图

6

拉弯和压弯构件

【内容提要】

本章介绍了拉弯和压弯构件的计算原理、构造措施和设计方法。具体内容包括:拉弯和压弯构件的强度和刚度计算,实腹式压弯构件的弯矩作用平面内稳定、弯矩作用平面外稳定和局部稳定计算,格构式压弯构件的稳定计算,框架柱计算长度计算方法,拉弯和压弯构件的设计方法。

【学习重点】

实腹式压弯构件的弯矩作用平面内稳定、弯矩作用平面外稳定和局部稳定计算,格构式压弯构件的稳定计算。

【学习难点】

复杂受力状态下各类连接的设计计算。

6.1 概　述

同时承受拉力和弯矩的构件称为拉弯构件,同时承受压力和弯矩的构件称为压弯构件。

在钢结构的实际工程中,拉弯和压弯构件是十分常见的构件形式,例如多层建筑框架柱[图 6.1(a)]、带牛腿承受吊车荷载的厂房柱[图 6.1(b)]、抗风柱[图 6.1(c)]等。拉弯和压弯构件同时承受弯矩和轴向力,其受力特点在于弯矩产生的截面弯曲正应力与轴力产生的截面正应力相叠加。

在进行拉弯和压弯构件设计时,需要进行承载能力极限状态和正常使用极限状态两方面的设计。拉弯构件的承载能力极限状态设计包括强度设计,压弯构件的承载能力极限状态设

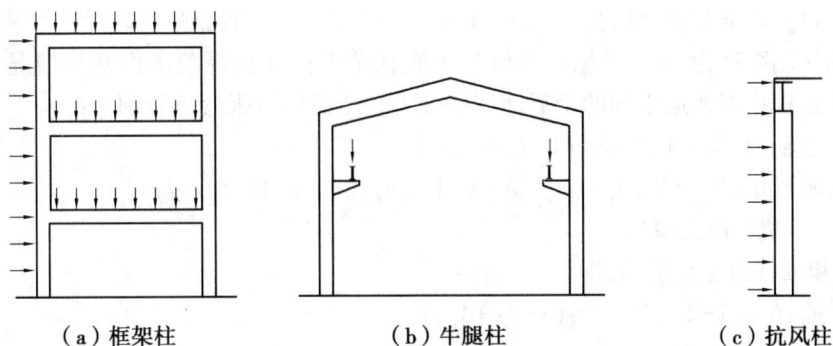

（a）框架柱　　　　　　（b）牛腿柱　　　　　　（c）抗风柱

图 6.1　几种常见的压弯构件

计包括强度、整体稳定和局部稳定设计；正常使用极限状态设计主要为构件刚度设计，设计方法与轴心受力构件相似，通过限制构件长细比来实现。

6.2　拉弯和压弯构件的强度和刚度

6.2.1　拉弯和压弯构件的强度

拉弯和压弯构件的强度计算，可看成由轴心受力强度和受弯强度两部分组成，其受力过程如图 6.2 所示。

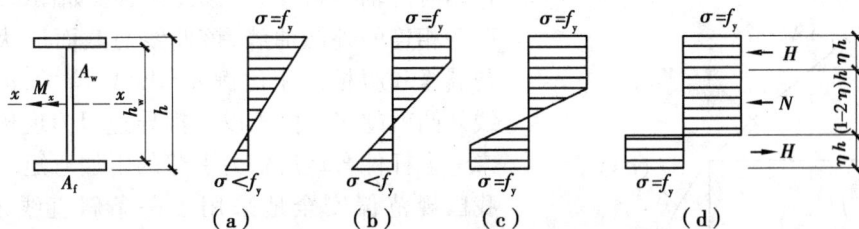

（a）　　　　（b）　　　　（c）　　　　　（d）

图 6.2　压弯构件截面应力发展过程

在图 6.2 中，压弯构件的截面正应力由轴心压力所产生的正应力与弯曲正应力相叠加，根据应力大小组合形成了如图 6.2（a）—（d）所示的各种情况：当受力较小时，截面最大应力还未达到材料的屈服强度，此时为全截面弹性阶段；当外力增加到使截面最大应力（在截面最外侧边缘处）刚好等于屈服强度时，虽然截面开始进入塑性阶段，但是构件仍具备继续承受荷载的能力和足够的刚度，如图 6.2（a）所示；当外力继续增加，截面应变按照平截面假定继续增加，但根据理想弹塑性应力应变关系模型，截面应力不会再增加，应变达到或超过屈服应变的截面位置，其应力数值会保持等于屈服强度，也即是塑性区域向截面内部发展，如图 6.2（b）和图 6.2（c）所示；最终极限状态是外力使整个截面全部进入塑性，即全截面应力等于屈服强度，此时截面形成塑性铰而破坏，如图 6.2（d）所示。

如图 6.2（d）所示的全截面屈服受力状态，可以用力的平衡和力矩平衡列出内外力平衡关系式，用以推导依据全截面屈服准则的拉弯和压弯构件强度计算公式，为了简化推导过程，取整个工字型截面高度约等于腹板高度，即 $h \approx h_w$；设截面翼缘面积为 A_f，腹板面积为 A_w，并满

足关系 $A_f=\alpha A_w$,则全截面面积为 $A=2A_f+A_w=(2\alpha+1)A_w$;在全截面塑性时,假设抵抗外弯矩的单个内力偶作用高度为 ηh。根据中和轴位于腹板范围内和翼缘范围内两种情况,需要分别讨论。推导过程中需要运用到的全截面屈服轴力和全截面屈服弯矩分别为:

截面屈服轴力: $N_p=Af_y=(2\alpha+1)A_wf_y$ (6.1)

截面屈服弯矩: $M_{px}=W_{px}f_y=\alpha A_wf_yh+0.5A_wf_yh_w/2\approx(\alpha+0.25)A_whf_y$ (6.2)

式中 W_{px}——塑性截面模量。

(1)中和轴在腹板范围内,即 $N\leqslant A_wf_y$

力的平衡: $N=(1-2\eta)ht_wf_y\approx(1-2\eta)A_wf_y$ (6.3)

力矩平衡: $M=A_ff_y(h-t)+(\eta h-t)t_wf_y(1-\eta-t)h\approx A_whf_y(\alpha+\eta-\eta^2)$ (6.4)

消去以上两式中的 η,即可得到轴力和弯矩的相关公式:

$$\frac{(2\alpha+1)^2}{4\alpha+1}\cdot\frac{N^2}{N_p^2}+\frac{M_x}{M_{px}}=1$$ (6.5)

(2)中和轴在翼缘范围内,即 $N>A_wf_y$

力的平衡: $N=(1-2\eta)ht_wf_y\approx(1-2\eta)A_wf_y$ (6.6)

力矩平衡: $M=A_ff_y(h-t)+(\eta h-t)t_wf_y(1-\eta-t)h\approx A_whf_y(\alpha+\eta-\eta^2)$ (6.7)

消去以上两式中的 η,即可得到轴力和弯矩的相关公式:

$$\frac{N^2}{N_p^2}+\frac{4\alpha+1}{2(2\alpha+1)}\cdot\frac{M_x}{M_{px}}=1$$ (6.8)

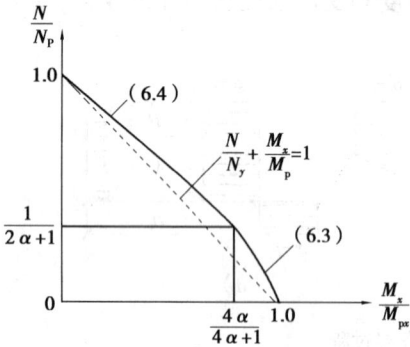

图 6.3 压弯和拉弯构件强度的相关曲线

式(6.5)和式(6.8)为工字形截面弯矩绕强轴作用时的轴力和弯矩关系,其曲线如图6.3所示,为两条相连的外凸曲线,该曲线与截面形状相关,也与翼缘和腹板面积比例 $\alpha=A_f/A_w$ 有关,α 越小,曲线外凸就越多。由于以上推导过程为理想状态,并未考虑杆件弯矩后轴力引起的附加弯矩不利影响,我国规范偏安全地采用了一条斜直线来代替式(6.5)和式(6.8):

$$\frac{N}{N_p}+\frac{M_x}{M_{px}}=1$$ (6.9)

式(6.9)为按照全截面塑性准则推导而出的拉弯和压弯构件强度关系,按照我国规范考虑部分塑性的准则,令式中的 $N_p=A_nf_y$,$M_{px}=\gamma_xW_{nx}f_y$,再同时考虑截面 x 和 y 轴作用的双向弯矩,即可得到我国规范规定的拉弯和压弯构件强度计算公式:

$$\frac{N}{A_n}\pm\frac{M_x}{\gamma_xW_{nx}}\pm\frac{M_y}{\gamma_yW_{ny}}\leqslant f$$ (6.10)

式中 A_n——净截面面积;

         γ_x,γ_y——截面塑性发展系数,其取值按式(5.4)选取;

         W_{nx},W_{ny}——对 x 轴和 y 轴的净截面抵抗矩。在式(6.10)中,截面验算点的轴向应力和弯曲应力同向(同为拉应力或同为压应力)时取加号,反向时取减号。

截面塑性发展系数反映了弹塑性设计思想:利用一部分截面塑性,但需要控制塑性区域在截面内部发展的程度。此外,不同的截面形式,内部塑性能够发展的程度也不同,如在格构式构件的虚轴方向,截面内部几乎没有正应力发展区域,因此不能考虑塑性发展,塑性发展系数取为1.0。

当压弯构件受压翼缘的自由外伸宽度与其厚度之比大于 $13\sqrt{235/f_y}$ 时,若截面内部(如腹板区域)进入塑性,则腹板将会丧失对于翼缘的约束作用,此种情况下翼缘容易首先发生局部失稳。因此规范规定在压弯构件受压翼缘的自由外伸宽度与其厚度之比大于 $13\sqrt{235/f_y}$ 而不超过 $15\sqrt{235/f_y}$ 时,应取 $\gamma_x = 1.0$,即不允许截面内部进入塑性。

6.2.2 拉弯和压弯构件的刚度

与轴心受力构件相同,拉弯和压弯构件的刚度也是通过限制构件长细比来保证。规定压弯构件的长细比不超过受压构件的容许长细比,拉弯构件的长细比不超过受拉构件的容许长细比,容许长细比取值如表4.1和表4.2所示。

【例6.1】 如图6.4所示为简支桁架下弦杆件,恒荷载作用下轴心拉力标准值1 000 kN,考虑检修马道的活荷载作用产生的横向均布荷载标准值4 kN/m,材料为Q345钢,截面无削弱,截面两个方向计算长度均取为6 m。

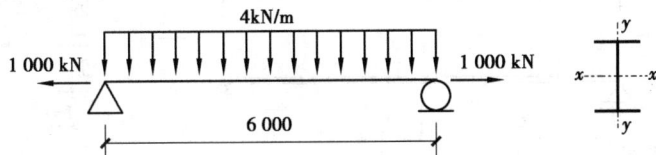

图6.4 例6.1图

【分析】 根据荷载情况分析可知,该简支梁跨中截面弯矩最大,为最不利截面,且同时受到轴心拉力作用,属于拉弯构件,需要进行强度和刚度验算。

【解】 设采用普通工字钢I25a,$A = 4\,850$ mm²,自重为38.1 kg/m,$W_x = 401 \times 10^3$ mm³,$i_x = 102$ mm,$i_y = 24$ mm。

验算强度:

$$M_x = \frac{1}{8} \times (4 + 0.381) \times 1.2 \times 6^2 = 23.66 \text{ kN} \cdot \text{m}$$

$$\frac{N}{A_n} + \frac{M_x}{\gamma_x W_{nx}} = \frac{1.2 \times 1\,000 \times 10^3}{4\,850} + \frac{23.66 \times 10^6}{1.05 \times 401 \times 10^3} = 303.61 \text{ N/mm}^2 < f = 310 \text{ N/mm}^2$$

满足强度要求。

验算刚度:

$$\lambda_x = \frac{6\,000}{102} = 58.8 < [\lambda] = 350$$

$$\lambda_y = \frac{6\,000}{24} = 250 < [\lambda] = 350$$

满足刚度要求。

6.3 实腹式压弯构件的稳定

同时承受压力和弯矩作用的构件,整体失稳破坏时有可能会发生绕截面两个主轴方向的失稳。由于弯矩往往作用在强轴上,因此需要验算弯矩作用平面内的稳定性和弯矩作用平面外的稳定性。

如图 6.5 所示为一实腹式压弯构件,其跨中截面的原始位置在①处,若未发生屈曲而只发生强度变形,则跨中截面变形到②处;若截面在沿 x 轴方向有足够的约束而不会发生此反向的失稳,则有可能在较大轴力作用下发生截面 y 轴方向的屈曲变形,此时跨中截面就会变形到③处;如果受压翼缘沿 x 轴方向的侧向约束较弱,截面则可能在受压翼缘带动下发生延 x 轴方向的位移和扭转,变形到④处。

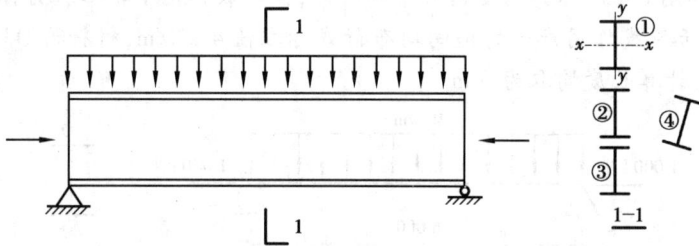

图 6.5　实腹式压弯构件两个方向的屈曲变形

6.3.1　弯矩作用平面内的稳定

确定弯矩作用平面内的极限承载力方法主要有两类:一是边缘屈服准则;二是最大强度准则。

1)边缘屈服准则

如图 6.6 所示为一两端铰接的压弯构件,其中横向荷载单独作用产生的跨中挠度为 v_m,轴力在变形后的跨中产生附加弯矩为 Nv_m,会产生附加挠度。设在弹性范围内,跨中总挠度为:

$$v_{max} = \frac{v_m}{1 - N/N_{Ex}} \qquad (6.11)$$

跨中总弯矩为:

$$M_{max} = M + N\frac{v_m}{1-N/N_{Ex}} = \frac{M}{1-N/N_{Ex}}\left[1+\left(\frac{N_{Ex}v_m}{M}-1\right)\frac{N}{N_{Ex}}\right]$$

$$= \frac{\beta_m M}{1-N/N_{Ex}} = \eta M \qquad (6.12)$$

式中　β_m——等效弯矩系数,$\beta_m = 1+\left(\frac{N_{Ex}v_m}{M}-1\right)\frac{N}{N_{Ex}}$;

　　　η——弯矩放大系数,$\eta = \dfrac{\beta_m}{1-N/N_{Ex}}$。

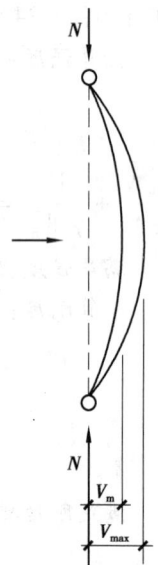

图 6.6　两端铰接的
压弯构件

为了考虑初始缺陷的影响,假定各种初始缺陷的等效初弯曲为跨中为 v_0 的正弦曲线,因此跨中的总弯矩应为:

$$M_{max} = \frac{\beta_m M + N v_0}{1 - N/N_{Ex}} \quad (6.13)$$

则构件跨中截面的边缘纤维达到屈服时,其受力状态为:

$$\frac{N}{A} + \frac{\beta_m M + N v_0}{W_{1x}(1 - N/N_{Ex})} = f_y \quad (6.14)$$

式中 W_{1x}——按受压一侧外边缘计算的毛截面模量。

若令上式中的弯矩为0,则轴心力 N 为有初始缺陷的轴心压杆的临界力 N_0,其表达式为:

$$\frac{N_0}{A} + \frac{N_0 v_0}{W_{1x}(1 - N/N_{Ex})} = f_y \quad (6.15)$$

上式应与轴心受压杆件的整体稳定计算公式相吻合,即 $N_0 = \varphi_x A f_y$,代入式(6.14),可解得 v_0 为:

$$v_0 = \left(\frac{1}{\varphi_x} - 1\right)\left(1 - \varphi_x \frac{A f_y}{N_{Ex}}\right)\frac{W_{1x}}{A} \quad (6.16)$$

再将上式代入公式(6.14),经过整理可以得到:

$$\frac{N}{\varphi_x A} + \frac{M_x}{W_{1x}\left(1 - \varphi_x \frac{N}{N_{Ex}}\right)} = f_y \quad (6.17)$$

式中 φ_x——轴心受压构件的整体稳定系数。

式(6.17)即为压弯构件按边缘屈服准则导出的相关公式。

2)最大强度准则

对于实腹式压弯构件而言,当其边缘纤维刚开始屈服时,截面内部尚处于弹性状态,构件尚存较大强度储备,因此允许截面有一定的塑性发展,其弯矩作用平面内的稳定性应按最大强度准则进行分析,即以具有各种初始缺陷的构件为计算模型,求解其极限承载力。

压弯构件的稳定承载力极限值,不仅与构件的长细比 λ 和偏心率 ε 有关,且与构件的截面形式和尺寸、构件轴线的初弯曲、截面上参与应力的分布和大小、材料的应力-应变特性以及失稳的方向等因素有关。因此,《钢结构设计规范》采用了考虑这些因素的数值分析方法(逆算单元长度法),对11种常用截面形式,以及残余应力、初弯曲等因素,在长细比为20、40、60、80、100、120、160、200,偏心率为0.2、0.6、1.0、2.0、4.0、10.0、20.0 等情况时的承载力极限值进行了计算,并将这些理论计算结果作为确定《钢结构设计规范》计算公式的依据。图6.7绘出了翼缘为火焰切割边的焊接工字形截面压弯构件在两端相等弯矩作用下的相关曲线,其中实线为理论计算的结果。

如果将用逆算单元长度法计算得到的极限承载力 N_u 与用边缘纤维屈服准则导出的计算公式(6.17)中的轴心压力 N 相比较,会发现对于短粗的实腹杆,公式(6.17)偏于安全,而对于细长的实腹杆,则偏于不安全。因此,《钢结构设计规范》借用了弹性压弯构件边缘屈服时计算公式的形式,但在计算弯曲应力时考虑了截面的塑性发展和二阶弯矩,对于初弯曲和残余应力的影响则综合在一个等效偏心距 v_0 内,最后提出一近似相关公式:

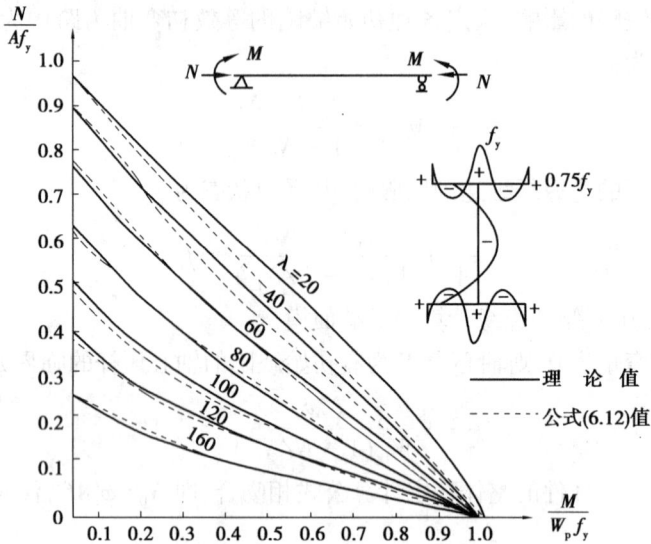

图 6.7　焊接工字钢偏心压杆的相关曲线

$$\frac{N}{\varphi_x A} + \frac{M_x}{W_{px}\left(1 - 0.8\dfrac{N}{N_{Ex}}\right)} = f_y \tag{6.18}$$

式中　W_{px}——截面塑性模量。

公式(6.18)的相关曲线即为图6.7中的虚线,其计算结果与理论值的误差很小。

3)《钢结构设计规范》计算方法

式(6.18)为两端铰接压弯构件在弯矩沿杆长度均匀分布时的相关公式,为了推广到其他荷载作用情况,可用等效弯矩系数的考虑方法,用 $\beta_{mx}M_x$ 代替 M_x;再考虑部分塑性深入截面的原则,用 $\gamma_x W_{1x}$ 代替 W_{px},并引入抗力分项系数,就可得到《钢结构设计规范》所采用的实腹式压弯构件弯矩作用平面内的稳定验算公式:

$$\frac{N}{\varphi_x A} + \frac{\beta_{mx}M_x}{\gamma_x W_{1x}\left(1 - 0.8\dfrac{N}{N'_{Ex}}\right)} \leqslant f \tag{6.19}$$

式中　N——所计算构件范围内轴心压力设计值;

N'_{Ex}——参数,$N'_{Ex} = \pi^2 EA/(1.1\lambda_x^2)$;

φ_x——弯矩作用平面内轴心受压构件稳定系数;

M_x——所计算构件段范围内的最大弯矩设计值;

W_{1x}——在弯矩作用平面内对受压最大纤维的毛截面模量;

β_{mx}——等效弯矩系数,应按下列规定采用:

①对于框架柱和两端支撑的构件:

a.无横向荷载作用时:取 $\beta_{mx} = 0.65 + 0.35\dfrac{M_2}{M_1}$,$M_1$ 和 M_2 为端弯矩,使构件产生同向曲率(无反弯点)时取同号;使构件产生反向曲率(有反弯点)时取异号,$|M_1| \geqslant |M_2|$;

b.有端弯矩和横向荷载同时作用时:使构件产生同向曲率时,$\beta_{mx} = 1.0$;使构件产生反向曲

率时,$\beta_{mx}=0.85$;

c.无端弯矩但有横向荷载作用时:$\beta_{mx}=1.0$。

②对悬臂构件和分析内力未考虑二阶效应的无支撑纯框架和弱支撑框架柱,取$\beta_{mx}=1.0$。

对于 T 形和槽形截面等单轴对称截面压弯构件,当弯矩作用在对称轴平面内且使翼缘受压时,无翼缘一侧可能由于拉应力较大而首先屈服。为了使其塑性不致深入过大,对此种情况,尚应对无翼缘一侧进行强度验算:

$$\left| \frac{N}{A} + \frac{\beta_{mx}M_x}{\gamma_x W_{2x}\left(1 - 1.25\dfrac{N}{N'_{Ex}}\right)} \right| \le f \tag{6.20}$$

式中　W_{2x}——对无翼缘端的毛截面模量。

压弯构件的稳定性能相对复杂,影响因素较多,因此规范方法是在结合了试验数据、理论分析和数值计算基础之上形成的。用一个统一的公式描述千差万别的实际情况虽然有一定误差,但可以通过各种不同情况下的系数取值不同来保证工程可接受的精度。

使用规范本条文时应注意截面模量 W_{1x} 和的 W_{2x} 的区别:脚标带"1"的表示受压一侧,带"2"的表示受拉一侧。规范公式(6.19)验算压弯稳定性,因此不等号左边第二项反应弯矩的影响时要用受压一侧的截面模量 W_{1x};对于 T 形等单轴对称截面压弯构件,当弯矩作用在对称轴平面内并使较大翼缘受压时,由于中性轴偏向于较大翼缘而造成在较小翼缘一侧出现较大的拉应力,有可能出现在截面整体失稳破坏以前先出现受拉屈服。因此对于这类截面除了进行整体稳定验算以外,还需要进行受拉强度验算,因此规范公式(6.20)验算的是单轴对称压弯构件受拉一侧的受拉应力,因此采用受拉一侧的截面模量 W_{2x},同时该式中也未出现受压构件稳定系数 φ,属于强度验算,而不是稳定验算。

式(6.19)和式(6.20)分母中的系数 0.8 和 1.25 是两个修正系数,系数的取值依据是使规范公式计算结果与极限承载力理论计算结果尽量接近的原则。经过对于 11 种常用截面形式的计算比较,认为修正系数的最优值即为 0.8 和 1.25,这样取值能使《钢结构设计规范》公式结果接近于理论值。

当如图 6.8(a)所示的单跨对称框架两柱顶受相同的竖向荷载时,可能发生如图 6.8(b)所示的对称失稳,也可能发生如图 6.8(c)所示的非对称失稳。前者柱顶没有侧移,为框架的无侧移失稳;后者柱顶有侧移,为框架的有侧移失稳。有侧移框架和无侧移框架、两端支撑构件和悬臂构件(一端支撑)在作为压弯构件时,将会体现出不同类型的受力特点(二阶效应),因此规范通过等效弯矩系数来体现其差异;构件的支撑端和跨中不同的荷载情况,体现的性能也相差较大,因此需要采用不同的算法确定 β_{mx}。

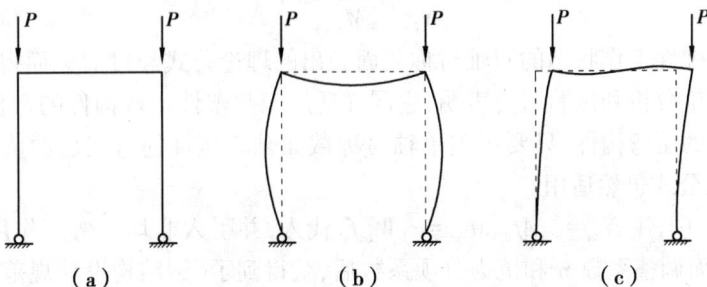

图 6.8　刚架的失稳形式

6.3.2 实腹式压弯构件在弯矩作用平面外的稳定

实腹式压弯构件在弯矩作用平面外的抗弯刚度通常较小,与受弯构件的失稳相似,当构件在弯矩作用平面外没有足够的支撑来限制其产生侧向位移和扭转时,也有发生侧向失稳破坏的可能性,需要进行弯矩作用平面外的稳定验算。需要引起注意的是,根据构件屈曲时截面位移特点可知,压弯构件弯矩作用平面外的屈曲属于弯扭屈曲。

根据弹性稳定理论,构件在发生弯扭屈曲时,其临界条件为:

$$\left(1 - \frac{N}{N_{Ey}}\right)\left(1 - \frac{N}{N_{Ey}} \cdot \frac{N_{Ey}}{N_z}\right) - \left(\frac{M_x}{M_{crx}}\right)^2 = 0 \qquad (6.21)$$

式中 N_z——绕构件纵轴的扭转屈曲临界力;

M_{crx}——受均布弯矩作用的屈曲临界弯矩。

分别以 M_x/M_{crx} 和 N/N_{Ey} 为横纵坐标,将 N_z/N_{Ey} 的不同比值代入上式,可画出弯矩作用平面外稳定问题的相关曲线(图 6.9):

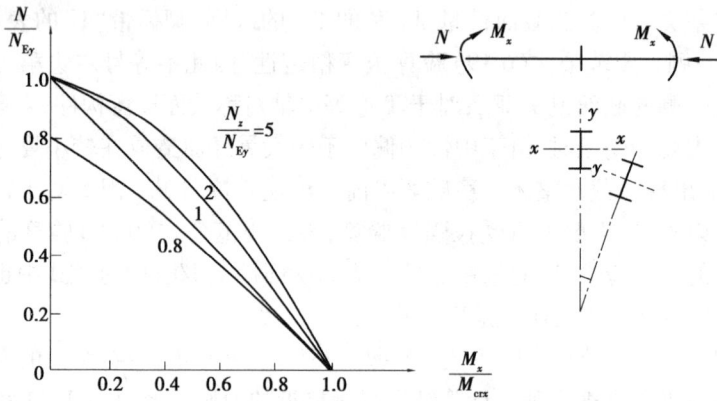

图 6.9   弯矩作用平面外稳定性的相关曲线

显然,这一系列曲线与 N_z/N_{Ey} 的比值相关,其规律是 N_z/N_{Ey} 比值越大,曲线越外凸。对于钢结构中常用的双轴对称工字形截面,N_z/N_{Ey} 总是大于 1.0,因此可偏安全地取 $N_z/N_{Ey} = 1.0$,则上式成为:

$$\left(1 - \frac{N}{N_{Ey}}\right)^2 - \left(\frac{M_x}{M_{crx}}\right)^2 = 0 \qquad (6.22a)$$

即:

$$\frac{N}{N_{Ey}} + \frac{M_x}{M_{crx}} = 1 \qquad (6.22b)$$

上式是根据弹性工作状态的双轴对称截面导出的理论公式经过简化而得出,是一个简单的直线关系。理论分析和试验研究表明,它同样适用于弹塑性压弯构件的弯扭屈曲计算。对于单轴对称截面的压弯构件,只要用该单轴对称截面轴心压杆的弯扭屈曲临界力 N_{cr} 代替上式中的 N_{Ey},相关公式仍然适用。

在式(6.22b)中,用 $N_{Ey} = \varphi_y A f_y$、$M_{crx} = \varphi_b W_{1x} f_y$ 代入,并引入非均匀弯矩作用时的等效弯矩系数 β_{tx}、箱型截面调整系数 η 和抗力分项系数后,就得到了《钢结构设计规范》规定的压弯构件在弯矩作用平面外稳定计算的相关公式:

$$\frac{N}{\varphi_y A} + \eta \frac{\beta_{tx} M_x}{\varphi_b W_{1x}} \leq f \tag{6.23}$$

式中 φ_y——弯矩作用平面外的轴压构件稳定系数,按附录4确定;

       φ_b——均匀弯曲的受弯构件整体稳定系数,按附录3计算,其中工字形(含H型钢)和T形截面的非悬臂(悬伸)构件可按附录3第附3.5节确定;对闭口截面 $\varphi_b = 1.0$;

       M_x——所计算构件段范围内的最大弯矩;

       η——截面影响系数,闭口截面 $\eta = 0.7$,其他截面 $\eta = 1.0$;

       β_{tx}——等效弯矩系数,应按下列规定采用:

①在弯矩作用平面外有支承的构件,应根据两相邻支承点间构件段内的荷载和内力情况确定:

   a.所考虑构件段无横向荷载作用时:取 $\beta_{tx} = 0.65 + 0.35 \dfrac{M_2}{M_1}$,$M_1$ 和 M_2 是在弯矩作用平面内的端弯矩,使构件产生同向曲率时取同号;产生反向曲率时取异号,$|M_1| \geq |M_2|$;

   b.所考虑构件段内有端弯矩和横向荷载同时作用时:使构件产生同向曲率时,$\beta_{tx} = 1.0$;使构件产生反向曲率时,$\beta_{tx} = 0.85$;

   c.所考虑构件段内无端弯矩但有横向荷载作用时:$\beta_{tx} = 1.0$。

②悬臂构件和分析内力未考虑二阶效应的无支撑纯框架和弱支撑框架柱,$\beta_{mx} = 1.0$。

在式(6.23)中,η 是截面影响系数,主要反映闭口截面和开口截面的区别。这是因为钢结构中的闭口截面通常抗扭刚度较大,弯扭屈曲相对开口截面不容易发生,因此对 η 进行折减;当轴心力较小时,闭口截面压弯构件承载力通常是由强度控制,因此受弯稳定系数 φ_b 取为1.0。

弯矩作用平面外的失稳与受弯构件整体失稳机理相似,因此验算公式(6.23)的两部分中,前一部分为轴心力单独作用下的失稳影响,注意 φ_y 通常为弱轴方向的稳定系数;后一部分则类似于受弯构件的整体失稳影响,稳定系数 φ_b 的取值也与受弯构件相同。

6.3.3 双向弯曲实腹式压弯构件的整体稳定

当受压构件在两个主轴方向都承受弯矩时,即构成双向弯曲的压弯构件,在实际工程中如多层钢框架结构的框架柱,承受重力荷载传来的竖向压力和两个平面方向的框架梁传递而来的双向弯矩。在规范中,采用单向弯曲压弯构件弯矩作用平面内外两个验算公式相衔接的公式验算双向弯曲压弯构件的整体稳定性。

弯矩作用在两个主平面内的双轴对称实腹式工字形(含H形)和箱形(闭口)截面的压弯构件,其稳定性应按下列公式计算:

$$\frac{N}{\varphi_x A f} + \frac{\beta_{mx} M_x}{\gamma_x W_x \left(1 - 0.8 \dfrac{N}{N'_{Ex}}\right) f} + \eta \frac{M_y}{\varphi_{by} W_y f} \leq 1 \tag{6.24a}$$

$$\frac{N}{\varphi_y A f} + \eta \frac{M_x}{\varphi_{bx} W_x f} + \frac{\beta_{my} M_y}{\gamma_y W_y \left(1 - 0.8 \dfrac{N}{N'_{Ey}}\right) f} \leq 1 \tag{6.24b}$$

式中　φ_x,φ_y——分别为对强轴 $x\text{-}x$ 和弱轴 $y\text{-}y$ 的轴心受压构件稳定系数；

　　　　$\varphi_{bx},\varphi_{by}$——分别为考虑弯矩变化和荷载位置影响的受弯构件整体稳定系数，按附录 3 规定取值；

　　　　M_x,M_y——分别为所计算构件段范围内对强轴和弱轴的最大弯矩设计值；

　　　　N'_{Ex},N'_{Ey}——分别为参数，$N'_{Ex}=\pi^2EA/1.1\lambda_x^2$，$N'_{Ey}=\pi^2EA/1.1\lambda_y^2$；

　　　　W_x,W_y——分别为对强轴和弱轴的毛截面模量；

　　　　β_{mx},β_{my}——等效弯矩系数，应按式(6·23)弯矩作用平面内稳定计算的有关规定采用。

双向压弯构件的两个验算公式，分别是针对强轴和弱轴的验算，针对强轴的验算由轴压强轴方向稳定部分、强轴弯矩平面内稳定部分和弱轴弯矩平面外稳定部分组成；针对弱轴的验算由轴压弱轴方向稳定部分、弱轴弯矩平面内稳定部分和强轴弯矩平面外稳定部分组成。

6.3.4　实腹式压弯构件的局部稳定

实腹式压弯构件的局部稳定设计仍是保证板件的稳定，即限制受压翼缘的宽厚比和腹板的高厚比。

1)受压翼缘的宽厚比

压弯构件的受压翼缘板与梁的受压翼缘板受力情况基本相同，因此其翼缘宽厚比的限值也与梁相同。工字形(H 形)、T 形和箱形截面的压弯构件，受压翼缘板自由外伸宽度 b 与其厚度 t 之比，应符合下列要求：

$$\frac{b}{t}\leqslant 13\sqrt{\frac{235}{f_y}} \tag{6.25}$$

当强度和稳定计算中取 $\gamma_x=1.0$ 时，b/t 可放宽至 $15\sqrt{235/f_y}$。

注意:翼缘板自由外伸宽度 b 的取值为:对焊接构件，取腹板边至翼缘板(肢)边缘的距离;对轧制构件，取内圆弧起点至翼缘板(肢)边缘的距离。

箱形截面压弯构件受压翼缘板在两腹板之间的无支承宽度 b_0 与其厚度 t 之比,应符合下式要求：

$$\frac{b_0}{t}\leqslant 40\sqrt{\frac{235}{f_y}} \tag{6.26}$$

2)腹板的高厚比

(1)工字形和 H 形截面

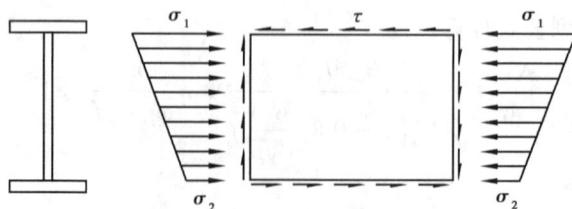

图 6.10　压弯构件的腹板应力分布

在压弯构件中,腹板应力分布如图 6.10 所示,根据弹性板件在非均匀的剪应力和正应力作用的稳定分析,可得知腹板中的剪应力 τ 影响不大,而主要受正应力梯度 α_0 的影响。

当 $0 \leqslant \alpha_0 \leqslant 1.6$ 时:

$$\frac{h_0}{t_w} \leqslant (16\alpha_0 + 0.5\lambda + 25)\sqrt{\frac{235}{f_y}} \qquad (6.27a)$$

当 $1.6 \leqslant \alpha_0 \leqslant 2.0$ 时:

$$\frac{h_0}{t_w} \leqslant (48\alpha_0 + 0.5\lambda - 26.2)\sqrt{\frac{235}{f_y}} \qquad (6.27b)$$

$$\alpha_0 = \frac{\sigma_{max} - \sigma_{min}}{\sigma_{max}} \qquad (6.27c)$$

式中　σ_{max}——腹板计算高度边缘的最大压应力,计算时不考虑构件的稳定系数和截面塑性发展系数;

　　　σ_{min}——腹板计算高度另一边缘响应的应力,压应力取正值,拉应力取负值;

　　　λ——构件在弯矩作用平面内的长细比,当 $\lambda < 30$ 时,取 $\lambda = 30$;当 $\lambda > 100$ 时,取 $\lambda = 100$。

(2)箱形截面

箱形截面受压构件的腹板计算高度 h_0 与其厚度 t_w 之比,不应超过式(6.27a)或式(6.27b)右侧乘以 0.8 后的值(当此值小于 $40\sqrt{235/f_y}$ 时,应采用 $40\sqrt{235/f_y}$),即:

当 $0 \leqslant \alpha_0 \leqslant 1.6$ 时:

$$\frac{h_0}{t_w} \leqslant 0.8(16\alpha_0 + 0.5\lambda + 25)\sqrt{\frac{235}{f_y}} \qquad (6.28a)$$

当 $1.6 \leqslant \alpha_0 \leqslant 2.0$ 时:

$$\frac{h_0}{t_w} \leqslant 0.8(48\alpha_0 + 0.5\lambda - 26.2)\sqrt{\frac{235}{f_y}} \qquad (6.28b)$$

(3)T 形截面

在 T 形截面压弯构件中,腹板高度与其厚度之比,不应超过下列数值:

弯矩使腹板自由边受拉的压弯构件:

　　　热轧剖分 T 型钢:$(15+0.2\lambda)\sqrt{235/f_y}$

　　　焊接 T 型钢:$(13+0.17\lambda)\sqrt{235/f_y}$

弯矩使腹板自由边受压的压弯构件:

　　　当 $\alpha_0 \leqslant 1.0$ 时:$15\sqrt{235/f_y}$

　　　当 $\alpha_0 > 1.0$ 时:$18\sqrt{235/f_y}$

λ 和 α_0 按式(6.27)的规定采用。

(4)圆管截面

一般圆管构件的弯矩不大,因此压弯构件的外径与厚度之比要求与轴心受压构件的规定相同,即:

$$\frac{D}{t} \leqslant 100\sqrt{\frac{235}{f_y}} \qquad (6.29)$$

实腹式压弯构件的板件宽厚比限值如表 6.1 所示。

表 6.1 压弯构件的板件宽厚比限值

项　次	截　面	宽厚比限值
1		$\dfrac{b}{t} \le 13\sqrt{\dfrac{235}{f_y}}$（弹塑性设计） $\dfrac{b}{t} \le 15\sqrt{\dfrac{235}{f_y}}$（弹性设计）
2		弯矩使腹板自由边受拉的 T 形截面： 　　热轧剖分 T 型钢：$(15+0.2\lambda)\sqrt{235/f_y}$ 　　焊接 T 型钢：$(13+0.17\lambda)\sqrt{235/f_y}$ 弯矩使腹板自由边受压的 T 形截面： 　　当 $\alpha_0 \le 1.0$ 时：$15\sqrt{235/f_y}$ 　　当 $\alpha_0 > 1.0$ 时：$18\sqrt{235/f_y}$
3		当 $0 \le \alpha_0 \le 1.6$ 时： $$\dfrac{h_0}{t_w} \le (16\alpha_0+0.5\lambda+25)\sqrt{\dfrac{235}{f_y}}$$ 当 $1.6 \le \alpha_0 \le 2.0$ 时： $$\dfrac{h_0}{t_w} \le (48\alpha_0+0.5\lambda-26.2)\sqrt{\dfrac{235}{f_y}}$$
4		$\dfrac{b}{t}$ 同项次 1
5		$\dfrac{b_0}{t} \le 40\sqrt{\dfrac{235}{f_y}}$
6		当 $0 \le \alpha_0 \le 1.6$ 时： $$\dfrac{h_0}{t_w} \le 0.8(16\alpha_0+0.5\lambda+25)\sqrt{\dfrac{235}{f_y}}$$ 当 $1.6 \le \alpha_0 \le 2.0$ 时： $$\dfrac{h_0}{t_w} \le 0.8(48\alpha_0+0.5\lambda-26.2)\sqrt{\dfrac{235}{f_y}}$$ 当此值小于 $40\sqrt{235/f_y}$ 时,应采用 $40\sqrt{235/f_y}$
7		$\dfrac{D}{t} \le 100\sqrt{\dfrac{235}{f_y}}$

注:①第 1 项按弹性设计时,γ_x 取为 1.0。

②λ 为构件在弯矩作用平面内的长细比。当 $\lambda<30$ 时,取 $\lambda=30$;当 $\lambda>100$ 时,取 $\lambda=100$。

③$\alpha_0=(\sigma_{max}-\sigma_{min})/\sigma_{max}$,$\sigma_{max}$ 和 σ_{min} 分别为腹板计算高度边缘的最大压应力和另一边缘的应力(压应力取正值,拉应力取负值),按构件的强度公式进行计算,且不考虑塑性发展系数。

6.4 压弯构件的设计

6.4.1 框架柱的计算长度

单根轴心受压构件的计算长度可根据构件端部的约束条件,按照弹性理论确定。对于端部条件比较简单的单根压弯构件,则可利用计算长度系数 μ 直接得到计算长度。但是对于约束情况较为复杂的框架柱,框架平面内的计算长度需要通过对框架的整体稳定分析得到,框架平面外的计算长度则需要根据支承点的布置情况确定。

1)框架平面内的计算长度

在进行框架的整体稳定分析时,一般取平面框架作为计算模型,不考虑空间作用。框架的失稳形式有两种,一种是有支撑框架,其失稳形式是无侧移的[图 6.11(a)];另一种是无支撑的纯框架,其失稳形式是有侧移的[图 6.11(b)]。有侧移失稳的框架,其临界力比无侧移失稳的框架低得多。因此,除非有阻止框架侧移的支撑体系(支撑桁架、剪力墙、电梯井等),框架的承载能力一般以有侧移失稳时的临界力确定。

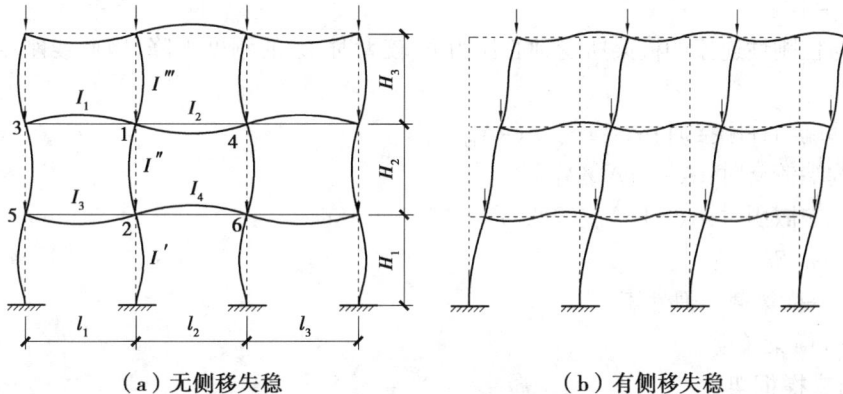

（a）无侧移失稳　　　　　　　（b）有侧移失稳

图 6.11 框架的失稳形式

在确定框架平面内的计算长度时,采用了以下基本假定:

①材料是线弹性的。

②框架只承受作用在节点上的竖向荷载。

③框架中的所有柱子是同时丧失稳定的,即各柱同时达到其临界荷载。

④当柱子开始失稳时,相交于同一节点的横梁对柱子提供的约束弯矩,按柱子的线刚度之比分配给柱子。

⑤在无侧移失稳时,横梁两端的转角大小相等方向相反;在有侧移失稳时,横梁两端的转角不但大小相等而且方向相反。

根据上述基本假定,只考虑与柱端直接相连的构件的约束作用,即只有相交于柱上下两端节点的横梁对柱子提供约束弯矩,按其与上下两端节点柱的线刚度之和的比值 K_1 和 K_2 分配给柱子,其中 K_1 是相交于柱上端节点的横梁线刚度之和与柱线刚度之和的比值,K_2 是相交于柱下端节点的横梁线刚度之和与柱线刚度之和的比值。以图 6.11(a)中的 1-2 柱

为例:

$$K_1 = \frac{I_1/l_1 + I_2/l_2}{I'''/H_3 + I''/H_2} \tag{6.30a}$$

$$K_2 = \frac{I_3/l_1 + I_4/l_2}{I''/H_2 + I'/H_1} \tag{6.30b}$$

框架柱在框架平面内的计算长度 H_0 可用下式表达:

$$H_0 = \mu H \tag{6.31}$$

式中　H——柱的几何长度;

　　　　μ——计算长度系数。

(1)无支撑纯框架

根据附表5.1的规定由 K_1 和 K_2 确定计算长度系数。

在确定 K_1 和 K_2 取值时,尚应按照以下几点进行调整:

①计算每个横梁线刚度时,要考虑横梁远离所计算柱一侧的约束的影响。当横梁远端为铰接时,应将横梁线刚度乘以0.5;当横梁远端为嵌固时,则应乘以2/3。

②当横梁与柱铰接时,横梁对于柱的转动没有约束,因此去横梁的线刚度为零。

③对底层框架柱,当柱与基础铰接时,取 $K_2 = 0$(对平板支座可取 $K_2 = 0.1$);当柱与基础刚接时,取 $K_2 = 10$。

④当与柱刚性连接的横梁所受轴心压力 N_b 较大时,梁的刚度下降,因此线刚度应乘以折减系数 α_N:

横梁远端与柱刚接时:$\alpha_N = 1 - N_b/(4N_{Eb})$

横梁远端铰支时:$\alpha_N = 1 - N_b/N_{Eb}$

横梁远端嵌固时:$\alpha_N = 1 - N_b/(2N_{Eb})$

式中　$N_{Eb} = \pi^2 EI_b/l^2$;

　　　　I_b——横梁截面惯性矩;

　　　　l——横梁长度。

(2)有支撑框架

对于有支撑的框架,根据抗侧刚度的大小,可分为强支撑框架和弱支撑框架,当侧移刚度(产生单位侧倾角的水平力)S_b 满足式(6.32)时为强支撑框架,属于无侧移失稳,否则为弱支撑框架。

$$S_b \geq 3\left(1.2\sum N_{bi} - \sum N_{0i}\right) \tag{6.32}$$

式中　$\sum N_{bi}, \sum N_{0i}$——分别为第 i 层层间所有框架柱用无侧移框架和有侧移框架柱计算长度系数算得的轴压杆稳定承载力之和。

对于强支撑框架,根据附表5.2的规定由 K_1 和 K_2 确定计算长度系数。

对于弱支撑框架,框架柱轴压杆稳定系数 φ 按以下公式计算:

$$\varphi = \varphi_0 + (\varphi_1 - \varphi_0)\frac{S_b}{3\left(1.2\sum N_{bi} - \sum N_{0i}\right)} \tag{6.33}$$

在确定 K_1 和 K_2 取值时,尚应按照以下几点进行调整:

①计算每个横梁线刚度时,要考虑横梁远离所计算柱一侧的约束的影响。当横梁远端为

铰接时,应将横梁线刚度乘以 1.5;当横梁远端为嵌固时,则应乘以 2。

②当横梁与柱铰接时,横梁对于柱的转动没有约束,因此去横梁的线刚度为零。

③对底层框架柱,当柱与基础铰接时,取 $K_2=0$(对平板支座可取 $K_2=0.1$);当柱与基础刚接时,取 $K_2=10$。

④当与柱刚性连接的横梁所受轴心压力 N_b 较大时,梁的刚度下降,因此线刚度应乘以折减系数 α_N:

横梁远端与柱刚接和横梁远端铰支时:$\alpha_N=1-N_b/N_{Eb}$

横梁远端嵌固时:$\alpha_N=1-N_b/(2N_{Eb})$

式中　$N_{Eb}=\pi^2EI_b/l^2$;

　　　I_b——横梁截面惯性矩;

　　　l——横梁长度。

2)框架平面外的计算长度

框架柱在框架平面外的计算长度一般由支撑构件的布置情况确定。柱在框架平面外失稳时,支撑结构使柱在框架平面外得到支撑,支撑点可以看作变形曲线的反弯点,因此柱在平面外的计算长度就等于支撑点之间的距离。

【例6.2】　如图6.12所示为一有侧移双层双跨框架,柱底与基础刚接,两层梁截面和柱截面相同,确定边柱和中柱在框架平面内的计算长度。

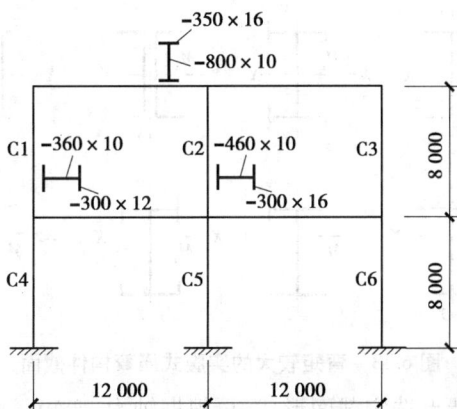

图6.12　例6.2图

【解】　计算各截面惯性矩:

横梁:$I_b=\dfrac{1}{12}\times(350\times832^3-340\times800^3)=2.291\times10^9$ mm⁴

边柱:$I_{c1}=\dfrac{1}{12}\times(300\times384^3-290\times360^3)=0.288\times10^9$ mm⁴

中柱:$I_{c2}=\dfrac{1}{12}\times(300\times492^3-290\times460^3)=0.625\times10^9$ mm⁴

对于柱 C1、C3:

$K_1=\dfrac{2.291/12}{0.288/8}=5.3$,$K_2=\dfrac{2.291/12}{0.288/8+0.288/8}=2.7$,查表得 $\mu=1.10$

对于柱 C2：

$$K_1 = \frac{2.291/12 + 2.291/12}{0.625/8} = 4.9, \quad K_2 = \frac{2.291/12 + 2.291/12}{0.625/8 + 0.625/8} = 2.4,$$

查表得 $\mu = 1.11$

对于柱 C4、C6：

$$K_1 = \frac{2.291/12}{0.288/8 + 0.288/8} = 2.7, \quad K_2 = 10, \quad 查表得 \mu = 1.08$$

对于柱 C5：

$$K_1 = \frac{2.291/12 + 2.291/12}{0.625/8 + 0.625/8} = 2.4, \quad K_2 = 10, \quad 查表得 \mu = 1.09$$

6.4.2 实腹式压弯构件的设计

1) 截面选择

在压弯构件中,当弯矩较小而轴力较大时,一般可采用与轴心受压构件相同的截面形式,即按截面两主轴方向等稳定性原则初定截面;当弯矩较大而轴力较小时,则宜采用在弯矩作用平面内截面高度较大的双轴对称截面或加强受压一侧翼缘的单轴对称截面,如图 6.13 所示,图中的双箭头为用矢量表示的绕 x 轴作用的弯矩 M_x(右手法则)。

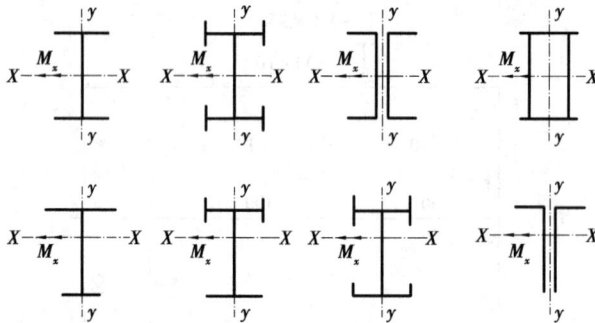

图 6.13 弯矩较大的实腹式压弯构件截面

设计时首先根据受力特点选定截面形式,再根据轴力、弯矩、计算长度等条件初步确定截面尺寸。由于压弯构件的验算式中所涉及的未知量比较多,根据初选截面计算的结果不一定合适,因此往往需要对于初选截面进行多次试算和调整。

2) 截面验算

截面验算包括强度、刚度、弯矩作用平面内的整体稳定、弯矩作用平面外的整体稳定、单轴对称截面较弱翼缘受拉时的强度、局部稳定几方面的内容。

(1)强度验算

用式(6.34)进行强度验算：

$$\frac{N}{A_n} \pm \frac{M_x}{\gamma_x W_{nx}} \pm \frac{M_y}{\gamma_y W_{ny}} \leq f \tag{6.34}$$

(2)刚度验算

压弯构件的长细比不应超过表 4.2 中规定的长细比限制。

（3）弯矩作用平面内的整体稳定验算

$$\frac{N}{\varphi_x A} + \frac{\beta_{xm} M_x}{\gamma_x W_{1x}\left(1 - 0.8\dfrac{N}{N'_{Ex}}\right)} = f \qquad (6.35)$$

（4）弯矩作用平面外的整体稳定验算

$$\frac{N}{\varphi_y A} + \eta\frac{\beta_{tx} M_x}{\varphi_b W_{1x}} \leqslant f \qquad (6.36)$$

（5）单轴对称截面较弱翼缘受拉时的强度验算

$$\left|\frac{N}{A} + \frac{\beta_{xm} M_x}{\gamma_x W_{2x}\left(1 - 1.25\dfrac{N}{N'_{Ex}}\right)}\right| \leqslant f \qquad (6.37)$$

（6）局部稳定验算

翼缘的高厚比和腹板的宽厚比应满足表 6.1 的要求。

3）构造要求

压弯构件的翼缘宽厚比必须满足局部稳定的要求，否则翼缘屈曲必然导致构件整体失稳。但当腹板屈曲时，由于存在屈曲后强度，构件不会立即失稳只会使其承载力有所降低。当工字型截面和箱形截面由于高度较大，为了保证腹板的局部稳定而采用较厚的板时，会显得不经济。因此，设计中有时采用较薄的腹板，当腹板的高厚比不满足表 6.1 中的要求时，可考虑腹板中间部分由于失稳而退出工作，计算时腹板截面面积仅考虑两侧宽度各 $20t_w\sqrt{235/f_y}$ 的部分（计算构件的稳定系数时仍用全截面）。也可在腹板中部设置纵向加劲肋，此时腹板的受压较大翼缘与纵向加劲肋之间的高厚比应满足表 6.1 的要求。

当腹板的 $h_0/t_w > 80$ 时，为防止腹板在施工和运输过程中发生变形，应设置间距不大于 $3h_0$ 的横向加劲肋。另外，设有纵向加劲肋的同时也应设置横向加劲肋。加劲肋的截面选择与第 5 章受弯构件加劲肋截面的设计相同。

大型实腹式柱在受有较大水平力处和运送单元的端部应设置横隔，横隔的设置方法详见第 4 章。

【例 6.3】图 6.14 所示构件为某厂房支撑跨旁的柱，上下两端按铰支计算，柱承受屋架传来的轴心恒载标准值 500 kN，活载标准值 200 kN；承受跨中的水平活荷载标准值 70 kN。材料为 Q235 钢焰切边工字形截面柱，屋架平面外 1/3 长度处有侧向支撑，截面无削弱。试验算此构件的承载力。

【分析】该题为压弯构件的验算题，需要进行的验算内容包括：强度、刚度、弯矩作用平面内整体稳定、弯矩作用平面外整体稳定、局部稳定。需要引起注意的地方在于，该构件在弯矩作用平面内的计算长度为 15 m，但在弯矩作用平面外由于有侧向约束的存在，计算长度为 5 m。在进行弯矩作用平面内外的稳定验算时，等效弯矩系数 β_{mx} 和 β_{tx} 的计算应该逐跨进行，如此题中的 β_{mx} 需要计算平面内 15 m 的一跨，而 β_{tx} 则需要在平面外 5 m 的边跨和 5 m 的中跨分别计算。

【解】（1）荷载计算

轴心荷载设计值：1.2×500+1.4×200＝880 kN

1.35×500+1.4×0.7×200＝871 kN

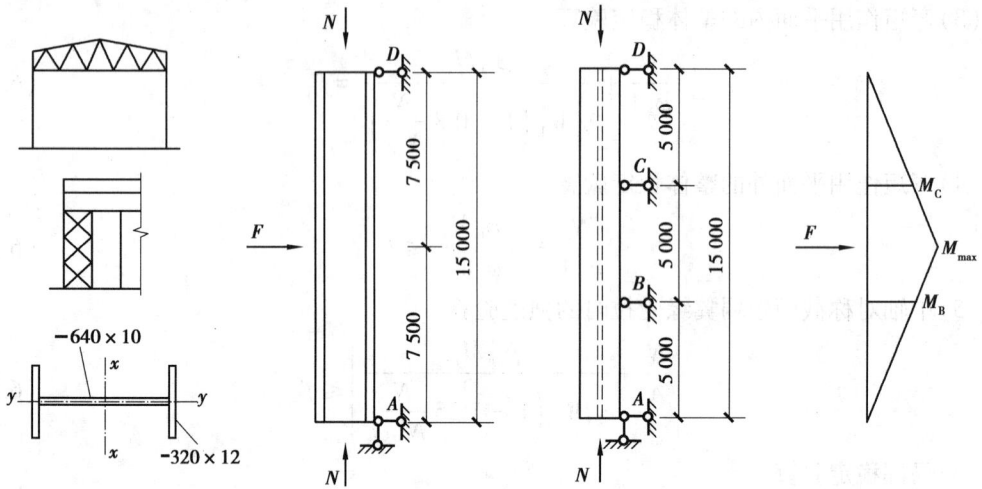

图 6.14　例 6.3 图

弯矩设计值：　$\dfrac{1}{4} \times 70 \times 1.4 \times 15 = 367.5\ \text{kN} \cdot \text{m}$

（2）截面几何特性

$$A = 2 \times 320 \times 12 + 640 \times 10 = 14\ 080\ \text{mm}^2$$

$$I_x = \frac{1}{12} \times (320 \times 664^3 - 310 \times 640^3) = 1.035 \times 10^9\ \text{mm}^4$$

$$I_y = 2 \times \frac{1}{12} \times 12 \times 320^3 = 6.554 \times 10^7\ \text{mm}^4$$

$$W_{1x} = \frac{1.035 \times 10^9}{332} = 3.117 \times 10^6\ \text{mm}^3$$

$$i_x = \sqrt{\frac{I_x}{A}} = \sqrt{\frac{1.035 \times 10^9}{14\ 080}} = 271\ \text{mm}$$

$$i_y = \sqrt{\frac{I_y}{A}} = \sqrt{\frac{6.554 \times 10^7}{14\ 080}} = 68\ \text{mm}$$

（3）强度验算

$$\frac{N}{A_n} + \frac{M_x}{\gamma_x W_{nx}} = \frac{880 \times 10^3}{14\ 080} + \frac{367.5 \times 10^6}{1.05 \times 3.117 \times 10^6} = 174.79\ \text{N/mm}^2 \leqslant f = 215\ \text{N/mm}^2$$

（4）验算弯矩作用平面内的稳定

$$\lambda_x = \frac{l_{0x}}{i_x} = \frac{15\ 000}{271} = 55.3 < [\lambda] = 150,\ \text{满足刚度要求。}$$

查附表 4.2（b 类截面），$\varphi_x = 0.831$

$$N'_{Ex} = \frac{\pi^2 EA}{1.1 \lambda_x^2} = \frac{3.142^2 \times 206\ 000 \times 14\ 080}{1.1 \times 55.3^2} = 8.51 \times 10^6\ \text{N}$$

两端支承的构件，无端弯矩但有横向荷载作用，$\beta_{mx} = 1.0$

$$\frac{N}{\varphi_x A} + \frac{\beta_{mx} M_x}{\gamma_x W_{1x}\left(1 - 0.8\frac{N}{N'_{Ex}}\right)}$$

$$= \frac{880 \times 10^3}{0.831 \times 14\,080} + \frac{1.0 \times 367.5 \times 10^6}{1.05 \times 3.117 \times 10^6 \times \left(1 - 0.8 \times \frac{880}{8\,510}\right)}$$

$$= 197.62 \text{ N/mm}^2 \leqslant f = 215 \text{ N/mm}^2$$

(5)验算弯矩作用平面外的稳定

$$\lambda_y = \frac{l_{0y}}{i_y} = \frac{5\,000}{68} = 73.3 < [\lambda] = 150,满足刚度要求。$$

查附表 4.2(b 类截面),$\varphi_y = 0.730$

$$\varphi_b = 1.07 - \frac{\lambda_y^2}{44\,000} \cdot \frac{f_y}{235} = 1.07 - \frac{73.3^2}{44\,000} \times \frac{235}{235} = 0.948 < 1.0$$

在弯矩作用平面外,AB、BC 和 CD 这 3 段的支承和荷载情况不同,需要分别讨论。

BC 段:有端弯矩和横向荷载作用,产生同向曲率,故取 $\beta_{tx} = 1.0$,$\eta = 1.0$,

$$\frac{N}{\varphi_y A} + \eta \frac{\beta_{tx} M_x}{\varphi_b W_{1x}} = \frac{880 \times 10^3}{0.730 \times 14\,080} + 1.0 \times \frac{1.0 \times 367.5 \times 10^6}{0.948 \times 3.117 \times 10^6}$$

$$= 209.99 \text{ N/mm}^2 \leqslant f = 215 \text{ N/mm}^2$$

AB、CD 段:无横向荷载

$$\beta_{tx} = 0.65 + 0.35\frac{M_2}{M_1} = 0.65, \eta = 1.0, M_{xB} = \frac{1}{2} \times 70 \times 1.4 \times 5 = 245 \text{ (kN·m)}$$

$$\frac{N}{\varphi_y A} + \eta \frac{\beta_{tx} M_x}{\varphi_b W_{1x}} = \frac{880 \times 10^3}{0.730 \times 14\,080} + 1.0 \times \frac{0.65 \times 245 \times 10^6}{0.948 \times 3.117 \times 10^6}$$

$$= 139.51 \text{ N/mm}^2 \leqslant f = 215 \text{ N/mm}^2$$

(6)验算局部稳定

$$\sigma_{max} = \frac{N}{A} + \frac{M_x}{I_x} \cdot \frac{h_0}{2} = \frac{880 \times 10^3}{14\,080} + \frac{367.5 \times 10^6}{1.035 \times 10^9} \cdot 320 = 176.12 \text{ N/mm}^2$$

$$\sigma_{min} = \frac{N}{A} - \frac{M_x}{I_x} \cdot \frac{h_0}{2} = \frac{880 \times 10^3}{14\,080} + \frac{367.5 \times 10^6}{1.035 \times 10^9} \cdot 320 = -51.12 \text{ N/mm}^2(拉应力)$$

$$\alpha_0 = \frac{\sigma_{max} - \sigma_{min}}{\sigma_{max}} = \frac{176.12 + 51.12}{176.12} = 1.29 < 1.6$$

腹板:

$$\frac{h_0}{t_w} = \frac{640}{10} = 64 < (16\alpha_0 + 0.5\lambda_x + 25)\sqrt{\frac{235}{f_y}} = 16 \times 1.29 + 0.5 \times 55.3 + 25 = 73.29$$

翼缘:

$$\frac{b}{t} = \frac{160 - 5}{12} = 12.9 < 13\sqrt{\frac{235}{f_y}} = 13$$

6.4.3 格构式压弯构件的设计

当柱的截面高度较大时,为了节省材料,常常采用格构式截面(图6.15),如在厂房柱就多用格构式截面。对于这一类较大截面,当在不同荷载工况下某一方向弯矩始终较大时,常将其设计为两分肢不对称的形式,且使较大分肢主要承受压力;当不同荷载工况下两个方向的弯矩绝对值相差不多时,则常将其设计为两分肢对称的形式。

由于格构式压弯构件的截面高度较大,并且承受较大剪力,所以一般宜采用缀条柱的形式,而较少采用缀板柱的形式。格构式柱在承受较大水平力处和运送单元的端部设置横隔,作用在于保证这些关键截面形状不变,增加构件的抗扭刚度,防止在运输和施工过程中变形。当构件较长时,在上述位置的中间还应增设横隔,规范要求横隔间距不超过柱截面长边尺寸的9倍和8 m。横隔可用钢板或交叉角钢制作。

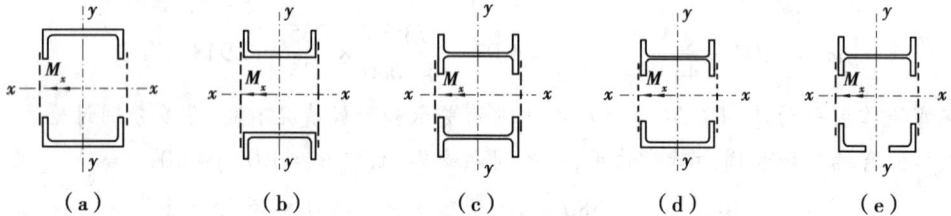

图6.15 常见的格构式柱截面

1)弯矩绕虚轴作用时格构式压弯构件的稳定

格构式柱通常在虚轴方向具有较强的抗弯能力,因此一般设计为虚轴方向承受较大弯矩,此时需要对构件进行下列验算:

(1)强度和刚度验算

拉弯和压弯构件都需要进行强度和刚度验算。弯矩绕虚轴作用的格构式压弯构件,不考虑截面的塑性深入,也就是应用边缘屈服准则,塑性发展系数 γ_x 取为 1.0。验算时按照式(6.10)进行计算。

刚度验算时,与轴心受压构件的刚度验算方法相同,进行容许长细比的验算。需要提醒注意的是绕虚轴的长细比要使用换算长细比,按轴心受压格构式构件的计算方法计算。

(2)弯矩作用平面内的整体稳定验算

弯矩绕虚轴(x轴)作用的格构式压弯构件,其弯矩作用平面内的整体稳定性应按下式计算:

$$\frac{N}{\varphi_x A} + \frac{\beta_{mx} M_x}{W_{1x}\left(1 - \varphi_x \dfrac{N}{N'_{Ex}}\right)} \leq f \tag{6.38}$$

式中 $W_{1x} = I_x/y_0$;

I_x——对 x 轴的毛截面的惯性矩;

y_0——由 x 轴到压力较大分肢的轴线距离或者到压力较大分肢腹板外边缘的距离,二者取较大者;

φ_x,N'_{Ex}——弯矩作用平面内轴心受压构件稳定系数和参数,由对虚轴的换算长细比确定。

弯矩作用平面外的整体稳定性可不计算,但应计算分肢的稳定性,分肢的轴心力应按桁架的弦杆计算。对缀板柱的分肢尚应考虑由剪力引起的局部弯矩。

（3）分肢的稳定计算

弯矩绕虚轴作用的压弯构件，在弯矩作用平面外的整体稳定性一般通过分肢的稳定计算得到保证，因此不必再计算整个格构式构件在弯矩作用平面外的整体稳定性。

进行单个分肢的稳定验算时，需要把分肢在缀条节间的部分作为轴心受压构件进行整体稳定验算，因此首先需要按照桁架进行受力分析。

如图 6.16 所示，将分肢作为桁架进行受力分析，两分肢作为桁架的弦杆，缀条作为桁架的腹杆，通过力和弯矩的平衡关系可得到分肢内力：

分肢 1：

$$N_1 = N\frac{y_2}{a} + \frac{M}{a} \qquad (6.39a)$$

分肢 2：

$$N_2 = N\frac{y_1}{a} + \frac{M}{a} \qquad (6.39b)$$

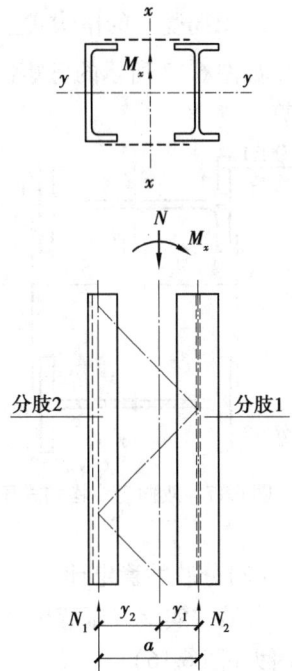

图 6.16　分肢内力计算简图

或

$$N_2 = N - N_1 \qquad (6.39c)$$

缀条式压弯构件的单个分肢可视为轴心受力构件进行稳定验算，在缀条平面内，缀条可作为分肢的有效约束，分肢计算长度取为缀条节间轴线距离；在缀条平面外，计算长度取为整个格构式构件的侧向支撑点间距。

（4）缀材的计算

格构式压弯构件的缀条对于整个构件来说用来传递剪力，对于缀条自身来说则为轴心受力构件。缀材验算时，先根据压弯格构柱的桁架模型进行受力分析，按缀条承担的实际剪力和按 $V=\dfrac{Af}{85}\sqrt{\dfrac{235}{f_y}}$（见轴心受力格构式柱的缀材计算）计算所得剪力中的较大者。其后将缀条按轴心受力构件验算强度和稳定性，具体方法与格构式轴心受力构件相同。

（5）局部稳定验算

斜缀条受力一般较小，多采用角钢，由于是轧制型材，不用验算局部稳定，因此只需要进行分肢的局部稳定验算即可，具体方法与轴心受压构件的局部稳定验算相同，分别验算翼缘的宽厚比和腹板的高厚比。

2）弯矩绕实轴作用时格构式压弯构件的稳定

当弯矩作用在实轴时，格构式构件的两个分肢绕实轴产生弯曲，此时的受力性能与实腹式构件完全相同。因此，弯矩绕实轴作用的格构式压弯构件，弯矩作用平面内和平面外的整体稳定计算均与实腹式构件相同，在计算弯矩作用平面外的整体稳定时，长细比应取换算长细比，整体稳定系数取 $\varphi_b = 1.0$。缀材所受剪力按式（4.39）计算。

3)双向受弯的格构式压弯构件

如图 6.17 所示的弯矩作用在两个主平面内的双肢格构式压弯构件,其稳定性按下列规定计算:

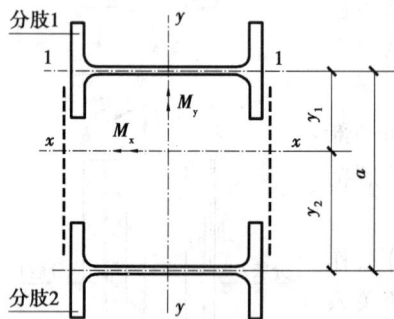

图 6.17 双向受弯格构式压弯构件

(1)整体稳定计算

《钢结构设计规范》采用与边缘屈服准则导出的弯矩绕虚轴作用的格构式压弯构件平面内整体稳定计算公式(6.40)相衔接的直线式进行计算:

$$\frac{N}{\varphi_x A} + \frac{\beta_{mx} M_x}{W_{1x}\left(1 - \varphi_x \dfrac{N}{N'_{Ex}}\right)} + \frac{\beta_{ty} M_y}{W_{1y}} \leq f \quad (6.40)$$

式中　φ_x, N'_{Ex}——由换算长细比确定;

　　W_{1y}——在 M_y 作用下,对较大受压纤维的毛截面模量。

(2)分肢的稳定计算

分肢按实腹式压弯构件计算,将分肢作为桁架弦杆计算其在轴力和弯矩共同作用下产生的内力(图 6.16)。

分肢 1:

$$N_1 = N \frac{y_2}{a} + \frac{M_x}{a} \tag{6.41}$$

$$M_{y1} = \frac{I_1/y_1}{I_1/y_1 + I_2/y_2} \cdot M_y \tag{6.42}$$

分肢 2:

$$N_2 = N - N_1 \tag{6.43}$$

$$M_{y2} = M_y - M_{y1} \tag{6.44}$$

式中　I_1, I_2——分肢 1 和分肢 2 对 y 轴的惯性矩;

　　y_1, y_2——M_y 作用的主轴平面至分肢 1 和分肢 2 轴线的距离。

上式适用于当 M_y 作用在构件的主平面时的情况,当 M_y 不是作用在构件的主轴平面而是作用在一个分肢的轴线平面(如图 6.16 中分肢 1 的 1—1 轴线平面时),则 M_y 视为全部由该分肢承受。

4)横隔及分肢的局部稳定

对于格构式压弯构件,无论截面大小,均应设置横隔,横隔的设置方法与轴心受压的格构柱相同。

格构式压弯构件中板件的局部要求与实腹式压弯构件相同。

【例 6.4】图 6.18 为一单层厂房框架柱的下柱,在框架平面内(属有侧移框架柱)的计算长度为 $l_{0x} = 21.7$ m,在框架平面外的计算长度(作为两端铰接)$l_{0y} = 12.21$ m,钢材为 Q235 钢。试验算此柱在下列组合内力(设计值)作用下的承载力。

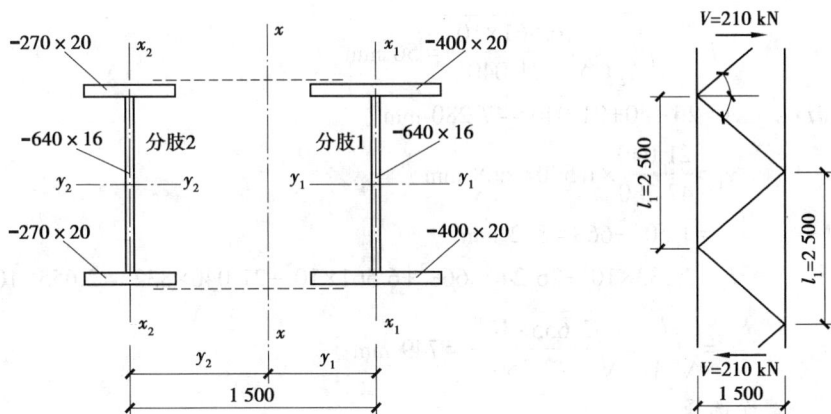

图 6.18　例 6.4 图

第一组(使分肢 1 受压最大):$\begin{cases} M_x = 3\ 340\ \text{kN} \cdot \text{m} \\ N = 4\ 500\ \text{kN} \\ V = 210\ \text{kN} \end{cases}$

第二组(使分肢 2 受压最大):$\begin{cases} M_x = 2\ 700\ \text{kN} \cdot \text{m} \\ N = 4\ 400\ \text{kN} \\ V = 210\ \text{kN} \end{cases}$

【分析】题目中未给出斜缀条截面条件,需要先根据实际剪力和假象剪力进行截面选择和验算,选用单面连接的单角钢缀条时需要对强度进行折减。题目中给出了两种工况,分别为两个不同分肢的最不利工况,应分别验算格构柱的整体稳定、两个分肢的稳定。

【解】(1)截面的几何特征

分肢 1:　　　　$A_1 = 2 \times 400 \times 20 + 640 \times 16 = 26\ 240\ \text{mm}^2$

$$I_{y1} = \frac{1}{12}(400 \times 680^3 - 384 \times 640^3) = 2.092 \times 10^9\ \text{mm}^4$$

$$I_{x1} = 2 \times \frac{1}{12} \times 20 \times 400^3 = 2.133 \times 10^8\ \text{mm}^4$$

$$i_{y1} = \sqrt{\frac{I_{y1}}{A_1}} = \sqrt{\frac{2.092 \times 10^9}{26\ 240}} = 282\ \text{mm}$$

$$i_{x1} = \sqrt{\frac{I_{x1}}{A_1}} = \sqrt{\frac{2.133 \times 10^8}{26\ 240}} = 90\ \text{mm}$$

分肢 2:　　　　$A_2 = 2 \times 270 \times 20 + 640 \times 16 = 21\ 040\ \text{mm}^2$

$$I_{y2} = \frac{1}{12}(270 \times 680^3 - 254 \times 640^3) = 1.526 \times 10^9\ \text{mm}^4$$

$$I_{x2} = 2 \times \frac{1}{12} \times 20 \times 270^3 = 6.561 \times 10^7\ \text{mm}^4$$

$$i_{y2} = \sqrt{\frac{I_{y2}}{A_2}} = \sqrt{\frac{1.526 \times 10^9}{21\ 040}} = 269\ \text{mm}$$

$$i_{x2} = \sqrt{\frac{I_{x2}}{A_2}} = \sqrt{\frac{6.561 \times 10^7}{21\ 040}} = 56\ \text{mm}$$

整个截面： $A = 26\ 240 + 21\ 040 = 47\ 280\ \text{mm}^2$

$$y_1 = \frac{21\ 040}{47\ 280} \times 1\ 500 = 668\ \text{mm}$$

$$y_2 = 1\ 500 - 668 = 832\ \text{mm}$$

$$I_x = 2.133 \times 10^8 + 26\ 240 \times 668^2 + 6.561 \times 10^7 + 21\ 040 \times 832^2 = 2.655 \times 10^{10}\ \text{mm}^4$$

$$i_x = \sqrt{\frac{I_x}{A}} = \sqrt{\frac{2.655 \times 10^{10}}{47\ 280}} = 749\ \text{mm}$$

(2)斜缀条截面选择

假象剪力： $V = \dfrac{Af}{85}\sqrt{\dfrac{f_y}{235}} = \dfrac{47\ 280 \times 215}{85} = 120\ \text{kN}$,小于实际剪力 210 kN。

缀条内力及长度： $\tan\alpha = \dfrac{1\ 250}{1\ 500} = 0.833, \alpha = 39.8°$

$$N_c = \frac{210}{2\cos 39.8°} = 136.7\ \text{kN}, l = \frac{1\ 500}{\cos 39.8°} = 1\ 952\ \text{mm}$$

选用单角钢∟100×8, $A' = 1\ 560\ \text{mm}^2, i_{\min} = 19.8\ \text{mm}$

$\lambda = \dfrac{1\ 952 \times 0.9}{19.8} = 88.6 < [\lambda] = 150$,查附表 4.2(b 类截面)得 $\varphi = 0.631$

单面连接的单角钢设计强度折减系数为：

$$\eta = 0.6 + 0.001\ 5\lambda = 0.733$$

验算缀条稳定：

$$\frac{N_c}{\varphi A} = \frac{136.7 \times 10^3}{0.631 \times 1\ 560} = 139\ \text{N/mm}^2 < 0.733 \times 215 = 158\ \text{N/mm}^2$$

(3)验算弯矩作用平面内的整体稳定

$$\lambda_x = \frac{l_{0x}}{i_x} = \frac{21\ 700}{749} = 29$$

换算长细比： $\lambda_{0x} = \sqrt{\lambda_x^2 + 27\dfrac{A}{A'}} = \sqrt{29^2 + 27 \times \dfrac{47\ 280}{2 \times 1\ 560}} = 35.4 < [\lambda] = 150$

查附表 4.2(b 类截面), $\varphi_x = 0.916$

$$N'_{Ex} = \frac{\pi^2 EA}{1.1\lambda_{0x}^2} = \frac{\pi^2 \times 206 \times 10^3 \times 47\ 280}{1.1 \times 35.4^2} = 69\ 740\ \text{kN}$$

对有侧移框架, $\beta_{mx} = 1.0$ 。

第一组内力,使分肢 1 受力最大

$$W_{1x} = \frac{I_x}{y_1} = \frac{2.655 \times 10^{10}}{668} = 3.975 \times 10^7\ \text{mm}^3$$

$$\frac{N}{\varphi_x A} + \frac{\beta_{mx} M_x}{W_{1x}\left(1 - \varphi_x \dfrac{N}{N'_{Ex}}\right)} = \frac{4\ 500 \times 10^3}{0.916 \times 47\ 280} + \frac{1.0 \times 3\ 340 \times 10^6}{3.975 \times 10^7 \times \left(1 - 0.916 \times \dfrac{4\ 500}{69\ 740}\right)}$$

$$= 193.21 \text{ N/mm}^2 < f = 205 \text{ N/mm}^2$$

第二组内力,使分肢 2 受压最大

$$W_{2x} = \frac{I_x}{y_2} = \frac{2.655 \times 10^{10}}{832} = 3.191 \times 10^7 \text{ mm}^3$$

$$\frac{N}{\varphi_x A} + \frac{\beta_{mx} M_x}{W_{1x}\left(1 - \varphi_x \dfrac{N}{N'_{Ex}}\right)} = \frac{4\,400 \times 10^3}{0.916 \times 47\,280} + \frac{1.0 \times 2\,700 \times 10^6}{3.191 \times 10^7 \times \left(1 - 0.916 \times \dfrac{4\,400}{69\,740}\right)}$$

$$= 191.4 \text{ N/mm}^2 < f = 205 \text{ N/mm}^2$$

(4)验算分肢 1 的稳定(用第一组内力)

最大压力:$N_1 = \dfrac{0.832}{1.5} \times 4\,500 + \dfrac{3\,340}{1.5} = 4\,722 \text{ kN}$

$$\lambda_{x1} = \frac{l_1}{i_{x1}} = \frac{2\,500}{90} = 27.8 < [\lambda] = 150, \quad \lambda_{y1} = \frac{l_{0y}}{i_{y1}} = \frac{12\,210}{282} = 43.3 < [\lambda] = 150$$

查附表 4.2(b 类截面),$\varphi_{min} = 0.886$

$$\frac{N_1}{\varphi_{min} A_1} = \frac{4\,722 \times 10^3}{0.886 \times 26\,240} = 203.1 \text{ N/mm}^2 < f = 205 \text{ N/mm}^2$$

(5)验算分肢 2 的稳定(用第二组内力)

最大压力:$N_2 = \dfrac{0.668}{1.5} \times 4\,400 + \dfrac{2\,700}{1.5} = 3\,759 \text{ kN}$

$$\lambda_{x2} = \frac{l_2}{i_{x2}} = \frac{2\,500}{56} = 44.6 < [\lambda] = 150, \quad \lambda_{y2} = \frac{l_{0y}}{i_{y2}} = \frac{12\,210}{269} = 45.4 < [\lambda] = 150$$

查附表 4.2(b 类截面),$\varphi_{min} = 0.877$

$$\frac{N_2}{\varphi_{min} A_2} = \frac{3\,759 \times 10^3}{0.877 \times 21\,040} = 203.7 \text{ N/mm}^2 < f = 205 \text{ N/mm}^2$$

(6)验算分肢局部稳定

只需要验算分肢 1 的局部稳定。此分肢属轴心受压构件,应按表 4.6 的规定进行验算。

因 $\lambda_{x1} = 27.8$,$\lambda_{y1} = 43.3$,得 $\lambda_{max} = 43.3$

翼缘:$\dfrac{b}{t} = \dfrac{192}{20} = 9.6 < (10 + 0.1\lambda_{max})\sqrt{\dfrac{235}{f_y}} = 10 + 0.1 \times 43.3 = 14.33$

腹板:$\dfrac{h_0}{t_w} = \dfrac{640}{16} = 40 < (25 + 0.5\lambda_{max})\sqrt{\dfrac{235}{f_y}} = 25 + 0.5 \times 43.3 = 46.65$

从以上验算结果看,此截面是合适的。

6.5 框架柱的柱脚

同时承受弯矩和压力的框架柱脚可做成刚接和铰接两种形式。铰接柱脚只传递轴心压力和剪力,其计算和构造与轴心受压柱的柱脚相同,只不过所受剪力较大,往往采取抗剪的构造措施,如加抗剪键(图 4.40)。刚接柱脚除传递轴心压力和剪力之外,还要传递弯矩。

图 6.19、图 6.20 和图 6.21 是常用的几种刚接柱脚。其中,图 6.19 和图 6.20 为整体式刚接柱脚,用于实腹柱和分肢距离较小的格构柱;图 6.21 是分离式柱脚,用于普通的格构柱,可有效节省柱脚钢材。为了加强分离式柱脚在运输和安装过程中的刚度,宜设置缀材把两个柱脚连接起来。

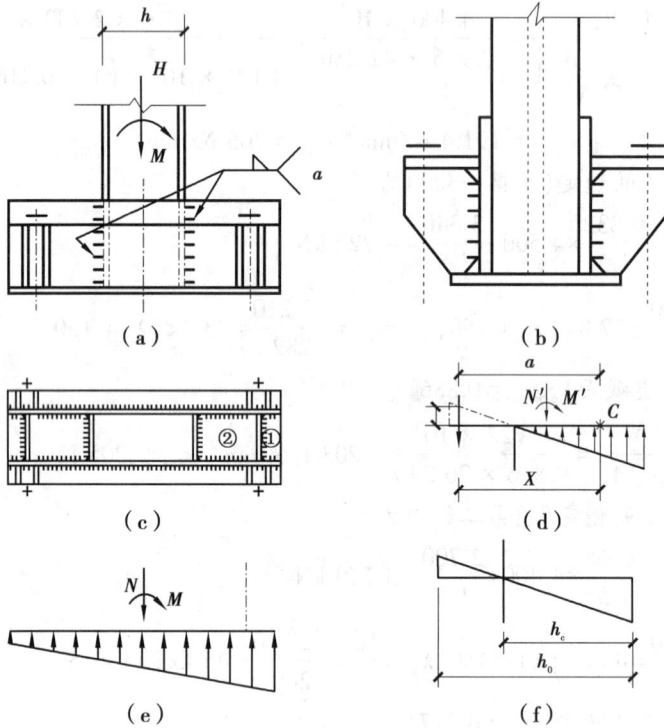

图 6.19　整体式的刚性柱脚

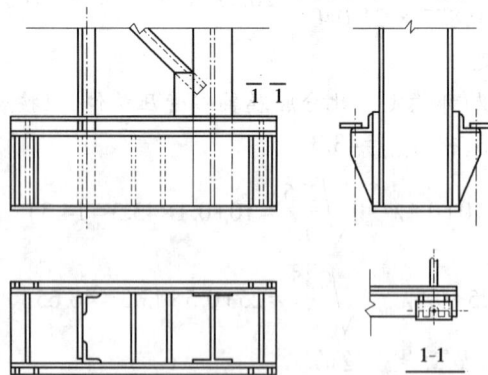

图 6.20　格构柱的整体式刚接柱脚

刚接柱脚在弯矩作用下有时会产生拉力,此时则需要通过锚栓来承受,需要通过计算进行锚栓设计。为了保证柱脚与基础能形成刚性连接,锚栓不宜固定在底板上而应采用如图6.19所示的构造,在靴梁侧面焊接两块肋板,锚栓固定在肋板上面的水平板上。为了便于安装,锚栓不宜穿过底板。为了安装时便于调整柱脚的位置,水平板上锚栓孔的直径应是锚栓直径的 1.5~2.0 倍,待柱子就位并调整到设计位置后,再用垫板套住锚栓并与水平板焊牢,垫

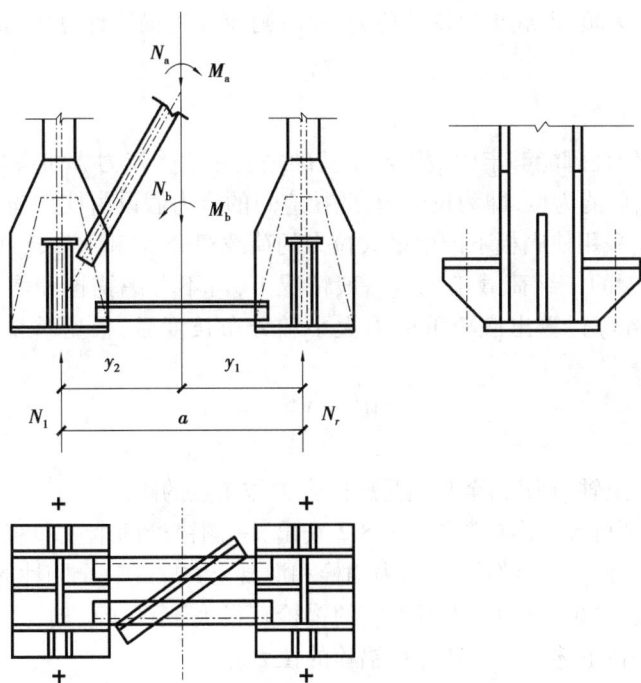

图 6.21 分离式柱脚

板上的孔径只比锚栓直径大 1~2 mm。

如前所述,刚接柱脚的受力特点是在与基础连接处同时存在弯矩、轴心压力和剪力。同铰接柱脚一样,剪力由底板与基础间的摩擦力或专门设置的抗剪键连接,柱脚按承受弯矩和轴心压力计算。

6.5.1 整体式刚接柱脚

1)底板的计算

图 6.19 为一整体式柱脚及其受力的实例。底板的宽度 b 可根据建筑或构造要求确定,悬伸长度 c 一般取 20~30 mm。在弯矩和轴心压力的作用下,底板所承受的压应力分布是不均匀的。底板在弯矩作用平面内的长度 L,应由基础混凝土的抗压强度条件确定,即:

$$\sigma_{max} = \frac{N}{bL} + \frac{6M}{bL^2} \leqslant f_c \tag{6.45a}$$

$$\sigma_{min} = \frac{N}{bL} - \frac{6M}{bL^2} \tag{6.45b}$$

式中 N,M——柱脚所承受的最不利弯矩和轴心压力,取使基础一侧产生最大压应力的内力组合;

f_c——混凝土的抗压强度设计值。

得到底板下压应力分布后,则可由此压应力产生的弯矩确定底板的厚度,计算方法与轴心受压柱脚底板计算相同。对于压弯柱脚,由于底板压应力分布不均匀,分布压应力可以偏安全的取为底板各区格下的最大压应力。例如,图 6.19(c)中区格 1 取 $q=\sigma_{max}$,区格 2 取 $q=\sigma_1$。需要注意的是,该方法只适用于 σ_{min} 为正的情况,即底板全部受压的情况。若柱脚弯矩较大,则 $\sigma_{\min}$ 可能为负,即底板出现拉应力,此时则应采用锚栓计算中所算得的基础压应力进行底板厚度计算。

2)锚栓的计算

锚栓的作用是使柱脚能够牢固地固定于基础之上并承受拉力。如果柱脚弯矩较大,则式(6.45b)算出的 $\sigma_{\min}$ 可能为负,即为拉应力,此拉应力的合力假设由柱脚锚栓来承受。

计算锚栓时,应采用使底板下产生最大拉力的荷载组合 N' 和 M' 来计算 $\sigma_{\min}$,通常是轴心压力偏小而弯矩偏大的一组荷载工况。一般情况下,可不考虑锚栓和混凝土基础的弹性性质,只需要按式(6.45)计算出底板下应力大小和分布长度后,根据 $\sum M_c = 0$ 可求得锚栓的拉力:

$$N_t = \frac{M' - N'(x - a)}{x} \tag{6.46}$$

式中　a, x——锚栓至轴力 N' 和至基础受压区合力作用点的距离。

按此锚栓拉力即可计算出(或按附表8.2查出)一侧锚栓的个数和直径。该方法计算锚栓拉力比较方便,但理论上不够严密,因为锚栓和混凝土并非是完全刚性的,由此算出的 N_t 往往偏大。因此,当按式(6.46)的拉力所确定的锚栓直径大于 60 mm 时,则宜考虑锚栓与混凝土基础的弹性性质,按下述方法重新计算锚栓的拉力。

假定底板和混凝土基础的接触面变形符合平截面假定,在 N' 和 M' 的共同作用下,其应力应变图形如图6.19(e)、(f)所示,由此图形得:

$$\frac{\sigma_t}{\sigma_c} = \frac{E\varepsilon_t}{E_c\varepsilon_c} = n_0 \frac{h_0 - h_c}{h_c} \tag{6.47}$$

式中　σ_t——锚栓的拉应力;

　　　σ_c——基础混凝土的最大边缘压应力;

　　　n_0——钢和混凝土弹性模量之比;

　　　E_c——混凝土弹性模量;

　　　E——钢材的弹性模量;

　　　h_0——锚栓至混凝土受压边缘的距离;

　　　h_c——底板受压区长度。

根据竖向力的平衡条件可得:

$$N' + N_t = \frac{1}{2}\sigma_c b h_c \tag{6.48}$$

式中　b——底板宽度;

　　　N_t——锚栓拉力。

根据绕锚栓轴线的力矩平衡条件可得:

$$M' + N'a = \frac{1}{2}\sigma_c b h_c \left(h_0 - \frac{h_c}{3}\right) \tag{6.49}$$

令 $h_c = \alpha h_0$,将式(6.46)中的 σ_c 解出,代入式(6.46),可得:

$$\alpha^2\left(\frac{3 - \alpha}{1 - \alpha}\right) = \frac{6(M' + N'a)}{bh_0^2} \cdot \frac{n_0}{\sigma_t} \tag{6.50}$$

令上式的等号右侧为:

$$\beta = \frac{6(M' + N'a)}{bh_0^2} \cdot \frac{n_0}{\sigma_t} \tag{6.51}$$

则有:

$$\alpha^2 \left(\frac{3 - \alpha}{1 - \alpha} \right) = \beta \tag{6.52}$$

再由式(6.48)、式(6.49)两式消去 σ_c,仍令 $h_c = \alpha h_0$ 得:

$$N_t = k \frac{M' + N'a}{h_0} - N' \tag{6.53}$$

上式中的系数 k 与 α 的关系为:

$$k = \frac{3}{3 - \alpha} \tag{6.54}$$

为方便计算,将系数 β 和 k 的关系列于下表。计算步骤为:①根据式(6.51)假定 σ_t 等于锚栓的抗拉强度设计值 f_t^a,计算出 β。②由表 6.2 查出最为接近的 k 值。③按式(6.53)求出锚栓拉力 N_t。④由附表 8.2 确定一侧锚栓的直径和个数。

表 6.2　系数 β、k

β	0.068	0.098	0.134	0.176	0.225	0.279	0.340	0.407	0.482
k	1.05	1.06	1.07	1.08	1.09	1.10	1.11	1.12	1.13
β	0.565	0.656	0.755	0.864	0.981	1.110	1.250	1.403	1.567
k	1.14	1.15	1.16	1.17	1.18	1.19	1.20	1.21	1.22
β	1.748	1.944	2.160	2.394	2.653	2.935	3.248	3.592	3.977
k	1.23	1.24	1.25	1.26	1.27	1.28	1.29	1.30	1.31
β	4.407	4.888	5.431	6.047	6.756	7.576	8.532	9.663	10.02
k	1.32	1.33	1.34	1.35	1.36	1.37	1.38	1.39	1.40

由于锚栓的直径一般较大,受拉时不能忽略螺纹处应力集中的不利影响;此外,锚栓是保证柱脚刚性连接的最主要部件,应使其弹性伸长不致过大,所以规范去掉了较低的抗拉强度设计值。如对 Q235 钢锚栓,取 $f_t^a = 140$ N/mm²;如对 Q345 钢锚栓,取 $f_t^a = 180$ N/mm²,分别相当于受拉构件强度设计值的 70% 和 60%。

由于底板刚度不足,不能保证锚栓受拉的可靠性,因此锚栓不宜直接连接在底板上,而通常支撑于焊接于靴梁的肋板上,肋板上同时搁置水平板和垫板。

肋板顶部的水平焊缝和肋板与靴梁的连接焊缝为偏心受力,应根据每个锚栓的拉力来计算。锚栓支撑垫板的厚度应根据其抗弯强度计算。

3)靴梁、隔板及其连接焊缝的计算

靴梁与柱身的连接焊缝"a"(图 6.19),应按可能产生的最大内力 N_1 计算,并以此焊缝所需要的长度来确定靴梁的高度,在这里:

$$N_1 = \frac{N}{2} + \frac{M}{h} \tag{6.55}$$

靴梁按支承于柱边缘的悬伸梁来验算截面强度。靴梁的悬伸部分与底板的连接焊缝共有4条,应按整个底板宽度下的最大基础反力来计算。在柱身范围内,靴梁内侧不方便施焊,因此只考虑外侧两条焊缝受力,可按该范围内最大基础反力计算。

隔板的计算同轴心受力柱脚,它所承受的基础反力均偏安全地取该计算段内的最大值计算。

6.5.2 分离式柱脚

每个分离式柱脚按分肢可能产生的最大压力而作为承受轴心力的柱脚进行设计。两个独立柱脚所承受的最大压力为:

$$右肢: N_r = \frac{N_a y_2}{a} + \frac{M_a}{a} \tag{6.56a}$$

$$左肢: N_r = \frac{N_b y_1}{a} + \frac{M_b}{a} \tag{6.56b}$$

式中 N_a, M_a——使右肢受力最不利的柱组合内力;

$\quad\quad N_b, M_b$——使右肢受力最不利的柱组合内力;

$\quad\quad y_1, y_2$——右肢及左肢至柱轴线的距离;

$\quad\quad a$——柱截面宽度(两分肢轴线距离);

每个柱脚的锚栓也按各自的最不利组合内力换算成的最大拉力计算。

6.5.3 插入式柱脚

单层厂房柱的刚接柱脚消耗钢材较多,及时采用分离式柱脚,柱脚重也约为整个柱重的10%~15%。为了节约钢材,可以采用插入式柱脚,即将柱端直接插入钢筋混凝土杯形基础的杯口中,如图6.22所示。杯口构造和插入深度可参照钢筋混凝土结构的有关规定。

插入式基础主要需验算钢柱与二次浇灌层(采用细石混凝土)之间的粘剪力及杯口的抗冲切强度。

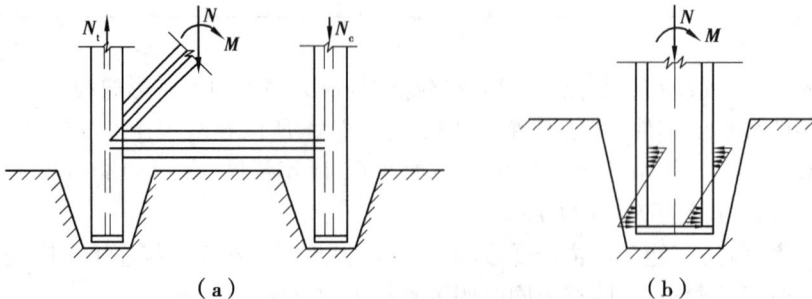

图6.22 插入式柱脚

6.6　框架中梁与柱的连接

在框架结构中,大部分的梁柱连接为刚接节点,少部分为铰接节点。

梁柱刚性节点的主要作用是可靠传递剪力和弯矩,图 6.23 展示了 3 种不同构造的刚性连接节点。

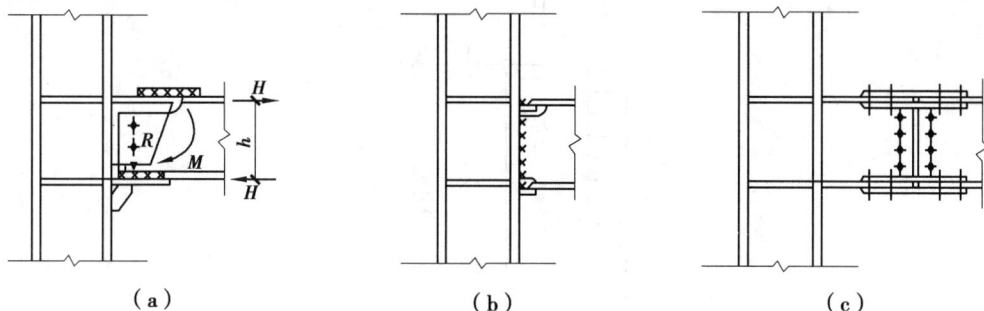

（a）　　　　　　　　（b）　　　　　　　　（c）

图 6.23　梁与柱的刚性连接

图 6.23(a)通过上下两块水平钢板,将弯矩传给立柱,梁端剪力则通过支托传递给柱。

图 6.23(b)是梁柱焊缝连接,翼缘焊缝主要传递弯矩,腹板焊缝主要传递剪力。为了使翼缘焊缝能够在平焊位置施焊,要在柱侧焊上衬板,同时在梁腹板端部预先开好槽口,上槽口是为了让出上翼缘焊缝的衬板位置,下槽口是为了满足施焊的要求。

图 6.23(c)是梁柱高强螺栓连接,牛腿预先与柱通过焊缝连接在一起而形成刚性连接,高强螺栓群再把梁的翼缘和腹板与牛腿连接在一起。

习　题

6.1　如图 6.24 所示,偏心压杆由 2∟180×110×10 组成,单肢截面积 28.4 cm²。试验算柱强度是否能够满足要求。已知:$f = 215$ N/mm²,$\gamma_{x1} = 1.05$(肢背),$\gamma_{y1} = 1.2$(肢尖),$I_x = 1\,940$ cm⁴(单肢),$N = 1\,000$ kN,$q = 3.5$ kN/m。

6.2　如图 6.25 所示,一双角钢拉弯构件,节点板厚度 $t = 6$ mm,跨中有侧向支撑且截面上开有螺栓孔,孔径为 21.5 mm。承受静力荷载设计值为 $N = 200$ kN,$F = 30$ kN;钢材为 Q235B。试计算此杆件的强度和刚度。

6.3　如图 6.26 所示的简支偏心受压柱,柱高 4 m,截面为工字钢 I22a,Q235B 钢,弱轴中间设有侧向支撑,已知偏心力 $P = 200$ kN,偏心量 $e =$

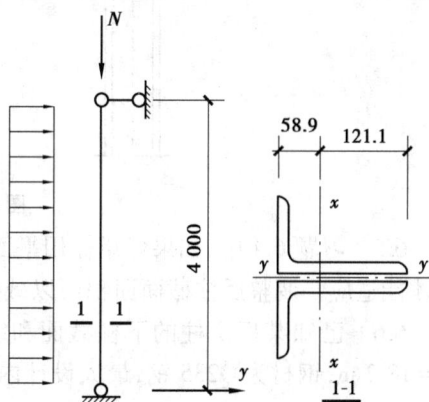

图 6.24　习题 6.1 图

200 mm,试验算该柱的安全性。

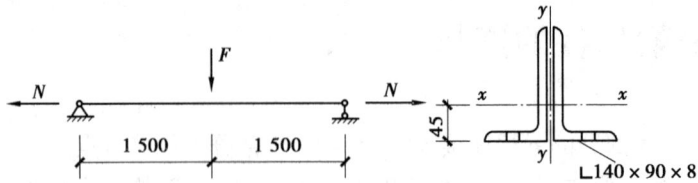

图 6.25 习题 6.2 图

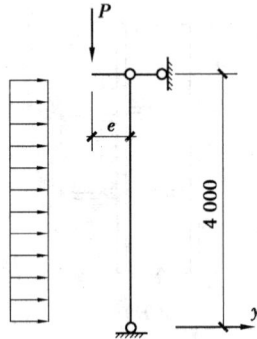

图 6.26 习题 6.3 图

6.4 如图 6.27 所示的悬臂柱,承受偏心距为 250 mm 的设计压力 1 600 kN。在弯矩作用平面外有支撑体系对柱上端形成支点,要求选定热轧 H 型钢或焊接工字形截面,材料为 Q235 钢。

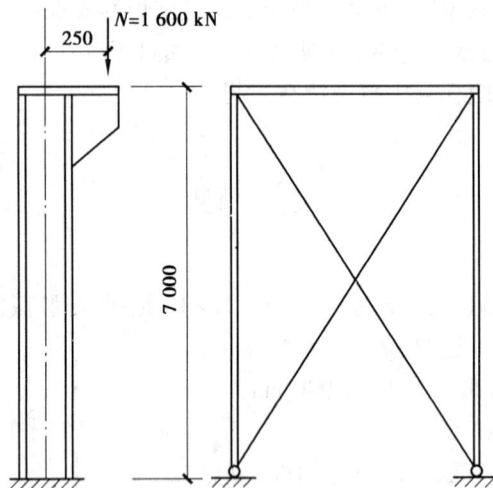

图 6.27 习题 6.4 图

6.5 习题 6.4 中,如果弯矩作用平面外的支撑改为如图 6.28 所示,所选截面需要如何调整才能适应? 调整后柱截面面积可以减少多少?

6.6 已知某厂房柱的下柱截面和缀条布置如图 6.29 所示,柱的计算长度 $l_{0x} = 29.3$ m,$l_{0y} = 18.2$ m,钢材为 Q235 钢,最大设计内力为 $N = 2\,800$ kN,$M_x = \pm 2\,300$ kN·m,试验算此柱是否安全?

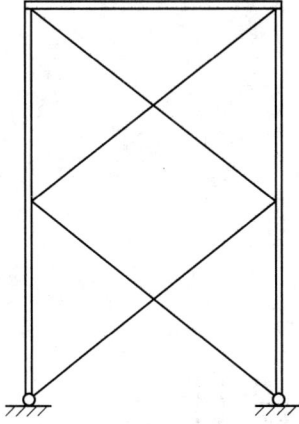

图 6.28　习题 6.5 图

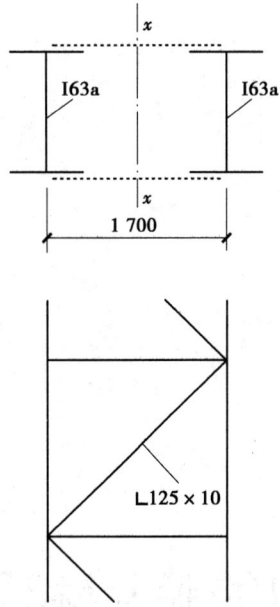

图 6.29　习题 6.6 图

7

钢结构的疲劳和防脆断设计

【内容提要】

本章介绍了钢结构的疲劳计算和防脆断设计两部分内容;主要讲述了钢结构疲劳破坏的基本概念,钢结构疲劳破坏的分类,不同疲劳类型的计算方法及其适用条件;给出了钢结构脆性断裂与低温冷脆的基本概念及其工程危害;详细介绍了钢结构的脆性破坏特征,分析了造成钢结构出现冷脆破坏的基本影响因素,给出了钢结构防止冷脆破坏的基本措施;介绍了钢结构低温设计计算方法和实现步骤。

【学习重点】

钢结构疲劳破坏的基本概念、疲劳破坏类型及其特征,钢结构的冷脆破坏特征和基本影响因素,防止钢结构出现冷脆破坏的基本措施。

【学习难点】

钢结构疲劳计算方法和钢结构冷脆断裂设计方法及其实现步骤。

7.1 钢结构的疲劳

7.1.1 基本概念

钢结构的疲劳破坏是微观裂纹在连续重复荷载作用下不断扩展直至突然发生断裂的脆性破坏,是钢构件在较小荷载作用或变形作用下经历多往复次循环的结果。长期疲劳振动引起结构塑性变形能力退化,抗力减小,引起结构抵抗外荷载或者偶然荷载的能力降低,导致工程事故发生,如图7.1所示。国内外试验研究表明:低于疲劳极限(对常幅疲劳问题)或截止限(对变幅疲劳问题)的应力幅一般不会导致疲劳破坏。《钢结构设计规范》(GB 50017—2003)(第6.1.1条)规定,直接承受动力荷载重复作用的钢结构构件及其连接(例如:工业厂房吊车梁、有悬挂吊车的屋盖结构、桥梁、海洋钻井平台、风力发电机结构、大型旋转游乐设施等),当其荷载产生的应力变化的循环次数 $n \geqslant 5 \times 10^4$ 次时,需要进行疲劳计算。实际工程中,如果钢结构承受的应力循环次数小于 5×10^4 次时,可不进行疲劳计算,而且可按照不需要验算疲劳的要求选用钢材,但是直接承受动力荷载重复作用的钢结构,均应符合规范规定的相关构造要求。

（a）飞机疲劳断裂　　　　　　　　（b）悬索桥拉杆疲劳断裂

图 7.1　疲劳破坏事故

目前,我国对基于可靠度理论的疲劳极限状态设计方法研究尚缺乏基础性研究,对于不同类型构件连接的裂纹形成、扩展以致断裂这一全过程的极限状态,包括其严格的定义和影响发展过程的有关因素都还未明确,掌握的疲劳强度数据只是结构抗力表达式中的材料强度部分。因此,我国疲劳强度计算仍采用荷载标准值按容许应力幅法,按弹性状态计算,容许应力幅按构件和连接件类别、应力循环次数及计算部位的板件厚度确定。至于应力幅的构造分类法,其基本思路是以名义应力幅作为衡量疲劳性能的指标,通过大量试验得到各种构件和连接构造的疲劳性能的统计数据,将疲劳性能相近的构件和连接构造归为一类,同一类构件和连接构造具有相同的 S-N 曲线。设计时,根据构件和连接构造形式找到相应的类别,即可确定其疲劳强度。连接类别是影响疲劳强度的主要因素之一,主要是因为它将引起不同的应力集中(包括连接的外形变化和内在缺陷的影响)。设计中应注意尽可能不采用应力集中严重的连接构造。

容许应力幅数值的确定,是根据疲劳试验数据统计分析而得,在试验结果中包括了局部应力集中可能产生屈服区的影响,因而整个构件可按弹性工作进行计算。连接形式本身的应力集中不予考虑,其他因断面突变等构造产生应力集中则应另行计算。

按应力幅概念计算,承受压应力循环与承受拉应力循环是完全相同的,国内外焊接结构的试验资料中也有压应力区发现疲劳开裂的现象。焊接结构的疲劳强度之所以与应力幅密切相关,本质上是由于焊接部位存在较大的残余拉应力,造成名义上受压应力的部位仍旧会疲劳开裂,只是裂纹扩展的速度比较缓慢,裂纹扩展的长度有限,当裂纹扩展到残余拉应力释放后便会停止。考虑疲劳破坏通常发生在焊接部位,以及钢结构连接节点的重要性和受力的复杂性,一般不容许开裂。对非焊接构件和连接件,其应力循环中不出现拉应力的部位可不计算疲劳强度。

7.1.2 疲劳破坏分类

循环荷载作用下,产生疲劳破坏的应力循环数或应变循环数称为疲劳寿命。疲劳性能测试中,常把试件疲劳寿命划分为3个区限:

①短寿命区:施加的应力水平较高,在大应变循环下,试件疲劳寿命大致在 10^4 循环次数以内。

②中等寿命区:承受中等应力水平,试件疲劳寿命大致在 $10^4 \sim 10^6$ 循环次数范围。

③长寿命区:施加的应力水平较低,试件疲劳寿命大致在 10^6 循环次数以上。

一般将短寿命区的试件疲劳称为低周疲劳,循环次数高于 $10^4 \sim 10^5$ 循环次数的疲劳称为高周疲劳。同时,按照低周往复循环振动过程中构件振动荷载值的变换与否,将构件疲劳破坏分为常幅疲劳和变幅疲劳两大类。构件承受荷载值在整个往复振动过程中均不发生变化(即循环过程中应力幅保持常量),称为常幅疲劳;构件承受荷载值在整个往复振动过程中随时间发生变化(即循环过程中应力幅为变量),称为变幅疲劳。

本章给出的各类疲劳计算方法仅适用在常温、无强烈腐蚀作用环境中钢结构构件及其连接件的疲劳计算,不适用于下列条件:

①构件表面温度大于 150 ℃。

②构件服役环境为海水腐蚀环境。

③构件焊接后经热处理消除残余应力。

④构件处于低周、高应变疲劳状态。

对于海水腐蚀环境、低周—高应变疲劳等特殊使用条件中疲劳的破坏机理与表达式各有特点,分别另属专门范畴;高温下使用和焊接经回火消除残余应力的结构构件及其连接有不同于本章的疲劳强度值,均应另行考虑。

国内外大量疲劳试验试件钢板厚度一般都小于 25 mm,对于板厚大于 25 mm 的构件和连接,主要是依靠横向角焊缝和对接焊缝传递作用力。但是由于板厚引起的焊趾位置的应力集中或应力梯度变化,疲劳强度随着板厚的增加有一定程度的降低,因此对于容许应力幅需要考虑具体的板厚进行修正。修正系数 γ_t 的表达式为:

$$\gamma_t = \left(\frac{25}{t}\right)^{0.25} \tag{7.1}$$

式中　γ_t——板厚修正系数;

　　　t——连接板板厚,mm。

当连接板厚小于等于 25 mm 时,修正系数 γ_t 取 1.0 即可。

1)常幅疲劳

对构件及其连接件的常幅(所有应力循环内的应力幅保持常量)疲劳,应按下列公式进行计算:

$$\Delta\sigma \leqslant [\Delta\sigma] \tag{7.2}$$

式中　$\Delta\sigma$——对焊接部位为应力幅,$\Delta\sigma$ 等于 σ_{max} 与 σ_{min} 之差,对非焊接部位为折算应力幅,
　　　　　$\Delta\sigma$ 等于 σ_{max} 与 $0.7\sigma_{min}$ 之差;

$\sigma_{\max}$——计算部位每次应力循环中的最大拉应力,取正值;

$\sigma_{\min}$——计算部位每次应力循环中的最小拉应力或压应力,拉应力取正值,压应力取负值;

$[\Delta\sigma]$——常幅疲劳的容许应力幅,N/mm²,应按照式(7.3)计算。

$$[\Delta\sigma] \leqslant \left(\frac{C}{n}\right)^{\frac{1}{\beta}} \tag{7.3}$$

式中 n——应力循环次数;

C,β——参数,与构件和连接形式相关,按照《钢结构设计规范》(GB 50017—2003)(第6.2.1条)要求,应按照表7.1进行取值。

表 7.1 参数 C、β 值

	1	2	3	4	5	6	7	8
C	$1\,940\times10^{12}$	861×10^{12}	3.26×10^{12}	2.18×10^{12}	1.47×10^{12}	0.96×10^{12}	0.65×10^{12}	0.41×10^{12}
β	4	4	3	3	3	3	3	3

实际工程中,重级工作制吊车梁和重级、中级工作制吊车桁架的疲劳可作为常幅疲劳,可按照《钢结构设计规范》(GB 50017—2003)(第6.2.3条)中的简易方法计算。

2)变幅疲劳

对于变幅(应力循环内的应力幅随机变化)疲劳,若能预测结构在使用寿命期间各种荷载的频率分布、应力幅水平及频次分布总和所构成的设计应力谱,则可将其折算为等效常幅疲劳,按下式进行计算:

$$\Delta\sigma_e \leqslant [\Delta\sigma] \tag{7.4}$$

式中 $\Delta\sigma_e$——变幅疲劳的等效应力幅(N/mm²),按下式确定:

$$\Delta\sigma_e \leqslant \left[\frac{\sum n_i (\Delta\sigma_i)^\beta}{\sum n_i}\right]^{\frac{1}{\beta}} \tag{7.5}$$

式中 $\sum n_i$——以应力循环次数表示的结构预期使用寿命;

n_i——预期寿命内应力幅水平达到 $\Delta\sigma_i$ 的应力循环次数。

结构设计和分析中,进行疲劳强度计算时,应注意以下问题:

①按概率极限状态计算方法进行疲劳强度计算,目前正处于研究阶段,因此,疲劳强度计算应采用容许应力法,荷载应采用标准值,不考虑荷载分项系数和动力系数,而且应力按弹性工作阶段计算。

②在应力循环中不出现拉应力的部位,可不计算疲劳。根据应力幅概念,无论应力循环是拉应力还是压应力,只要应力幅超过容许值就会产生疲劳裂纹。但由于裂纹形成的同时,残余应力自行释放,在完全压应力(不出现拉应力)循环中,裂纹不会继续发展,所以不予以验算。

7.2 钢结构的断裂

7.2.1 钢结构的脆性破坏

1)钢结构的脆性断裂与低温冷脆

钢结构构件破坏主要有塑性破坏和脆性断裂破坏两种破坏形态。屈服破坏是由于构件内部部分区域的应力达到钢材的屈服强度后,构件的承载能力达到极限,不能够承受继续增加的外荷载作用,引起的结构破坏;断裂破坏是在构件内部形成新的表面并继续扩展造成构件净截面的减小直至断开。按照断裂过程中缺陷的扩展速度、裂纹尖端发生的塑性变形、断口形貌和断裂过程中吸收的能量4个方面,材料的断裂破坏可以表现为两种类型:脆性断裂和韧性断裂。两种断裂形式的特点见表7.2。

表 7.2 脆性断裂和韧性断裂的特点

断裂形式	裂纹扩展速度	裂尖塑性变形	吸收能量	断口形貌
脆性断裂	很快	小	少	韧窝状
韧性断裂	缓慢	大	多	解理台阶

钢结构所用钢材的韧性较好、强度较低,因此在常温的工作环境下不容易发生脆性断裂,但是在下列因素会使得钢结构比较容易发生脆性断裂:低温、应力集中、动载荷、焊接连接等。究其原因是:低温使得钢材的断裂韧度降低;应力集中一般在缺口或裂纹尖端形成三向拉应力状态;动荷载容易在构件内部形成疲劳裂纹,当裂纹扩展到临界长度会引起构件断裂,同时钢材在动载荷作用下的断裂性能与静载时也有很大不同;焊接连接容易在焊缝的内部形成裂纹或其他缺陷,同时焊接温度影响也会对降低临近钢材的韧性。研究发现,所有影响到钢材脆性断裂的因素中,以低温的影响最为明显。钢结构脆性断裂破坏实例分析也表明,钢结构的脆性断裂常常是在较低温度下发生,所以一般把低温下钢结构的脆性断裂称为低温冷脆现象(这里的低温通常是指低于-15 ℃ 的温度)。这种低温气候经常出现在俄罗斯北部及西伯利亚地区(最低可达-60 ℃)、蒙古、日本北方、北欧、北美地区、中国的东北、华北、西北及青藏高原等。表 7.3 列出了我国部分地区的计算低温 T_j 和历史上出现过的极端最低温度 T_z。

表 7.3 我国部分地区的计算低温 T_j 和历史上出现过的极端最低温度 T_z

地 区	T_j(℃)	T_z(℃)	地 区	T_j(℃)	T_z(℃)
北京	—	-27.4	陕西	-19	-32.7
天津	—	-22.9	宁夏	-19	-30.6
黑龙江	-38	-53.3	青海	-26	-42

续表

地　区	$T_j(℃)$	$T_z(℃)$	地　区	$T_j(℃)$	$T_z(℃)$
吉林	-26	-45	甘肃	-21	-36.4
辽宁	-23	-38.5	新疆	-27	-49.8
河北	-17	-34.7	四川	—	-36.3
山西	-15	-44.8	西藏	—	-46.4
内蒙古	-31	-49.6	—	—	—

需要说明的是,T_j是取自于采暖规范,它是由 50 年内连续 5 天低温的平均值。对于钢结构断裂设计来说,T_j 显然偏高,钢结构在低温下的脆性断裂往往和设计使用期内的极端最低温度 T_z 有关。

2)脆性断裂的危害实例

根据历史资料记载,第一次记录的脆性断裂破坏发生在 1886 年 10 月,在纽约州长岛的格雷夫森,一座钢结构立柱式水塔在一次静水压力验收试验中,水塔下边截面 25.4 mm 厚板突然沿 6 m 多长的竖向裂缝裂开,裂开的板是由很脆的钢做成的[图 7.2(a)]。1912 年 4 月 14 日,行驶在大西洋的泰坦尼克号撞上冰山后引起的断裂,也是由于钢材在寒冷的温度中丧失韧性引起的脆性断裂[图 7.2(b)]。加拿大的杜佩里西斯大桥建造好投入使用才 3 年,就于 1951 年 1 月在-30 ℃天气发生坍塌,该结构在加工时就有先前破坏的记载,它采用的是沸腾钢,质量低劣,供应和出售这种钢材是不合格。在第二次世界大战期间还发生过多次焊接油船脆性破坏事故,这些船大多是焊接的,断裂多数在高应力集中点如洞口的角上开始。时至今日,由于钢材在低温中引起的脆性破坏事故仍然时有发生。

（a）钢材冷脆断裂裂开　　　　　（b）泰坦尼克号断裂图

图 7.2　钢材冷脆断裂破坏事故

7.2.2　钢结构的脆性破坏特征

钢材脆性破坏时几乎不发生变形,而且瞬间发生,破坏时应力低于极限承载力。钢材晶格之间的剪切滑移受到限制,使变形无法发生,脆性破坏结果是钢材晶格间被拉断。发生的机会较多,无前兆,破坏时间短,因此非常危险。一般在处于韧性状态的材料中,裂纹扩展必须有外力做功,如果外力停止做功,裂纹也就停止扩展。然而,在处于脆性状态的材料中,裂纹扩展几乎不需要外力做功,仅在裂纹起裂时,从拉应力场中释放出的弹性能可驱动裂纹极为迅速的扩展。一般发生脆性破坏的钢结构或者构件主要有以下一些共同的特征:

①破坏时应力小于钢材的屈服强度。

②破坏之前没有显著变形,吸收能量很少,破坏突然发生,无事故先兆。

③断口整齐光亮。

④板厚度过大影响。

7.2.3 影响钢结构的脆性破坏的因素

1)材质缺陷

钢材中碳、硫、磷、氧、氢、氮等元素含量过多,将会严重降低其塑性和韧性,脆性则相应增大。硫和氧含量过多易使钢材产生热脆(即在焊接时在焊缝附近产生热裂纹);磷、氮含量过多易使钢材产生冷脆(即钢材在常温下随温度的降低而脆性增强)。另外,钢材的冶金缺陷,如偏析、非金属夹杂、裂纹及分层等,也将大大降低钢材抗脆性断裂的能力。

2)缺口和三向应力

厚板有缺口所造成的三向拉应力,对于晶粒的滑移很不利,从材料的拉伸试验可知,当材料在一个方向受拉时,在横向就发生收缩,收缩量是和它在前一个方向的拉应力是成正比的。钢板向厚度及宽度方向收缩,但各点的收缩量不同,按照应变相容条件可知,横向收缩较大之处,当因相邻材料没有它那样大的收缩量时,会在横向受到拉应力,由此产生宽度方向的应力和厚度方向的应力。不难发现:若板厚不大,宽度也不可能增加到很大;若板厚较大,宽度就会相应增大。从上述分析可知,当拉应力的值不小时,最大剪应力值很小,其能使晶粒滑移的作用很弱,于是脆断就容易出现了。按照以往的经验,钢板厚度若为 6 mm 或小于 6 mm,发生脆断的可能性很小;若厚度是 20 mm,那就要对它的脆断性给予重视;若所用的厚度在 40 mm以上时,通常就应对它进行专门的研究。

3)温度的影响

温度越低,引起钢材中原子运动速度越慢,钢材中晶格产生剪切滑移的能力越低,变形的能力越低,因此它只能在不发生变形的情况下,晶格被拉断,发生突然的脆性破坏。

4)厚度的影响

随着钢结构向大型化发展,尤其是高层钢结构的兴起,构件钢板的厚度大有增加的趋势。而钢板的厚度对脆性断裂有较大影响,通常钢板越厚,脆性破坏倾向越大,因此"层状撕裂"问题应引起高度重视。研究发现:在温度和使用应力都相同的情况下,材料厚度对脆性断裂的影响是很显著的。这不仅因为厚度较大,可能使材料处于平面应变状态,还因为较厚的材料辊轧次数较小、质量较差、韧性较差,存在的冶金缺陷多,从而增加材料对脆性的敏感性。

5)应力集中的影响

应力集中越严重,就越易发生脆性破坏,原因是应力集中是产生三向拉应力的根源,这三向拉应力束缚着钢材的塑性变形(即源于滑移困难),而增加钢材的脆性,极易造成高峰应力处应力集中使钢材脆性增强。

6)焊接影响

焊接时的高温常使热影响区的材料变坏,此外焊接的残余应力和焊接缺陷也都是使焊接结构脆性破坏的原因,特别当这些因素与不合理的构造设计和低温同时存在时,结构脆性破坏的危险性更大。

7)钢材的冶金质量影响

镇静钢和低合金钢化学成分较均匀,脱氧较充分,钢的组织较致密,非金属夹杂较少,因此对脆性破坏的抵抗能力比冶金质量较差的沸腾钢高,更适于制造在较低温度下使用的结构。

除上述因素外,使用环境也是引起钢材发生脆性断裂破坏的重要因素。当钢结构受到较大的动力荷载作用或者处于较低的服役环境温度下工作时,钢结构发生脆性破坏的可能性增加。

综上所述,材质缺陷、应力集中、使用环境等因素是影响钢材脆性断裂的主要因素。其中,应力集中的影响尤为重要,应力集中一般不影响钢结构的静力极限承载能力,在设计时通常不考虑其影响。但是在动力荷载作用下,严重的应力集中加上材质缺陷、残余应力、冷却硬化、低温环境等往往是导致脆性断裂的根本原因。

7.2.4 防止脆性破坏的措施

钢结构设计是以钢材屈服强度作为静力强度的设计依据的,避免不了结构的脆性断裂。所以传统设计不包含脆性强度概念,没有考虑温度、钢板厚度、应力集中等引起脆断的因素。随着现代钢结构的发展及高强钢材的大量应用,防止钢结构脆性断裂已经显得十分重要。除了合理选择材料外,合理设计、合理制作和安装工艺、合理使用及维修措施也起着重要作用。

1)合理选择材料

首先,要为承受动力荷载或低温下工作的钢结构选择合适的钢材,使所用钢材的脆性转变温度低于结构的工作温度。例如选用镇静钢,因为镇静钢锭组织细密、气泡少、化学成分均匀;不宜采用沸腾钢,因为沸腾钢钢锭的组织不够致密、气泡较多、化学成分不均匀。用沸腾钢钢锭轧成的型钢或钢板中常会产生沿厚度方向的分层现象和偏析现象;而在镇静钢中不但夹杂物较少,使钢材发生低温冷脆的含量甚微的氮也与脱氧剂硅或铝化合成为稳定的氮化物。但在沸腾钢中氮却以有害的不稳定形式出现,促使钢材易产生低温脆断。钢板尽量使用较薄的材料,因为钢材越薄,轧压次数越多,冶金缺陷越少,发生脆性破坏越小。

2)合理设计

合理的设计应该在考虑材料的断裂韧性水平、最低工作温度、荷载特征、应力集中等因素后,再选择合理的结构形式,尤其是合理的构造细节十分重要。设计时应力求使缺陷引起的应力集中减少到最低限度,尽量保证结构的几何连续性和刚度连贯性。比如,把结构设计为超静定结构并采用多路径传力可减少脆性断裂的危险;接头或者节点的承载力设计应比其相连的杆件强 20%~50%;杆件截面在满足强度和稳定性的前提下应尽量宽而薄。

3)合理制作和安装工艺

就钢结构制作而言,冷热加工易使钢材硬化变脆,焊接尤其易产生裂纹、类裂纹缺陷及焊接残余应力。就安装而言,不合理的工艺容易造成安装残余应力及其他缺陷。接焊在施焊前要按要求加工成所需要的坡口并除锈,以防止未焊透和焊缝产生气泡现象。若要在设计图中临时附加连件之处设置未曾规定的附加连件,必须得到原设计人员的同意。因此,为减少缺陷及残余应力,制订合理的制作和安装工艺是十分重要的。

4)合理使用及维修措施

钢结构在使用时应力求满足设计规定的用途、荷载及环境,不得随意变更。不能在主要结构上任意焊接附加零件,不能任意悬挂重物,不能任意超负荷使用结构。此外,还应建立必要的维修措施,监视缺陷或损坏情况,及时刷油漆防锈,避免任何撞击和机械损伤。原设计在室温工作的结构,在冬季停产检修时必须注意保暖。

7.2.5 钢结构低温设计方法的实现

1)裂纹尖端张开位移的设计曲线

裂纹尖端张开位移的设计曲线参考我国压力容器缺陷评定规范,其中 CVDA-84 采用了裂纹尖端张开位移作为判据指标,而 SAPV-95 虽然提出较新,但采用了英国 R6 规范的缺陷评定图(FAD)的形式,其设计方法也由 CVDA-84 的裂纹尖端张开位移转换为 J 积分的形式,所以现有设计曲线是在 CVDA-84 的基础上提出。

钢结构的设计首先要满足强度设计要求,即构件内的应力基本上小于钢材的屈服应力。不考虑裂纹扩展时裂纹尖端张开位移的数值为:

$$\delta_0 = \frac{2\pi\sigma_s}{E}\left(\frac{\sigma}{\sigma_s}\right)^2 a \tag{7.6}$$

考虑裂纹扩展量 Δa 后的原始裂纹尖端张开位移可以在上式的基础上增加由于裂纹扩展而引起的修正量。基于大量研究表明,考虑裂纹扩展量之后和之前原始裂纹尖端张开位移的比值与裂纹扩展长度有关。假设考虑裂纹扩展量后原始裂纹尖端的张开位移为 $\delta_{\Delta a}$,则二者之间的比值与裂纹扩展量的关系如图 7.3 所示。

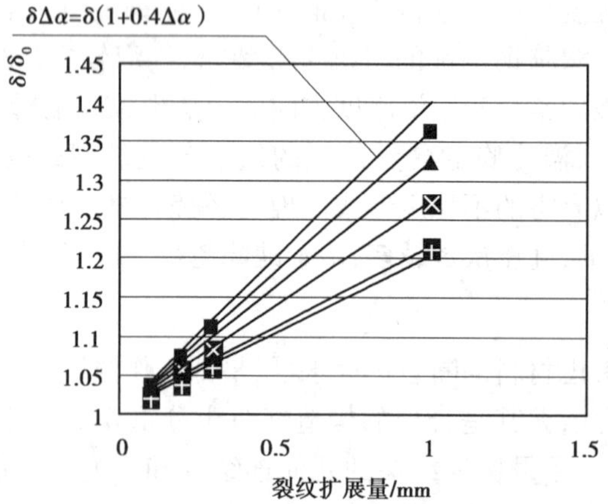

图 7.3 考虑裂纹扩展量前后 CTOD 值的关系

由图 7.3 可以看出,$\delta_{\Delta a}/\delta_0$ 的比值与裂纹扩展量 Δa 成正比,并且与荷载的大小有关。从设计安全的角度出发,可以取斜率最大的直线作为设计时采用的比值。因此裂纹尖端张开位移的设计曲线为:

$$\delta_{\Delta a} = \frac{2\pi\sigma_s}{E}\left(\frac{\sigma}{\sigma_s}\right)^2 (1 + 0.4\Delta a) a \tag{7.7}$$

式(7.7)中,裂纹扩展量 Δa 的单位取 mm。

2)假想裂纹长度的取法

构件内部的假想裂纹长度应根据实际构件的探伤结果、当前施工水平和检测水平等条件综合确定。当前在这方面的资料比较缺乏,因此由国内外的一些相关资料初步进行确定。对于常规检查合格的构件,若板件的厚度为 t,如果假设内部缺陷的尺寸为近似圆形,则该缺陷的最大直径为 t。从设计的角度来说,把该圆形缺陷转换为长度为 t 的穿透裂纹进行设计偏于安全,如图 7.4 所示。

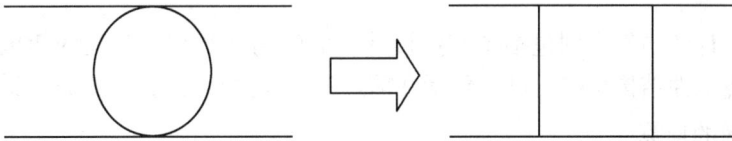

图 7.4 假想缺陷形状的转变

长度为 t 的穿透裂纹是构件可能的最大裂纹。不同的构件在相同的荷载水平上发生断裂的可能性是不相同的,因此其内部的缺陷尺寸必然有所不同,其中构件的疲劳破坏与断裂有密切的关系。我国钢结构规范把疲劳计算的构件和连接类别分为 8 类,其中第 8 类的容许疲劳应力幅值最小,说明其内部的缺陷比较大,也必然容易发生脆性断裂。苏联的谢里维斯托洛夫总结出了 6 种最容易发生低温脆性断裂的结构形式,称为低冷脆性结构型式。因此,对于容易发生低温冷脆或疲劳断裂的构件,其内部的假想缺陷尺寸必然较大,而对于不容易发生脆性破坏的构件则内部的假想缺陷尺寸应该较小。

参考《钢结构设计规范》对钢构件类别的取法,断裂设计中也把构件的类别分为 8 类。第 8 类是最容易发生脆性断裂的构件,内部假想裂纹的长度为板厚 t。对于其他 7 类则相应的假想裂纹尺寸相应折减,折减方法如下:不同类别的构件疲劳分析时对应于 2×10^6 次的容许应力幅值不同,从 Paris 公式可以知道,疲劳裂纹的扩展速率与裂纹尖端的应力强度因子幅值相关。因此可以假设不同构件的容许应力幅值不同是由于内部缺陷尺寸的不同造成的,而对应于裂纹尖端的应力强度因子幅值的大小是相同的。根据应力强度因子幅值的计算公式:

$$\Delta K \propto \Delta \sigma \sqrt{a} \tag{7.8}$$

式中 a——构件内部裂纹尺寸;

$\Delta \sigma$——容许应力幅值;

ΔK——应力强度因子幅值,循环应力作用下裂纹尖端处应力强度因子变化的幅值(ΔK)与疲劳循环应力中应力幅相对应,是控制疲劳裂纹扩展速率的主要力学参量。

根据式(7.8)可以得出,构件内部裂纹的尺寸与容许应力幅值 $[\Delta \sigma]$ 的平方成反比,即:

$$a \propto \frac{1}{[\Delta \sigma]^2} \tag{7.9}$$

由式(7.9)计算出的不同类别构件的假想裂纹长度,如表 7.4 所示。

表 7.4　不同类别构件对应的假想裂纹长度

构件类别	1	2	3	4	5	6	7	8
$[\Delta\sigma]$	176	144	118	103	90	78	69	59
假想裂纹 长度 Δa	$0.15t$	$0.20t$	$0.25t$	$0.35t$	$0.45t$	$0.60t$	$0.75t$	t

低温断裂设计的构件类别包括了疲劳设计相应的构件类别。苏联的谢里维斯托洛夫总结出的 6 种低冷脆性结构型式也已经包括在前述的 8 种类别之内,一般为 7 类或 8 类构件。

3)折减系数的计算

构件满足安全条件时,有

$$\delta_{\Delta a} = \frac{2\pi\sigma_s}{E}\left(\frac{\sigma}{\sigma_s}\right)^2 (1 + 0.4\Delta a)\ a \le \delta_m \tag{7.10}$$

式中　$\delta_{\Delta a}$——考虑裂纹扩展量后原裂纹尖端的张开位移;

σ_s——钢材抗拉屈服强度;

σ——构件截面的最大拉应力;

E——钢材弹性模量;

Δa——裂纹扩展长度;

a——构件内部裂纹的尺寸;

δ_m——钢材的最大载荷 CTOD(Crack Tip Opening Displacement)值,CTOD 指裂纹尖端
张开位移,是弹塑性断裂力学的一个重要参量。CTOD 值的大小反映了受试材
料或焊接接头抗开裂能力(即韧性)的高低。

式(7.10)可以进一步整理为如下的形式:

$$\sigma \le \beta\sigma_s \tag{7.11}$$

折减系数 β 的计算公式为:

$$\beta = \sqrt{\frac{\delta_m E}{2\pi a(1 + 0.4\Delta a)\ \sigma_s}} \tag{7.12}$$

4)断裂设计中的参数取值

钢结构低温断裂设计中需要的参数包括钢材的最大载荷 CTOD 值 δ_m、对应于裂纹扩展阻力曲线的参数 d_0、d_{m-0} 和 da_0。对于第 1 级的设计还需要计算出相应的强度折减系数 β。

设计中采用的参数与试验测量得到的参数取值有所不同。对于最低工作环境温度为 T 的钢结构,其计算指标的取值不能够取试验测量得到的该温度点的数值。因为钢结构的实际工作温度范围为 20 ℃ ~ T 范围,所以控制参数为该温度范围内断裂韧度的最小值,因此温度 T 条件下工作的钢结构的 δ_m 取值为温度范围[20 ℃ ~ T]范围内测量值的最小值。于是,试验测量得到的钢材断裂韧度随温度下降而提高的趋势不能在设计参数取值中反映出来,如图 7.5 所示。

表 7.5 至表 7.11 为设计中采用的参数取值。

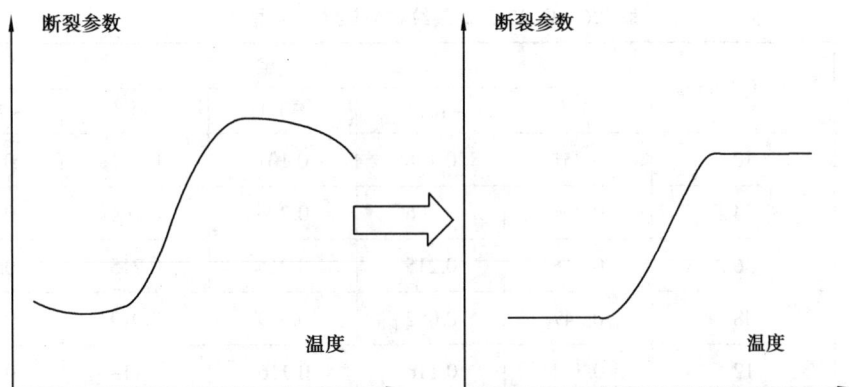

图 7.5 实验测量曲线至设计用曲线的转换

表 7.5 钢材最大载荷 CTOD 值 δ_m 的设计取值

钢 材	温度(℃)	厚度/mm			
		12	24	36	48
Q235	20	0.664	1.175	1.261	0.247
	−10	0.332	1.024	1.017	0.082
	−30	0.332	0.943	0.219	0.019
	−50	0.299	0.442	0.219	0.019
	−70	0.266	0.070	0.080	0.019
Q345	20	0.454	1.172	1.306	0.097
	−10	0.437	0.749	0.538	0.049
	−30	0.437	0.734	0.242	0.029
	−50	0.312	0.383	0.132	0.029
	−70	0.216	0.153	0.077	0.029
Q390	20	1.329	2.081	2.082	2.277
	−10	1.245	1.375	1.657	1.963
	−30	1.245	0.547	0.811	0.283
	−50	0.635	0.174	0.109	0.283
	−70	0.635	0.174	0.455	0.283

表 7.6 Q235 钢材裂纹扩展阻力参数取值

参　　数	厚度/mm	温度				
		20 ℃	−10 ℃	−30 ℃	−50 ℃	−70 ℃
d_0	12	0.251	0.198	0.101	0.101	0.049
	24	0.206	0.206	0.206	0.164	0.070
	36	0.215	0.215	0.215	0.215	0.080
	48	0.247	0.082	0.019	0.019	0.019
d_{m-0}	12	0.372	0.116	0.116	0.113	0.113
	24	0.894	0.760	0.653	0.196	0.070
	36	0.693	0.419	0.000	0.000	0.000
	48	0.000	0.000	0.000	0.000	0.000
da_0	12	0.735	0.659	0.446	0.218	0.100
	24	1.416	1.262	1.003	0.484	0.000
	36	2.276	0.414	0.000	0.000	0.000
	48	0.000	0.000	0.000	0.000	0.000

表 7.7 Q345 钢材裂纹扩展阻力参数取值

参　　数	厚度/mm	温度				
		20 ℃	−10 ℃	−30 ℃	−50 ℃	−70 ℃
d_0	12	0.158	0.157	0.140	0.103	0.081
	24	0.197	0.149	0.111	0.098	0.077
	36	0.235	0.226	0.226	0.132	0.077
	48	0.097	0.049	0.029	0.029	0.029
d_{m-0}	12	0.281	0.243	0.243	0.188	0.000
	24	0.942	0.555	0.555	0.179	0.000
	36	1.004	0.279	0.000	0.000	0.000
	48	0.000	0.000	0.000	0.000	0.000
da_0	12	0.647	0.647	0.526	0.316	0.000
	24	0.760	0.760	0.760	0.477	0.000
	36	0.500	0.180	0.000	0.000	0.000
	48	0.000	0.000	0.000	0.000	0.000

表 7.8 Q390 钢材裂纹扩展阻力参数取值

参　数	厚度/mm	温度				
		20 ℃	−10 ℃	−30 ℃	−50 ℃	−70 ℃
d_0	12	0.251	0.251	0.251	0.129	0.129
	24	0.433	0.250	0.152	0.152	0.152
	36	0.631	0.416	0.227	0.109	0.109
	48	0.374	0.374	0.283	0.283	0.283
d_{m-0}	12	0.701	0.660	0.660	0.511	0.511
	24	1.475	1.126	0.000	0.000	0.000
	36	1.435	0.506	0.000	0.000	0.000
	48	0.751	0.000	0.000	0.000	0.000
da_0	12	0.547	0.317	0.217	0.096	0.057
	24	1.378	0.229	0.000	0.000	0.000
	36	0.266	0.043	0.000	0.000	0.000
	48	0.201	0.000	0.000	0.000	0.000

表 7.9 Q235 钢材各类构件的折减系数 β 取值

构件类别	厚度/mm	温度				
		20 ℃	−10 ℃	−30 ℃	−50 ℃	−70 ℃
第1类	12	6.50	4.70	4.74	4.64	4.46
	24	5.57	5.29	5.22	3.20	1.65
	36	4.34	4.77	2.38	2.38	1.44
	48	2.19	1.26	0.61	0.61	0.61
第2类	12	5.59	4.04	4.09	4.01	3.86
	24	4.79	4.55	4.50	3.30	1.43
	36	3.72	4.12	2.06	2.06	1.25
	48	1.89	1.09	0.53	0.53	0.53
第3类	12	4.98	3.59	3.65	3.59	3.45
	24	4.27	4.05	4.01	2.95	1.28
	36	3.31	3.69	1.84	1.84	1.11
	48	1.69	0.98	0.47	0.47	0.47

续表

构件类别	厚度/mm	温度				
		20 ℃	−10 ℃	−30 ℃	−50 ℃	−70 ℃
第4类	12	4.19	3.01	3.08	3.03	2.92
	24	3.59	3.41	3.38	2.49	1.08
	36	2.77	3.11	1.56	1.56	0.94
	48	1.43	0.83	0.40	0.40	0.40
第5类	12	3.68	2.65	2.71	2.67	2.57
	24	3.15	3.00	2.97	2.19	0.95
	36	2.43	2.74	1.37	1.37	0.83
	48	1.26	0.73	0.35	0.35	0.35
第6类	12	3.18	2.28	2.35	2.31	2.23
	24	2.72	2.59	2.57	1.90	0.82
	36	2.10	2.38	1.19	1.19	0.72
	48	1.09	0.63	0.30	0.30	0.30
第7类	12	2.84	2.04	2.10	2.07	1.99
	24	2.43	2.31	2.30	1.70	0.74
	36	1.87	2.13	1.06	1.06	0.64
	48	0.98	0.56	0.27	0.27	0.27
第8类	12	2.46	1.76	1.81	1.79	1.72
	24	2.10	2.00	1.99	1.47	0.64
	36	1.61	1.84	0.92	0.92	0.56
	48	0.85	0.49	0.23	0.23	0.23

表 7.10 Q345 钢材各类构件的折减系数 β 取值

构件类别	厚度/mm	温度				
		20 ℃	−10 ℃	−30 ℃	−50 ℃	−70 ℃
第1类	12	4.46	4.38	4.44	3.85	3.38
	24	4.93	3.95	3.90	2.94	2.01
	36	4.40	2.97	2.06	1.52	1.16
	48	1.13	0.80	0.62	0.62	0.62
第2类	12	3.83	3.78	3.83	3.33	2.92
	24	4.26	3.41	3.37	2.54	1.74
	36	3.80	2.58	1.79	1.32	1.01
	48	0.98	0.70	0.54	0.54	0.54

续表

构件类别	厚度/mm	温度				
		20 ℃	−10 ℃	−30 ℃	−50 ℃	−70 ℃
第3类	12	3.43	3.37	3.42	2.97	2.62
	24	3.80	3.04	3.01	2.27	1.56
	36	3.40	2.30	1.60	1.18	0.90
	48	0.88	0.62	0.48	0.48	0.48
第4类	12	2.89	2.84	2.88	2.51	2.21
	24	3.21	2.56	2.54	1.91	1.32
	36	2.87	1.95	1.35	1.00	0.76
	48	0.74	0.53	0.41	0.41	0.41
第5类	12	2.54	2.49	2.54	2.21	1.95
	24	2.83	2.26	2.24	1.69	1.16
	36	2.53	1.72	1.19	0.88	0.67
	48	0.65	0.46	0.36	0.36	0.36
第6类	12	2.20	2.16	2.19	1.92	1.69
	24	2.44	1.95	1.93	1.46	1.00
	36	2.19	1.49	1.03	0.76	0.58
	48	0.57	0.40	0.31	0.31	0.31
第7类	12	1.96	1.93	1.96	1.71	1.51
	24	2.18	1.73	1.73	1.31	0.90
	36	1.96	1.33	0.92	0.68	0.52
	48	0.51	0.36	0.28	0.28	0.28
第8类	12	1.70	1.67	1.70	1.48	1.31
	24	1.89	1.51	1.50	1.13	0.78
	36	1.70	1.15	0.80	0.59	0.45
	48	0.44	0.31	0.24	0.24	0.24

表 7.11 Q390 钢材各类构件的折减系数 β 取值

构件类别	厚度/mm	温度				
		20 ℃	−10 ℃	−30 ℃	−50 ℃	−70 ℃
第1类	12	7.24	7.23	7.34	5.35	5.39
	24	5.79	5.43	3.57	2.02	2.02
	36	5.42	5.04	3.55	1.30	1.30
	48	4.96	4.79	1.82	1.82	1.82

续表

构件类别	厚度/mm	温度				
		20 ℃	−10 ℃	−30 ℃	−50 ℃	−70 ℃
第2类	12	6.25	6.25	6.35	4.63	4.66
	24	4.98	4.70	3.10	1.75	1.75
	36	4.69	4.36	3.08	1.13	1.13
	48	4.30	4.15	1.57	1.57	1.57
第3类	12	5.58	5.59	5.68	4.14	4.17
	24	4.43	4.20	2.77	1.56	1.56
	36	4.20	3.90	2.75	1.01	1.01
	48	3.84	3.71	1.41	1.41	1.41
第4类	12	4.71	4.72	4.79	3.50	3.53
	24	3.73	3.55	2.34	1.32	1.32
	36	3.55	3.30	2.33	0.85	0.85
	48	3.25	3.13	1.19	1.19	1.19
第5类	12	4.14	4.16	4.23	3.09	3.11
	24	3.27	3.13	2.06	1.16	1.16
	36	3.13	2.91	2.05	0.75	0.75
	48	2.86	2.76	1.05	1.05	1.05
第6类	12	3.58	3.60	3.66	2.67	2.69
	24	2.83	2.71	1.79	1.01	1.01
	36	2.71	2.52	1.78	0.65	0.65
	48	2.48	2.39	0.91	0.91	0.91
第7类	12	3.20	3.22	3.27	2.39	2.41
	24	2.52	2.43	1.60	0.90	0.90
	36	2.42	2.25	1.59	0.58	0.58
	48	2.22	2.14	0.81	0.81	0.81
第8类	12	2.77	2.78	2.83	2.07	2.09
	24	2.18	2.10	1.38	0.78	0.78
	36	2.10	1.95	1.38	0.50	0.50
	48	1.92	1.85	0.70	0.70	0.70

当设计要求的工作温度或试样厚度不在表中时,可以采用临近点的参数进行线性内插法计算。

7.2.6　钢结构低温设计步骤

钢结构低温断裂的设计针对的是存在拉应力区的部位,适用的温度范围为常温 20 ℃ ~ -70 ℃,构件厚度范围为 12~48 mm。具体采用以下的步骤。

1)设计阶段或常规检查合格的结构

①根据设计工作温度和板材厚度,查表 7.9—表 7.11 获得折减系数的数值。

②如果折减系数 β 大于 1,则钢结构属于第 0 级,不需要进行断裂校核。

③如果折减系数 β 小于 1,则按照第 1 级的方法计算,验算是否满足下面公式:

$$\sigma \leq \beta f \tag{7.13}$$

式中　σ——构件截面的最大拉应力;

　　　f——钢材强度的设计值;

　　　β——折减系数,由式(7.12)确定。

若满足式(7.13),构件是安全的。

2)含裂纹构件的安全性评定

①根据设计温度和板材厚度,查表 7.5—表 7.8 确定钢材的最大载荷 CTOD 值 δ_{m},以及裂纹扩展阻力曲线的参数 d_0、$d_{\mathrm{m-0}}$ 和 da_0。

②如果参数 $d_{\mathrm{m-0}}$ 为零,则最大载荷对应的裂纹扩展长度 $\Delta a = 0$。如果参数 $d_{\mathrm{m-0}}$ 不为零,验算裂纹长度 a 是否满足 $a > b_0 / b_1$。如果不满足,则取 $\Delta a = 0$,否则根据下式计算裂纹扩展长度 Δa。

$$\Delta a = \sqrt{a^2 - \frac{b_1 a - b_0}{b_2}} - a \tag{7.14}$$

上式中,参数 b_0、b_1 和 b_2 按照下式进行计算:

$$b_2 = -\frac{d_{\mathrm{m-0}}}{(da_0)^2} \tag{7.15}$$

$$b_1 = \frac{2d_{\mathrm{m-0}}}{da_0} \tag{7.16}$$

$$b_0 = d_0 \tag{7.17}$$

③计算考虑裂纹扩展量后原裂纹尖端的张开位移 $\delta_{\Delta a}$。

$$\delta_{\Delta a} = \frac{2\pi f}{E}\left(\frac{\sigma}{f}\right)^2 (1 + 0.4\Delta a) a \tag{7.18}$$

④验算下面公式是否得到满足。

$$\delta_{\Delta a} \leq \delta_{\mathrm{m}} \tag{7.19}$$

满足式(7.14)—式(7.19),则结构是安全的。

【例 7.1】一个 Q235 钢材的 3 类构件,截面上的最大拉应力为 180 MPa,设计工作环境温度为 -30 ℃,板材的最大厚度为 24 mm。

【解】根据温度 -30 ℃ 和厚度 24 mm,查表 7.9 得到折减系数 $\beta = 4.01 > 1$,因此构件安全,不需要进行强度校核。

【例 7.2】设计工作环境温度为 -70 ℃,板件的最大厚度为 48 mm,其他与实例一相同。

【解】查表 7.9 可得强度折减系数 $\beta=0.47$,计算得 $\sigma=180$ MPa$>\beta_f=94$ MPa,因此构件断裂验算不合格。

【例 7.3】实际工作中的 Q235 钢材的 3 类构件,设计工作环境温度为-50 ℃,板材的最大厚度为 24 mm。检测发现构件中存在着一条 40 mm 长的裂纹,裂纹处的名义拉应力为 180 MPa,评价此含裂纹构件的安全性。

【解】首先根据温度条件和板件厚度条件查表 7.6 得到下列参数的数值:$d_0=0.164$,$d_{m-0}=0.196$,$da_0=0.484$。根据式(7.23)—式(7.25)计算参数 b_0、b_1 和 b_2 的数值,有 $b_0=0.164$,$b_1=0.81$,$b_2=-0.84$。

裂纹长度 $a=40$ mm$>b_0/b_1=0.20$ mm,对应的裂纹扩展长度为:

$$\Delta a = \sqrt{40^2 - \frac{0.81 \times 40 - 0.164}{-0.84}} - 40 = 0.48 \text{ mm}$$

原裂纹尖端的张开位移为:

$$\delta_{\Delta a} = \frac{2\pi 235}{20\,600} \times \left(\frac{180}{235}\right)^2 \times (1 + 0.4 \times 0.48) \times 40 = 0.20 \text{ mm}$$

查表 7.5 求得钢材在此条件下的最大载荷 CTOD 值 $\delta_m=0.442$ mm$>\delta_{\Delta a}$,因此构件是安全的。

习　题

7.1　何谓钢结构疲劳破坏?常幅疲劳与变幅疲劳的基本区别是什么?

7.2　构件疲劳寿命的 3 个区限该如何划分?

7.3　钢结构脆性破坏具有哪些基本特征?影响钢结构脆性破坏的因素有哪些?

7.4　一个 4 类钢连接件,承受应力幅 $\Delta\sigma$ 等于 80 MPa 的常幅交变荷载作用,荷载循环次数为 2.0×10^6 次,试判断该构件是否满足疲劳设计要求。

7.5　Q235 钢材的 4 类构件,截面上的最大拉应力为 210 MPa,设计工作环境温度为-50 ℃,板材的最大厚度为 24 mm,试判断构件是否需要进行强度校核。

7.6　Q345 钢材的 5 类构件,设计工作环境温度为-50 ℃,板材的最大厚度为 24 mm。检测发现构件中存在着一 20 mm 长的裂纹,裂纹处的名义拉应力为 210 MPa,试评价此含裂纹构件的安全性。

8

钢结构防护

【内容提要】

本章介绍了钢结构的耐火等级与耐火极限,钢结构的防火保护措施,环境介质对钢结构的腐蚀性等级,防腐蚀方法的种类及高温环境下的钢结构可采取的隔热防护措施;主要讲述了民用建筑、厂房和仓库的耐火等级的分类,钢结构的防火保护措施及防腐方法的选用原则。

【学习重点】

钢结构的耐火等级与耐火极限,钢结构的防火保护措施及防腐方法的选用原则。

【学习难点】

理解结构各构件与整个结构的耐火等级和耐火极限的选用原则及相互关系,根据耐火等级和耐火极限能够选择合理的防火保护措施。

8.1　钢结构抗火设计

8.1.1　概　述

钢结构的抗火性能较差,其原因主要有两个方面:一是钢材热传导系数很大,火灾下钢构件升温快;二是钢材强度随温度升高而迅速降低,导致钢结构不能承受外部荷载作用而失效破坏。无防火保护的钢结构的耐火时间通常仅为 15~20 min,因而极其容易在火灾下破坏。建筑物发生火灾时,会使建筑物内部充满温度很高的烟气,使建筑结构构件的温度因吸收热量而升高。由于材料的热膨胀,温度升高会使结构内产生温度内力和温度变形,而结构的材料特性也会因温度升高而发生变化。对于钢材的屈服点和极限强度,当温度超过 300 ℃时,均有明显下降;当温度达到 600 ℃时,将下降到常温下的 30%左右;温度达到 700 ℃时,将降到所剩无几。而在火灾下,没有防火保护的钢结构构件的温度可达到 900~1 000 ℃,不到 30 min钢结构就会失去承载能力。因此,没有防火保护的钢结构建筑在发生火灾后,很有可能在极短的时间内因结构承载力下降导致结构不足以承受外部荷载而发生破坏或倒塌,从而给建筑物内的人员逃生及灭火带来极大的困难,增大火灾的直接损失和间接损失。为了防止和减小建筑钢结构的火灾危害,必须对钢结构进行科学的抗火设计,采取安全可靠、经济合理的防火保护措施。

在进行抗火设计时,一般按如图 8.1 所示的过程确定建筑构件耐火极限要求。

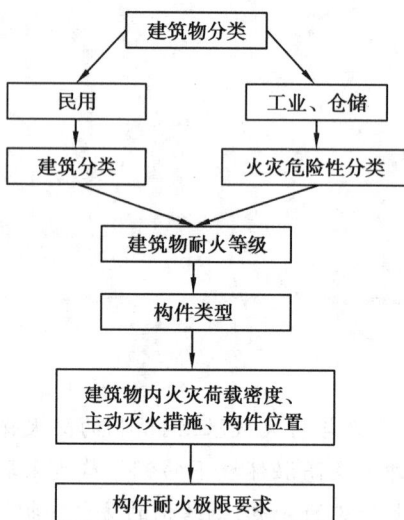

图 8.1　确定结构构件耐火极限要求的一般过程

由图 8.1 可知,防火保护设计的步骤为:a.确定房屋的耐火等级和构件的耐火极限;b.确定防火保护措施、防火保护材料和保护层厚度;c.确定防火保护构造。

8.1.2　房屋建筑的耐火等级和构件的耐火极限

1)抗火承载力极限状态及耐火极限的概念

在火灾条件下,构件或结构的承载能力与外加作用(包括温度作用)产生的组合效应相等时的状态,称为结构或构件的抗火承载力极限状态。

当满足以下条件之一时,则认为钢结构构件达到抗火承载力极限状态:

①轴心受力构件截面屈服。

②受弯构件产生足够的塑性铰而成为可变机构。

③构件丧失整体稳定。

④构件达到不适于继续承载的变形。

从火灾发生到结构或结构构件达到抗火承载力极限状态的时间为结构或结构构件的耐火时间,也称耐火极限,用小时表示。建筑构件的耐火极限由建筑的耐火等级、构件的受力特性和重要性确定,其目的就是要求构件在耐火极限的时间内不失效。因此,建筑构件的耐火极限是防火保护设计的基本依据。

2)房屋建筑的耐火等级

（1）民用建筑

民用建筑根据其建筑高度和层数分为单、多层民用建筑和高层民用建筑。高层民用建筑根据其建筑高度、使用功能和楼层的建筑面积可分为一类和二类。民用建筑的分类应符合表 8.1 的规定。

表 8.1　民用建筑的分类

名　称	高层民用建筑		单、多层民用建筑
	一类	二类	
住宅建筑	建筑高度大于 54 m 的住宅建筑（包括设置商业服务网点的住宅建筑）	建筑高度大于 27 m,但不大于 54 m 的住宅建筑（包括设置商业服务网点的住宅建筑）	建筑高度不大于 27 m 的住宅建筑（包括设置商业服务网点的住宅建筑）
公共建筑	1.建筑高度大于 50 m 的公共建筑; 2.建筑高度 24 m 以上部分任一楼层建筑面积大于 1 000 m² 的商店、展览、电信、邮政、财贸金融建筑和其他多种功能组合的建筑; 3.医疗建筑、重要公共建筑; 4.省级及以上的广播电视和防灾指挥调度建筑、网局级和省级电力调度建筑; 5.藏书超过 100 万册的图书馆、书库	除一类高层公共建筑外的其他高层公共建筑	1. 建筑高度大于 24 m 的单层公共建筑; 2. 建筑高度不大于 24 m 的其他公共建筑

注:表中未列入的建筑,其类别应根据本表类别确定。

民用建筑的耐火等级可分为一、二、三、四级。除特殊规定外,不同耐火等级建筑相应构件的燃烧性能和耐火极限不应低于表 8.2 的规定。

表 8.2　不同耐火等级建筑相应构件的燃烧性能和耐火极限　　　　　　　　单位:h

构件名称		耐火等级			
		一级	二级	三级	四级
墙	防火墙	不燃性 3.00	不燃性 3.00	不燃性 3.00	不燃性 3.00
	承重墙	不燃性 3.00	不燃性 2.50	不燃性 2.00	难燃性 0.50
	非承重墙	不燃性 1.00	不燃性 1.00	不燃性 0.50	可燃性

续表

构件名称		耐火等级			
		一级	二级	三级	四级
墙	楼梯间和前室的墙 电梯井的墙 住宅建筑单元之间的墙和分户墙	不燃性 2.00	不燃性 2.00	不燃性 1.50	难燃性 0.50
	疏散走道两侧的隔墙	不燃性 1.00	不燃性 1.00	不燃性 0.50	难燃性 0.25
	房间隔墙	不燃性 0.75	不燃性 0.50	难燃性 0.50	难燃性 0.25
柱		不燃性 3.00	不燃性 2.50	不燃性 2.00	难燃性 0.50
梁		不燃性 2.00	不燃性 1.50	不燃性 1.00	难燃性 0.50
楼板		不燃性 1.50	不燃性 1.00	不燃性 0.50	可燃性
屋顶承重构件		不燃性 1.50	不燃性 1.00	不燃性 0.50	可燃性
疏散楼梯		不燃性 1.50	不燃性 1.00	不燃性 0.50	可燃性
吊顶(包括吊顶搁栅)		不燃性 0.25	难燃性 0.25	难燃性 0.15	可燃性

民用建筑的耐火等级应根据其建筑高度、使用功能、重要性和火灾扑救难度等因素来确定。不同耐火等级建筑的允许建筑高度或层数、防火分区最大允许建筑面积应符合表8.3的规定。

表8.3 不同耐火等级建筑的允许建筑高度或层数、防火分区最大允许建筑面积

名 称	耐火等级	允许建筑高度或层数	防火分区的最大允许建筑面积/m²	备 注
高层民用建筑	一、二级	按表8.1的规定	1 500	对于体育馆、剧场的观众厅,防火分区的最大允许建筑面积可适当增加
单、多层民用建筑	一、二级	按表8.1的规定	2 500	
	三级	5 层	1 200	
	四级	2 层	600	
地下或半地下建筑(室)	一级	—	500	设备用房的防火分区最大允许建筑面积不应大于1 000 m²

注:①表中规定的防火分区最大允许建筑面积,当建筑内设置自动灭火系统时,可按本表的规定增加1.0倍;局部设置时,防火分区的增加面积可按该局部面积的1.0倍计算。
②裙房与高层建筑主体之间设置防火墙时,裙房的防火分区可按单、多层建筑的要求确定。

（2）厂房和仓库的耐火等级

厂房和仓库的火灾危险性分类,应根据生产中使用或产生的物质性质及其数量等因素来划分,可分为甲、乙、丙、丁、戊5类,并应符合表8.4的规定。

储存物品的火灾危险性应根据储存物品的性质和储存物品中的可燃物数量等因素来划分,可分为甲、乙、丙、丁、戊5类,并应符合表8.5的规定。

表8.4 厂房生产的火灾危险性分类

生产的火灾危险性类别	使用或产生下列物质生产的火灾危险性特征
甲	1.闪点小于28 ℃的液体; 2.爆炸下限小于10%的气体; 3.常温下能自行分解或在空气中氧化能导致迅速自燃或爆炸的物质; 4.常温下受到水或空气中水蒸气的作用,能产生可燃气体并引起燃烧或爆炸的物质; 5.遇酸、受热、撞击、摩擦、催化及遇有机物或硫磺等易燃的无机物,极易引起燃烧或爆炸的强氧化剂; 6.受撞击、摩擦或与氧化剂、有机物接触时能引起燃烧或爆炸的物质; 7.在密闭设备内操作温度不小于物质本身自燃点的生产
乙	1.闪点不小于28 ℃,但小于60 ℃的液体; 2.爆炸下限不小于10%的气体; 3.不属于甲类的氧化剂; 4.不属于甲类的易燃固体; 5.助燃气体; 6.能与空气形成爆炸性混合物的浮游状态的粉尘、纤维、闪点不小于60 ℃的液体雾滴
丙	1.闪点不小于60 ℃的液体; 2.可燃固体
丁	1.对不燃烧物质进行加工,并在高温或熔化状态下经常产生强辐射热、火花或火焰的生产; 2.利用气体、液体、固体作为燃料或将气体、液体进行燃烧作其他用的各种生产; 3.常温下使用或加工难燃烧物质的生产
戊	常温下使用或加工不燃烧物质的生产

表8.5 储存物品的火灾危险性分类

储存物品的火灾危险性类别	储存物品的火灾危险性特征
甲	1.闪点小于28 ℃的液体; 2.爆炸下限小于10%的气体,受到水或空气中水蒸气的作用能产生爆炸下限小于10%气体的固体物质; 3.常温下能自行分解或在空气中氧化能导致迅速自燃或爆炸的物质; 4.常温下受到水或空气中水蒸气的作用,能产生可燃气体并引起燃烧或爆炸的物质; 5.遇酸、受热、撞击、摩擦及遇有机物或硫磺等易燃的无机物,极易引起燃烧或爆炸的强氧化剂; 6.受撞击、摩擦或与氧化剂、有机物接触时能引起燃烧或爆炸的物质

续表

储存物品的火灾危险性类别	储存物品的火灾危险性特征
乙	1.闪点不小于28℃,但小于60℃的液体; 2.爆炸下限不小于10%的气体; 3.不属于甲类的氧化剂; 4.不属于甲类的易燃固体; 5.助燃气体; 6.常温下与空气接触能缓慢氧化,积热不散引起自燃的物品
丙	1.闪点不小于60℃的液体; 2.可燃固体
丁	难燃烧物品
戊	不燃烧物品

厂房和仓库的耐火等级可分为一、二、三、四级,相应建筑构件的燃烧性能和耐火极限,除特殊规定外,不应低于表8.6的规定。厂房和仓库的耐火等级根据其层数和每个防火分区的最大允许建筑面积确定,分别应符合表8.7和表8.8的规定。

表8.6 不同耐火等级厂房和仓库建筑的燃烧性能和耐火极限　　单位:h

构件名称		一级	二级	三级	四级
墙	防火墙	不燃性 3.00	不燃性 3.00	不燃性 3.00	不燃性 3.00
	承重墙	不燃性 3.00	不燃性 2.50	不燃性 2.00	难燃性 0.50
	楼梯间和前室的墙 电梯井的墙	不燃性 2.00	不燃性 2.00	不燃性 1.50	难燃性 0.50
	疏散走道两侧的隔墙	不燃性 1.00	不燃性 1.00	不燃性 0.50	难燃性 0.25
	非承重墙 房间隔墙	不燃性 0.75	不燃性 0.50	难燃性 0.50	难燃性 0.25
柱		不燃性 3.00	不燃性 2.50	不燃性 2.00	难燃性 0.50
梁		不燃性 2.00	不燃性 1.50	不燃性 1.00	难燃性 0.50
楼板		不燃性 1.50	不燃性 1.00	不燃性 0.75	难燃性 0.50
屋顶承重构件		不燃性 1.50	不燃性 1.00	难燃性 0.50	可燃性

续表

构件名称	耐火等级			
	一级	二级	三级	四级
疏散楼梯	不燃性 1.50	不燃性 1.00	不燃性 0.50	可燃性
吊顶(包括吊顶搁栅)	不燃性 0.25	难燃性 0.25	难燃性 0.15	可燃性

表 8.7　厂房的层数和每个防火分区的最大允许建筑面积

生产的火灾危险性类别	厂房的耐火等级	最多允许层数	每个防火分区的最大允许建筑面积/m²			
			单层厂房	多层厂房	高层厂房	地下或半地下厂房(包括地下或半地下室)
甲	一级	宜采用单层	4 000	3 000	—	—
	二级		3 000	2 000	—	—
乙	一级	不限	5 000	4 000	2 000	—
	二级	6	4 000	3 000	1 500	—
丙	一级	不限	不限	6 000	3 000	500
	二级	不限	8 000	4 000	2 000	500
	三级	2	3 000	2 000	—	—
丁	一级、二级	不限	不限	不限	4 000	1 000
	三级	3	4 000	2 000	—	—
	四级	1	1 000	—	—	—
戊	一级、二级	不限	不限	不限	6 000	1 000
	三级	3	5 000	3 000	—	—
	四级	1	1 500	—	—	—

表 8.8　仓库的层数和每个防火分区的最大允许建筑面积

储存物品的火灾危险性类别		仓库的耐火等级	最多允许层数	每座仓库的最大允许占地面积和每个防火分区的最大允许建筑面积/m²						
				单层仓库		多层仓库		高层仓库		地下或半地下厂房(包括地下或半地下室)
				每座仓库	防火分区	每座仓库	防火分区	每座仓库	防火分区	防火分区
甲	3、4项	一级	1	180	60	—	—	—	—	—
	1、2、5、6项	一、二级	1	750	250	—	—	—	—	—

续表

储存物品的火灾危险性类别		仓库的耐火等级	最多允许层数	每座仓库的最大允许占地面积和每个防火分区的最大允许建筑面积/m²						
				单层仓库		多层仓库		高层仓库		地下或半地下厂房（包括地下或半地下室）
				每座仓库	防火分区	每座仓库	防火分区	每座仓库	防火分区	防火分区
乙	1、3、4 项	一级、二级	3	2 000	500	900	300	—	—	—
		三级	1	500	250	—	—	—	—	—
	2、5、6 项	一级、二级	5	2 800	700	1 500	500	—	—	—
		三级	1	900	300	—	—	—	—	—
丙	1 项	一级、二级	5	4 000	1 000	2 800	700	—	—	150
		三级	1	1 200	400	—	—	—	—	—
	2 项	一级、二级	不限	6 000	1 500	4 800	1 200	4 000	1 000	300
		三级	3	2 100	700	1 200	400	—	—	—
丁		一级、二级	不限	不限	3 000	不限	1 500	4 800	1 200	500
		三级	3	3 000	1 000	1 500	500	—	—	—
		四级	1	2 100	700	—	—	—	—	—
戊		一级、二级	不限	不限	不限	不限	2 000	6 000	1 500	1 000
		三级	3	3 000	1 000	2 100	700	—	—	—
		四级	1	2 100	700	—	—	—	—	—

8.1.3 钢结构的防火保护

1)防火保护措施的确定

钢结构防火保护措施及其构造应根据工程实际,考虑结构类型、耐火极限要求、工作环境等因素,按照安全可靠、经济合理的原则来确定。

钢结构可采用下列防火保护措施:a.外包混凝土或砌筑砌体;b.涂敷防火涂料;c.包覆防火厚板;d.复合防火保护,即紧贴钢板用防火涂料或柔性毡状隔热材料,外用防火薄板作罩面板。钢结构抗火设计时应在保护有效的条件下,针对现场的具体条件,考虑构件的具体承载形式、空间位置及环境因素等,选择施工简便、易于保证施工质量的方法。上述 4 种防火保护措施的特点与适用范围如表 8.9 所示。

表 8.9　4 种防火保护方法特点与适应范围

方　法	特　点	适用范围
浇筑混凝土砌筑砖块法	保护层强度高、耐冲击,占用空间较大	适用于容易碰撞、无保护面板的钢柱防火保护
涂敷防火涂料	重量轻、施工较简便	适用于隐蔽结构和裸露的钢梁、斜撑等钢构件

续表

方法	特点	适用范围
轻质防火厚板包覆法	防火厚板板面平整、装饰性好,又具有优良防火隔热性。它将防火材料与保护面板合二为一,比复合结构要节省空间	特别适合在工程为交叉施工、不允许湿作业时使用
复合结构	表面有装饰效果	表面有装饰要求时,一般用于需要粘贴柔性毡状隔热材料或涂敷厚质防火涂料的钢柱

对于防火要求高,建筑质量、空间、造价受限的情况下,应首先考虑选用防火涂料和轻质防火板作为钢结构防火保护措施。

2)防火保护材料的确定

①当钢结构采用防火涂料保护时,可采用的防火涂料有膨胀型防火涂料和非膨胀型防火涂料。

膨胀型防火涂料又称为薄涂型钢结构防火涂料,涂层厚度一般为2~7 mm,高温时其所含有机树脂和防火涂料即会迅速膨胀,使涂层厚度增加5~10倍,形成防火保护层,达到耐火隔热的作用,耐火极限可达0.5~1.5 h。膨胀型防火涂料涂层薄、质量轻、抗震性好,有一定装饰效果,缺点是施工时气味较大,涂层易老化,若处于吸湿受潮状态会失去膨胀性。

非膨胀型防火涂料又称为厚涂型钢结构防火涂料、隔热型防火涂料,主要成分为无机绝缘材料(如膨胀蛭石、飘珠、矿物纤维),遇火不膨胀,自身具有良好的隔热性,涂层厚度一般为8~50 mm,呈粒状面,密度较小热导率低,耐火极限可达0.5~3.0 h。非膨胀型防火涂料,一般要求不燃、无毒、耐老化,适用于永久性建筑中。

使用防火涂料作为钢结构保护层时,将防火涂料涂覆于钢材料表面,施工方法简便,质量轻,耐火时间长,而且不受钢构件几何形状限制,具有较好的经济性和实用性。

②当钢结构采用防火板保护时,常用的防火板材有石膏板、水泥蛭石板、硅酸钙板和岩棉板等,使用时需要通过胶粘剂或固件固定在构件上。防火板由钢厂加工,表面平整,装饰性好,施工为干作业。此方法用于钢柱防火,具有占用空间少、综合造价低的优点。

③当钢结构采用其他防火隔热材料时,可采用黏土砖、C20混凝土或金属网抹M5砂浆等其他隔热材料作为防火保护层。

3)防火保护构造及施工要求

(1)防火保护构造要求

①采用外包混凝土或砌筑砌体的防火保护构造宜按图8.2采用。

②采用涂敷防火涂料的钢结构防火构造宜按图8.3采用。当采用非膨胀型防火涂料进行防火保护且符合下列情形之一时,涂层内应设置与钢构件相连接的钢丝网。

③采用防火厚板包覆的防火构造宜按图8.4和图8.5采用。其中图8.4为采用龙骨的构造形式,图8.5为不用龙骨,采用自身材料为固定块(底材)辅以高温耐火胶粘剂的形式。

④采用复合防火保护的防火构造(以防火涂料或柔性隔热材料为防火材料,以防火薄板

为护面板)宜按图 8.6 采用。

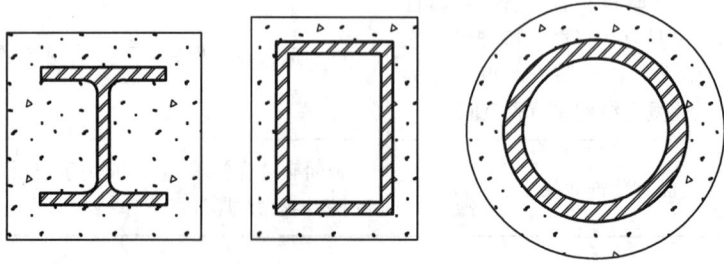

图 8.2 采用外包混凝土钢柱防火保护构造

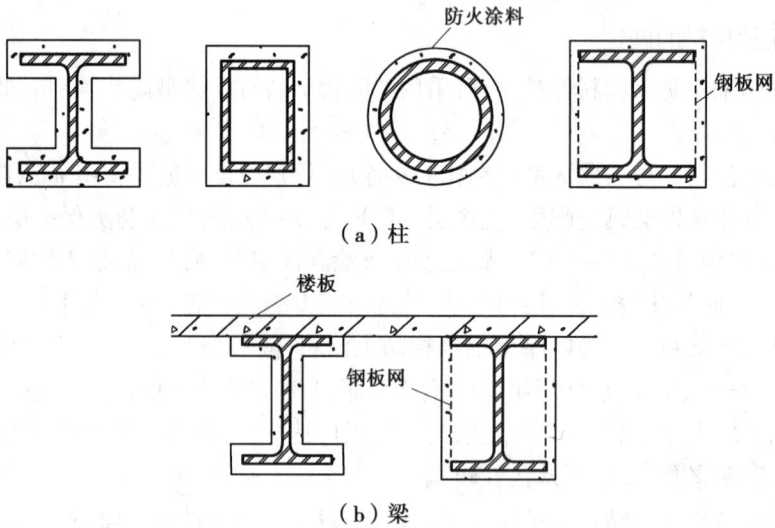

（a）柱

（b）梁

图 8.3 采用防火涂料钢结构防火保护构造

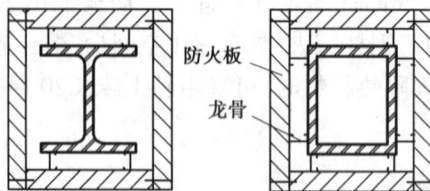

图 8.4 采用防火厚板钢结构防火构造(用龙骨为固定骨架)

（2）防火保护施工要求

钢结构防火涂料施工应遵守以下一般规定：

①钢结构表面应根据使用要求进行除锈防锈处理,无防锈涂料的钢表面除锈等级应不低于 st2 级。

②无防锈漆的钢表面,防火涂料或打底料应对钢表面无腐蚀作用防锈漆应与防火涂料相

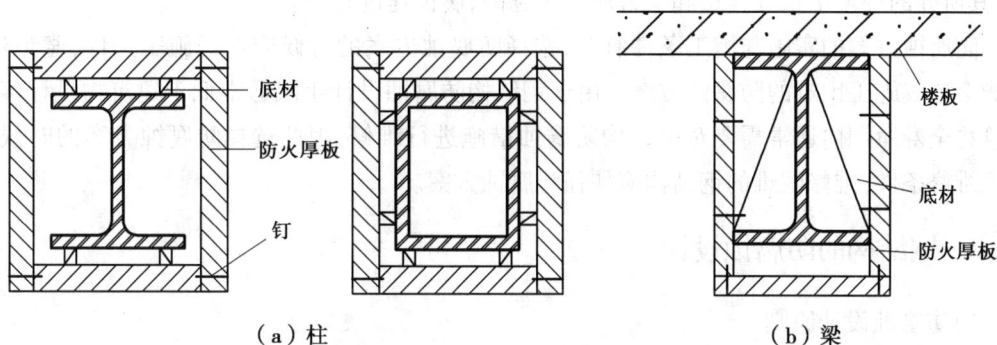

（a）柱　　　　　　　　　　　（b）梁

图 8.5　采用防火厚板钢结构防火构造（用底材为固定块）

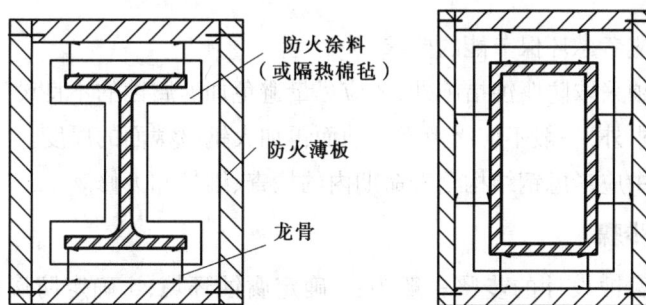

图 8.6　采用复合钢结构防火保护构造

容,不会产生皂化等不良反应。

③施工过程中和涂层干燥固化前,环境温度宜保持在5~38 ℃,施工时环境相对湿度不大于90%,空气应流通。当构件表面有结露时,不宜作业。

④薄涂型防火涂料应按装饰要求和涂料性质选择喷涂、刷涂或滚涂等施工方式,且每次喷涂厚度不应超过2.5 mm,超薄型涂料每次涂层不应超过0.5 mm,且须在前一遍干燥后方可进行后一遍施工。

⑤厚涂型防火涂料每遍涂抹厚度宜为5~10 mm;必须在前一道涂层基本干燥或固化后方可进行后一道施工。

⑥厚涂型防火涂料施工时一般不必加固处理,但在易受振动和撞击部件、室外钢结构幅面较大的部位或涂层厚度较大(大于35 mm)时,则应考虑加固措施,以保护涂层能长期使用。可采用增加加固焊钉或包扎镀锌铁丝网等加固措施。

8.2　钢结构防腐蚀设计

8.2.1　概　述

钢结构腐蚀是一个电化学过程,腐蚀速度与环境腐蚀条件、钢铁质量、钢结构构造等有关,其所处的环境中水气含量和电解质含量越高,腐蚀速度越快。

防腐蚀方案的实施与施工条件有关,选择防腐蚀方案的时候应考虑施工条件,避免选择可能会造成施工困难的防腐蚀方案。由于钢结构防腐蚀设计年限通常低于建筑物设计年限,建筑物全寿命期内通常需要对钢结构防腐蚀措施进行维修,因此选择防腐蚀方案的时候,应考虑维修条件,维修困难的钢结构应加强防腐蚀方案。

8.2.2　钢结构的防腐蚀设计

1)防腐蚀设计原则

钢结构应遵循安全可靠、经济合理的原则,按下列要求进行防腐蚀设计:

①钢结构防腐蚀设计应根据环境腐蚀条件、防腐蚀设计年限、施工和维修条件等要求合理确定。

②防腐蚀设计应考虑环保节能的要求。

③钢结构除必须采取防腐蚀措施外,还应尽量避免加速腐蚀的不良设计。

④除有特殊要求外,一般不应因考虑锈蚀而再加大钢材截面的厚度。

⑤防腐蚀设计中应考虑钢结构全寿命期内的检查、维护和大修。

2)防腐蚀设计步骤

钢结构构件防腐蚀设计的步骤一般为:a.确定腐蚀环境;b.确定防腐措施的预期寿命;c.确定钢结构构件基材的表面处理方法和等级;d.确定防腐蚀方法和具体要求。

(1)环境分类

在腐蚀介质长期作用下,根据其对建筑材料劣化的程度,即外观变化、质量变化、强度损失及腐蚀速度等因素综合评定腐蚀性等级。腐蚀性介质按其存在形态可分为气态介质、液态介质和固态介质;各种介质应按其性质、含量和环境条件分类。同一形态的多种介质同时作用于同一部位时,腐蚀性等级应取最高者。

目前按照国家标准《大气环境腐蚀分类》和《工业建筑设计防腐蚀规范》,环境中介质对钢结构长期作用下的腐蚀性等级划分为:很低(C1)、低(C2)、中等(C3)、高(C4)、很高(C5)5个等级,如表8.10的规定。

实际工程中通常不需要进行实地的钢结构单位面积质量损失试验,与典型环境进行比照即可。根据我国近十个城市的试验数据,我国大部分地区应处于C3腐蚀分类。

(2)防腐蚀设计的预期寿命

防腐蚀设计寿命是指从开始使用至第一次大修的时间,在此期间应有维护和保养。现行《钢结构设计规范》将钢结构防腐蚀设计寿命划分为2~5年、5~10年、10~15年和大于15年4种情况。防腐蚀设计时可根据建筑的重要性、所处环境的腐蚀等级和建筑使用期间维护费用最小等因素,确定合理的防腐蚀设计寿命等级。

表8.10 钢结构腐蚀等级分类

腐蚀性等级	单位面积上质量的损失(第一年)				典型环境(仅供参考)	
	低碳钢		锌		外部	内部
	质量损失 /(g·m⁻²)	厚度损失 /μm	质量损失 /(g·m⁻²)	厚度损失 /μm		
C1 很低	≤10	≤1.3	≤0.7	≤0.1		加热的建筑物内部,空气洁净,如办公室、商店、学校和宾馆等
C2 低	10~200	1.3~25	0.7~5	0.1~0.7	大气污染较低,如低污染的乡村地区	未加热的建筑物内部,冷凝有可能发生,如库房、体育馆等
C3 中等	200~400	25~50	5~15	0.7~2.1	城市和工业大气,中等的二氧化硫污染,低盐度沿海区域	高湿度和有些污染生产场所,如食品加工厂、洗衣厂、酒厂、牛奶厂等
C4 高	400~650	50~80	15~30	2.1~4.2	高盐度的工业区和沿海地区	化工厂、游泳池、海船内部和船厂等
C5 很高	650~1 500	80~200	30~60	4.2~8.4	高盐度和恶劣大气的工业区域,高盐度的沿海和离岸地带	总是有冷凝水、高湿度、高污染的建筑物或其他地方

(3)钢结构构件基材的表面处理

实验研究表明,钢结构构件基材的表面处理质量是影响防腐寿命的最主要因素,因此必须重视表面处理的等级。按照我国现行国家标准《涂装前钢材表面锈蚀等级和除锈等级》(GB/T 8923)将钢材表面的锈蚀分成4个等级,将钢材除锈后的表面质量分成7个等级,分别应符合表8.11和表8.12的规定。

表8.11 钢材表面的锈蚀等级

表面锈蚀等级	表面锈蚀状态
A	大面积覆盖着氧化皮而几乎没有铁锈的钢材表面
B	已发生锈蚀,并且氧化皮已开始剥落的钢材表面
C	养护皮已因锈蚀而剥落,或者可以刮涂,并且在正常视力观察下可见轻微点蚀的钢材表面
D	养护皮已因锈蚀而剥落,并且在正常视力观察下可见普遍发生点蚀的钢材表面

表 8.12　钢材除锈等级和表面质量

除锈方式	除锈等级	除锈要求	除锈后表面质量状况
喷射清理	Sa1	轻度	表面应无可见的油、脂和污物,并且没有附着不牢的氧化皮、铁锈、涂层和外来杂质
	Sa2	彻底	表面应无可见的油、脂和污物,并且几乎没有氧化皮、铁锈、涂层和外来杂质。任何残留污染物应附着牢靠
	$Sa2\frac{1}{2}$	非常彻底	表面应无可见的油、脂和污物,并且没有氧化皮、铁锈、涂层和外来杂质。任何残留污染物的残留痕迹应仅呈现为点状或条纹状的轻微色斑
	Sa3	使钢材表观洁净	表面应无可见的油、脂和污物,并且应无氧化皮、铁锈、涂层和外来杂质。该表面应具有均匀的金属色泽
手工和动力工具清理	St2	彻底	表面应无可见的油、脂和污物,并且没有附着不牢的氧化皮、铁锈、涂层和外来杂质
	St3	非常彻底	同St2,但表面处理应彻底得多,表面应具有金属底材的光泽
火焰清理	FI		表面应无氧化皮、铁锈、涂层和外来杂质。任何残留的痕迹应仅为表面变色

喷射清理除锈方式一般采用喷砂除锈。手工活动力工具除锈方式一般采用铲刀、钢丝刷、动力钢丝刷、动力砂纸盘或砂轮等工具除锈。除锈前,厚的锈层应铲除,可见的油脂和污垢也应清理;除锈后,钢材表面应清除浮灰和碎屑。采用砂轮除锈时,表面不应出现砂轮研磨痕迹。

火焰除锈前,厚的锈层应铲除。火焰除锈应包括火焰加热作业后用动力钢丝刷清除加热后附着在钢材表面的残剩物。

(4)防腐蚀方法的种类

钢结构防腐蚀设计应综合考虑环境中介质的腐蚀性、环境条件、施工和维修条件等因素,因地制宜,通常从下列方案中综合选择防腐蚀方案或其组合:

①涂料防腐法,即在钢材表面涂以非金属涂料保护层,使之不受大气中有害介质的侵蚀。

②镀层防腐法,即在钢结构表面采用各种工艺形成的锌、铝等金属保护层。

③阴极保护,其原理是向被腐蚀金属结构物表面施加一个外电流,被保护的金属结构物成为阴极,从而使得金属腐蚀发生的电子迁移得到抑制,避免或减弱腐蚀的发生。

④使用耐候钢,采用具有抗腐蚀能力的耐候钢。

目前在房屋钢结构中采用涂料防腐法是最普遍、最常用的方法。防腐蚀涂料施工方法有喷涂、辊涂、刷涂等。这种方法效果好,涂料品种多,价格低廉,适应性强,不受构件性状和大小的限制,操作方便;但耐久性较差,经过一定时期需要进行维修。钢结构的防腐涂层由底漆和面漆配套而成。底漆和面漆间应相容,防腐蚀涂料与防火涂料配合使用时也应相容。

用金属镀层防腐一般采用热浸镀锌和热喷涂的方法,采用热浸镀锌的钢构件防腐期长达5~20年或以上,同时无需经常保养和维修,一劳永逸,美观实用,安全可靠,是目前最佳的钢结构防腐蚀方法,但在钢结构中只是用于一些小部件,如灯杆、楼梯踏步、扶手等;金属喷涂方法的优点是耐久年限长、生产工业化程度高、质量稳定,它主要用于要求保护寿命长达20~30

年的钢结构,一般用于严重腐蚀下的钢结构,或者需要特别加强防护防锈的重要承重构件,典型应用钢结构为桥梁、广播电视塔和水利设施等。

现在有很多大型结构都采用了金属镀层再加涂料进行长效防腐蚀,即使在恶劣的腐蚀环境中,防腐蚀也可以达到 20~30 年,而且维修时只需对涂料部分进行维护,而不需要对金属镀层基底进行处理。但该方法代价较高,只在资金充裕的大型项目中采用较多。

(5)防腐蚀设计的构造要求

钢结构防腐蚀设计应符合以下规定:

①当采用型钢组合的构件时,型钢间的空隙宽度宜满足防护层施工、检查和维修的要求。

②不同金属材料接触会加速腐蚀时,应在接触部位采用隔离措施。

③焊条、螺栓、垫圈、节点板等连接构件的耐腐蚀性能,不应低于主材材料。螺栓直径不应小于 12 mm。垫圈不应采用弹簧垫圈。螺栓、螺母和垫圈应采用镀锌等方法防护,安装后再采用与主体结构相同的防腐蚀方案。

④当腐蚀性等级为高及很高时,不易维修的重要构件宜选用耐候钢制作。

⑤设计使用年限大于或等于 25 年的建筑物,对不易维修的结构应加强防护。

⑥避免出现难于检查、清理和涂漆之处,以及能积留湿气和大量灰尘的死角或凹槽。闭口截面构件应沿全长和端部焊接封闭。

⑦柱脚在地面以下的部分应采用强度等级较低的混凝土包裹(保护层厚度不应小于50 mm),并宜使包裹的混凝土高出地面不小于 150 mm。当柱脚底面在地面以上时,柱脚底面宜高出地面不小于 100 mm。

8.3 钢结构的隔热

8.3.1 概 述

随着钢结构在建筑业中的迅速发展,钢结构材料的力学性能与施工工艺优势越发凸显,且已逐渐使用于高低温环境中,同时钢结构的隔热性能设计也引起了人们的重视。第 8.1 节已对钢结构的防火设计作了简要介绍,钢结构的防火与隔热既有相通之处,也有很大区别。相通之处是一些防火措施既可以达到防火设计的要求,也可以达到隔热的要求,如砌筑耐火砖等。不同之处是二者的受力特征不同,火灾作用是偶然荷载作用,而高温环境下的隔热措施却要考虑长期的温度作用。高温工作环境对钢结构的影响主要是温度效应,包括结构的热膨胀效应和高温对钢结构材料的力学性能的影响。在进行结构设计时,应通过传热分析确定处于高温环境下的钢结构温度分布及温度值,在结构分析中应考虑热膨胀效应的影响及高温对钢材的力学性能参数的影响。温度效应是一种持续作用,在这种持续高温下的结构钢的力学性能与火灾高温下结构钢的力学性能也不完全相同,主要体现在蠕变和松弛上。一般情况下,钢结构材料的设计强度随着温度的升高逐渐降低,在 100 ℃ 以内基本成线性变化,超过300 ℃ 以后屈服强度和抗拉强度随温度升高为曲线变化,且下降速率明显增大,达到 600 ℃ 强度基本消失。因此,我们对处于高温环境的钢结构设计要考虑材料强度与弹性模量等参数的变化情况。

8.3.2　钢结构的隔热防护措施

处于高温环境下的钢结构,当承载力或变形不能满足要求时,可通过采取措施降低构件内的应力水平,提高构件材料在高温下的强度,提高构件的截面刚度或降低构件在高温环境下的温度来使其满足要求。对于处于长时间高温环境工作的钢结构,不应采用膨胀型防火涂料作为隔热保护措施。

受高温作用的结构,应根据不同情况采取下列防护措施:

①当结构可能受到炽热熔化金属的侵害时,应采用砖或耐热材料做成的隔热层加以保护。

②当结构的表面长期受热辐射达150 ℃以上或在短时间内可能受到火焰作用时,应采用有效的防护措施(如加隔热层或水套等)。

钢结构的隔热保护措施在相应的工作环境下应具有耐久性,并与钢结构的防腐、防火保护措施相容。

习　题

8.1　钢结构为什么耐热但不耐火?

8.2　钢结构构件达到抗火承载力极限状态的判别标准有哪些?

8.3　提高钢结构抗火能力的措施有哪些? 请阐述其特点及适用范围。

8.4　钢结构有哪些防火保护的构造要求?

8.5　钢结构有哪些防火保护的施工要求?

8.6　在钢结构工程中可以采用哪些方法避免或延缓腐蚀?

8.7　钢结构工程中防腐蚀设计的原则有哪些?

8.8　高温环境下的钢结构可采取哪些隔热防护措施?

附　录

附录 1　钢材和连接的强度设计值

附表 1.1　钢材的强度设计值　　　　　　单位:N/mm^2

钢材		抗拉、抗压和抗弯 f	抗　剪 f_v	端面承压(刨平顶紧)f_{ce}
牌　号	厚度或直径/mm			
Q235 钢	≤16	215	125	325
	>16~40	205	120	
	>40~60	200	115	
	>60~100	190	110	
Q345 钢	≤16	310	180	400
	>16~35	295	170	
	>35~50	265	155	
	>50~100	250	145	
Q390 钢	≤16	350	205	415
	>16~35	335	190	
	>35~50	315	180	
	>50~100	295	170	

续表

钢 材		抗拉、抗压和抗弯 f	抗 剪 f_v	端面承压(刨平顶紧)f_{ce}
牌 号	厚度或直径/mm			
Q420 钢	≤16	380	220	440
	>16~35	360	210	
	>35~50	340	195	
	>50~100	325	185	

注:表中厚度是指计算点的钢材厚度,对轴心受拉和轴心受压构件是指截面中较厚板件的厚度。

附表 1.2　焊缝的强度设计值

单位:N/mm²

焊接方法和焊条型号	构件钢材		对接焊缝				角焊缝
	牌 号	厚度或直径 /mm	抗压 f_c^w	焊缝质量为下列等级时,抗拉f_t^w		抗剪 f_v^w	抗拉、抗压和抗剪f_f^w
				一级、二级	三级		
自动焊、半自动焊和 E43 型焊条的手工焊	Q235 钢	≤16	215	215	185	125	160
		>16~40	205	205	175	120	
		>40~60	200	200	170	115	
		>60~100	190	190	160	110	
自动焊、半自动焊和 E50 型焊条的手工焊	Q345 钢	≤16	310	310	265	180	200
		>16~35	295	295	250	170	
		>35~50	265	265	225	155	
		>50~100	250	250	210	145	
自动焊、半自动焊和 E55 型焊条的手工焊	Q390 钢	≤16	350	350	300	205	220
		>16~35	335	335	285	190	
		>35~50	315	315	270	180	
		>50~100	295	295	250	170	
	Q420 钢	≤16	380	380	320	220	220
		>16~35	360	360	305	210	
		>35~50	340	340	290	195	
		>50~100	325	325	275	185	

注:①自动焊和半自动焊所采用的焊丝和焊剂,应保证其熔敷金属的力学性能不低于现行国家标准《埋弧焊用碳钢焊丝和焊剂》(GB/T 5293)和《低合金钢埋弧焊用焊剂》(GB/T 12470)中相关规定。

②焊缝质量等级应符合现行国家标准《钢结构工程施工质量验收规范》(GB 50205)的规定。其中,厚度小于 8 mm 钢材的对接焊缝,不应采用超声波探伤确定焊缝质量等级。

③对接焊缝在受压区的抗弯强度设计值取 f_c^w,在受拉区的抗弯强度设计值取 f_t^w。

④表中厚度是指计算点的钢材厚度,对轴心受拉和轴心受压构件是指截面中较厚构件的厚度。

附表 1.3　螺栓连接的强度设计值　　　　　　　　单位:N/mm²

螺栓的性能等级、锚栓和构件钢材的牌号		普通螺栓						锚栓	承压型连接高强度螺栓		
		C 级螺栓			A 级、B 级螺栓						
		抗拉 f_t^b	抗剪 f_v^b	承压 f_c^b	抗拉 f_t^b	抗剪 f_v^b	承压 f_c^b	抗拉 f_t^a	抗拉 f_t^b	抗剪 f_v^b	承压 f_c^b
普通螺栓	4.6 级、4.8 级	170	140	—	—	—	—	—	—	—	—
	5.6 级	—	—	—	210	190	—	—	—	—	—
	8.8 组	—	—	—	400	320	—	—	—	—	—
锚栓	Q235 钢	—	—	—	—	—	—	140	—	—	—
	Q345 钢	—	—	—	—	—	—	180	—	—	—
承压型连接高强度螺栓	8.8 级	—	—	—	—	—	—	—	400	250	—
	10.9 级	—	—	—	—	—	—	—	500	310	—
构件	Q235 钢	—	—	305	—	—	405	—	—	—	470
	Q345 钢	—	—	385	—	—	510	—	—	—	590
	Q390 钢	—	—	400	—	—	530	—	—	—	615
	Q420 钢	—	—	425	—	—	560	—	—	—	655

注:①A 级螺栓用于 $d \leq 24$ mm 和 $l \leq 10d$ 或 $l \leq 150$ mm(按较小值)的螺栓;B 级螺栓用于 $d>24$ mm 或 $l>10d$ 或 $l>150$ mm(按较小值)的螺栓。d 为公称直径,l 为螺栓公称长度。

②A、B 级螺栓孔的精度和孔壁表面粗糙度,C 级螺栓孔的允许偏差和孔壁表面粗糙度,均应符合现行国家标准《钢结构工程施工质量验收规范》(GB 50205)的要求。

附表 1.4　结构构件或连接设计强度的折减系数

项　次	情　　况	折减系数
1	单面连接的单角钢	
	(1)按轴心受力计算强度和连接	0.85
	(2)按轴心受压计算稳定性	
	等边角钢	0.6+0.001 5λ,但不大于 1.0
	短边相连的不等边角钢	0.5+0.002 5λ,但不大于 1.0
	长边相连的不等边角钢	0.70
2	无垫板的单面施焊对接焊缝	0.85
3	施工条件较差的高空安装焊缝和铆钉连接	0.90
4	沉头和半沉头铆钉连接	0.80

注:①λ 为长细比,对中间无联系的单角钢压杆,应按最小回转半径计算;当 λ<20 时,取 λ=20。

②当几种情况同时存在时,其折减系数应连乘。

附录 2　结构或构件的变形容许值

附2.1　受弯构件的挠度容许值

附 2.1.1　吊车梁、楼盖梁、屋盖梁、工作平台梁以及墙架构件的挠度不宜超过附表 2.1 所列的容许值。

附表 2.1　受弯构件挠度容许值

项次	构件类别	挠度容许值	
		$[v_T]$	$[v_Q]$
1	吊车梁和吊车桁架(按自重和起重量最大的一台吊车计算挠度) (1)手动吊车和单梁吊车(合悬挂吊车) (2)轻级工作制桥式吊车 (3)中级工作制桥式吊车 (4)重级工作制桥式吊车	$l/500$ $l/800$ $l/1\,000$ $l/1\,200$	— — —
2	手动或电动葫芦的轨道梁	$l/400$	—
3	有重轨(质量等于或大于 38 kg/m)轨道的工作平台梁 有轻轨(质量等于或小于 24 kg/m)轨道的工作平台梁	$l/600$ $l/400$	— —
4	楼(屋)盖梁或桁架,工作平台梁(第3项除外)和平台板 (1)主梁或桁架(包括设有悬挂起重设备的梁和桁架) (2)抹灰顶棚的次梁 (3)除(1)、(2)款外的其他梁(包括楼梯梁) (4)屋盖檩条 　支承无积灰的瓦楞铁和石棉瓦屋面者 　支承压型金属板、有积灰的瓦楞铁和石棉瓦等屋面者 　支承其他屋面材料者 (5)平台板	$l/400$ $l/250$ $l/250$ $l/150$ $l/200$ $l/200$ $l/150$	$l/500$ $l/350$ $l/300$ — — —
5	墙架构件(风荷载不考虑阵风系数) (1)支柱 (2)抗风桁架(作为连线支柱的支承时) (3)砌体墙的横梁(水平方向) (4)支承压型金属板、瓦楞铁和石棉瓦墙面的横梁(水平方向) (5)带有玻璃窗的横梁(竖直和水平方向)	— — — — $l/200$	$l/400$ $l/1\,000$ $l/300$ $l/200$ $l/200$

注:①l 为受弯构件的跨度(对悬臂梁和伸臂梁为悬伸长度的 2 倍)。
　②$[v_T]$ 为永久和可变荷载标准值产生的挠度(如有起拱应减去拱度)的容许值;$[v_Q]$ 为可变荷载标准值产生的挠度的容许值。

附2.1.2 冶金工厂或类似车间中设有工作级别为 A7、A8 级吊车的车间,其跨间每侧吊车梁或吊车桁架的制动结构,由一台最大吊车横向水平荷载(按荷载规范取值)所产生的挠度不宜超过制动结构跨度的 1/2 200。

附2.2 桁架结构的水平位移容许值

附2.2.1 在风荷载标准值作用下,框架柱顶水平位移和层间相对位移不宜超过下列数值:

无桥式吊车的单层框架的柱顶位移: $H/150$

有桥式吊车的单层框架的柱顶位移: $H/400$

多层框架的柱顶位移: $H/500$

多层框架的层间相对位移: $h/400$

H 为自基础顶面至柱顶的总高度,h 为层高。

注:①对室内装修要求较高的民用建筑多层框架结构,层间相对位移宜适当减小。无墙壁的多层框架结构,层间相对位移可适当放宽。

②对轻型框架结构的柱顶水平位移和层间位移均可适当放宽。

附2.2.2 在冶金工厂或类似车间中设有 A7、A8 级吊车的厂房柱和设有中级和重级工作制吊车的露天栈桥柱,在吊车梁或吊车桁架的顶面标高处,由一台最大吊车水平荷载(按荷载规范取值)所产生的计算变形值,不宜超过附表 2.2 所列的容许值。

附表 2.2 柱水平位移(计算值)的容许值

项 次	位移的种类	按平面结构图形计算	按空间结构图形计算
1	厂房柱的横向位移	$H_c/1\,250$	$H_c/2\,000$
2	露天栈桥柱的横向位移	$H_c/2\,500$	——
3	厂房和露天栈桥柱的纵向位移	$H_c/4\,000$	——

注:① H_c 为基础顶面至吊车梁或吊车桁架顶面的高度。

②计算厂房或露天栈桥柱的纵向位移时,可假定吊车的纵向水平制动力分配在温度区段内所有柱间支撑或纵向框架上。

③在设有 A8 级吊车的厂房中,厂房柱的水平位移许值宜减小 10%。

④在设有 A6 级吊车的厂房柱的纵向位移宜符合表中的要求。

附录3 梁的整体稳定系数

附3.1 等截面焊接工字形和轧制 H 型钢简支梁

等截面焊接工字形和轧制 H 型钢(附图3.1)简支梁的整体稳定系数 φ_b 应按下式计算:

$$\varphi_b = \beta_b \frac{4\,320}{\lambda_y^2} \cdot \frac{Ah}{W_x} \left[\sqrt{1 + \left(\frac{\lambda_y t_1}{4.4h} \right)^2} + \eta_b \right] \frac{235}{f_y} \qquad (\text{附}3.1)$$

式中　β_b——梁整体稳定的等效临界弯矩系数,按附表 3.1 采用;

　　　λ_y——梁在侧向支承点间对截面弱轴 y-y 的长细比,$\lambda_y = l_1/i_y$,l_1 见第 5 章 5.3.2,i_y 为梁毛截面对 y 轴的截面回转半径;

　　　A——梁的毛截面面积;

　　　h,t_1——分别为梁截面的全高和受压翼缘厚度;

　　　η_b——截面不对称影响系数,对双轴对称截面[附图 3.1(a)、(b)]:$\beta_b = 0$;对单轴对称工字形截面[附图 3.1(b)、(c)]:加强受压翼缘:$\eta_b = 0.8(2\alpha_b-1)$;加强受拉翼缘:$\eta_b = 2\alpha_b-1$;

$\alpha_b = \dfrac{I_1}{I_1+I_2}$,式中 I_1 和 I_2 分别为受压翼缘和受拉翼缘对 y 轴的惯性矩。

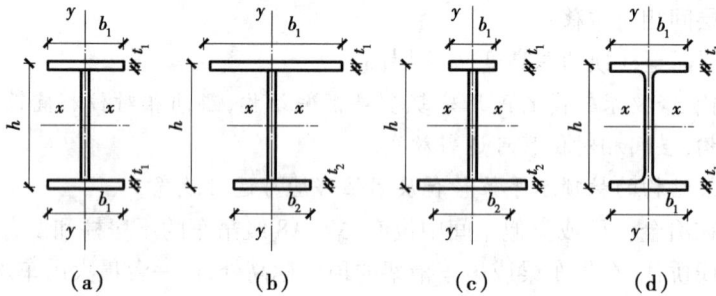

$$（a）\qquad（b）\qquad（c）\qquad（d）$$

附图 3.1　焊接工字形和轧制 H 型钢截面

(a)双轴对称焊接工字形截面;(b)加强受压翼缘的单轴对称焊接工字形截面;

(c)加强受拉翼缘的单轴对称焊接工字型截面;(d)轧制 H 型钢截面

当按式(附 3.1)算得的 φ_b 值大于 0.6 时,应用下式计算的 φ'_b 值代替 φ_b 值:

$$\varphi'_b = 1.07 - \frac{0.282}{\varphi_b} \leq 1.0 \qquad (\text{附} 3.2)$$

注:式(3.1)亦适用于等截面铆接(或高强度螺栓连接)简支梁,其受压翼缘厚度 t_1 包括翼缘角钢厚度在内。

附表 3.1　H 型钢和等截面工字形简支梁的系数 β_b

项次	侧向支承	荷　载		$\xi \leq 2.0$	$\xi > 2.0$	适用范围
1	跨中无侧向支承	均布荷载作用在	上翼缘	$0.69+0.13\xi$	0.95	附图 3.1(a)、(b)和(d)的截面
2			下翼缘	$1.73-0.20\xi$	1.33	
3		集中荷载作用在	上翼缘	$0.73+0.18\xi$	1.09	
4			下翼缘	$2.23-0.28\xi$	1.67	

项次	侧向支承	荷 载		$\xi\leqslant 2.0$	$\xi>2.0$	适用范围
5	跨度中点有一个侧向支承点	均布荷载作用在	上翼缘	1.15		附图3.1的所有截面
6			下翼缘	1.40		
7		集中荷载作用在截面高度上任意位置		1.75		
8	跨度中有不少于两个等距离侧向支承点	任意荷载作用在	上翼缘	1.20		
9			下翼缘	1.40		
10	梁端有弯矩,但跨中无荷载作用			$1.75-1.05\left(\dfrac{M_2}{M_1}\right)^2+0.3\left(\dfrac{M_2}{M_1}\right)^2$,但 $\leqslant 2.3$		

注:①ξ 为参数,$\xi=\dfrac{l_1 t_1}{b_1 h}$,其中 b_1 和 l_1 见第5章5.3.2节。

②M_1、M_2 为梁的端弯矩,使梁产生同向曲率时 M_1 和 M_2 取同号,产生反向曲率时取异号,$|M_1|\geqslant|M_2|$。

③表中项次3、4和7的集中荷载是指一个或少数几个集中荷载位于跨中央附近的情况,对其他情况的集中荷载,应按表中项次1、2、5、6内的数值采用。

④表中项次8、9的 β_b,当集中荷载作用在侧向支承点处时,取 $\beta_b=1.20$。

⑤荷载作用在上翼缘是指荷载作用点在翼缘表面,方向指向截面形心;荷载作用在下翼缘是指荷载作用点在翼缘表面,方向背向截面形心。

⑥对 $\alpha_b>0.8$ 的加强受压翼缘工字形截面,下列情况的 β_b 值应乘以相应的系数:

项次1:当 $\xi\leqslant 1.0$ 时,乘以0.95;

项次3:当 $\xi\leqslant 0.5$ 时,乘以0.90;当 $0.5<\xi\leqslant 1.0$ 时,乘以0.95。

附3.2 轧制普通工字钢简支梁

轧制普通工字钢简支梁的整体稳定系数 φ_b 应按附表3.2采用,当所得的 φ_b 值大于0.6时,应按式(附3.2)算得相应的 φ'_b 值代替 φ_b 值。

附表3.2 轧制普通工字钢简支梁 φ_b

项次	荷载情况			工字钢型号	自由长度 l_1/m								
					2	3	4	5	6	7	8	9	10
1	跨中无侧向支承点的梁	集中荷载作用于	上翼缘	10~20	2.00	1.30	0.99	0.80	0.68	0.58	0.53	0.48	0.43
				22~32	2.40	1.48	1.09	0.86	0.72	0.62	0.54	0.49	0.45
				36~63	2.80	1.60	1.07	0.83	0.68	0.56	0.50	0.45	0.40
2			下翼缘	10~20	3.10	1.95	1.34	1.01	0.82	0.69	0.63	0.57	0.52
				22~40	5.50	2.80	1.84	1.37	1.07	0.86	0.73	0.64	0.56
				45~63	7.30	3.60	2.30	1.62	1.20	0.96	0.80	0.69	0.60

续表

项次	荷载情况		工字钢型号	自由长度 l_1/m								
				2	3	4	5	6	7	8	9	10
3	跨中无侧向支承点的梁	均布荷载作用于 上翼缘	10~20	1.70	1.12	0.84	0.68	0.57	0.50	0.45	0.41	0.37
			22~40	2.10	1.30	0.93	0.73	0.60	0.51	0.45	0.40	0.36
			45~63	2.60	1.45	0.97	0.73	0.59	0.50	0.44	0.38	0.35
4		下翼缘	10~20	2.50	1.55	1.08	0.83	0.68	0.56	0.52	0.47	0.42
			22~40	4.00	2.20	1.45	1.10	0.85	0.70	0.60	0.52	0.46
			45~63	5.60	2.80	1.80	1.25	0.95	0.78	0.65	0.55	0.49
5	跨中有侧向支承点的梁 (不论荷载作用的在截 面高度上的位置)		10~20	2.20	1.39	1.01	0.79	0.66	0.57	0.52	0.47	0.42
			22~40	3.00	1.80	1.24	0.96	0.76	0.65	0.56	0.49	0.43
			45~63	4.00	2.20	1.38	1.01	0.80	0.66	0.56	0.49	0.43

注:①同附表3.1的注③和注⑤。

②表中的 φ_b 适用于Q235钢。对其他钢号,表中数值应乘以 $235/f_y$。

附3.3 轧制槽钢简支梁

轧制槽钢简支梁的整体稳定系数,不论荷载的形式和荷载作用点在截面高度上的位置,均可按下式计算:

$$\varphi_b = \frac{570bt}{l_1 h} \cdot \frac{235}{f_y} \qquad (附3.3)$$

式中 h,b,t——分别为槽钢截面的高度、翼缘宽度和平均厚度。

按式(附3.3)算得的 φ_b 大于0.6时,应按式(附3.2)算得相应的 φ'_b 值代替 φ_b 值。

附3.4 双轴对称工字形等截面(含H型钢)悬臂梁

双轴对称工字型等截面(含H型钢)悬臂梁的整体稳定系数,可按式(附3.1)计算,但式中系数 β_b 应按附表3.3查得,$\lambda_y = l_1/i_y$(l_1 为悬臂梁的悬伸长度)。当求得的 φ_b 值大于0.6时,应按式(附3.2)算得相应的 φ'_b 值代替 φ_b 值。

附表3.3 双轴对称工字形等截面(含H型钢)悬臂梁的系数 β_b

项次	荷载形式		$0.60 \leqslant \xi \leqslant 1.24$	$1.24 < \xi \leqslant 1.96$	$1.96 < \xi \leqslant 3.10$
1	自由端一个集中荷载作用在	上翼缘	$0.21+0.67\xi$	$0.72+0.26\xi$	$1.17+0.03\xi$
2		下翼缘	$2.94-0.65\xi$	$2.64-0.40\xi$	$2.15-0.15\xi$
3	均布荷载作用在上翼缘		$0.62+0.82\xi$	$1.25+0.31\xi$	$1.66+0.10\xi$

注:①本表是按支承端为固定的情况确定的,当用于由邻跨延伸出来的伸臂梁时,应在构造上采取措施加强支承处的抗扭能力。

②表中 ξ 见附表3.1注①。

附 3.5　受弯构件整体稳定系数的近似计算

均匀弯曲的受弯构件,当 $\lambda_y \leqslant 120\sqrt{235/f_y}$ 时,其整体稳定系数 φ_b 可按下列近似公式计算:

1.工字形截面(含 H 型钢)

双轴对称时:

$$\varphi_b = 1.07 - \frac{\lambda_y^2}{44\,000} \cdot \frac{f_y}{235} \tag{附3.4}$$

单轴对称时:

$$\varphi_b = 1.07 - \frac{W_x}{(2\alpha_b + 0.1)Ah} \cdot \frac{\lambda_y^2}{14\,000} \cdot \frac{f_y}{235} \tag{附3.5}$$

2.T 形截面(弯矩作用在对称轴平面,绕 x 轴)

(1)弯矩使翼缘受压时

双角钢 T 形截面:

$$\varphi_b = 1 - 0.001\,7\lambda_y\sqrt{f_y/235} \tag{附3.6}$$

部分 T 型钢和两板组合 T 形截面:

$$\varphi_b = 1 - 0.002\,2\lambda_y\sqrt{f_y/235} \tag{附3.7}$$

(2)弯矩使翼缘受拉且腹板宽厚比不大于 $18\sqrt{235/f_y}$ 时:

$$\varphi_b = 1 - 0.000\,5\lambda_y\sqrt{f_y/235} \tag{附3.8}$$

按式(附 3.4)—式(附 3.8)算得的 φ_b 值大于 0.6 时,不需按式(附 3.2)换算成 φ'_b 值;当按式(附 3.4)和式(附 3.5)算得的 φ_b 值大于 1.0 时,取 $\varphi_b = 1.0$。

附录 4　轴心受压构件的稳定系数

附表 4.1　a 类截面轴心受压构件的稳定系数 φ

$\lambda\sqrt{\dfrac{f_y}{235}}$	0	1	2	3	4	5	6	7	8	9
0	1.000	1.000	1.000	1.000	0.999	0.999	0.998	0.998	0.997	0.996
10	0.995	0.994	0.993	0.992	0.991	0.989	0.988	0.986	0.985	0.983
20	0.981	0.979	0.977	0.976	0.974	0.972	0.970	0.968	0.966	0.964
30	0.963	0.961	0.959	0.957	0.955	0.952	0.950	0.948	0.946	0.944
40	0.941	0.939	0.937	0.934	0.932	0.929	0.927	0.924	0.921	0.919
50	0.916	0.913	0.910	0.907	0.904	0.900	0.897	0.894	0.890	0.866
60	0.883	0.879	0.875	0.371	0.867	0.863	0.858	0.854	0.849	0.844
70	0.839	0.834	0.829	0.824	0.818	0.813	0.807	0.801	0.795	0.789

续表

$\lambda\sqrt{\dfrac{f_y}{235}}$	0	1	2	3	4	5	6	7	8	9
80	0.783	0.776	0.770	0.763	0.757	0.750	0.743	0.736	0.728	0.721
90	0.714	0.706	0.699	0.691	0.684	0.676	0.668	0.661	0.653	0.645
100	0.638	0.630	0.622	0.615	0.607	0.600	0.592	0.585	0.577	0.570
110	0.563	0.555	0.548	0.541	0.534	0.527	0.520	0.514	0.507	0.500
120	0.494	0.488	0.481	0.475	0.469	0.463	0.457	0.451	0.445	0.440
130	0.434	0.429	0.423	0.418	0.412	0.407	0.402	0.397	0.392	0.387
140	0.383	0.378	0.373	0.369	0.364	0.360	0.356	0.351	0.347	0.343
150	0.339	0.335	0.331	0.327	0.323	0.320	0.316	0.312	0.309	0.305
160	0.302	0.298	0.295	0.292	0.289	0.285	0.282	0.279	0.276	0.273
170	0.270	0.267	0.264	0.262	0.259	0.256	0.253	0.251	0.248	0.246
180	0.243	0.241	0.238	0.236	0.233	0.231	0.229	0.226	0.224	0.222
190	0.220	0.218	0.215	0.213	0.211	0.209	0.207	0.205	0.203	0.201
200	0.199	0.198	0.196	0.194	0.192	0.190	0.189	0.187	0.185	0.183
210	0.182	0.180	0.179	0.177	0.175	0.174	0.172	0.171	0.169	0.168
220	0.166	0.165	0.164	0.162	0.161	0.159	0.158	0.157	0.155	0.154
230	0.153	0.152	0.150	0.149	0.148	0.147	0.146	0.144	0.143	0.142
240	0.141	0.140	0.139	0.138	0.136	0.135	0.134	0.133	0.132	0.131
250	0.130	—	—	—	—	—	—	—	—	—

注:见附表4.4注。

附表4.2　b类截面轴心受压构件的稳定系数 φ

$\lambda\sqrt{\dfrac{f_y}{235}}$	0	1	2	3	4	5	6	7	8	9
0	1.000	1.000	1.000	0.999	0.999	0.998	0.997	0.996	0.995	0.994
10	0.992	0.991	0.989	0.987	0.985	0.983	0.981	0.978	0.976	0.973
20	0.970	0.967	0.963	0.960	0.957	0.953	0.950	0.946	0.943	0.939
30	0.936	0.932	0.929	0.925	0.922	0.918	0.914	0.910	0.906	0.903
40	0.899	0.895	0.891	0.887	0.882	0.878	0.874	0.870	0.865	0.861
50	0.856	0.852	0.847	0.842	0.838	0.833	0.828	0.823	0.818	0.813
60	0.807	0.802	0.797	0.791	0.786	0.780	0.774	0.769	0.763	0.757

续表

$\lambda\sqrt{\frac{f_y}{235}}$	0	1	2	3	4	5	6	7	8	9
70	0.751	0.745	0.739	0.732	0.726	0.720	0.714	0.707	0.701	0.694
80	0.688	0.681	0.675	0.668	0.661	0.655	0.648	0.641	0.635	0.628
90	0.621	0.614	0.608	0.601	0.594	0.588	0.581	0.575	0.568	0.561
100	0.555	0.549	0.542	0.536	0.529	0.523	0.517	0.511	0.505	0.499
110	0.493	0.487	0.481	0.475	0.470	0.464	0.458	0.453	0.447	0.442
120	0.437	0.432	0.426	0.421	0.416	0.411	0.406	0.402	0.397	0.392
130	0.387	0.383	0.378	0.374	0.370	0.365	0.361	0.357	0.353	0.349
140	0.345	0.341	0.337	0.333	0.329	0.326	0.322	0.318	0.315	0.311
150	0.308	0.304	0.301	0.298	0.295	0.291	0.288	0.285	0.282	0.279
160	0.276	0.273	0.270	0.267	0.265	0.262	0.259	0.256	0.254	0.251
170	0.249	0.246	0.244	0.241	0.239	0.236	0.234	0.232	0.229	0.227
180	0.225	0.223	0.220	0.218	0.216	0.214	0.212	0.210	0.208	0.206
190	0.204	0.202	0.200	0.198	0.197	0.195	0.193	0.191	0.190	0.188
200	0.186	0.184	0.183	0.181	0.180	0.178	0.176	0.175	0.173	0.172
210	0.170	0.169	0.167	0.166	0.165	0.163	0.162	0.160	0.159	0.158
220	0.156	0.155	0.154	0.153	0.151	0.150	0.149	0.148	0.146	0.145
230	0.144	0.143	0.142	0.141	0.140	0.138	0.137	0.136	0.135	0.134
240	0.133	0.132	0.131	0.130	0.129	0.128	0.127	0.126	0.125	0.124
250	0.123	—	—	—	—	—	—	—	—	—

注:见附表4.4注。

附表4.3　c类截面轴心受压构件的稳定系数 φ

$\lambda\sqrt{\frac{f_y}{235}}$	0	1	2	3	4	5	6	7	8	9
0	1.000	1.000	1.000	0.999	0.999	0.998	0.997	0.996	0.995	0.993
10	0.992	0.990	0.988	0.986	0.983	0.981	0.978	0.976	0.973	0.970
20	0.966	0.959	0.953	0.947	0.940	0.934	0.928	0.921	0.915	0.909
30	0.902	0.896	0.890	0.884	0.877	0.871	0.865	0.858	0.852	0.846
40	0.839	0.833	0.826	0.820	0.814	0.807	0.801	0.794	0.788	0.781
50	0.775	0.768	0.762	0.755	0.748	0.742	0.735	0.729	0.722	0.715

续表

$\lambda\sqrt{\dfrac{f_y}{235}}$	0	1	2	3	4	5	6	7	8	9
60	0.709	0.702	0.695	0. 689	0.682	0.676	0.669	0.662	0.656	0.649
70	0.643	0.636	0.629	0.623	0.616	0.610	0.604	0.597	0.591	0.584
80	0.578	0.572	0.566	0.559	0.553	0.547	0.541	0.535	0.529	0.523
90	0.517	0.511	0.505	0.500	0.494	0.488	0.483	0.477	0.472	0.467
100	0.463	0.458	0.454	0.449	0.445	0.441	0.436	0.432	0.428	0.423
110	0.419	0.415	0.411	0.407	0.403	0.399	0.395	0.391	0.387	0.383
120	0.379	0.375	0.371	0.367	0.364	0.360	0.356	0.353	0.349	0.346
130	0.342	0.339	0.335	0.332	0.328	0.325	0.322	0.319	0.315	0.312
140	0.309	0.306	0.303	0.300	0.297	0.294	0.291	0.288	0.285	0.282
150	0.280	0.277	0.274	0.271	0.269	0.266	0.264	0.261	0.258	0.256
160	0.254	0.251	0.249	0.246	0.244	0.242	0.239	0.237	0.235	0.233
170	0.230	0.228	0.226	0.224	0.222	0.220	0.218	0.216	0.214	0.212
180	0.210	0.208	0.206	0.205	0.203	0.201	0.199	0.197	0.196	0.194
190	0.192	0.190	0.189	0.187	0.186	0.184	0.182	0.181	0.179	0.178
200	0.176	0.175	0.173	0.172	0.170	0.169	0.168	0.165	0.165	0.163
210	0.162	0.161	0.159	0. 158	0.157	0.156	0.154	0.153	0.152	0.151
220	0.150	0.148	0.147	0.146	0.145	0.144	0.143	0.142	0.140	0.139
230	0.138	0.137	0.136	0.135	0.134	0.133	0.132	0.131	0.130	0.129
240	0.128	0.127	0.126	0.125	0.124	0.124	0.123	0.122	0.121	0.120
250	0.119	—	—	—	—	—	—	—	—	—

注:见附表4.4注。

附表 4.4 d 类截面轴心受压构件的稳定系 φ

$\lambda\sqrt{\dfrac{f_y}{235}}$	0	1	2	3	4	5	6	7	8	9
0	1.000	1.000	0.999	0.999	0.998	0.996	0.994	0.992	0.990	0.987
10	0.984	0.981	0.978	0.974	0.969	0.965	0.960	0.955	0.949	0.944
20	0.937	0.927	0.918	0.909	0.900	0.891	0.883	0.874	0.865	0.857
30	0.948	0.840	0.831	0.823	0.815	0.807	0.799	0.790	0.782	0.774
40	0.766	0.759	0.751	0.743	0.735	0.728	0.720	0.712	0.705	0.697

$\lambda\sqrt{\dfrac{f_y}{235}}$	0	1	2	3	4	5	6	7	8	9
50	0.690	0.683	0. 675	0.668	0.661	0.654	0.646	0.639	0.632	0.625
60	0.618	0.612	0.605	0.598	0.591	0.585	0.578	0.572	0.565	0.559
70	0.552	0.546	0.540	0.534	0.528	0.522	0.516	0.510	0.504	0.498
80	0.493	0.497	0.481	0.476	0.470	0.465	0.460	0.454	0.449	0.444
90	0.439	0.434	0.429	0.424	0.419	0.414	0.410	0.405	0.401	0.397
100	0.394	0.390	0.387	0.383	0. 380	0.376	0.373	0.370	0.366	0.363
110	0.359	0.356	0.353	0.350	0.346	0.343	0.340	0.337	0.334	0.331
120	0.328	0.325	0.322	0.319	0.316	0.313	0.310	0.307	0.304	0.301
130	0.299	0.296	0.293	0. 290	0.288	0.285	0.282	0.280	0.277	0.275
140	0.272	0.270	0.267	0. 265	0.262	0.260	0.258	0.255	0.253	0.251
150	0.248	0.246	0.244	0.242	0.240	0.237	0.235	0. 233	0.231	0.229
160	0.227	0.225	0.223	0.221	0.219	0.217	0.215	0.213	0.212	0.210
170	0.208	0.206	0.204	0.203	0.201	0.199	0.197	0.196	0.194	0.192
180	0.191	0.189	0.188	0.186	0.184	0.183	0.181	0.180	0.178	0.177
190	0.176	0.174	0.173	0.171	0.170	0.168	0.167	0.166	0.164	0.163
200	0.162	—	—	—	—	—	—	—	—	—

注:①附表 4.1 至附表 4.4 中的 φ 值系按下列公式算得:

当 $\lambda_n = \dfrac{\lambda}{\pi}\sqrt{f_y/E} \leqslant 0.215$ 时: $\qquad \varphi = 1 - \alpha_1\lambda_n^2$

当 $\lambda_n > 0.215$ 时: $\qquad \varphi = \dfrac{1}{2\lambda_n^2}\left[(\alpha_2 + \alpha_3\lambda_n + \lambda_n^2) - \sqrt{(\alpha_2 + \alpha_3\lambda_n + \lambda_n^2)^2 - 4\lambda_n^2}\right]$

式中的 α_1、α_2、α_3 为系数,根据本教材表 4.3、表 4.4 的截面分类,按附表 4.5 采用。

②当构件的 $\lambda\sqrt{f_y/235}$ 值超出附表 4.1 至附表 4.4 的范围时,则 φ 值按注①所列的公式计算。

附表 4.5　系数 α_1、α_2、α_3

截面类别		α_1	α_2	α_3
a 类		0.41	0.986	0.152
b 类		0.65	0.965	0.300
c 类	$\lambda_n \leqslant 1.05$	0.73	0.906	0.595
	$\lambda_n > 1.05$		1.216	0.302
d 类	$\lambda_n \leqslant 1.05$	1.35	0.868	0.915
	$\lambda_n > 1.05$		1.375	0.432

附录5 柱的计算长度系数

附表 5.1 有侧移框架柱的计算长度系数 μ

K_2 \ K_1	0	0.05	0.1	0.2	0.3	0.4	0.5	1	2	3	4	5	≥10
0	∞	6.02	4.46	3.42	3.01	2.78	2.64	2.33	2.17	2.11	2.08	2.07	2.03
0.05	6.02	4.16	3.47	2.86	2.58	2.42	2.31	2.07	1.94	1.90	1.87	1.86	1.83
0.1	4.46	3.47	3.01	2.56	2.33	2.20	2.11	1.90	1.79	1.75	1.73	1.72	1.70
0.2	3.42	2.86	2.56	2.23	2.05	1.94	1.87	1.70	1.60	1.57	1.55	1.54	1.52
0.3	3.01	2.58	2.33	2.01	1.90	1.80	1.74	1.58	1.49	1.46	1.45	1.44	1.42
0.4	2.78	2.42	2.20	1.94	1.80	1.71	1.65	1.50	1.42	1.39	1.37	1.37	1.35
0.5	2.64	2.31	2.11	1.87	1.74	1.65	1.59	1.45	1.37	1.34	1.32	1.32	1.30
1	2.33	2.07	1.90	1.70	1.58	1.50	1.45	1.32	1.24	1.21	1.20	1.19	1.17
2	2.17	1.94	1.79	1.60	1.49	1.42	1.37	1.24	1.16	1.14	1.12	1.12	1.10
3	2.11	1.90	1.75	1.57	1.46	1.39	1.34	1.21	1.14	1.11	1.10	1.09	1.07
4	2.08	1.87	1.73	1.55	1.45	1.37	1.32	1.20	1.12	1.10	1.08	1.08	1.06
5	2.07	1.86	1.72	1.54	1.44	1.37	1.32	1.19	1.12	1.09	1.08	1.07	1.05
≥10	2.03	1.83	1.70	1.52	1.42	1.35	1.30	1.17	1.10	1.07	1.06	1.05	1.03

注:①表中的计算长度系数 μ 值系按下式算得:

$$\left[36K_1K_2-\left(\frac{\pi}{\mu}\right)^2\right]\sin\frac{\pi}{\mu}+6(K_1+K_2)\frac{\pi}{\mu}\cdot\cos\frac{\pi}{\mu}=0$$

式中,K_1、K_2 分别为相交于柱上端、柱下端的横梁线刚度之和与柱线刚度之和的比值。当横梁远端为铰接时,应将横梁线刚度乘以 0.5;当横梁远端为嵌固时,则应乘以 2/3。

②当横梁与柱铰接时,取横梁线刚度为零。

③对底层框架柱,当柱与基础铰接时,取 $K_2=0$(对平板支座可取 $K_2=0.1$);当柱与基础刚接时,取 $K_2=10$。

④当与柱刚性连接的横梁所受轴心压力 N_b 较大时,横梁线刚度应乘以折减系数 α_N:

横梁远端与柱刚接时: $\alpha_N=1-N_b/(4N_{Eb})$

横梁远端铰接时: $\alpha_N=1-N_b/N_{Eb}$

横梁远端嵌固时: $\alpha_N=1-N_b/(2N_{Eb})$

式中,$N_{Eb}=\pi^2EI_b/l^2$,I_b 为横梁截面惯性矩,l 为横梁长度。

附表 5.2　无侧移框架柱的计算长度系数 μ

K_2 \ K_1	0	0.05	0.1	0.2	0.3	0.4	0.5	1	2	3	4	5	$\geqslant 10$
0	1.000	0.990	0.981	0.964	0.949	0.935	0.922	0.875	0.820	0.791	0.773	0.760	0.732
0.05	0.990	0.981	0.971	0.955	0.940	0.926	0.914	0.867	0.814	0.784	0.766	0.754	0.726
0.1	0.981	0.971	0.962	0.946	0.931	0.918	0.906	0.860	0.807	0.778	0.760	0.748	0.721
0.2	0.964	0.955	0.946	0.930	0.916	0.903	0.891	0.846	0.795	0.767	0.749	0.737	0.711
0.3	0.949	0.940	0.931	0.916	0.902	0.889	0.878	0.834	0.784	0.756	0.739	0.728	0.701
0.4	0.935	0.926	0.918	0.903	0.889	0.877	0.866	0.823	0.774	0.747	0.730	0.719	0.693
0.5	0.922	0.914	0.906	0.891	0.878	0.866	0.855	0.813	0.765	0.738	0.721	0.710	0.685
1	0.875	0.867	0.860	0.846	0.834	0.823	0.813	0.774	0.729	0.704	0.688	0.677	0.654
2	0.820	0.814	0.807	0.795	0.784	0.774	0.765	0.729	0.686	0.663	0.648	0.638	0.615
3	0.791	0.784	0.778	0.767	0.756	0.747	0.738	0.704	0.663	0.640	0.625	0.616	0.593
4	0.773	0.766	0.760	0.749	0.739	0.730	0.721	0.688	0.648	0.625	0.611	0.601	0.580
5	0.760	0.754	0.748	0.737	0.728	0.719	0.710	0.677	0.638	0.616	0.601	0.592	0.570
$\geqslant 10$	0.732	0.726	0.721	0.711	0.701	0.693	0.685	0.654	0.615	0.593	0.580	0.570	0.549

注:①表中的计算长度系数 μ 值系按下式计算:

$$\left[\left(\frac{\pi}{\mu}\right)^2 + 2(K_1+K_2) - 4K_1K_2\right]\frac{\pi}{\mu} \cdot \sin\frac{\pi}{\mu} - 2\left[(K_1+K_2)\left(\frac{\pi}{\mu}\right)^2 + 4K_1K_2\right]\cos\frac{\pi}{\mu} + 8K_1K_2 = 0$$

式中, K_1、K_2 分别为相交于柱上端、柱下端的横梁线刚度之和与柱线刚度之和的比值。当横梁远端为铰接时,应将横梁线刚度乘以 1.5,当横梁远端为嵌固时,则将横梁线度乘以 2.0。

②当横梁与柱铰接时,取横梁线刚度为零。

③对底层框架柱,当柱与基础铰接时,取 $K_2 = 0$(对平板支座可取 $K_2 = 0.1$);当柱与基础刚接时,取 $K_2 = 10$。

④当与柱刚性连接的横梁所受轴心压力 N_b 较大时,横梁线刚度应乘以折减系数 α_N:

横梁远端与柱刚接和横梁远端铰接时:　　　　　　$\alpha_N = 1 - N_b/N_{Eb}$

横梁远端嵌固时:　　　　　　　　　　　　　　$\alpha_N = 1 - N_b/(2N_{Eb})$

N_{Eb} 的计算式见附表 5.1 注④。

附表 5.3　柱上端为自由的单阶柱下段的计算长度系数 μ_2

简　图	η_1 \ K_1	0.06	0.08	0.10	0.12	0.14	0.16	0.18	0.20	0.22	0.24	0.26	0.28	0.3	0.4	0.5	0.6	0.7	0.8
	0.2	2.00	2.01	2.01	2.01	2.01	2.01	2.01	2.02	2.02	2.02	2.02	2.02	2.02	2.03	2.04	2.05	2.06	2.07
	0.3	2.01	2.02	2.02	2.02	2.03	2.03	2.03	2.04	2.04	2.05	2.05	2.05	2.06	2.08	2.10	2.12	2.13	2.15
	0.4	2.02	2.03	2.04	2.04	2.05	2.06	2.07	2.07	2.08	2.09	2.09	2.10	2.11	2.14	2.18	2.21	2.25	2.28
	0.5	2.04	2.05	2.06	2.07	2.09	2.10	2.11	2.12	2.13	2.15	2.16	2.17	2.18	2.24	2.29	2.35	2.40	2.45
	0.6	2.06	2.08	2.10	2.12	2.14	2.16	2.18	2.19	2.21	2.23	2.25	2.26	2.28	2.36	2.44	2.52	2.59	2.66
	0.7	2.10	2.13	2.16	2.18	2.21	2.24	2.26	2.29	2.31	2.34	2.36	2.38	2.41	2.52	2.62	2.72	2.81	2.90
	0.8	2.15	2.20	2.24	2.27	2.31	2.34	2.38	2.41	2.44	2.47	2.50	2.53	2.56	2.70	2.82	2.94	3.06	3.16
	0.9	2.24	2.29	2.35	2.39	2.44	2.48	2.52	2.56	2.60	2.63	2.67	2.71	2.74	2.90	3.05	3.19	3.32	3.44
	1.0	2.36	2.43	2.48	2.54	2.59	2.64	2.69	2.73	2.77	2.82	2.86	2.90	2.94	3.12	3.29	3.45	3.59	3.74
	1.2	2.69	2.76	2.83	2.89	2.95	3.01	3.07	3.12	3.17	3.22	3.27	3.32	3.37	3.59	3.80	3.99	4.17	4.34
	1.4	3.07	3.14	3.22	3.29	3.36	3.42	3.48	3.55	3.61	3.66	3.72	3.78	3.83	4.09	4.33	4.56	4.77	4.97
	1.6	3.47	3.55	3.63	3.71	3.78	3.85	3.92	3.99	4.07	4.12	4.18	4.25	4.31	4.61	4.88	5.14	5.38	5.62
	1.8	3.88	3.97	4.05	4.13	4.21	4.29	4.37	4.44	4.52	4.59	4.66	4.73	4.80	5.13	5.44	5.73	6.00	6.26
	2.0	4.29	4.39	4.48	4.57	4.65	4.74	4.82	4.90	4.99	5.07	5.14	5.22	5.30	5.66	6.00	6.32	6.63	6.92
	2.2	4.71	4.81	4.91	5.00	5.10	5.19	5.28	5.37	5.46	5.54	5.63	5.71	5.80	6.19	6.57	6.92	7.26	7.58
	2.4	5.13	5.24	5.34	5.44	5.54	5.64	5.74	5.84	5.93	6.03	6.12	6.21	6.30	6.73	7.14	7.52	7.89	8.24
	2.6	5.55	5.66	5.77	5.88	5.99	6.10	6.20	6.31	6.41	6.51	6.61	6.71	6.80	7.27	7.71	8.13	8.52	8.90
	2.8	5.97	6.09	6.21	5.33	6.44	6.55	6.67	6.78	6.89	6.99	7.10	7.21	7.31	7.81	8.28	8.73	9.16	9.57
	3.0	6.39	6.52	6.64	6.77	6.89	7.01	7.13	7.25	7.37	7.48	7.59	7.71	7.82	8.35	9.86	9.34	9.80	10.24

简图说明：

$$K_1 = \frac{I_1}{I_2} \cdot \frac{H_2}{H_1}$$

$$\eta_1 = \frac{H_1}{H_2} \cdot \sqrt{\frac{N_1}{N_2} \cdot \frac{I_2}{I_1}}$$

N_1——上段柱的轴心力；
N_2——下段柱的轴心力

注:表中的计算系数 μ_2 值按下式计算:

$$\eta_1 K_1 \cdot \tan\frac{\pi}{\mu_2} \cdot \tan\frac{\pi\eta_1}{\mu_2} - 1 = 0$$

附表5.4 柱上端可移动但不转动的单阶柱下段的计算长度系数μ_2

简 图	K_1 / η_1	0.06	0.08	0.10	0.12	0.14	0.16	0.18	0.20	0.22	0.24	0.26	0.28	0.3	0.4	0.5	0.6	0.7	0.8
	0.2	1.96	1.94	1.93	1.91	1.90	1.89	1.88	1.86	1.85	1.84	1.83	1.82	1.81	1.76	1.72	1.68	1.65	1.62
	0.3	1.96	1.94	1.93	1.92	1.91	1.89	1.88	1.87	1.86	1.85	1.84	1.83	1.82	1.77	1.73	1.70	1.66	1.63
	0.4	1.96	1.95	1.94	1.92	1.91	1.90	1.89	1.88	1.87	1.86	1.85	1.84	1.83	1.79	1.75	1.72	1.68	1.66
	0.5	1.96	1.95	1.94	1.93	1.92	1.91	1.90	1.89	1.88	1.87	1.86	1.85	1.85	1.81	1.77	1.74	1.71	1.69
	0.6	1.97	1.96	1.95	1.94	1.93	1.92	1.91	1.90	1.90	1.89	1.88	1.87	1.87	1.83	1.80	1.78	1.75	1.73
	0.7	1.97	1.97	1.96	1.95	1.94	1.94	1.93	1.92	1.92	1.91	1.90	1.90	1.89	1.86	1.84	1.82	1.80	1.78
	0.8	1.98	1.98	1.97	1.96	1.96	1.95	1.95	1.94	1.94	1.93	1.93	1.93	1.92	1.90	1.88	1.87	1.86	1.84
	0.9	1.99	1.99	1.98	1.98	1.98	1.97	1.97	1.97	1.97	1.96	1.96	1.96	1.96	1.95	1.94	1.93	1.92	1.92
	1.0	2.00	2.00	2.00	2.00	2.00	2.00	2.00	2.00	2.00	2.00	2.00	2.00	2.00	2.00	2.00	2.00	2.00	2.00
	1.2	2.03	2.04	2.04	2.05	2.06	2.07	2.07	2.08	2.08	2.09	2.10	2.10	2.11	2.13	2.15	2.17	2.18	2.20
	1.4	2.07	2.09	2.11	2.12	2.14	2.16	2.17	2.18	2.20	2.21	2.22	2.23	2.24	2.29	2.33	2.37	2.40	2.42
	1.6	2.13	2.16	2.19	2.22	2.25	2.27	2.30	2.32	2.34	2.36	2.37	2.39	2.41	2.48	2.54	2.59	2.63	2.67
	1.8	2.22	2.27	2.31	2.35	2.39	2.42	2.45	2.48	2.50	2.53	2.55	2.57	2.59	2.69	2.76	2.83	2.88	2.93
	2.0	2.35	2.41	2.46	2.50	2.55	2.59	2.62	2.66	2.69	2.72	2.75	2.77	2.80	2.91	3.00	3.08	3.14	3.20
	2.2	2.51	2.57	2.63	2.68	2.73	2.77	2.81	2.85	2.89	2.92	2.95	2.98	3.01	3.14	3.25	3.33	3.41	3.47
	2.4	2.68	2.75	2.81	2.87	2.92	2.97	3.01	3.05	3.09	3.13	3.17	3.20	3.24	3.38	3.50	3.59	3.68	3.75
	2.6	2.87	2.94	3.00	3.06	3.12	3.17	3.22	3.27	3.31	3.35	3.39	3.43	3.46	3.62	3.75	3.86	3.95	4.03
	2.8	3.06	3.14	3.20	3.27	3.33	3.38	3.43	3.48	3.53	3.58	3.62	3.66	3.70	3.87	4.01	4.13	4.23	4.32
	3.0	3.26	3.34	3.41	3.47	3.54	3.60	3.65	3.70	3.75	3.80	3.85	3.89	3.93	4.12	4.27	4.40	4.51	4.61

简图说明：

$$K_1 = \frac{I_1}{I_2} \cdot \frac{H_2}{H_1}$$

$$\eta_1 = \frac{H_1}{H_2} \cdot \sqrt{\frac{N_1}{N_2} \cdot \frac{I_2}{I_1}}$$

N_1—上段柱的轴心力；

N_2—下段柱的轴心力

注：表中的计算长度系数μ_2值按下式计算：

$$\tan \frac{\pi \eta_1}{\mu_2} + \eta_1 K_1 \cdot \tan \frac{\pi}{\mu_2} = 0$$

附录6　疲劳计算的构件和连接分类

附表6.1　构件和连接分类

项次	简　图	说　明	类别
1		无连接处的主体金属 (1)轧制型钢 (2)钢板 　　a.两边为轧制边或刨边; 　　b.两侧为自动、半自动切割边(切割质量标准应符合《钢结构工程施工质量验收规范》(GB 50205))	1 1 2
2		横向对接焊缝附近的主体金属 (1)符合现行国家标准《钢结构工程施工质量验收规范》(GB 50205)的一级焊缝 (2)经加工、磨平的一级焊缝	3 2
3		不同厚度(或宽度)横向对接焊缝附近的主体金属,焊缝加工成平滑过渡并符合一级焊缝标准	2
4		纵向对接焊缝附近的主体金属,焊缝符合二级焊缝标准	2
5		翼缘连接焊缝附近的主体金属 (1)翼缘板与腹板的连接焊缝 　　a.自动焊,二级T形对接和角接组合焊缝; 　　b.自动焊,角焊缝,外观质量标准符合二级; 　　c.手工焊,角焊缝,外观质量标准符合二级。 (2)双层翼缘板之间的连接焊缝 　　a.自动焊,角焊缝,外观质量标准符合二级; 　　b.手工焊,角焊缝,外观质量标准符合二级。	 2 3 4 3 4
6		横向加劲肋端部附近的主体金属 (1)肋端不断弧(采用回焊) (2)肋端断弧	4 5

续表

项次	简　图	说　明	类别
7		梯形节点板用对接焊缝焊于梁翼缘、腹板以及桁架构件处的主体金属,过渡处在焊后铲平、磨光、圆滑过渡,不得有焊接起弧、灭弧缺陷	5
8		矩形节点板焊接于构件翼缘或腹板处的主体金属,$l>$ 150 mm	7
9		翼缘板中断处的主体金属(板端有正面焊缝)	7
10		向正面角焊缝过渡处的主体金属	6
11		两侧面角焊缝连接端部的主体金属	8
12		三面围焊的角焊缝端部主体金属	7

续表

项次	简 图	说 明	类别
13		三面围焊或两侧面角焊缝连接的节点板主体金属(节点板计算宽度按应力扩散角 $\theta=30°$ 考虑)	7
14		K形坡口T形对接与角接组合焊缝处的主体金属,两板轴线偏离小于 $0.15\,t$,焊缝为二级,焊趾角 $\alpha \leqslant 45°$	5
15		十字接头角焊缝处的主体金属,两板轴线偏离小于 $0.15\,t$	7
16	角焊缝	按有效截面确定的剪应力幅计算	8
17		铆钉连接处的主体金属	3
18		连系螺栓和虚孔处的主体金属	3
19		高强度螺栓摩擦型连接处的主体金属	2

注:①所有对接焊缝及T形对接和角接组合焊缝均需焊透。所有焊缝的外形尺寸均应符合现行国家标准《钢结构焊缝外形尺寸》的规定。

②角焊缝应符合现行《钢结构设计规范》(GB 50017—2003)第8.2.7条和8.2.8条的要求。

③项次16中的剪应力幅 $\Delta\tau=\tau_{max}-\tau_{min}$,其中 τ_{min} 的正负值为:与 τ_{max} 同方向时,取正值;与 τ_{max} 反方向时,取负值。

④第17、18项中的应力应以净截面面积计算,第19项应以毛截面面积计算。

附录7　型钢表

附表7.1　普通工字钢

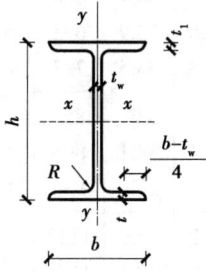

符号:h—高度;b—翼缘宽度;t_w—腹板厚;

t—翼缘平均厚;I—惯性矩;W—截面模量;

R—圆角半径;i—回转半径;S—半截面的静力矩;

长度:型号10~18,长5~19 m;型号20~63,长6~19 m。

型号	尺 寸					截面积 /cm²	质量 /(kg·m⁻¹)	x—x 轴				y—y 轴		
	h	b	t_w	t	R			I_x	W_x	i_x	I_x/S_x	I_y	W_y	i_y
	mm							cm⁴	cm³	cm		cm⁴	cm³	cm
10	100	68	4.5	7.6	6.5	14.3	11.2	245	49	4.14	8.69	33	9.6	1.51
12.6	126	74	5.0	8.4	7.0	18.1	14.2	488	77	5.19	11.0	47	12.7	1.61
14	140	80	5.5	9.1	7.5	21.5	16.9	712	102	5.75	12.2	64	16.1	1.73
16	160	88	6.0	9.9	8.0	26.1	20.5	1127	141	6.57	13.9	93	21.1	1.89
18	180	94	6.5	10.7	8.5	30.7	24.1	1699	185	7.37	15.4	123	26.2	2.00
20a	200	100	7.0	11.4	9.0	35.5	27.9	2369	237	8.16	17.4	158	31.6	2.11
b		102	9.0			39.5	31.1	2502	250	7.95	17.1	169	33.1	2.07
22a	220	110	7.5	12.3	9.5	42.1	33.0	3406	310	8.99	19.2	226	41.1	2.32
b		112	9.5			46.5	36.5	3583	326	8.78	18.9	240	42.9	2.27
25a	250	116	8.0	13.0	10.0	48.5	38.1	5017	401	10.2	21.7	280	48.4	2.40
b		118	10.0			53.5	42.0	5278	422	9.93	21.4	297	50.4	2.36
28a	280	122	8.5	13.7	10.5	55.4	43.5	7115	508	11.3	24.3	344	56.4	2.49
b		124	10.5			61.0	47.9	7481	534	11.1	24.0	364	58.7	2.44
a		130	9.5			67.1	52.7	11080	692	12.8	27.7	459	70.6	2.62
32b	320	132	11.5	15.0	11.5	76.5	57.7	11626	727	12.6	27.3	484	73.3	2.57
c		134	13.5			79.9	62.7	12173	761	12.3	26.9	510	76.1	2.53
a		136	10.0			76.4	60.0	15796	878	14.4	31.0	555	81.6	2.69
36b	360	138	12.0	15.8	12.0	83.6	65.6	16574	921	14.1	30.6	584	84.6	2.64
c		140	14.0			90.8	71.3	17351	964	13.8	30.2	614	87.7	2.60

续表

型号	尺 寸					截面积 /cm²	质量 /(kg·m⁻¹)	x—x 轴				y—y 轴		
	h	b	t_w	t	R			I_x	W_x	i_x	I_x/S_x	I_y	W_y	i_y
	mm							cm⁴	cm³	cm		cm⁴	cm³	cm
a		142	10.5			86.1	67.6	21714	1086	15.9	34.4	660	92.9	2.77
40b	400	144	12.5	16.5	12.5	94.1	73.8	22781	1139	15.6	33.9	693	96.2	2.71
c		146	14.5			102	80.1	23847	1192	15.3	33.5	727	99.7	2.67
a		150	11.5			102	80.4	32241	1433	17.7	38.5	855	114	2.89
45b	450	152	13.5	18.0	13.5	111	87.4	33759	1500	17.4	38.1	895	118	2.84
c		154	15.5			120	94.5	35278	1568	17.1	37.6	938	122	2.79
a		158	12.0			119	93.6	46472	1859	19.7	42.9	1122	142	3.07
50b	500	160	14.0	20	14	129	101	48556	1942	19.4	42.3	1171	146	3.01
c		162	16.0			139	109	50639	2026	19.1	41.9	1224	151	2.96
a		166	12.5			135	106	65576	2342	22.0	47.9	1366	165	3.18
56b	560	168	14.5	21	14.5	147	115	68503	2447	21.6	47.3	1424	170	3.12
c		170	16.5			158	124	71430	2551	21.3	46.8	1485	175	3.07
a		176	13.0			155	122	94004	2984	24.7	53.8	1702	194	3.32
63b	630	178	15.0	22	15	167	131	98171	3117	24.2	53.2	1771	199	3.25
c		180	17.0			187	141	102339	3249	23.9	52.6	1842	205	3.20

附表 7.2　轧制 H 型钢

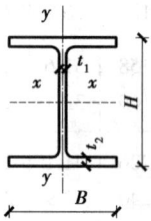

符号:H—截面高度;B—翼缘宽度;t_1—腹板厚度;

　　　t_2—翼缘厚度;r—圆角半径;HW—宽翼 H 型钢;

　　　HM—中翼缘 H 型钢;HN—窄翼缘 H 型钢;HT—薄壁 H 型钢

类别	型号 (高×宽) /(mm×mm)	截面尺寸/mm					截面面积 /cm²	理论质量 /(kg·m⁻¹)	惯性矩 /cm⁴		惯性半径 /cm		截面模量 /cm³	
		H	B	t_1	t_2	r			I_x	I_y	i_x	i_y	W_x	W_y
HW	100×100	100	100	6	8	8	21.59	16.9	386	134	4.23	2.49	77.1	26.7
	125×125	125	125	6.5	9	8	30.00	23.6	843	293	5.30	3.13	1.35	46.9
	150×150	150	150	7	10	8	39.65	31.1	1620	563	6.39	3.77	216	75.1
	175×175	175	175	7.5	11	13	51.43	40.4	2918	983	7.53	4.37	334	112
	200×200	200	200	8	12	13	63.53	49.9	4717	1601	8.62	5.02	472	160
		200	204	12	12	13	71.53	56.2	4984	1701	8.35	4.88	498	167

续表

类别	型号 （高×宽） /（mm×mm）	截面尺寸/mm					截面面积 /cm²	理论质量 /（kg·m⁻¹）	惯性矩 /cm⁴		惯性半径 /cm		截面模量 /cm³	
		H	B	t_1	t_2	r			I_x	I_y	i_x	i_y	W_x	W_y
HW	250×250	244	252	11	11	13	81.31	63.8	8573	2937	10.27	6.01	703	233
		250	255	9	14	13	91.43	71.8	10689	3648	10.81	6.32	855	292
		250	255	14	14	13	103.93	81.6	11340	3875	10.45	6.11	907	304
	300×300	294	302	12	12	13	106.33	83.5	16384	5513	12.41	7.20	1115	365
		300	300	10	15	13	118.45	93.0	20010	6753	13.00	7.55	1334	450
		300	305	15	15	13	133.45	104.8	21135	7102	12.58	7.29	1409	466
	300×300	338	351	13	13	13	133.27	104.6	27352	9375	14.33	8.39	1618	534
		344	348	10	16	13	144.01	113.0	32545	11242	15.03	8.84	1892	646
		344	354	16	16	13	164.65	129.3	34581	11841	14.49	9.48	2011	669
		350	350	12	19	13	171.89	134.9	39637	13582	15.19	8.89	2265	776
		350	357	19	19	13	196.39	154.2	42138	14427	14.65	3.57	2408	808
	400×400	388	402	15	15	22	178.45	140.1	48040	16255	16.41	9.54	2476	809
		394	398	11	18	22	186.81	146.6	55597	18920	17.25	10.06	2822	951
		394	405	18	18	22	214.39	168.3	59165	19951	16.61	9.65	3003	985
		400	400	13	21	22	218.69	171.7	66455	22410	17.43	10.12	3323	1120
		400	408	21	21	22	250.69	196.8	70722	23804	16.80	9.74	3536	1167
HW	400×400	414	405	18	28	22	295.39	231.9	93518	31022	17.79	10.25	4158	1532
		428	407	20	35	22	360.65	283.1	120892	39357	18.31	10.45	5649	1934
		458	417	30	50	22	528.55	414.9	190939	60516	19.01	10.70	8338	2902
		*498	432	45	70	22	770.05	604.5	304730	94346	19.89	11.07	12238	4368
	*500×500	492	465	15	20	22	257.95	202.5	115559	33531	21.17	11.40	4698	1442
		502	465	15	25	22	304.45	239.0	145012	41910	21.82	11.73	5777	1803
		502	470	20	25	22	329.55	258.7	150283	43295	21.35	11.46	5887	1842
HM	150×100	148	100	6	9	8	26.35	20.7	995.3	150.3	6.15	2.39	134.5	30.1
	200×150	194	150	6	9	8	38.11	29.9	2586	506.6	8.24	3.65	266.6	67.6
	250×175	244	175	7	11	13	55.49	43.6	5908	983.5	10.32	4.21	484.3	112.4
	300×200	294	200	8	12	13	71.05	55.8	10859	1602	12.36	4.75	738.6	160.2
	350×250	340	250	9	14	13	99.53	78.1	20867	3648	14.48	6.05	1227	291.9
	400×300	390	300	10	16	13	133.25	104.6	37363	7203	16.75	7.35	1916	480.2
	450×300	440	300	11	18	13	153.39	120.8	54067	8105	18.74	7.26	2458	540.3

续表

类别	型号 (高×宽) /(mm×mm)	截面尺寸/mm					截面面积 /cm²	理论质量 /(kg·m⁻¹)	惯性矩 /cm⁴		惯性半径 /cm		截面模量 /cm³	
		H	B	t_1	t_2	r			I_x	I_y	i_x	i_y	W_x	W_y
HM	500×300	482	300	11	15	13	141.17	110.8	57212	6756	20.13	6.92	2374	450.4
		488	300	11	18	13	159.17	124.9	67916	8106	20.66	7.14	2783	540.4
	550×300	544	300	11	15	13	147.99	116.2	74874	6756	22.49	6.76	2753	450.4
		550	300	11	13	13	165.99	130.3	38470	1806	23.09	6.99	3217	540.4
	600×300	582	300	12	17	13	169.21	132.8	97287	7659	23.98	6.73	3343	510.6
		588	300	12	20	13	187.21	147.0	112827	9009	24.55	6.94	3833	600.6
		594	302	14	23	13	217.09	170.4	132179	10572	24.68	6.98	4450	700.1
HN	100×50	100	50	5	7	8	11.85	9.3	191.0	14.7	4.02	1.11	38.2	5.9
	125×60	125	60	6	8	8	16.69	13.1	407.7	29.1	4.94	1.32	65.2	9.7
	150×75	150	75	5	7	8	17.85	14.0	645.7	49.4	6.01	1.66	86.1	13.2
	175×90	175	90	5	8	8	22.90	18.0	1174	97.4	7.16	2.06	134.2	21.6
	200×100	198	99	4.5	7	8	22.69	17.8	1484	113.4	8.09	2.24	149.9	22.9
		200	100	5.5	8	8	26.67	20.9	1753	133.7	8.11	2.24	175.3	26.7
	250×125	248	124	5	8	8	31.99	25.1	3346	254.5	10.23	2.82	269.8	41.1
		250	125	6	9	8	36.97	29.0	3868	293.5	10.23	2.82	309.4	47.0
	300×150	298	149	5.5	8	13	40.80	32.0	5911	441.7	12.04	3.29	396.7	59.3
		300	150	6.5	9	13	46.78	36.7	6829	507.2	12.08	3.29	455.3	67.6
	350×175	346	174	6	9	13	52.45	41.2	10456	791.1	14.12	3.88	604.4	90.9
		350	175	7	11	13	62.91	49.4	12980	983.8	14.36	3.95	741.7	112.4
	400×150	400	150	8	13	13	70.37	55.2	17906	733.2	15.95	3.23	895.3	97.8
	400×200	396	199	7	11	13	71.41	56.1	19023	1446	16.32	4.50	960.8	145.3
		400	200	8	13	13	83.37	65.4	22775	1735	16.53	4.56	1139	173.5
	500×200	446	199	8	12	13	82.97	65.1	27146	1578	18.09	4.36	1217	158.6
		450	200	9	14	13	95.43	74.9	31973	1870	18.30	4.43	1421	187.0
	450×200	496	199	9	14	13	99.29	77.9	39628	1842	19.98	4.31	1598	185.1
		500	200	10	16	13	112.25	88.1	45685	2138	20.17	4.36	1827	213.8
		506	201	11	19	13	129.31	101.5	54478	2577	20.53	4.46	2153	256.4
	550×200	546	199	9	14	13	103.79	81.5	49245	1842	21.78	4.21	1804	185.2
		550	200	10	16	13	117.25	92.0	56695	2138	21.99	4.27	2062	213.8

续表

类别	型号 （高×宽） /（mm×mm）	截面尺寸/mm					截面面积 /cm²	理论质量 /(kg·m⁻¹)	惯性矩 /cm⁴		惯性半径 /cm		截面模量 /cm³	
		H	B	t_1	t_2	r			I_x	I_y	i_x	i_y	W_x	W_y
HN	600×200	596	199	10	15	13	117.75	92.4	64739	1975	23.45	4.10	2172	198.5
		600	200	11	17	13	131.71	103.4	73749	2273	23.66	4.15	2458	227.3
		606	201	12	20	13	149.77	117.6	86656	2716	24.05	4.26	2860	270.2
	650×300	646	299	10	15	13	152.75	119.9	107794	6688	26.56	6.62	3337	447.4
		650	300	11	17	13	171.21	134.4	122739	7657	26.77	6.69	3777	510.5
		656	301	12	20	13	195.77	153.7	144433	9100	27.16	6.82	4403	604.6
	700×300	692	300	13	20	18	207.54	162.9	164101	9014	28.12	6.59	4743	600.9
		700	300	13	24	18	231.54	181.8	193662	10814	28.92	6.83	5532	720.9
	750×300	734	299	12	16	18	182.70	143.4	155539	7140	29.18	6.25	4238	477.6
		742	300	13	20	18	214.04	168.0	191989	9015	29.95	6.49	5175	601.0
		750	300	13	24	18	238.04	186.9	225863	10815	30.80	6.74	6023	721.0
		758	303	16	28	18	284.78	223.6	271350	13008	30.87	6.76	7160	858.6
	800×300	792	300	14	22	18	239.50	188.0	242399	9919	31.81	6.44	6121	661.3
		800	300	14	26	18	263.50	206.8	280925	11719	32.65	6.67	7023	781.3
	850×300	834	298	14	19	18	227.46	178.6	243858	8400	32.74	6.08	5848	563.8
		842	299	15	23	18	259.72	203.9	291216	10271	33.49	6.29	6917	687.0
		850	300	16	27	18	292.14	229.3	339670	12179	34.10	6.46	7992	812.0
		858	301	17	31	18	324.72	254.9	389234	14125	34.62	6.60	9073	938.5
	900×300	890	299	15	23	18	266.92	209.5	330588	10273	35.19	6.20	7429	687.1
		900	300	16	28	18	305.82	240.1	397241	12631	34.04	6.43	8828	842.1
		912	302	18	34	18	360.06	282.6	484615	15652	36.69	6.59	10628	1037
	1000×300	970	297	16	21	18	276.00	216.7	382977	9203	37.25	5.77	7896	619.7
		980	298	17	26	18	315.50	247.7	462157	11508	38.27	6.04	9432	772.3
		990	298	17	31	18	345.30	271.1	535201	13713	39.37	6.30	10812	920.3
		1000	300	19	36	18	395.10	310.2	626396	16255	39.32	6.41	12528	1084
		1008	302	21	40	18	439.26	344.8	704572	18437	40.05	6.48	13980	1221

续表

类别	型号(高×宽)/(mm×mm)	截面尺寸/mm					截面面积/cm²	理论质量/(kg·m⁻¹)	惯性矩/cm⁴		惯性半径/cm		截面模量/cm³	
		H	B	t_1	t_2	r			I_x	I_y	i_x	i_y	W_x	W_y
HT	100×50	95	48	3.2	4.5	8	7.62	6.0	109.7	8.4	3.79	1.05	23.1	3.5
		97	49	4	5.5	8	9.38	7.4	141.8	10.9	3.89	1.08	29.2	4.4
	100×100	96	99	4.5	6	8	16.21	12.7	272.7	97.1	4.10	2.45	56.8	19.6
	125×60	118	58	3.2	4.5	8	9.26	7.3	202.4	14.7	4.68	1.26	34.3	5.1
		120	59	4	5.5	8	11.40	8.9	259.7	18.9	4.77	1.29	43.3	6.4
	125×125	119	123	4.5	6	8	20.12	15.8	523.6	186.2	5.10	3.04	88.0	30.3
	150×75	145	73	3.2	4.5	8	11.47	9.0	383.2	29.3	5.78	1.60	52.9	8.0
		147	74	4	5.5	8	14.13	11.1	488.0	37.3	5.88	1.62	66.4	10.1
	150×100	139	97	3.2	4.5	8	13.44	10.5	447.3	68.5	5.77	2.26	64.4	14.1
		142	99	4.5	6	8	18.28	14.3	632.7	97.2	5.88	2.31	89.1	19.6
	150×150	144	148	5	7	8	27.77	21.8	1070	378.4	6.21	3.69	148.6	51.1
		147	149	6	8.5	8	33.68	26.4	1338	468.9	6.30	3.73	182.1	62.9
	175×90	168	88	3.2	4.5	8	13.56	10.6	619.6	51.2	6.76	1.94	73.9	11.6
		171	89	4	6	8	17.59	13.8	852.1	70.6	6.96	2.00	99.7	15.9
	175×175	167	173	5	7	13	33.32	26.2	1731	604.5	7.21	4.26	207.2	69.9
		172	175	6.5	9.5	13	44.65	35.0	2466	849.2	7.43	4.36	286.8	97.1
	200×100	193	98	3.2	4.5	8	15.26	12.0	921.0	70.7	7.77	2.15	95.4	14.4
		196	99	4	6	8	19.79	15.5	1260	97.2	7.98	2.22	128.6	19.6
	200×150	188	149	4.5	6	8	26.35	20.7	1669	331.0	7.96	3.54	177.6	44.4
	200×200	192	198	6	8	13	43.69	34.3	2984	1036	8.26	4.87	310.8	104.6
	250×125	244	124	4.5	6	8	25.87	20.3	2529	190.9	9.89	2.72	207.3	30.8
	250×175	238	173	4.5	8	13	39.12	30.7	4045	690.8	10.17	4.20	339.9	79.9
	300×150	294	148	4.5	6	13	31.90	25.0	4342	324.6	11.67	3.19	295.4	43.9
	300×200	286	198	6	8	13	49.33	38.7	7000	1036	11.91	4.58	489.5	104.6
	350×175	340	173	4.5	8	13	36.97	29.0	6823	518.3	13.58	3.74	401.3	59.9
	400×150	390	148	6	8	13	47.57	37.3	10900	433.2	15.14	3.02	559.0	58.5
	400×200	390	198	6	8	13	55.57	43.6	13819	1036	15.77	4.32	708.7	104.6

注：①同一型号的产品，其内侧尺寸高度一致。
②截面面积计算公式：$t_1(H-2t_2)+2Bt_2+0.858r^2$。
③"＊"所示规格表示国内暂不能生产。

附表 7.3　剖分 T 型钢

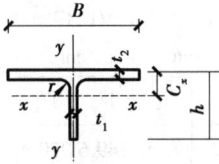

符号:h—截面高度;B—翼缘宽度;t_1—腹板厚度;
t_2—翼缘厚度;r—圆角半径;C_x—重心;
TW—宽翼缘刨分 T 型钢;
TM—中翼缘刨分 T 型钢;
TN—窄翼缘刨分 T 型钢。

类别	型号(高×宽)/(mm×mm)	截面尺寸/mm					截面面积/cm²	质量/(kg·m⁻¹)	惯性矩/cm⁴		惯性半径/cm		截面模量/cm³		中心 C_x/cm	对应H型钢系列型号
		h	B	t_1	t_2	r			I_x	I_y	i_x	i_y	W_x	W_y		
TW	50×100	50	100	6	8	8	10.79	8.47	16.7	67.7	1.23	2.49	4.2	13.5	1.00	100×100
	62.5×125	62.5	125	6.5	9	8	15.00	11.8	35.2	147.1	1.53	3.13	6.9	23.5	1.19	125×125
	75×150	75	150	7	10	8	19.82	15.6	66.6	281.9	1.83	3.77	10.9	37.6	1.37	150×150
	87.5×175	87.5	175	7.5	11	13	25.71	20.2	115.8	494.4	2.12	4.38	16.1	56.5	1.55	175×175
	100×200	100	200	8	12	13	31.77	24.9	185.6	803.3	2.42	5.03	22.4	80.3	1.73	200×200
		100	204	12	12	13	35.77	28.1	256.3	853.6	2.68	4.89	32.4	83.7	2.09	
	125×250	125	250	9	14	13	45.72	35.9	413.0	1827	3.01	6.32	39.6	146.1	2.08	250×250
		125	255	14	14	13	51.97	40.8	589.3	1941	3.37	6.11	59.4	152.2	2.58	
	150×300	147	302	12	12	13	53.17	41.7	855.8	2760	4.01	7.20	72.2	182.8	2.85	300×300
		150	300	10	15	13	59.23	46.5	798.7	3379	3.67	7.55	63.8	225.3	2.47	
		150	305	15	15	13	66.73	52.4	1107	3554	4.07	7.30	92.6	233.1	3.04	
	175×350	172	348	10	16	13	72.01	56.5	1231	5624	4.13	8.84	84.7	323.2	2.67	350×350
		175	350	12	19	13	85.95	67.5	1520	6794	4.21	8.89	103.9	388.2	2.87	
	200×400	194	402	15	15	22	89.23	70.0	2479	8150	5.27	9.56	157.9	405.5	3.70	400×400
		197	398	11	18	22	93.41	73.3.	2052	9481	4.69	10.07	122.9	476.4	3.01	
		200	400	13	21	22	109.35	85.8	2483	11227	4.77	10.13	147.9	561.3	3.21	
		200	408	21	21	22	125.35	98.4	3654	11928	5.40	9.75	229.4	584.7	4.07	
		207	405	18	28	22	147.70	115.9	3634	15535	4.96	10.26	213.6	767.2	3.68	
		214	407	20	35	22	180.33	141.6	4393	19704	4.94	10.45	251.0	968.2	3.90	
TM	75×100	74	100	6	9	8	13.17	10.3	51.7	75.6	1.98	2.39	8.9	15.1	1.56	150×100
	100×150	97	150	6	9	8	19.05	15.0	124.4	253.7	2.56	3.65	15.8	33.8	1.80	200×150
	125×175	122	175	7	11	13	27.75	21.8	288.3	494.4	3.22	4.22	29.1	56.5	2.28	250×175
	150×200	147	200	8	12	13	35.53	27.9	570.0	803.5	4.01	4.76	48.1	80.3	2.85	300×200
	175×250	170	250	9	14	13	49.77	39.1	1016	1827	4.52	6.06	73.1	146.1	3.11	350×250
	200×300	195	300	10	16	13	66.63	52.3	1730	3605	5.10	7.36	107.7	240.3	3.43	400×300

续表

类别	型号 (高×宽) /(mm×mm)	截面尺寸/mm					截面面积 /cm²	质量 /(kg·m⁻¹)	惯性矩 /cm⁴		惯性半径 /cm		截面模量 /cm³		中心 C_x /cm	对应H 型钢系列型号
		h	B	t_1	t_2	r			I_x	I_y	i_x	i_y	W_x	W_y		
TW	225×300	220	300	11	18	13	76.95	60.4	2680	4056	5.90	7.26	149.6	270.4	4.09	450×300
	250×300	241	300	11	15	13	70.59	55.4	3399	3381	6.94	6.92	178.0	225.4	5.00	500×300
		244	300	11	18	13	79.59	62.5	3615	4056	6.74	7.14	183.7	270.4	4.72	
	275×300	272	300	11	15	13	74.00	58.1	4789	3381	8.04	6.76	225.4	225.4	5.96	550×300
		275	300	11	18	13	83.00	65.2	5093	4056	7.83	6.99	232.5	270.4	5.59	
	300×300	291	300	12	17	13	84.61	66.4	6324	3832	8.65	6.73	280.0	255.5	6.51	600×300
		294	300	12	20	13	93.61	73.5	6691	4507	8.45	6.94	288.1	300.5	6.17	
		297	302	14	23	13	108.55	85.2	7917	5289	8.54	6.98	339.9	350.3	6.41	
TN	50×50	50	50	5	7	8	5.92	4.7	11.9	7.8	1.42	1.14	3.2	3.1	1.28	100×50
	62.5×60	62.5	60	6	8	8	8.34	6.6	27.5	14.9	1.81	1.34	6.0	5.0	1.64	125×125
	75×75	75	75	5	7	8	8.92	7.0	42.4	25.1	2.18	1.68	7.4	6.7	1.79	150×75
	87.5×90	87.5	90	5	8	8	11.45	9.0	70.5	49.1	2.48	2.07	10.3	10.9	1.93	175×90
	100×100	99	99	4.5	7	8	11.34	8.9	93.1	57.1	2.87	2.24	12.0	11.5	2.17	200×100
		100	100	5.5	8	8	13.33	10.5	113.9	67.2	2.92	2.25	14.8	13.4	2.31	
	125×125	124	124	5	8	8	15.99	12.6	206.7	127.6	3.59	2.82	21.2	20.6	2.66	250×125
		125	125	6	9	8	18.48	14.5	247.5	147.1	3.66	2.82	25.5	23.5	2.81	
	150×300	149	149	5.5	8	13	20.40	16.0	390.4	223.3	4.37	3.31	33.5	30.0	3.26	300×150
		150	150	6.5	9	13	23.39	18.4	460.4	256.1	4.44	3.31	39.7	34.2	3.41	
	175×175	173	174	6	9	13	26.23	20.6	674.7	398.0	5.07	3.90	49.7	45.8	3.72	350×175
		175	175	7	11	13	31.46	24.7	811.1	494.5	5.08	3.96	59.0	56.5	3.76	
	200×200	198	199	7	11	13	35.71	28.0	1188	725.7	5.77	4.51	76.2	72.9	4.20	400×200
		200	200	8	13	13	41.69	32.7	1392	870.3	5.78	4.57	88.4	87.0	4.26	
	225×200	223	199	8	12	13	41.49	32.6	1863	791.8	6.70	4.37	108.7	79.6	5.15	450×200
		225	200	9	14	13	47.72	37.5	2148	937.6	6.71	4.43	124.1	93.8	5.19	
	250×200	248	199	9	14	13	49.65	39.0	2820	923.8	7.54	4.31	149.8	92.8	5.97	500×200
		250	200	10	16	13	56.13	44.1	3201	1072	7.55	4.37	168.7	107.2	6.03	
		253	201	11	19	13	64.66	50.8	3666	1292	7.53	4.47	189.9	128.5	6.00	
	275×200	273	199	9	14	13	51.90	40.7	3689	924.0	8.43	4.22	180.3	92.9	6.85	550×200
		275	200	10	16	13	58.63	46.0	4182	1072	8.45	4.28	202.9	107.2	6.89	

类别	型号 (高×宽) /(mm×mm)	截面尺寸/mm					截面面积 /cm²	质量 /(kg·m⁻¹)	惯性矩 /cm⁴		惯性半径 /cm		截面模量 /cm³		中心 C_x /cm	对应H型钢系列型号
		h	B	t_1	t_2	r			I_x	I_y	i_x	i_y	W_x	W_y		
TN	300×200	298	199	10	15	13	58.88	46.2	5148	990.6	9.35	4.10	235.3	99.6	7.92	600×200
		300	200	11	17	13	65.86	51.7	5779	1140	9.37	4.16	262.1	114.0	7.95	
		303	201	12	20	13	74.89	58.8	6554	1361	9.36	4.26	292.4	135.4	7.88	
	325×300	323	299	10	15	12	76.27	59.9	7230	3346	9.74	6.62	289.0	223.8	7.28	650×300
		325	300	11	17	13	85.61	67.2	8095	3832	9.72	6.69	321.1	255.4	7.29	
		328	301	12	20	13	97.89	76.8	9139	4553	9.66	6.82	357.0	302.5	7.20	
	350×300	346	300	13	20	13	103.11	80.9	11263	4510	10.45	6.61	425.3	300.6	8.12	700×300
		350	300	13	24	13	115.11	90.4	12018	5410	10.22	6.86	439.5	360.6	7.65	
	400×300	396	300	14	22	18	119.75	94.0	17660	4970	12.14	6.44	592.1	331.3	9.77	800×300
		400	300	14	26	18	131.75	103.4	18771	5870	11.94	6.67	610.8	391.3	9.27	
	450×300	445	299	15	23	18	133.46	104.8	25897	5147	13.93	6.21	790.0	344.3	11.72	900×300
		450	300	16	28	18	152.91	120.0	29223	5327	13.82	6.43	868.5	421.8	11.35	
		456	302	18	34	18	180.03	141.3	34345	7838	13.81	6.60	1002	519.0	11.34	

附表7.4　普通槽钢

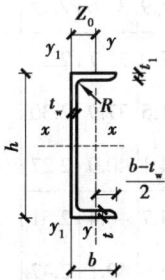

符号:同普通工字型钢,但W_y为对应于翼缘肢尖的截面模量。

长度:型号5~8,长5~12 m;型号10~18,长5~19 m;型号20~40,长6~19 m。

型号	尺寸/mm					截面积 /cm²	质量 /(kg·m⁻¹)	x—x轴			y—y轴			y_1—y_1轴	Z_0
	h	b	t_w	t	R			I_x /cm⁴	W_x /cm³	i_x /cm	I_y /cm⁴	W_y /cm³	i_y /cm	I_{y1} /cm⁴	/cm
5	50	37	4.5	7.0	7.0	6.92	5.44	26	10.4	1.94	8.3	3.5	1.10	20.9	1.35
6.3	63	40	4.8	7.5	7.5	8.45	6.63	51	16.3	2.46	11.9	4.6	1.19	28.3	1.39
8	80	43	5.0	8.0	8.0	10.24	8.04	101	25.3	3.14	16.6	5.8	1.27	37.4	1.42
10	100	48	5.3	8.5	8.5	12.74	10.00	198	39.7	3.94	25.6	7.8	1.42	54.9	1.52

续表

型号	尺寸/mm					截面积 /cm²	质量 /(kg·m⁻¹)	x—x 轴			y—y 轴			y_1—y_1轴	Z_0
	h	b	t_w	t	R			I_x /cm⁴	W_x /cm³	i_x /cm	I_y /cm⁴	W_y /cm³	i_y /cm	I_{y1} /cm⁴	/cm
12.6	126	53	5.5	9.0	9.0	15.69	12.31	389	61.7	4.98	38.0	10.3	1.56	77.8	1.59
14a	140	58	6.0	9.5	9.5	18.51	14.53	564	80.5	5.52	53.2	13.0	1.70	107.2	1.71
b		60	8.0	9.5	9.5	21.31	16.73	609	87.1	5.35	61.2	14.1	1.69	120.6	1.67
16a	160	63	6.5	10.0	10.0	21.95	17.23	866	108.3	6.28	73.4	16.3	1.83	141.1	1.79
b		65	8.5	10.0	10.0	25.15	19.75	935	116.8	6.10	83.4	17.6	1.82	160.8	1.75
18a	180	68	7.0	10.5	10.5	25.69	20.17	1273	141.4	7.04	98.6	20.0	1.96	189.7	1.88
b		70	9.0	10.5	10.5	29.29	22.99	1370	152.2	6.84	111.0	21.5	1.95	210.1	1.84
20a	200	73	7.0	11.0	11.0	28.83	22.63	1780	178.0	7.86	128.0	24.2	2.11	244.0	2.01
b		75	9.0	11.0	11.0	32.83	25.77	1914	191.4	7.64	143.6	25.9	2.09	268.4	1.95
22a	220	77	7.0	11.5	11.5	31.84	24.99	2394	217.6	8.67	157.8	28.2	2.23	298.2	2.10
b		79	9.0	11.5	11.5	36.24	28.45	2571	233.8	8.42	176.5	30.1	2.21	326.3	2.03
a		78	7.0	12.0	12.0	34.91	27.40	3359	268.7	9.81	175.9	30.7	2.24	324.8	2.07
25b	250	80	9.0	12.0	12.0	39.91	31.33	3619	289.6	9.52	196.4	32.7	2.22	355.1	1.99
c		82	11.0	12.0	12.0	44.91	35.25	3880	310.4	9.30	215.9	34.6	2.19	388.6	1.96
a		82	7.5	12.5	12.5	40.02	31.42	4753	339.5	10.90	217.9	35.7	2.33	393.3	2.09
28b	280	84	9.5	12.5	12.5	45.62	35.81	5118	365.6	10.59	241.5	37.9	2.30	428.5	2.02
c		86	11.5	12.5	12.5	51.22	40.21	5484	391.7	10.35	264.1	40.0	2.27	467.3	1.99
a		88	8.0	14.0	14.0	48.50	38.07	7511	469.4	12.44	304.7	46.4	2.51	547.5	2.24
32b	320	90	10.0	14.0	14.0	54.90	43.10	8057	503.5	12.11	335.6	49.1	2.47	592.9	2.16
c		92	12.0	14.0	14.0	61.30	48.12	8603	537.7	11.85	365.0	51.6	2.44	642.7	2.13
a		96	9.0	16.0	16.0	60.89	47.80	11874	659.7	13.96	455.0	63.6	2.73	818.5	2.44
36b	360	98	11.0	16.0	16.0	68.09	53.45	12652	702.9	13.63	496.7	66.9	2.70	880.5	2.37
c		100	13.0	16.0	16.0	75.29	59.10	13429	746.1	13.36	536.6	70.0	2.67	948.0	2.34
a		100	10.5	18.0	18.0	75.04	58.91	17578	878.9	15.30	592.0	78.8	2.81	1057.9	2.49
40b	400	102	12.5	18.0	18.0	83.04	65.19	18644	932.2	14.98	640.6	82.6	2.78	1135.8	2.44
c		104	14.5	18.0	18.0	91.04	71.47	19711	985.6	14.71	687.8	86.2	2.75	1220.3	2.42

附表7.5　等边角钢

角钢型号	圆角 R	重心距 Z_0	截面积 A	质量	惯性矩 I_x	截面模量		回转半径			i_y(当 a 为下列数值)				
						W_x^{max}	W_x^{min}	i_x	i_{x0}	i_{y0}	6mm	8mm	10mm	12mm	14mm
	mm		cm²	kg/m	cm⁴	cm³		cm			cm				
L20×3	3.5	6.0	1.13	0.89	0.40	0.66	0.29	0.59	0.75	0.39	1.08	1.17	1.25	1.34	1.43
4		6.4	1.46	1.15	0.50	0.78	0.36	0.58	0.73	0.38	1.11	1.19	1.28	1.37	1.46
L25×3	3.5	7.3	1.43	1.12	0.82	1.12	0.46	0.76	0.95	0.49	1.27	1.36	1.44	1.53	1.61
4		7.6	1.86	1.46	1.03	1.34	0.59	0.74	0.93	0.48	1.30	1.38	1.47	1.55	1.64
L30×3	4.5	8.5	1.75	1.37	1.46	1.72	0.68	0.91	1.15	0.59	1.47	1.55	1.63	1.71	1.80
4		8.9	2.28	1.79	1.84	2.08	0.87	0.90	1.13	0.58	1.49	1.57	1.65	1.74	1.82
3		10.0	2.11	1.66	2.58	2.59	0.99	1.11	1.39	0.71	1.70	1.78	1.86	1.94	2.03
L36×4	4.5	10.4	2.76	2.16	3.29	3.18	1.28	1.09	1.38	0.70	1.73	1.80	1.89	1.97	2.05
5		10.7	3.38	2.65	3.95	3.68	1.56	1.08	1.36	0.70	1.75	1.83	1.91	1.99	2.08
3		10.9	2.36	1.85	3.59	3.28	1.23	1.23	1.55	0.79	1.86	1.94	2.01	2.09	2.18
L40×4	5	11.3	3.09	2.42	4.60	4.05	1.60	1.22	1.54	0.79	1.88	1.96	1.04	2.12	2.20
5		11.7	3.79	2.98	5.53	4.72	1.96	1.21	1.52	0.78	1.90	1.98	2.06	2.14	2.23
3		12.2	2.66	2.09	5.17	4.25	1.58	1.39	1.76	0.90	2.06	2.14	2.21	2.29	2.37
4	5	12.6	3.49	2.74	6.65	5.29	2.05	1.38	1.74	0.89	2.08	2.16	2.24	2.32	2.40
L45×5		13.0	4.29	3.37	8.04	6.20	2.51	1.37	1.72	0.88	2.10	2.18	2.26	2.34	2.42
6		13.3	5.08	3.99	9.33	6.99	2.95	1.36	1.71	0.88	2.12	2.20	2.28	2.36	2.44
3		13.4	2.97	2.33	7.18	5.36	1.96	1.55	1.96	1.00	2.26	2.33	2.41	2.48	2.56
4	5.5	13.8	3.90	3.06	9.26	6.70	2.56	1.54	1.94	0.99	2.28	2.36	2.43	2.51	2.59
L50×5		14.2	4.80	3.77	11.21	7.90	3.31	1.53	1.92	0.98	2.30	2.38	2.45	2.53	2.61
6		14.6	5.69	4.46	13.05	8.95	3.68	1.51	1.91	0.98	2.32	2.40	2.48	2.56	2.64
3		14.8	3.34	2.62	10.19	6.86	2.48	1.75	2.20	1.13	2.50	2.57	2.64	2.72	2.80
4	6	15.3	4.39	3.45	13.18	8.63	3.24	1.73	2.18	1.11	2.52	2.59	2.67	2.74	2.82
L56×5		15.7	5.42	4.25	16.02	10.22	3.97	1.72	2.17	1.10	2.54	2.61	2.69	2.77	2.85
6		16.8	8.37	6.57	23.63	14.06	6.03	1.68	2.11	1.09	2.60	2.67	2.75	2.83	2.91
4		17.0	4.98	3.91	19.03	11.22	4.13	1.96	2.46	1.26	2.79	2.87	2.94	3.02	3.09

续表

角钢型号	单角钢											双角钢				
	圆角 R	重心距 Z_0	截面积 A	质量	惯性矩 I_x	截面模量		回转半径			i_y（当 a 为下列数值）					
						W_x^{max}	W_x^{min}	i_x	i_{x0}	i_{y0}	6mm	8mm	10mm	12mm	14mm	
	mm		cm²	kg/m	cm⁴	cm³		cm			cm					
L63×6	7	17.4	6.14	4.82	23.17	13.33	5.08	1.94	2.45	1.25	2.82	2.89	2.96	3.04	3.12	
		17.8	7.29	5.72	27.12	15.26	6.00	1.93	2.43	1.24	2.83	2.91	2.98	3.06	3.14	
	8	18.5	9.51	7.47	34.45	18.59	7.75	1.90	2.39	1.23	2.87	2.95	3.03	3.10	3.18	
	10	19.3	11.66	9.15	41.09	21.34	9.39	1.88	2.36	1.22	2.91	2.99	3.07	3.15	3.23	
L70×6	4	18.6	5.57	4.37	26.39	14.16	5.14	2.18	2.74	1.40	3.07	3.14	3.21	3.29	3.36	
	5	19.1	6.88	5.40	32.21	16.89	6.32	2.16	2.73	1.39	3.09	3.16	3.24	3.31	3.39	
	8	19.5	8.16	6.41	37.77	19.39	7.48	2.15	2.71	1.38	3.11	3.18	3.26	3.33	3.41	
	7	19.9	9.42	7.40	43.09	21.68	8.59	2.14	2.69	1.38	3.13	3.20	3.28	3.36	3.43	
	8	20.3	10.67	8.37	48.17	23.79	9.68	2.13	2.68	1.37	3.15	3.22	3.30	3.38	3.46	
L75×7	5	20.3	7.41	5.82	39.96	19.73	7.30	2.32	2.92	1.50	3.29	3.36	3.43	3.50	3.58	
	6	20.7	8.80	6.91	46.91	22.69	8.63	2.31	2.91	1.49	3.31	3.38	3.45	3.53	3.60	
	9	21.1	10.16	7.98	53.57	25.42	9.93	2.30	2.89	1.48	3.33	3.40	3.47	3.55	3.63	
	8	21.5	11.50	9.03	59.96	27.93	11.20	2.28	2.87	1.47	3.35	3.42	3.50	3.57	3.65	
	10	22.2	14.13	11.09	71.98	32.40	13.64	2.26	2.84	1.46	3.38	3.46	3.54	3.61	3.69	
L80×7	5	21.5	7.91	6.21	48.79	22.70	8.34	2.48	3.13	1.60	3.49	3.56	3.63	3.71	3.78	
	6	21.9	9.40	7.38	57.35	26.16	9.87	2.47	3.11	1.59	3.51	3.58	3.65	3.73	3.80	
	9	22.3	10.86	8.53	65.58	29.38	11.37	2.46	3.10	1.58	3.53	3.60	3.67	3.75	3.83	
	8	22.7	12.30	9.66	73.50	32.36	12.83	2.44	3.08	1.57	3.55	3 62	3.70	3.77	3.85	
	10	23.5	15.13	11.87	88.43	37.68	15.64	2.42	3.04	1.56	3.58	3.66	3.74	3.81	3.89	
L90×8	6	24.4	10.64	8.35	82.77	33.99	12.61	2.79	3.51	1.80	3.91	3.98	4.05	4.12	4.20	
	7	24.8	12.30	9.66	94.83	38.28	14.54	2.78	3.50	1.78	3.93	4.00	4.07	4.14	4.22	
	10	25.2	13.94	10.95	106.5	42.30	16.42	2.76	3.48	1.78	3.95	4.02	4.09	4.17	4.24	
	10	25.9	17.17	13.48	128.6	49.57	20.07	2.74	3.45	1.76	3.98	4.06	4.13	4.21	4.28	
	12	26.7	20.31	15.94	149.2	55.93	23.57	2.71	3.41	1.75	4.02	4.09	4.17	4.25	4.32	
	6	26.7	11.93	9.37	115.0	43.04	15.68	3.10	3.91	2.00	4.30	4.37	4.44	4.51	4.58	
	12 7	27.1	13.80	10.83	131.9	48.57	18.10	3.09	3.89	1.99	4.32	4.39	4.46	4.53	4.61	

单角钢 　　双角钢

角钢型号	圆角 R	重心距 Z0	截面积 A	质量	惯性矩 Ix	截面模量		回转半径			iy(当a为下列数值)				
						W_x^{max}	W_x^{min}	i_x	i_{x0}	i_{y0}	6mm	8mm	10mm	12mm	14mm
	mm		cm²	kg/m	cm⁴	cm³		cm			cm				
8		27.6	15.64	12.28	148.2	53.78	20.47	3.08	3.88	1.98	4.34	4.41	4.48	4.55	4.63
L100×10	12	28.4	19.26	15.12	179.5	63.29	25.06	3.05	3.84	1.96	4.38	4.45	4.52	4.60	4.67
12		29.1	22.80	17.90	208.9	71.72	29.47	3.03	3.81	1.95	4.41	4.49	4.56	4.64	4.71
14		29.9	26.26	20.61	236.5	79.19	33.73	3.00	3.77	1.94	4.45	4.53	4.60	4.68	4.75
16		30.6	29.63	23.26	262.5	85.81	37.82	2.98	3.74	1.93	4.49	4.56	4.64	4.72	4.80
7		29.6	15.20	11.93	177.2	59.78	22.05	3.41	4.30	2.20	4.72	4.79	4.86	4.94	5.01
8		30.1	17.24	13.53	199.5	66.36	24.95	3.40	4.28	2.19	4.74	4.81	4.88	4.96	5.03
L110×10	12	30.9	21.26	16.69	242.2	78.48	30.60	3.38	4.25	2.17	4.78	4.85	4.92	5.00	5.07
12		31.6	25.20	19.78	282.6	89.34	36.05	3.35	4.22	2.15	4.82	4.89	4.96	5.04	5.11
14		32.4	29.06	22.81	320.7	99.07	41.31	3.32	4.18	2.14	4.85	4.93	5.00	5.08	5.15
8		33.7	19.75	15.50	297.0	88.20	32.52	3.88	4.88	2.50	5.34	5.41	5.48	5.55	5.62
10	14	34.5	24.37	19.13	361.7	104.8	39.97	3.85	4.85	2.48	5.38	5.45	5.52	5.59	5.66
L125×12		35.3	28.91	22.70	423.2	119.9	47.17	3.83	4.82	2.46	5.41	5.48	5.56	5.63	5.70
14		36.1	33.37	26.19	481.7	133.6	54.16	3.80	4.78	2.45	5.45	5.52	5.59	5.67	5.74
10		38.2	27.37	21.49	514.7	134.6	50.58	4.34	5.46	2.78	5.98	6.05	6.12	6.20	6.27
12	14	39.0	32.51	25.52	603.7	154.6	59.80	4.31	5.43	2.77	6.02	6.09	6.16	6.23	6.31
L140×12		39.8	37.57	29.49	688.8	173.0	68.75	4.28	5.40	2.75	6.06	6.13	6.20	6.27	6.34
14		40.6	42.54	33.39	770.2	189.9	77.46	4.26	5.36	2.74	6.09	6.16	6.23	6.31	6.38
10		43.1	31.50	24.73	779.5	180.8	66.70	4.97	6.27	3.20	6.78	6.85	6.92	6.99	7.06
12	16	43.9	37.44	29.39	916.6	208.6	78.98	4.95	6.24	3.18	6.82	6.89	6.96	7.03	7.10
L160×14		44.7	43.30	33.99	1048	234.4	90.95	4.92	6.20	3.16	6.86	6.93	7.00	7.07	7.14
16		45.5	49.07	38.52	1175	258.3	102.6	4.89	6.17	3.14	6.89	6.96	7.03	7.10	7.18
12		48.9	42.24	33.16	1321	270.0	100.8	5.59	7.05	3.58	7.63	7.70	7.77	7.84	7.91
14	16	49.7	48.90	38.38	1514	304.6	116.3	5.57	7.02	3.57	7.67	7.74	7.81	7.89	7.95

续表

单角钢　　　　　　双角钢

角钢型号	圆角 R	重心距 Z_0	截面积 A	质量	惯性矩 I_x	截面模量 W_x^{max}	W_x^{min}	回转半径 i_x	i_{x0}	i_{y0}	i_y（当 a 为下列数值）6mm	8mm	10mm	12mm	14mm
	mm		cm²	kg/m	cm⁴	cm³		cm			cm				
L180×16	16	50.5	54.47	43.54	1701	336.9	131.4	5.54	6.98	3.55	7.70	7.77	7.84	7.91	7.98
18		51.3	61.95	48.63	1881	367.1	146.1	5.51	6.94	3.53	7.73	7.80	7.87	7.95	8.02
14		54.6	54.64	42.89	2104	385.1	144.7	6.20	7.82	3.98	8.47	8.54	8.61	8.67	8.75
16		55.4	62.01	48.68	2366	427.0	163.7	6.18	7.79	3.96	8.50	8.57	8.64	8.71	8.78
L200×18	18	56.2	69.30	54.40	2621	466.5	182.2	6.15	7.75	3.94	8.53	8.60	8.67	8.75	8.82
20		56.9	76.50	60.06	2867	503.6	200.4	6.12	7.72	3.93	9.57	8.64	8.71	8.78	8.85
24		58.4	90.66	71.17	3338	571.5	235.8	6.07	7.64	3.90	8.63	8.71	8.78	8.85	8.92

附表 7.6　不等边角钢

单角钢　　　　　　双角钢

角钢型号	圆角 R	重心距 Z_x	Z_y	截面积 A	质量	回转半径 i_x	i_y	i_{y0}	i_{y1}（当 a 为下列数）6mm	8mm	10mm	12mm	i_{y2}（当 a 为下列数）6mm	8mm	10mm	12mm
	mm			cm²	kg/m	cm			cm				cm			
L25×16×3	3.5	4.2	8.6	1.16	0.91	0.44	0.78	0.34	0.84	0.93	1.02	1.11	1.40	1.48	1.57	1.66
4		4.6	9.0	1.50	1.18	0.43	0.77	0.34	0.87	0.96	1.05	1.14	1.42	1.51	1.60	1.68
L32×20×3		4.9	10.8	1.49	1.17	0.55	1.01	0.43	0.97	1.05	1.14	1.23	1.71	1.79	1.88	1.96
4		5.3	11.2	1.94	1.52	0.54	1.00	0.43	0.99	1.08	1.16	1.25	1.74	1.82	1.90	1.99
L40×25×3	4	5.9	13.2	1.89	1.48	0.70	1.28	0.54	1.13	1.21	1.30	1.38	2.07	2.14	2.23	2.31
4		6.3	13.7	1.94	1.94	0.69	1.26	0.54	1.16	1.24	1.32	1.41	2.09	2.17	2.25	2.34

单角钢 · 双角钢

角钢型号	圆角 R	重心距 Z_x	重心距 Z_y	截面积 A	质量	i_x	i_y	i_{y0}	i_{y1}(当a为下列数) 6mm	8mm	10mm	12mm	i_{y2}(当a为下列数) 6mm	8mm	10mm	12mm
	mm	mm	mm	cm²	kg/m	cm	cm	cm	cm				cm			
L45×28×3	5	6.4	14.7	2.15	1.69	0.79	1.44	0.61	1.23	1.31	1.39	1.47	2.28	2.36	2.44	2.52
4		6.8	15.1	2.81	2.20	0.78	1.43	0.60	1.25	1.33	1.41	1.50	2.31	2.39	2.47	2.55
L50×32×3	5.5	7.3	16.0	2.43	1.91	0.91	1.60	0.70	1.38	1.45	1.53	1.61	2.49	2.56	2.64	2.72
4		7.7	16.5	3.18	2.49	0.90	1.59	0.69	1.40	1.47	1.55	1.64	2.51	2.59	2.67	2.75
3		8.0	17.8	2.74	2.15	1.03	1.80	0.79	1.51	1.59	1.66	1.74	2.75	2.82	2.90	2.98
L56×36×4	6	8.5	18.2	3.59	2.82	1.02	1.79	0.78	1.53	1.61	1.69	1.77	2.77	2.85	2.93	3.01
5		8.8	18.7	4.42	3.47	1.01	1.77	0.78	1.56	1.63	1.71	1.79	2.80	2.88	2.96	3.04
4		9.2	20.4	4.06	3.19	1.14	2.02	0.88	1.66	1.74	1.81	1.89	3.09	3.16	3.24	3.32
L63×40×5	7	9.5	20.8	4.99	3.92	1.12	2.00	0.87	1.68	1.76	1.84	1.92	3.11	3.19	3.27	3.35
6		9.9	21.2	5.91	4.64	1.11	1.99	0.86	1.71	1.78	1.86	1.94	3.13	3.21	3.29	3.37
7		10.3	21.6	6.80	5.34	1.10	1.97	0.86	1.73	1.81	1.89	1.97	3.16	3.24	3.32	3.40
4		10.2	22.3	4.55	3.57	1.29	2.25	0.99	1.84	1.91	1.99	2.07	3.39	3.46	3.54	3.62
L70×45×5	7.5	10.6	22.8	5.61	4.40	1.28	2.23	0.98	1.86	1.94	2.01	2.09	3.41	3.49	3.57	3.64
6		11.0	23.2	6.64	5.22	1.26	2.22	0.97	1.88	1.96	2.04	2.11	3.44	3.51	3.59	3.67
7		11.3	23.6	7.66	6.01	1.25	2.20	0.97	1.90	1.98	2.06	2.14	3.46	3.54	3.61	3.69
5		11.7	24.0	6.13	4.81	1.43	2.39	1.09	2.06	2.13	2.20	2.28	3.60	3.68	3.76	3.83
L75×50×6	8	12.1	24.4	7.26	5.70	1.42	2.38	1.08	2.08	2.15	2.23	2.30	3.63	3.70	3.78	3.86
8		12.9	25.2	9.47	7.43	1.40	2.35	1.07	2.12	2.19	2.27	2.35	3.67	3.75	3.83	3.91
10		13.6	26.0	11.6	9.10	1.38	2.33	1.06	2.16	2.24	2.31	2.40	3.71	3.79	3.87	3.95

续表

单角钢   双角钢

角钢型号	圆角 R	重心距 Zx	重心距 Zy	截面积 A	质量	回转半径 ix	回转半径 iy	回转半径 iy0	i_{y1}（当a为下列数）6mm	8mm	10mm	12mm	i_{y2}（当a为下列数）6mm	8mm	10mm	12mm
		mm	mm	cm²	kg/m	cm	cm	cm	cm	cm	cm	cm	cm	cm	cm	cm
5	8	11.4	26.0	6.38	5.00	1.42	2.57	1.10	2.02	2.09	2.17	2.24	3.88	3.95	4.03	4.10
L80×50×6		11.8	26.5	7.56	5.93	1.41	2.55	1.09	2.04	2.11	2.19	2.27	3.90	3.98	4.05	4.13
7		12.1	26.9	8.72	6.85	1.39	2.54	1.08	2.06	2.13	2.21	2.29	3.92	4.00	4.08	4.16
8		12.5	27.3	9.87	7.75	1.38	2.52	1.07	2.08	2.15	2.23	2.31	3.94	4.02	4.10	4.18
6	9	12.5	29.1	7.21	5.66	1.59	2.90	1.23	2.22	2.29	2.36	2.44	4.32	4.39	4.47	4.55
L90×56×6		12.9	29.5	8.56	6.72	1.58	2.88	1.22	2.24	2.31	2.39	2.46	4.34	4.42	4.50	4.57
7		13.3	30.1	9.88	7.76	1.57	2.87	1.22	2.26	2.33	2.41	2.49	4.37	4.44	4.52	4.60
8		13.6	30.4	11.2	8.78	1.56	2.85	1.21	2.28	2.35	2.43	2.51	4.39	4.47	4.54	4.62
6	10	14.3	32.4	9.62	7.55	1.79	3.21	1.38	2.49	2.56	2.63	2.71	4.77	4.85	4.92	5.00
7		14.7	32.8	11.1	8.72	1.78	3.20	1.37	2.51	2.58	2.65	2.73	4.80	4.87	4.95	5.03
L100×63×8		15.0	33.2	12.6	9.88	1.77	3.18	1.37	2.53	2.60	2.67	2.75	4.82	4.90	4.97	5.05
10		32.4	34.0	15.5	12.1	1.75	3.15	1.35	2.57	2.64	2.72	2.79	4.86	4.94	5.02	5.10
6	10	19.7	29.5	10.6	8.35	2.40	3.17	1.73	3.31	3.38	3.45	3.52	4.54	4.62	4.69	4.76
L100×80×7		20.1	30.0	12.3	9.66	2.39	3.16	1.71	3.32	3.39	3.47	3.54	4.57	4.64	4.71	4.79
8		20.5	30.4	13.9	10.9	2.37	3.15	1.71	3.34	3.41	3.49	3.56	4.59	4.66	4.73	4.81
10		21.3	31.2	17.2	13.5	2.35	3.12	1.69	3.38	3.45	3.53	3.60	4.63	4.70	4.78	4.85
6		15.7	35.3	10.6	8.35	2.01	3.54	1.54	2.74	2.81	2.88	2.96	5.21	5.29	5.36	5.44
L110×70×7		16.1	35.7	12.3	9.66	2.00	3.53	1.53	2.76	2.83	2.90	2.98	5.24	5.31	5.39	5.46
8		16.5	36.2	13.9	10.9	1.98	3.51	1.53	2.78	2.85	2.92	3.00	5.26	5.34	5.41	5.49
10		17.2	37.0	17.2	13.5	1.96	3.48	1.51	2.82	2.89	2.96	3.04	5.30	5.38	5.46	5.53

单角钢　　　　　　　双角钢

角钢型号	圆角 R	重心距 Z_x	重心距 Z_y	截面积 A	质量	回转半径 i_x	回转半径 i_y	回转半径 i_{y0}	i_{y1}(当 a 为下列数) 6mm	8mm	10mm	12mm	i_{y2}(当 a 为下列数) 6mm	8mm	10mm	12mm
		mm	mm	cm²	kg/m	cm	cm	cm	cm				cm			
7		18.0	40.1	14.1	11.1	2.30	4.02	1.76	3.13	3.18	3.25	3.33	5.90	5.97	6.04	6.12
L125×80×8	11	18.4	40.6	16.0	12.6	2.29	4.01	1.75	3.13	3.20	3.27	3.35	5.92	5.99	6.07	6.14
10		19.2	41.4	19.7	15.5	2.26	3.99	1.74	3.17	3.24	3.31	3.39	5.96	6.04	6.11	6.19
12		20.0	42.4	23.4	18.3	2.24	3.95	1.72	3.20	3.28	3.35	3.43	6.00	6.08	6.16	6.23
8		20.4	45.0	18.0	14.2	2.59	4.50	1.98	3.49	3.56	3.63	3.70	6.58	6.65	6.73	6.80
L140×90×10	12	21.2	45.8	22.3	17.5	2.56	4.47	1.96	3.52	3.59	3.66	3.73	6.62	6.70	6.77	6.85
12		21.9	46.6	26.4	20.7	2.54	4.44	1.95	3.56	3.63	3.70	3.77	6.66	6.74	6.81	6.89
14		22.7	47.4	30.5	23.9	2.51	4.42	1.94	3.59	3.66	3.74	3.81	6.70	6.78	6.86	6.93
10		22.8	52.4	25.3	19.9	2.85	5.14	2.19	3.84	3.91	3.98	4.05	7.55	7.63	7.70	7.78
L160×100×12	13	23.6	53.2	30.1	23.6	2.82	5.11	2.18	3.87	3.94	4.01	4.09	7.60	7.67	7.75	7.82
14		24.3	54.0	34.7	27.2	2.80	5.08	2.16	3.91	3.98	4.05	4.12	7.64	7.71	7.79	7.86
16		25.1	54.8	39.3	30.8	2.77	5.05	2.15	3.94	4.02	4.09	4.16	7.68	7.75	7.83	7.90
10		24.4	58.9	28.4	22.3	3.13	5.81	2.42	4.16	4.23	4.30	4.36	8.49	8.56	8.63	8.71
L180×110×12		25.2	59.8	33.7	26.5	3.10	5.78	2.40	4.19	4.26	4.33	4.40	8.53	8.60	8.68	8.75
14		25.9	60.6	39.0	30.6	3.08	5.75	2.39	4.23	4.30	4.37	4.44	8.57	8.64	8.72	8.79
16	14	26.7	61.4	44.1	34.6	3.05	5.72	2.37	4.26	4.33	4.40	4.47	8.61	8.68	8.76	8.84
12		28.3	65.4	37.9	29.8	3.57	6.44	2.75	4.75	4.82	4.88	4.95	9.39	9.47	9.54	9.62
L200×125×14		29.1	66.2	43.9	34.4	3.54	6.41	2.73	4.78	4.85	4.92	4.99	9.43	9.51	9.58	9.66
16		29.9	67.0	49.7	39.0	3.52	6.38	2.71	4.81	4.88	4.95	5.02	9.47	9.55	9.62	9.70
18		30.6	67.8	55.5	43.6	3.49	6.35	2.70	4.85	4.92	4.99	5.06	9.51	9.59	9.66	9.74

注：一个角钢的惯性矩 $I_x = A\,i_x^2$，$I_y = A\,i_y^2$；一个角钢的截面模量 $W_x^{max} = \dfrac{I_x}{Z_x}$，$W_x^{min} = \dfrac{I_x}{b - Z_x}$；$W_y^{max} = \dfrac{I_y}{Z_y}$，$W_y^{min} = \dfrac{I_y}{B - Z_y}$。

附表7.7 热轧无缝钢管

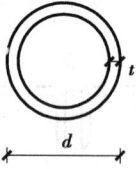

符号:I—截面惯性矩;W—截面模量;i—截面回转半径

尺寸/mm		截面面积A /cm²	每米质量 /(kg·m⁻¹)	截面特性			尺寸/mm		截面面积A /cm²	每米质量 /(kg·m⁻¹)	截面特性		
d	t			I /cm⁴	W /cm³	i /cm	d	t			I /cm⁴	W /cm³	i /cm
32	2.5	2.32	1.82	2.54	1.59	1.05	57	3.5	5.88	4.62	21.14	7.42	1.90
	3.0	2.73	2.15	2.90	1.82	1.03		4.0	6.66	5.23	23.52	8.25	1.88
	3.5	3.13	2.46	3.23	2.02	1.02		4.5	7.42	5.83	25.76	9.04	1.86
	4.0	3.52	2.76	3.52	2.20	1.00		5.0	8.17	6.41	27.86	9.78	1.85
38	2.5	2.79	2.19	4.41	2.32	1.26		5.5	8.90	6.99	29.84	10.47	1.83
	3.0	3.30	2.59	5.09	2.68	1.24		6.0	9.61	7.55	31.69	11.12	1.82
	3.5	3.79	2.98	5.70	3.00	1.23	60	3.0	5.37	4.22	21.88	7.29	2.02
	4.0	4.27	3.35	6.26	3.29	1.21		3.5	6.21	4.88	24.88	8.29	2.00
42	2.5	3.10	2.44	6.07	2.89	1.40		4.0	7.04	5.52	27.73	9.24	1.98
	3.0	3.68	2.89	7.03	3.35	1.38		4.5	7.85	6.16	30.41	10.14	1.97
	3.5	4.23	3.32	7.91	3.77	1.37		5.0	8.64	6.78	32.94	10.98	1.95
	4.0	4.78	3.75	8.71	4.15	1.35		5.5	9.42	7.39	35.32	11.77	1.94
45	2.5	3.34	2.62	7.56	3.36	1.51		6.0	10.18	7.99	37.56	12.52	1.92
	3.0	3.96	3.11	8.77	3.90	1.49	63.5	3.0	5.70	4.48	26.15	8.24	2.14
	3.5	4.56	3.58	9.89	4.40	1.47		3.5	6.60	5.18	29.79	9.38	2.12
	4.0	5.15	4.04	10.93	4.86	1.46		4.0	7.48	5.87	33.24	10.47	2.11
50	2.5	3.73	2.93	10.55	4.22	1.68		4.5	8.34	6.55	36.50	11.50	2.09
	3.0	4.43	3.48	12.28	4.91	1.67		5.0	9.19	7.21	39.60	12.47	2.08
	3.5	5.11	4.01	13.90	5.56	1.65		5.5	10.02	7.87	42.52	13.39	2.06
	4.0	5.78	4.54	15.41	6.16	1.63		6.0	10.84	8.51	45.28	14.26	2.04
	4.5	6.43	5.05	16.81	6.72	1.62	68	3.0	6.13	4.81	32.42	9.54	2.30
	5.0	7.07	5.55	18.11	7.25	1.60		3.5	7.09	5.57	36.99	10.88	2.28
54	3.0	4.81	3.77	15.68	5.81	1.81		4.0	8.04	6.31	41.34	12.16	2.27
	3.5	5.55	4.36	17.79	6.59	1.79		4.5	8.98	7.05	45.47	13.37	2.25
	4.0	6.28	4.93	19.76	7.32	1.77		5.0	9.90	7.77	49.41	14.53	2.23
	4.5	7.00	5.49	21.61	8.00	1.76		5.5	10.80	8.48	53.14	15.63	2.22
	5.0	7.70	6.04	23.34	8.64	1.74		6.0	11.69	9.17	56.68	16.67	2.20
	5.5	8.38	6.58	24.96	9.24	1.73	70	3.0	6.31	4.96	35.50	10.14	2.37
	6.0	9.05	7.10	26.46	9.80	1.71		3.5	7.31	5.74	40.53	11.58	2.35
57	3.0	5.09	4.00	18.61	6.53	1.91		4.0	8.29	6.51	45.33	12.95	2.34

续表

尺寸/mm		截面面积 A /cm²	每米质量 /(kg·m⁻¹)	截面特性			尺寸/mm		截面面积 A /cm²	每米质量 /(kg·m⁻¹)	截面特性		
d	t			I /cm⁴	W /cm³	i /cm	d	t			I /cm⁴	W /cm³	i /cm
70	4.5	9.26	7.27	49.89	14.26	2.32	89	5.0	13.19	10.36	116.79	26.24	2.98
	5.0	10.21	8.01	54.24	15.50	2.33		5.5	14.43	11.33	126.29	28.38	2.96
	5.5	11.14	8.75	58.38	16.68	2.29		6.0	15.65	12.28	135.43	30.43	2.94
	6.0	12.06	9.47	62.31	17.80	2.27		6.5	16.85	13.22	144.22	32.41	2.93
73	3.0	6.60	5.18	40.48	11.09	2.48		7.0	18.03	14.16	152.67	34.31	2.91
	3.5	7.64	6.00	46.26	12.67	2.46	95	3.5	10.06	7.90	105.45	22.20	3.24
	4.0	8.67	6.81	51.78	14.19	2.44		4.0	11.44	8.98	118.60	24.97	3.22
	4.5	9.68	7.60	57.04	15.63	2.43		4.5	12.79	10.04	131.31	27.64	3.20
	5.0	10.68	8.38	62.07	17.01	2.41		5.0	14.14	11.10	143.58	30.23	3.19
	5.5	11.66	9.16	66.87	18.32	2.39		5.5	15.46	12.14	155.43	32.72	3.17
	6.0	12.63	9.91	71.43	19.57	2.38		6.0	16.78	13.17	166.86	35.13	3.15
76	3.0	6.88	5.40	45.91	12.08	2.58		6.5	18.07	14.19	177.89	37.45	3.14
	3.5	7.97	6.26	52.50	13.82	2.57		7.0	19.35	15.19	188.51	39.69	3.12
	4.0	9.05	7.10	58.81	15.48	2.55	102	3.5	10.83	8.50	131.52	25.79	3.48
	4.5	10.11	7.93	64.85	17.07	2.53		4.0	12.32	9.67	148.09	29.04	3.47
	5.0	11.15	8.75	70.62	18.59	2.52		4.5	13.78	10.82	164.14	32.18	3.45
	5.5	12.18	9.56	76.14	20.04	2.50		5.0	15.24	11.96	179.68	35.23	3.43
	6.0	13.19	10.36	81.41	21.42	2.48		5.5	16.67	13.09	194.72	38.18	3.42
83	3.5	8.74	6.86	69.19	16.67	2.81		6.0	18.10	14.21	209.28	41.03	3.40
	4.0	9.93	7.79	77.64	18.71	2.80		6.5	19.50	15.31	223.35	43.79	3.38
	4.5	11.10	8.71	85.76	20.67	2.78		7.0	20.89	16.40	236.96	46.46	3.37
	5.0	12.25	9.62	93.56	22.54	2.76	114	4.0	13.82	10.85	209.35	36.73	3.89
	5.5	13.39	10.51	101.04	24.35	2.75		4.5	15.48	12.15	232.41	40.77	3.87
	6.0	14.51	11.39	108.22	26.08	2.73		5.0	17.12	13.44	254.81	44.70	3.86
	6.5	15.62	12.26	115.10	27.74	2.71		5.5	18.75	14.72	276.58	48.52	3.84
	7.0	16.71	13.12	121.69	29.32	2.70		6.0	20.36	15.98	297.73	52.23	3.82
89	3.5	9.40	7.38	86.05	19.34	3.03		6.5	21.95	17.23	318.26	55.84	3.81
	4.0	10.68	8.38	96.68	21.73	3.01		7.0	23.53	18.47	338.19	59.33	3.79
	4.5	11.95	9.38	106.92	24.03	2.99		7.5	25.09	19.70	357.58	62.73	3.77

续表

尺寸/mm		截面面积 A /cm²	每米质量 /(kg·m⁻¹)	截面特性			尺寸/mm		截面面积 A /cm²	每米质量 /(kg·m⁻¹)	截面特性		
d	t			I /cm⁴	W /cm³	i /cm	d	t			I /cm⁴	W /cm³	i /cm
114	8.0	26.64	20.91	376.30	66.02	3.76		5.0	21.21	16.65	483.76	69.11	4.78
121	4.0	14.70	11.54	251.87	41.63	4.14		5.5	23.24	18.24	526.40	75. 20	4.76
	4.5	16.47	12.93	279.83	46.25	4.12		6.0	25.26	19.83	568.06	81.15	4.74
	5.0	18.22	14.30	307.05	50.75	4.11		6.5	27.26	21.40	608.76	86.97	4.73
	5.5	19.96	15.67	333.54	55.13	4.09	140	7.0	29.25	22.96	648.51	92.64	4.71
	6.0	21.68	17.02	359.32	59.39	4.07		7.5	31.22	24.51	687.32	98.19	4.69
	6.5	23.38	18.35	384.40	63.54	4.05		8.0	33.18	26.04	725.21	103.60	4.68
	7.0	25.07	19.68	408.80	67.57	4.04		9.0	37.04	29.08	798.29	114.04	4.64
	7.5	26.74	20.99	432.51	71.49	4.02		10	40.84	32.06	867.86	123.98	4.61
	8.0	28.40	22.29	455.57	75.30	4.01		4.5	20.00	15.70	501.16	68.65	5.01
127	4.0	15.46	12.13	292.61	46.08	4.35		5.0	22.15	17.39	551.10	75.49	4.99
	4.5	17.32	13.59	325.29	51.23	4.33		5.5	24.28	19.06	599.95	82.19	4.97
	5.0	19.16	15.04	357.14	56.24	4.32		6.0	26.39	20.72	647.73	88.73	4.95
	5.5	20.99	16.48	388.19	61.13	4.30	146	6.5	28.49	22.36	694.44	95.13	4.94
	6.0	22.81	17.90	418.44	65.90	4.28		7.0	30.57	24.00	740.12	101.39	4.92
	6.5	24.61	19.32	447.92	70.54	4.27		7.5	32.63	25.62	784.77	107.50	4.90
	7.0	26.39	20.72	476.63	75.06	4.25		8.0	34.68	27.23	828.41	113.48	4.89
	7.5	28.16	22.10	504.58	79.46	4.23		9.0	38.74	30.41	912.71	125.03	4.85
	8.0	29.91	23.48	531.80	83.75	4.22		10	42.73	33.54	993.16	136.05	4.82
133	4.0	16.21	12.73	337.53	50.76	4.56		4.5	20.85	16.37	567.61	74.69	5.22
	4.5	18.17	14.26	375.42	56.45	4.55		5.0	23.09	18.13	624.43	82.16	5.20
	5.0	20.11	15.78	412.40	62.02	4.53		5.5	25.31	19.87	680.06	89.48	5.18
	5.5	22.03	17.29	448.50	67.44	4.51		6.0	27.52	21.60	734.52	96.65	5.17
	6.0	23.94	18.79	483.72	72.74	4.50	152	6.5	29.71	23.32	787.82	103.66	5.15
	6.5	25.83	20.28	518.07	77.91	4.48		7.0	31.89	25.03	839.99	110.52	5.13
	7.0	27.71	21.75	551.58	82.94	4.46		7.5	34.05	26.73	891.03	117.24	5.12
	7.5	29.57	23.21	584.25	87.86	4.45		8.0	36.19	28.41	940.97	123.81	5.10
	8.0	31.42	24.66	661.11	92.65	4.43		9.0	40.43	31.74	1037.59	136.53	5.07
140	4.5	19.16	15.04	440.12	62.87	4.79		10	44.61	35.02	1129.99	148.68	5.03

尺寸/mm		截面面积A /cm²	每米质量 /(kg·m⁻¹)	截面特性			尺寸/mm		截面面积A /cm²	每米质量 /(kg·m⁻¹)	截面特性		
d	t			I /cm⁴	W /cm³	i /cm	d	t			I /cm⁴	W /cm³	i /cm
159	4.5	21.84	17.15	652.27	82.05	5.46	180	12	63.33	49.72	2245.84	249.54	5.95
	5.0	24.19	18.99	717.88	90.30	5.45	194	5.0	29.69	23.31	1326.54	136.76	6.68
	5.5	26.52	20.82	782.18	98.39	5.43		5.5	32.57	25.57	1447.86	149.26	6.67
	6.0	28.84	22.64	845.19	106.31	5.41		6.0	35.44	27.82	1567.21	161.57	6.65
	6.5	31.14	24.45	906.92	114.08	5.40		6.5	38.29	30.06	1684.61	173.67	6.63
	7.0	33.43	26.24	967.41	121.69	5.38		7.0	41.12	32.28	1800.08	185.57	6.62
	7.5	35.70	28.02	1026.65	129.14	5.36		7.5	43.94	34.50	1913.64	197.28	6.60
	8.0	37.95	29.79	1084.67	136.44	5.35		8.0	46.75	36.70	2025.31	208.79	6.58
	9.0	42.41	33.29	1197.12	150.58	5.31		9.0	52.31	41.06	2243.08	231.25	6.55
	10	46.81	36.75	1304.88	164.14	5.28		10	57.81	45.38	2453.55	252.94	6.51
168	4.5	23.11	18.14	772.96	92.02	5.78		12	68.61	53.86	2853.25	294.15	6.45
	5.0	25.60	20.10	851.14	101.33	5.77	203	6.0	37.13	29.15	1803.07	177.64	6.97
	5.5	28.08	22.04	927.85	110.46	5.75		6.5	40.13	31.50	1938.81	191.02	6.95
	6.0	30.54	23.97	1003.12	119.42	5.73		7.0	43.10	33.84	2072.43	204.18	6.93
	6.5	32.98	25.89	1076.95	128.21	5.71		7.5	46.06	36.16	2203.94	217.14	6.92
	7.0	35.41	27.79	1149.36	136.83	5.70		8.0	49.01	38.47	2333.37	229.89	6.90
	7.5	37.82	29.69	1220.38	145.28	5.68		9.0	54.85	43.06	2586.08	254.79	6.87
	8.0	40.21	31.57	1290.01	153.57	5.66		10	60.63	47.60	2830.72	278.89	6.83
	9.0	44.96	35.29	1425.22	169.67	5.63		12	72.01	56.52	3296.49	324.78	6.77
	10	49.64	38.97	1555.13	185.13	5.60		14	83.13	65.25	3732.07	367.69	6.70
180	5.0	27.49	21.58	1053.17	117.02	6.19		16	94.00	73.79	4138.78	407.76	6.64
	5.5	30.15	23.67	1148.79	127.64	6.17	219	6.0	40.15	31.52	2278.74	203.10	7.53
	6.0	32.80	25.75	1242.72	138.08	6.16		6.5	43.39	34.06	2451.64	223.89	7.52
	6.5	35.43	27.81	1335.00	148.33	6.14		7.0	46.62	36.60	2622.04	239.46	7.50
	7.0	38.04	29.87	1425.63	158.40	6.12		7.5	49.83	39.12	2789.96	254.79	7.48
	7.5	40.64	31.91	1514.64	168.29	6.10		8.0	53.03	41.63	2955.43	269.90	7.47
	8.0	43.23	33.93	1602.04	178.00	6.09		9.0	59.38	46.61	3279.12	299.46	7.43
	9.0	48.35	37.95	1772.12	196.90	6.05		10	65.66	51.54	3593.29	328.15	7.40
	10	53.41	41.92	1936.01	215.11	6.02		12	78.04	61.26	4193.81	383.00	7.33

续表

尺寸/mm		截面面积 A /cm²	每米质量 /(kg·m⁻¹)	截面特性			尺寸/mm		截面面积 A /cm²	每米质量 /(kg·m⁻¹)	截面特性		
d	t			I /cm⁴	W /cm³	i /cm	d	t			I /cm⁴	W /cm³	i /cm
219	14	90.16	70.78	4758.50	434.57	7.26		7.5	68.68	53.92	7300.02	488.30	10.31
	16	102.04	80.10	5288.81	483.00	7.20		8.0	73.14	57.41	7747.42	518.22	10.29
245	6.5	48.70	38. 23	3465.46	282.89	8.44		9.0	82.00	64.37	8628.09	577.13	10.26
	7.0	52.34	41.08	3709.06	302.78	8.42	299	10	90.79	71.27	9490.15	634.79	10.22
	7.5	55.96	43.93	3949.52	322.41	8.40		12	108.20	84.93	11159.52	746.46	10.16
	8.0	59.56	46.76.	4186.87	341.79	8.38		14	125.35	98.40	12757.61	853.35	10.09
	9.0	66.73	52.38	4652.32	379.78	8.35		16	142.25	111.67	14286.48	955.62	10.02
	10	73.83	57.95	5105.63	416.79	8.32	325	7.5	74. 81	58.73	9431.80	580.42	11.23
	12	87.84	68.95	5976.67	487.89	8.25		8.0	79.67	62.54	10013.92	616.24	11.21
	14	101.60	79.76	6801.68	555.24	8.18		9.0	89.35	70.14	11161.33	686.85	11.18
	16	115.11	90.36	7582.30	618.96	8.12		10	98.96	77.68	12286.52	756.09	11.14
273	6.5	54.42	42.72	4834.18	354.15	9.42		12	118.00	92.63	14471.45	890.55	11.07
	7.0	58.50	45.92	5177.30	379.29	9.41		14	136.78	107.38	16570.98	1019.75.	11.01
	7.5	62.56	49.11	5516.47	404.14	9.39		16	155.32	121.93	18587.38	1143.84	10.94
	8.0	66.60	52.28	5851.71	428.70	9.37	351	8.0	86.21	67.67	12684.36	722.76	12.13
	9.0	74.64	58.60	6510.56	476.96	9.34		9.0	96.70	75.91	14147.55	806.13	12.10
	10	82.62	64.86	7154.09	524.11	9.31		10	107.13	84.10	15584.62	888.01	12.06
	12	98.39	77.24	8396.14	615.10	9.24		12	127.80	100.32	18381.63	1047.39	11.99
	14	113.91	89.42	9579.75	701.81	9.17		14	148.22	116.35	21077.86	1201.02	11.93
	16	129.18	101.41	10706.79	784.38	9.10		16	168.39	132.19	23675.75	1349.05	11.86

附表 7.8　电焊钢管

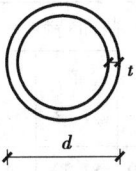

符号：I—截面惯性矩；W—截面模量；i—截面回转半径

尺寸/mm		截面面积 A /cm²	每米质量 /(kg·m⁻¹)	截面特性			尺寸/mm		截面面积 A /cm²	每米质量 /(kg·m⁻¹)	截面特性		
d	t			I /cm⁴	W /cm³	i /cm	d	t			I /cm⁴	W /cm³	i /cm
32	2.0	1.88.	1.48	2.13	1.33	1.06		2.0	4.27	3.35	24.72	7.06	2.41
	2.5	2.32	1.82	2.54	1.59	1.05		2.5	5.30	4.16	30.23	8.64	2.39
38	2.0	2.26	1.78	3.68	1.93	1.27	70	3.0	6.31	4.96	35.50	10.14	2.37
	2.5	2.79	2.19	4.41	2.32	1.26		3.5	7.31	5.74	40.53	11.58	2.35
40	2.0	2.39	1.87	4.32	2.16	1.35		4.5	9.26	7.27	49.89	14.26	2.32
	2.5	2.95	2.31	5.20	2.60	1.33		2.0	4.65	3.65	31.85	8.38	2.62
42	2.0	2.51	1.97	5.04	2.40	1.42		2.5	5.77	4.53	39.03	10.27	2.60
	2.5	3.10	2.44	6.07	2.89	1.40	76	3.0	6.88	5.40	45.91	12.08	2.58
45	2.0	2.70	2.12	6.26	2.78	1.52		3.5	7.97	6.26	52.50	13.82	2.57
	2.5	3.34	2.62	7.56	3.36	1.51		4.0	9.05	7.10	58.81	15.48	2.55
	3.0	3.96	3.11	8.77	3.90	1.49		4.5	10.11	7.93	64.85	17.07	2.53
51	2.0	3.08	2.42	9.26	3.63	1.73		2.0	5.09	4.00	41.76	10.06	2.86
	2.5	3.81	2.99	11.23	4.40	1.72		2.5	6.32	4.96	51.26	12.35	2.85
	3.0	4.52	3.55	13.08	5.13	1.70	83	3.0	7.54	5.92	60.40	14.56	2.83
	3.5	5.22	4.10	14.81	5.81	1.68		3.5	8.74	6.86	69.19	16.67	2.81
53	2.0	3.20	2.52	10.43	3.94	1.80		4.0	9.93	7.79	77.64	18.71	2.80
	2.5	3.97	3.11	12.67	4.78	1.79		4.5	11.10	8.71	85.76	20.67	2.78
	3.0	4.71	3.70	14.78	5.58	1.77		2.0	5.47	4.29	51.75	11.63	3.08
	3.5	5.44	4.27	16.75	6.32	1.75		2.5	6.79	5.33	63.59	14.29	3.06
57	2.0	3.46	2.71	13.08	4.59	1.95	89	3.0	8.11	6.36	75.02	16.86	3.04
	2.5	4.28	3.36	15.93	5.59	1.93		3.5	9.40	7.38	86.05	19.34	3.03
	3.0	5.09	4.00	18.61	6.53	1.91		4.0	10.68	8.38	96.68	21.73	3.01
	3.5	5.88	4.62	21.14	7.42	1.90		4.5	11.95	9.38	106.92	24.03	2.99
60	2.0	3.64	2.86	15.34	5.11	2.05		2.0	5.84	4.59	63.20	13.31	3.29
	2.5	4.52	3.55	18.70	6.23	2.03	95	2.5	7.26	5.70	77.76	16.37	3.27
	3.0	5.37	4.22	21.88	7.29	2.02		3.0	8.67	6.81	91.83	19.33	3.25
	3.5	6.21	4.88	24.88	8.29	2.00		3.5	10.06	7.90	105.45	22.20	3.24
63.5	2.0	3.86	3.03	18.29	5.76	2.18		2.0	6.28	4.93	78.57	15.41	3.54
	2.5	4.79	3.76	22.32	7.03	2.16	102	2.5	7.81	6.13	96.77	18.97	3.52
	3.0	5.70	4.48	26.15	8.24	2.14		3.0	9.33	7.32	114.42	22.43	3.50
	3.5	6.60	5.18	29.79	9.38	2.12		3.5	10.83	8.50	131.52	25.79	3.48

续表

尺寸/mm		截面面积 A /cm²	每米质量 /(kg·m⁻¹)	截面特性			尺寸/mm		截面面积 A /cm²	每米质量 /(kg·m⁻¹)	截面特性		
d	t			I /cm⁴	W /cm³	i /cm	d	t			I /cm⁴	W /cm³	i /cm
102	4.0	12.32	9.67	148.09	29.04	3.47	127	4.5	17.32	13.59	325.29	51.23	4.33
	4.5	13.78	10.82	164.14	32.18	3.45		5.0	19.16	15.04	357.14	56.24	4.32
	5.0	15.24	11.96	179.68	35.23	3.43	133	3.5	14.24	11.18	298.71	44.92	4.58
108	3.0	9.90	7.77	136.49	25.28	3.71		4.0	16.21	12.73	337.53	50.76	4.56
	3.5	11.49	9.02	157.02	29.08	3.70		4.5	18.17	14.26	375.42	56.45	4.55
	4.0	13.07	10.26	176.95	32.77	3.68		5.0	20.11	15.78	412.40	62.02	4.53
114	3.0	10.46	8.21	161.24	28.29	3.93	140	3.5	15.01	11.78	349.79	49.97	4.83
	3.5	12.15	9.54	185.63	32.57	3.91		4.0	17.09	13.42	395.47	56.50	4.81
	4.0	13.82	10.85	209.35	36.73	3.89		4.5	19.16	15.04	440.12	62.87	4.79
	4.5	15.48	12.15	232.41	40.77	3.87		5.0	21.21	16.65	483.76	69.11	4.78
	5.0	17.12	13.44	254.81	40.70	3.86		5.5	23.24	18.24	526.40	75.20	4.76
121	3.0	11.12	8.73	193.69	32.01	4.17	152	3.5	16.33	12.82	450.35	59.26	5.25
	3.5	12.92	10.14	223.17	36.89	4.16		4.0	18.60	14.60	509.59	67.05	5.23
	4.0	14.70	11.54	251.87	41.63	4.14		4.5	20.85	16.37	567.61	74.69	5.22
127	3.0	11.69	9.17	224.75	35.39	4.39		5.0	23.09	18.13	624.43	82.16	5.20
	3.5	13.58	10.66	259.11	40.80	4.37		5.5	25.31	19.87	680.06	89.48	5.18
	4.0	15.46	12.13	292.61	46.08	4.35							

附录8 螺栓和锚栓规格

附表8.1 螺栓螺纹处的有效截面面积

公称直径	12	14	16	18	20	22	24	27	30
螺栓有效截面积A_e/cm²	0.84	1.15	1.57	1.92	2.45	3.03	3.53	4.59	5.61
公称直径	33	36	39	42	45	48	52	56	60
螺栓有效截面积A_e/cm²	6.94	8.17	9.76	11.2	13.1	14.7	17.6	20.3	23.6
公称直径	64	68	72	76	80	85	90	95	100
螺栓有效截面积A_e/cm²	26.8	30.6	34.6	38.9	43.4	49.5	55.9	62.7	70.0

附表 8.2　锚栓规格

型　式	I			II			III				
锚栓直径 d/mm	20	24	30	36	42	48	56	64	72	80	90
锚栓有效截面积/cm²	2.45	3.53	5.61	8.17	11.2	14.7	20.3	26.8	34.6	43.4	55.9
锚栓设计拉力（Q235 钢）/kN	34.3	49.4	78.5	114.1	156.9	206.2	284.2	375.2	484.4	608.2	782.7
III型锚栓　锚板宽度 c/mm					140	200	200	240	280	350	400
III型锚栓　锚板厚度 t/mm					20	20	20	25	30	40	40

参考文献

[1] 聂建国,樊健生.广义组合结构及其发展展望[J].建筑结构学报,2006,27(6):1-8.

[2]《钢结构设计规范》(GB 50017—2003).中国计划出版社,2003.

[3] 何延宏,陈树华,张春玉. 钢结构基本原理[M]. 上海:同济大学出版社,2010.

[4] 董军,曹平周,等. 钢结构原理与设计[M]. 北京:中国建筑工业出版社,2008.

[5] 段旻,张爱玲,王秀振,等. 钢结构[M]. 武汉:武汉大学出版社,2014.

[6] 沈祖炎,陈扬骥,陈以一. 钢结构基本原理[M]. 北京:中国建筑工业出版社,2005.

[7] 戴国欣. 钢结构[M]. 武汉:武汉理工大学出版社,2012.

[8] 孙强,马巍. 钢结构基本原理[M]. 武汉:武汉大学出版社,2014.

[9] 刘智敏.钢结构设计原理[M].北京:北京交通大学出版社,2012.

[10] 丁阳.钢结构设计原理[M].天津:天津大学出版社,2004.

[11] 丁芸孙,刘罗静.钢结构设计误区与释义百问百答(Ⅱ)[M].北京:人民交通出版社,2011.

[12] 郭成喜. 钢结构学习辅导与习题精解[M].北京:中国建筑工业出版社,2005.

[13] 陈绍藩.钢结构设计原理[M].3 版.北京:科学出版社,2005.

[14] 刘声扬.钢结构疑难释义[M].3 版.北京:中国建筑工业出版社,2004.

[15] 陈骥.钢结构稳定理论与应用[M].5 版.北京:科学技术文献出版社,2011.

[16] 施岚青.2015 注册结构工程师专业考试应试指南[M].北京:中国建筑工业出版社,2015.

[17] 陈绍蕃,顾强.钢结构上册钢结构基础[M].北京:中国建筑工业出版社,2014.

[18] 崔佳,龙莉萍.钢结构基本原理[M].北京:中国建筑工业出版社,2014.

[19] 周绪红.钢结构设计指导与实例精选[M].北京:中国建筑工业出版社,2008.

[20] 武延民.钢结构脆性断裂的力学机理及其工程设计方法研究[D].北京:清华大学博士学

位论文, 2004:50-80.

[21] 张春涛.腐蚀环境和风致疲劳耦合作用下输电塔线体系疲劳性能研究[D].重庆:重庆大学博士学位论文, 2012:3-10.

[22] 建筑设计防火规范(GB 50016—2014).中国计划出版社, 2015(5).

[23] 涂装前钢材表面锈蚀等级和除锈等级(GB/T 8923—2011).中国标准出版社,2012(10).

[24]《钢结构设计手册》编辑委员会.钢结构设计手册[M].北京:中国建筑工业出版社,2011.

[25] 李国强.多高层建筑钢结构设计[M].北京:中国建筑工业出版社,2004.

[26] 大气环境腐蚀性分类(GB/T 15957—1995).中国标准出版社,1996.

[27] 工业建筑设计防腐蚀规范(GB 50046—2008).中国计划出版社,2008.